Trojanisches Marketing® II

Trojanisches Marketing® II

Mit unkonventionellen Methoden und kleinen Budgets zum Erfolg

Roman Anlanger
Wolfgang A. Engel

1. Auflage 2013

Haufe Gruppe
Freiburg · München

Bibliografische Information der Deutschen Nationalbibliothek

Die Deutsche Nationalbibliothek verzeichnet diese Publikation in der Deutschen Nationalbibliografie; detaillierte bibliografische Daten sind im Internet über http://dnb.dnb.de abrufbar.

Print: ISBN: 978-3-648-03808-6   Bestell-Nr. 01268-0001
EPUB: ISBN: 978-3-648-03809-3   Bestell-Nr. 01268-0100
EPDF: ISBN: 978-3-648-03810-9   Bestell-Nr. 01268-0150

Roman Anlanger, Wolfgang A. Engel
Trojanisches Marketing® II
1. Auflage 2013
© 2013, Haufe-Lexware GmbH & Co. KG, Munzinger Straße 9, 79111 Freiburg

Redaktionsanschrift: Fraunhoferstraße 5, 82152 Planegg/München
Telefon: (089) 895 17-0
Telefax: (089) 895 17-290
Internet: www.haufe.de
E-Mail: online@haufe.de
Produktmanagement: Jutta Thyssen

Lektorat: Helmut Haunreiter, 84533 Marktl am Inn
Schreibbüro: Peter Böke, 10825 Berlin
Satz: kühn & weyh Software GmbH, 79110 Freiburg
Umschlag: RED GmbH, 82152 Krailling
Druck: fgb · freiburger graphische betriebe, 79108 Freiburg

Inhaltsverzeichnis

Zu diesem Buch – eine „Gebrauchsanleitung"

Dieses Buch weist einige Besonderheiten auf, die es von „herkömmlichen" Büchern unterscheidet. Wir meinen daher, dass es für Leserinnen und Leser hilfreich ist, ganz an den Anfang eine kurze „Gebrauchsanleitung" zu stellen, in der knapp erklärt wird, was es mit den „Extras" auf sich hat.

Es wird Ihnen aufgefallen sein, dass auf der allerersten Seite des Buchs ein kleines Spielkarten-Päckchen eingeklebt ist. Was hat es damit auf sich?

Es handelt sich um sogenannte „Trickkarten", also um Karten, mit denen ein „Zaubertrick" vorgeführt werden kann. Wie dieser genau funktioniert, können Sie der Trickanleitung entnehmen, die den Karten beigefügt ist. Diesen Trick können Sie verwenden, um andere Personen — möglichst solche, die dieses Buch noch nicht gekauft haben — zu verblüffen. Auf der Homepage www.TrojanischesMarketing. com befindet sich noch zusätzlich ein Erklärvideo für diesen Trick.

Das gilt auch für die anderen Tricks, die Sie im Buch finden werden — quasi als *running gag*. Warum das?

Wir sind der Meinung, dass Trojanisches Marketing und Magie vieles gemeinsam haben, wie wir später erklären und an zahlreichen Beispielen vorführen wollen. In beiden Fällen geht es um Überraschung, Verblüffung, indirektes Kommunizieren.

Ein besonderes Anliegen war es den Autoren, ihren Leserinnen und Lesern jeden unnötigen theoretischen Ballast zu ersparen. Trojanisches Marketing ist keine bloße Theorie, sondern vor allem eine höchst effiziente Strategie für die Praxis. Es gibt inzwischen viele reale Beispiele, die hervorragend demonstrieren, wie Trojanisches Marketing erfolgreich in die Praxis umgesetzt wurde. Die Seele dieses Buchs sind daher zahlreiche Praxisbeispiele — so dargestellt, wie sie tatsächlich stattgefunden haben. Die Autoren sind davon überzeugt, dass sich anhand der ausführlich beschriebenen und genau analysierten Beispiele den Leserinnen und Lesern besser erschließt, wie Trojanisches Marketing funktioniert, als anhand seitenlanger theoretischer Abhandlungen. Seien Sie kreativ, lassen Sie sich von den Praxisbeispielen inspirieren und entwickeln Sie Ihre eigenen trojanischen Strategien.

Zu diesem Buch – eine „Gebrauchsanleitung"

Was wir noch bieten werden: Sie finden an den passenden Stellen

- Info-Boxen, die gerade verwendete, aber möglicherweise nicht jedem geläufige Begriffe erklären,
- Checklisten, die Ihnen helfen werden, eigene Konzepte auf Basis unserer Vorschläge und Empfehlungen zu erstellen,
- Praxistipps, in denen wir theoretisch-abstrakt präsentierte Ideen so für die Praxis adaptieren und „übersetzen", dass Sie sie direkt in Ihrem eigenen Business anwenden können.

Sie werden sehen, dass wir relativ viele Bilder in den Text integriert haben. Sie sollen die trojanischen Beispiele illustrieren, damit Sie sich besser vorstellen können, was in der Realität jeweils stattgefunden hat.

Eine Besonderheit des Buchs, mit der wir die Grenzen „herkömmlicher Bücher" erweitern möchten, sind die zahlreichen QR-Codes (Anmerkung: QR = engl. Quick Response, dt. schnelle Antwort). „QR-Code" ist ein eingetragenes Warenzeichen des japanischen Unternehmens *Denso Wave Incorporated*. Dabei handelt es sich um einen zweidimensionalen, quadratischen Binärcode, mit dem Informationen dargestellt werden können, ähnlich dem von der Warencodierung bekannten Strichcode, der von Supermarktkassen gescannt wird.

QR-Codes sind vor allem in Japan (wo sie 1994 für Toyota für Logistikzwecke entwickelt wurden) weit verbreitet, kommen aber nun auch in Europa immer häufiger zum Einsatz. Gelesen und entschlüsselt werden QR-Codes mit den inzwischen handelsüblichen *Smartphones* und *Tablets* bzw. deren Kamerafunktion unter Verwendung einer speziellen Entschlüsselungs-Software (QR-Code *Reader* bzw. *Scanner*).

Diese *Reader/Scanner* kann man sich in den jeweiligen *Stores* der unterschiedlichen Anbieter herunterladen und im *Smartphone* oder *Tablet* installieren. Fotografiert man dann mit der Kamera den Code, erhält man umgehend die dahinter liegenden Informationen, i.d.R. also die URL der vorgeschlagenen Webseite.

Die wichtigsten QR-Code-Reader auf einen Blick

Reader	System								
	Android	BlackBerry	IPhone	Java	Symbian	Palm	Win Mobile	Win Phone 7	Andere
Barcodes			x						
BeeTag	x	x	x	x	x	x	x	x	x
I-Nigma	x	x	x	x	x	x	x		x
JustScan								x	
Lynkee	x	x	x	x	x	x			x
MobileTag	x		x						
NeoReader	x	x	x	x	x	x	x		x
Quickmark	x		x						
Scanlife	x	x	x	x	x	x			x
Upcode	x	x	x	x	x	x			x
Zxing	x								
Quelle: qmore.com									

Abb. 1: QR-Code-Reader

In diesem Buch werden QR-Codes dazu verwendet, um Ihnen zusätzliche Informationen zu geben, wie z.B. die Internetadresse einer Homepage, die wir Ihnen empfehlen wollen. Oft sind das auch Verknüpfungen zu *Youtube*-Videos, die die von uns beschriebenen Beispiele anschaulich demonstrieren. Gilt die Regel „Ein Bild sagt mehr als tausend Worte", so gilt sie ja erst recht für bewegte und durch Audio-Elemente verstärkte Bilder, also Videos. Wir sind überzeugt, so dem Buch weitere Erlebnisdimensionen hinzufügen zu können und unseren Leserinnen und Lesern einen Mehrwert zu bieten.

Leserinnen und Leser, die QR-Codes nicht nutzen können, wollen wir das mühsame Eintippen der teils sehr langen URLs ersparen. Daher haben wir auf unserer Website eine spezielle Seite eingerichtet, auf der Sie alle im Buch genannten Links finden. Das eröffnet uns zudem die Möglichkeit, auf eine typische Eigenschaft des Internets zu reagieren: Es ist ein hochdynamisches Medium, dessen Content sich stetig ändert. Da von dieser Dynamik auch der eine oder andere im Buch angegebene Link bzw. QR-Code betroffen sein könnte, werden wir unsere Website kontinuierlich pflegen und auf dem aktuellsten Stand halten. Sehen Sie einfach unter www. TrojanischesMarketing.com nach.

Zu diesem Buch – eine „Gebrauchsanleitung"

Übrigens müssen Sie das Buch nicht chronologisch von vorne nach hinten und von Kapitel zu Kapitel lesen. Picken Sie sich ruhig die zu Ihnen und Ihren Marketingbedürfnissen passenden Rosinen heraus. Am Ende des folgenden Einleitungskapitels werden wir detailliert beschreiben, was in den einzelnen Kapiteln abgehandelt wird und welche speziellen Lösungen damit verbunden sind.

Noch eine abschließende Anmerkung: Aus Gründen der besseren Lesbarkeit haben wir, abgesehen von ein paar wenigen Ausnahmen, durchgängig die männliche Schreibweise verwendet. Wir möchten Sie darauf hinweisen, dass die Verwendung der männlichen Form ausdrücklich als geschlechtsunabhängig verstanden werden soll.

Viel Spaß beim Lesen, beim Entwickeln eigener Ideen und bei deren Umsetzung!

Roman Anlanger und *Wolfgang A. Engel*

1   Trojanisches Marketing – Was ist das?

Seit fünf Jahren gibt es nun den Begriff „Trojanisches Marketing", er hat sich nachhaltig in der Marketing-Nomenklatur etabliert. Es gab seither viel Resonanz: äußerst positive, aber auch kritische. Kalt lässt das Thema keinen: Entweder man wird zum ausgesprochenen Fan oder man sucht nach Gründen, wonach Trojanisches Marketing „ein alter Hut" sei oder nicht ins akademische Schema passe.

Vor allem die sogenannten „Praktiker" — deren tägliches Brot es ist, sich um ihre Kunden zu kümmern (darum geht's doch beim Marketing in erster Linie, oder?) —, die sich darauf einlassen, „trojanisch" zu denken, bestätigen immer wieder die Nützlichkeit der Idee. Dieselbe Erfahrung machen wir in unseren Seminaren, in denen wir mit den Teilnehmern üben, „trojanisch" zu denken und diese Gedanken in die Tat umzusetzen. Es ist nicht nur eine Hypothese — wie zu Anfang —, dass die trojanische Denkmethode in aller Regel zu mehr und zu kreativeren Lösungen führt. Das hat sich in der Praxis inzwischen hundertfach bewahrheitet.

Das ist uns Grund und Anlass, hiermit den nächsten Band, nämlich „Trojanisches Marketing® II" vorzulegen.

Dieses zweite Buch ist jedoch nicht die „Fortsetzung" des ersten, was notwendigerweise dessen Kenntnis voraussetzen würde. Es handelt sich vielmehr um ein eigenständiges neues Werk, das zwar auf dem ersten Band aufbaut, das aber völlig unabhängig davon gelesen, verstanden und genutzt werden kann.

Auch für diejenigen Leserinnen und Leser, die das erste Buch gelesen haben, wird es viel Neues geben. In den Jahren seit Erscheinen des ersten Buches hat sich viel getan, viele Dinge haben sich weiterentwickelt, wie wir zeigen werden.

Bewusst haben wir die zentralen Basisaussagen und Definitionen wiederholt, um auch Leserinnen und Leser zu erreichen, die sich hier zum ersten Mal mit dem Thema „Trojanisches Marketing" beschäftigen.

Beim ersten Buch fragten wir uns und unsere Leserinnen und Leser: Warum noch ein weiteres Marketingbuch, da es doch schon so viel Literatur zu diesem Thema gibt? Die Antwort lautete: „Weil Trojanisches Marketing wirklich etwas Neues ist. Weil Trojanisches Marketing eine methodische Innovation darstellt, mit deren Hilfe man auf neue Ideen und zu neuen Marketingstrategien kommt. Dabei geht es nicht darum, den babylonischen Theorienturm um ein weiteres akademisches Stockwerk zu erhöhen. Vielmehr sehen wir Trojanisches Marketing als eine Praxismethode, die dabei helfen kann, den eigenen Horizont und das Repertoire an Möglichkeiten zu erweitern." (Anlanger/Engel 2008, S. 6).

Seit 2008 gibt es zusätzlich zum Buch die bereits in der „Gebrauchsanweisung" erwähnte eigene Webseite www.TrojanischesMarketing.com, die dazu geschaffen (und kürzlich überarbeitet) wurde, die Leserinnen und Leser nicht nur einbahnstraßenmäßig mit Informationen zu versorgen, sondern mit ihnen in einen Dialog zu treten. Wir bitten alle Interessierten, sich dort einzubringen. Kommentare, Anregungen, Kritik, zusätzliche Beispiele: Für all das gibt es auf der Webseite Möglichkeiten, mitzudiskutieren.

1.1 Troja – die Geschichte

Bevor wir das Grundprinzip „Trojanisches Marketing" im Detail vorstellen, wollen wir einen kurzen Blick in die Geschichte werfen. Sobald man die damalige Grundidee verstanden hat, fällt es leichter, dieses Prinzip auf das Marketing zu übertragen und dort zur Anwendung zu bringen. Die Ereignisse um die Stadt Troja dürften zwar den meisten unserer Leserinnen und Leser schon in ihrer Schulzeit begegnet sein; doch kann es durchaus sinnvoll sein, diese Erinnerungen hier ein bisschen aufzufrischen.

Wie der Dichter Homer in seiner Ilias ausführlich berichtet, begann die Geschichte damit, dass Paris, der Sohn des troischen Königs Priamos, die Ehefrau des spartanischen Königs Menelaos, Königin Helena, entführte und sie nach Troja mitnahm. Das wurde Paris nicht nur von den Einwohnern Spartas, sondern von allen griechischen Stadtstaaten übelgenommen und sie stellten ein gemeinsames Heer auf, um gegen Troja in den Krieg zu ziehen. Sie segelten also über das Ägäische Meer und belagerten die Stadt. Diese ließ sich jedoch nicht einfach einnehmen und widerstand zehn Jahre lang allen Angriffen durch die Griechen.

Eigentlich wollten die Griechen aufgeben, aber Odysseus, einem der führenden griechischen Generäle, fiel eine List ein, die wieder Hoffnung gab. Gustav Schwab, der die griechische Mythologie im deutschen Sprachraum populär machte, lässt Odysseus so sprechen (Schwab 1955): „Wisst ihr was, Freunde, wir zimmern ein Pferd von Riesengröße und schließen uns mit den tapfersten Kämpfern in seinem Bauch ein. Alle anderen sollen die Schiffe besteigen und nach der Insel Tenedos segeln, zuvor aber alles verbrennen, was unser Lager birgt. Die Troer werden meinen, wir seien, des Kampfes überdrüssig, in die Heimat zurückgekehrt; sie werden aus der Stadt herausströmen und sorglos neugierig in der Ebene umherwandeln, sich vor allem dem hölzernen Pferd nähern. Unter diesem aber soll sich ein mutiger Mann versteckt halten, der sich, sobald er entdeckt wird, als Flüchtling ausgibt und den Troern das Märchen aufbindet, wir hätten ihn vor unserem Abzug den Göttern opfern wollen, er aber sei entkommen und habe sich unter dem hölzernen Ross versteckt. Und fragen sie ihn, was denn das Pferd zu bedeuten habe, so muss er sagen, es sei der Pallas Athene geweiht. Sein Bericht wird die Feinde rühren, und sie werden ihn in die Stadt mitnehmen; dort muss er dann alles dransetzen, dass die Verblendeten das Ungetüm in die Mauern hineinziehen. Ist es soweit, dann warten wir die Nacht ab und steigen aus dem hölzernen Bauch. Wir überfallen die sorglos schlummernde Stadt, sprengen die Tore, damit die aus Tenedos zurückgekehrten Krieger ungehindert zu uns stoßen können, und überwältigen mit ihrer Hilfe endlich den Feind."

Indem auch die Göttin Pallas Athene ihre Unterstützung einbrachte (was sie dem Chef-Zimmermann Epeios im Traum zusagte), war das Pferd innerhalb von drei Tagen fertig. Wie geplant simulierten die Griechen ihren Rückzug und verließen das Gelände. Das bemerkten die Troer natürlich und sie freuten sich, dass der Krieg nun wohl endlich zu Ende sei. Dann aber sahen sie am Strand das riesige Holzpferd und zuerst konnten sie sich nicht darüber einigen, was mit diesem Ungetüm zu tun sei. Trotz der Warnungen einiger Skeptiker kamen sie schließlich überein, das hölzerne Tier in ihre Stadt Troja zu schleppen. Ausschlaggebend waren die Märchen gewesen, die der scheinbare Flüchtling Sinon den Troern aufgetischt hatte: Er behauptete, die Griechen hätten das Pferd deshalb so riesig gebaut, damit es niemals durch ein Stadttor passen könne. „Denn käme es nach Troja hinein, stünden die Troer für immer unter Athenes Schutz!", so die Formulierung von Gustav Schwab.

Darauf fielen die Troer herein, gerade das brachte sie dazu, nun erst recht ein Stadttor niederzureißen, um das Pferd hindurchzubringen. Was für ein Grund zum Feiern! Den ganzen Tag, den ganzen Abend wurde heftig dem Wein zugesprochen, und um Mitternacht waren alle Einwohner einschließlich der Wachen so betrunken, dass sie nicht darauf achteten, wie Sinon auf der Stadtmauer stand und mit einer Fackel dem griechischen Heer das Signal zur Rückkehr gab.

So schnell sie konnten segelten und ruderten die griechischen Schiffe nach Troja zurück und überfielen die nun völlig wehrlose Stadt. Ab hier wird es grausam und blutig, und wir verlassen die Geschichte …

… und kommen zurück zum Trojanischen Marketing und seiner Definition.

1.2   **Trojanisches Marketing – So funktioniert es**

Aus der Geschichte, wie Troja mithilfe des Trojanischen Pferdes erobert wurde, lässt sich gut ableiten, welche Prinzipien für Trojanisches Marketing gelten.

1. Schritt
Man benötigt ein „Objekt der Begierde" (ein Produkt, eine Dienstleistung, einen Vorteil), von dem man hinreichend sicher weiß, dass die angepeilte Zielgruppe es gerne hätte. Das ist ab nun unser Trojanisches Pferd! Im dargestellten Krieg der Griechen gegen Troja handelte es sich dabei um das von den Troern heiß begehrte — da als heilig erachtete — hölzerne Pferd. Das wollten sie unter allen Umständen besitzen und in ihrer Stadt aufstellen.

2. Schritt
Dieses Objekt muss nun mit etwas anderem gefüllt bzw. verknüpft werden, das man der Zielgruppe näherbringen will, das sie aber bisher nicht kennt und daher nicht erwartet.

Genau das taten die Griechen, indem sie das hölzerne Pferd mit ihren stärksten und mutigsten Kriegern füllten. Diese Kämpfer waren das eigentliche Objekt, das sie in die Stadt bringen wollten; das Pferd war nur das Transportmittel und das Mittel zum Zweck.

3. Schritt
Jetzt muss dafür gesorgt werden, dass die Zielgruppe von der Existenz und Verfügbarkeit des „Objekts der Begierde" erfährt. Sobald das geschehen ist, werden die Zielpersonen alles unternehmen, um das Objekt „in ihre Mauern zu ziehen".

Das war Sinn und Zweck der Lügengeschichten, die Sinon den Troern auftischte. Er erzählte von der Heiligkeit des Pferdes und der Tatsache, dass es eine göttliche Schutzfunktion für die Stadt Troja haben könnte. So blieb den Troern eigentlich gar keine andere Wahl, als das Pferd in ihre Stadt zu ziehen — freiwillig und gerne, trotz der baulichen Hindernisse.

4. Schritt
Nun öffnet man das scheinbar bekannte Objekt, das den für die Zielgruppe unbekannten und unerwarteten Inhalt enthält — und hat auf diese Weise mithilfe des Alten, Bekannten die Zielgruppe mit etwas Neuem „erobert".

So verhielt es sich auch in Troja: Die im Inneren des Pferdes versteckten Kämpfer verließen in der Nacht ihr Versteck und machten somit die Eroberung der bisher uneinnehmbaren Stadt möglich. Das bekannte und höchst erwünschte Pferd transportierte in Wirklichkeit andere Inhalte als erwartet. Das Bekannte wurde als Vehikel für das Unbekannte benutzt.

Das eben beschriebene Prozedere lässt sich sehr einfach in Marketingkategorien übersetzen:

Immer dann, wenn es schwierig und aufwendig ist, eine Zielgruppe mit einem neuen Produkt bzw. einer neuen Dienstleistung bekannt zu machen, suche man im ersten Schritt nach geeigneten Trojanischen Pferden, die der Zielgruppe bereits bekannt sind. Das können sein:

- andere, nicht konkurrierende Produkte und Dienstleistungen
- bekannte, renommierte Institutionen, Organisationen, Unternehmen, Personen
- bekannte, eingeführte, beliebte Redewendungen und Begriffe.

Solche trojanischen Objekte werden — eben weil sie bekannt sind — von den Zielpersonen gerne und ohne zu hinterfragen in ihre „Festung" eingelassen.

Im zweiten Schritt geht es darum, die Produkte oder Leistungen, die man eigentlich verkaufen möchte, mit dem trojanischen Pferd in eine Verbindung zu bringen — sei es inhaltlich oder räumlich, sei es mental oder rhetorisch. Somit bilden das Bekannte und das zu transportierende Neue eine Einheit; das eine kann nur zusammen mit dem anderen kommuniziert werden.

Im dritten Schritt geht es darum, zu erreichen, dass die Zielgruppe auf das Bekannte aufmerksam gemacht wird. Es wird in den Mittelpunkt der Kommunikation gestellt und so den Zielpersonen angeboten. Das Bekannte wird gewissermaßen als „Köder" präpariert und den zu fangenden „Fischen" möglichst attraktiv dargeboten.

Im vierten Schritt schließlich wird das Geheimnis gelüftet, indem den Zielpersonen das Neue — jetzt offen — präsentiert wird. Nun haben sie Gelegenheit, dieses Neue kennenzulernen und zu entscheiden, ob es für sie geeignet ist und ob sie es kaufen möchten. Das neue Produkt ist — im Erfolgsfall — in die Festung der Konsumenten eingezogen.

Was hier noch theoretisch klingt, werden wir in den folgenden Kapiteln ausführlich anhand vieler Praxisbeispiele erläutern.

2 Trojanisches Marketing I – Was bisher geschah

Bevor wir Ihnen das neue Buch genauer vorstellen, möchten wir für Sie gerne Revue passieren lassen, was geschehen ist, seit wir das erste Buch „Trojanisches Marketing" verfasst haben.

2.1 Trojanisches Marketing I – Mit trojanischen Aktivitäten in die Bestsellerlisten

Als 2008 das erste Buch zum „Trojanischen Marketing" erschien und dieser Begriff das Licht der Fachwelt erblickte, geschah Merkwürdiges: Einerseits gab es zahlreiche Menschen, die sofort verstanden, um was es ging, und die das Gefühl hatten, den Begriff eigentlich schon immer zu kennen. Auf der anderen Seite gab es etwa gleich viele, die sich daran störten, sich schon wieder mit einem neuen Marketingbegriff auseinandersetzen zu müssen. Es gebe doch schon genügend „neumodische" Marketingströmungen, da sei eine weitere Neuigkeit nicht notwendig und eher verwirrend. Mit diesen Argumenten werden wir uns etwas später noch auseinandersetzen.

Der Erfolg unserer trojanischen Aktivitäten, mit deren Hilfe wir die Vermarktung unseres Buchs ankurbelten, sprach dagegen eine ganz andere Sprache als die „Zweifler". Sehen Sie selbst.

Social Networks „trojanisch" nutzen

Unter Anderem haben wir das bekannte Business-Netzwerk XING für unsere trojanischen Aktivitäten zur Steigerung der Verkaufszahlen unseres Buchs genutzt (www.xing.com). Nachdem beide Autoren zu den *early adopters* dieses Netzwerks gehörten, haben wir dort gemeinsam zwei Gruppen gegründet:

- Die „Marketing Community Austria (MCA)" beschäftigt sich allgemein mit dem Thema „Marketing" in Österreich bzw. der DACH-Region. Sie ist offen für alle, die beruflich damit zu tun haben bzw. die sich allgemein dafür interessieren.

Inzwischen hat diese Gruppe eine Mitgliederzahl von über 5.300 Personen erreicht (das ist — nebenbei und mit Stolz vermerkt — eine der größten Marketingvereinigungen in Österreich). Bemerkenswert ist vor allem, dass es inzwischen über 5.700 Einzelbeiträge der Gruppenmitglieder gibt; das ist eine der höchsten Kommunikationsraten im gesamten XING-Netzwerk. Auch der XING-Führung ist nicht entgangen, dass es hier ein großes Kommunikations- und Multiplikationspotenzial gibt. Der Gruppe wurde daher der Status „Xpert Ambassador Group" verliehen (mit Roman Anlanger als Ambassador). Aufgrund seiner einschlägigen erfolgreichen Aktivitäten wurde Roman Anlanger inzwischen eine zweite Ambassador-Gruppe übertragen. Es ist dies die „Ambassador Group XING:Wien" mit 30.000 Mitgliedern und über 40.000 Einzelbeiträgen.

 https://www.xing.com/net/pri21be15x/mcaustria/

QR-Code: Marketing Community Austria (XING)

- Der „Club Trojanisches Marketing (CTM)" beschäftigt sich mit der Verbreitung der trojanischen Ideen im gesamten deutschen Sprachraum und hat inzwischen ca. 1.200 Mitglieder. Hier finden Informationsveranstaltungen und Diskussionen speziell zum Thema „Trojanisches Marketing" statt.

 https://www.xing.com/net/pri21be15x/trojanischesmarketing/

QR-Code: Club Trojanisches Marketing (XING)

Ebenfalls kreiert und ins Leben gerufen wurde — wie bereits kurz erwähnt — eine eigene Homepage zum Buch: www.TrojanischesMarketing.com. Auf dieser Homepage gibt es ausführliche weitere Informationen zum Thema (z.B. solche, die aus Platzgründen nicht im Buch stehen können). Auch hier haben Besucher die Möglichkeit, ihre Diskussionsbeiträge zu posten.

 www.TrojanischesMarketing.com

QR-Code: Homepage Trojanisches Marketing

Ähnliche Aktivitäten gab es auch auf *Facebook* und *Twitter*. Hier die zugehörigen Links:

 https://www.facebook.com/TrojanischesMarketing

QR-Code: Trojanisches Marketing (Facebook)

 https://twitter.com/trojanmarketing

QR-Code: Trojanisches Marketing (Twitter)

 https://twitter.com/engelaustria

QR-Code: twitter.com/engelaustria

Der „Trojan Award"

Ein weiterer öffentlichkeitswirksamer Bestandteil unseres Marketings ist der von uns und der Fachhochschule des bfi Wien ins Leben gerufene „Trojan Award". Dieser Preis, der bisher fünfmal vergeben worden ist, wurde geschaffen, um Unternehmen und ihre Agenturen vor den Vorhang zu holen, die vorbildliche Aktionen im Sinne des Trojanischen Marketing geplant und durchgeführt haben. Gestiftet wurde das Preisgeld in Höhe von 2.000 Euro pro Jahr von der Fachhochschule des bfi Wien, deren Geschäftsführer Dr. Helmut Holzinger ist. Allerdings kommt das

Preisgeld nicht den Gewinnern zugute, sondern wird dem Wiener St.-Anna-Kinderspital gespendet, das für seine international renommierte Kinder-Krebsforschung bekannt ist.

 www.stanna.at

QR-Code: St.-Anna-Kinderspital

Von Beginn an gab es — je nach Menge und Qualität der Einreichungen — zwei bis drei Preisträger (1. bis 3. Platz), von denen aber nur der jeweils beste zur Preisverleihung im St.-Anna-Kinderspital eingeladen wurde. In den einzelnen Jahren waren dies:

- 2009: T-mobile für eine personalisierte Internetkampagne, bei der mithilfe eines Spiels das neue Tarifmodell „Business Complete" erläutert wurde
- 2010: die österreichische Post zusammen mit dem Verbund für ein gemeinsames Mailing zum Thema „Stromanbieter leicht wechseln"
- 2011: die Firma „Sachen + Machen" für eine Geschenkbox für Führerschein-Neulinge, die sogenannte „Good Lack Box"
- 2012: die Firma „Negri Consulting" für eine gelungene Kundenaktion zum „Tag des Apfels"

Amazon und Co.

Ebenso erfreulich entwickelte sich — parallel zu steigenden Verkaufszahlen — das Echo z. B. in den Rezensionen auf www.amazon.de.

 http://amzn.to/10yx1zZ

QR-Code: Trojanisches Marketing bei Amazon

Nachdem der Verlag und die Autoren zahlreiche weitere trojanische Aktionen zur Vermarktung des Buches durchgeführt hatten, die alle mehr oder weniger mit Networking charakterisiert werden können, war es dann kein Wunder, dass das Buch auch die Bestsellerlisten erreichte. In Österreich war es das *Wirtschaftsblatt*, in Deutschland die *Financial Times Deutschland*, die Trojanisches Marketing als eines der meistverkauften Sachbücher listeten. Damit war dieser Titel eine Zeitlang auch das meistverkaufte Business-Fachbuch im deutschen Sprachraum.

2.2 Trojanisches Marketing – Man spricht darüber

Schon bald nach Erscheinen des Buches kam es zu zahlreichen Anfragen für Kongressvorträge und Seminare, bei denen das Thema „Trojanisches Marketing" in kleineren und größeren Personenkreisen vorgetragen und diskutiert werden konnte (nebenbei gesagt eine hervorragende Plattform für den Verkauf des Buchs). Auch im Rahmen der Hochschullehrtätigkeiten der Autoren zum Thema Marketing war das Thema immer präsent.

Überraschend und überaus erfreulich war die Tatsache, dass 2009 ein Buch des deutschen Autors Florian Schwarzbauer erschien: „Modernes Marketing für das Bankgeschäft: Mit Kreativität und kleinem Budget zu mehr Verkaufserfolg" (Gabler-Verlag). In diesem Buch verfolgt der Autor das Ziel, „die Anforderungen, Chancen und Risiken im Einsatz alternativer Marketinginstrumente in kleinen und mittelständischen Genossenschaftsbanken zu untersuchen und daraus konkrete Handlungsempfehlungen abzuleiten" (Schwarzbauer 2009, S. 20). Das Erfreuliche aus unserer Sicht war: Schwarzbauer kommt — nach detaillierter Analyse der Chancen und Risiken der verschiedenen alternativen Marketingmethoden — zu dem Schluss, dass Trojanisches Marketing die Methode mit der höchsten Erfolgschance bei geringstem Risiko darstellt.

Nach so vielen *Good News* sollen auch ein paar weniger erfreuliche Dinge nicht verschwiegen werden. Vor allem gab es Trittbrettfahrer, die kurz nach Erscheinen des Buches versuchten, sich damit zu schmücken, unter Verwendung der geschützten Bezeichnung „Trojanisches Marketing®" in Erscheinung zu treten. Mit dem Hinweis auf die Tatsache, dass „Trojanisches Marketing" als Marke in Deutschland und Österreich urheberrechtlich geschützt ist, gelang es in allen Fällen, mit friedlichen Mitteln diesen Missbrauch abzustellen. Schließlich war niemals die Absicht der Urheberrechtverletzung vorhanden, sondern lediglich Unwissen über die rechtlichen Tatbestände.

Zu den eher *Bad News* zählen wir auch die kritischen Stimmen, die sich vereinzelt meldeten. Vor allem die akademische Marketingwelt äußerte in einigen Fällen Skepsis. Dieser *Community* war es vor allem wichtig, den neuen Begriff „Trojanisches Marketing" in ihre Schubladenwelt der unterschiedlichen Marketingarten richtig einzuordnen. Häufig wurde die Frage gestellt, wie sich „Trojanisches Marketing" denn gegen die eine oder andere Marketingtheorie abgrenzen lasse bzw. sich von dieser oder jener unterscheide. Auch hörten wir manchmal, Trojanisches Marketing sei „alter Wein in neuen Schläuchen", also etwas schon lange Bekanntes, dem wir nur einen neuen Namen gegeben hätten. Dazu haben wir bereits im ersten Buch zum Trojanischen Marketing Folgendes geschrieben: Wie Karl Landsteiner die Blutgruppen nicht **er**funden hat, sondern ihre Existenz entdeckte, so haben wir mit dem Trojanischen Marketing nicht etwas Neues erfunden, sondern ein altes Prinzip (die Eroberung Trojas liegt immerhin schon ziemlich lange zurück) als solches entdeckt, benannt und operationalisiert. Und diese Operationalisierung führt dazu, dass man mit dieser neuen Art, Marketing zu denken und zu tun, zu neuen Ergebnissen kommt.

Die Verwandtschaft beispielsweise mit Guerilla-Marketing oder viralem Marketing bestreiten wir nicht, im Gegenteil. Auch ein Virus bedient sich der trojanischen Technik, indem es die Wirtszellen eines Infizierten als trojanische Pferde nutzt, um sich zu vermehren und weiter zu verbreiten. Es geht uns nicht darum, akademische Diskussionen darüber zu führen, welche Schublade wir auszuwählen haben, um Trojanisches Marketing in die richtige einzusortieren, oder welche anderen Schubladen sich über, unter oder neben der unseren befinden. Uns geht es einzig und allein darum, den Menschen und Organisationen, die ihre Kunden effektiver, effizienter und nachhaltiger erreichen wollen, Methoden an die Hand zu geben, mit denen das zuverlässig gelingt.

Ohne polemisch werden zu wollen: Leider mussten wir feststellen, dass die Marketingpraktiker so gut wie immer relativ schnell verstehen, was die Methode Neues bringt — sofern sie bereit sind, sich auf Neues einzulassen. Im Gegensatz dazu waren es meist Menschen aus dem akademischen Marketingumfeld (wir vermuten: ohne praktische Marketingerfahrungen), die dazu neigten, uns Unwissenschaftlichkeit vorzuwerfen. Damit können wir leben …

3 Trojanische Marketing II – Die Geschichte geht weiter

Hiermit wird der zweite Band über die Idee und Praxis des Trojanischen Marketings vorgelegt. Was bringt er Neues?

3.1 Zauberei, Magie und das trojanische Steuerrad

Zuerst einmal gibt es eine neue Leitidee. War es im ersten Band die Dame „Ulrike", die uns durch das Buch begleitete und durch ihre Geschichten zum Gesamtbild beitrug, so ist es diesmal das Thema „Zauberei und Magie", das uns „verfolgen" wird. Bereits beim Aufschlagen des Buches sollten Ihnen die im Buchinnendeckel eingelegten Spielkarten aufgefallen sein. Das sind jedoch keine x-beliebigen, gewöhnlichen Spielkarten, sondern solche, mit denen es den Leserinnen und Lesern möglich ist, einen kleinen (einfach einzuübenden) Zaubertrick vorzuführen. Im Laufe des Buchs werden Sie weitere Anleitungen finden, mit deren Hilfe Sie Ihre Bekannten und Freunde verblüffen können. Damit wollen wir nicht zum Ausdruck bringen, dass Trojanisches Marketing mit Zauberei und „faulen Tricks" zu tun habe. Vielmehr handelt es sich bei Trojanischem Marketing um die „zauberhafte" Kunst, auf indirekten Wegen die (potenziellen) KundInnen zu erreichen. Trojanisches Marketing soll Ihnen eine Welt erschließen, in der es möglich ist, mit viel Kreativität und relativ wenig Budget Marketingerfolge zu erzielen. Magie hat viel mit Kreativität zu tun — und umgekehrt.

Wer seine magische Kreativität einsetzt,

- hat es leichter, auf Ideen zu kommen, die andere vor ihm noch nicht gehabt haben,
- hat die Chance, über scheinbar unüberwindliche Grenzen hinwegzudenken — Grenzen, die ihm, seinem Unternehmen und der Branche bisher gesetzt waren — und
- gewinnt den Mut, Neues zu denken und auszuprobieren.

Insofern hat Trojanisches Marketing viel mit Magie und Zauberkunst zu tun.

Wer gelernt hat, mit ein paar einfachen Zaubertricks seine Umgebung zu überraschen und zu verblüffen, ist nahe an der Idee des Trojanischen Marketings, die auch damit zu tun hat, seine potenziellen Kunden mit unkonventionellen Ideen zu überraschen und zu verblüffen.

Wir haben uns in diesem Metier natürlich von einem Profi beraten lassen. Johann Kellner, Präsident der *International Brotherhood of Magicians* (IBM Ring Vienna) in Wien, Gewinner zahlreicher Wettbewerbe und Träger namhafter Preise, hat uns gezeigt, wie man mit relativ einfachen Mitteln und relativ wenig Aufwand großartige Wirkungen erzielen kann.

www.magicartist.at

QR-Code: Magic Artist KELLI

www.ibmringvienna.at

QR-Code: IBM-Ring Vienna

Hier noch einmal die Grundhypothesen hinter der Idee, Magie und Zauberei als *running gag* in diesem Buch einzusetzen:

- Wer seine Mitmenschen verzaubern und überraschen kann, macht sie zumindest eine Spur glücklicher und bringt sie zum Lächeln.
- Wer zaubern kann, kann bewusster mit Mitteln gezielter Kommunikation umgehen.
- Zauberer können Leitfiguren sein, von denen die Menschen sich gerne verführen lassen.
- Magier schaffen Dinge, die scheinbar unmöglich sind, die die (physikalischen) Gesetze überwinden, die eine andere Welt erscheinen lassen.
- Gelungene Zauberkunststücke überwinden die Alltagserfahrung, dass Unmögliches nicht möglich gemacht werden kann.

Das Trojanische Steuerrad

Erinnern Sie sich noch an das trojanische Grundrezept? Es lautete:

1. Man nehme ein der Zielgruppe bekanntes Produkt, eine bekannte Dienstleistung, ein attraktives Geschenk, ein Leistungsversprechen o. Ä., das für die Zielgruppe attraktiv ist und von dem anzunehmen ist, dass sie es freudig und gerne akzeptiert bzw. haben will.
2. Dann fülle oder verknüpfe man dieses Objekt mit einer neuen Idee, einem neuen Produkt, einer Datenabfrage, einer zusätzlichen Leistung o. Ä., die man der Zielgruppe vermitteln will.
3. Weiterhin treffe man geeignete Maßnahmen, damit das Bekannte mit der Zielgruppe in Kontakt kommt, nachgefragt und konsumiert wird, d. h., man macht Werbung für das Bekannte, plant z. B. Aktionen am Point of Sale (POS) o. Ä.
4. Schließlich präsentiere man der Zielgruppe das Neue mithilfe des Alten.

Das klingt etwas abstrakt und ist möglicherweise noch nicht aussagekräftig genug. Lassen Sie uns daher, um konkreter zu werden, ein Gedankenexperiment machen:

Nehmen wir an, Sie wollen ein neues Produkt an eine Zielgruppe verkaufen, die Sie bisher nicht genau kennen und zu der Sie keine Geschäftsbeziehung pflegen. Jetzt können Sie natürlich — das wäre herkömmliches Marketing — diese Zielgruppe bis ins letzte Detail analysieren und darauf aufbauend einen Marketingmix konstruieren, also die übliche („klassische") Kommunikationssalve verschießen. Das ist in aller Regel ziemlich aufwendig, teuer, zeitintensiv.

Sie können aber auch — das ist dann Trojanisches Marketing — versuchen herauszufinden, was Ihre Zielgruppe sonst noch für Gewohnheiten, Vorlieben, Verhaltensweisen, Kaufpräferenzen etc. hat. Wenn Sie das eruiert haben, können Sie darüber nachdenken, mit welchen Anbietern von für die Zielgruppe gewohnten und bewährten Produkten bzw. Leistungen Sie sich verbünden könnten, um die Zielgruppe über diese indirekt ebenfalls zu erreichen.

Nehmen wir beispielhaft an, Sie sind Steuerberater, der Klienten aus dem Bereich Handwerksbetriebe dazugewinnen möchte. Herkömmliches Marketing wäre z. B., ein Mailing (per Post oder elektronisch) an die Unternehmen zu starten, die es laut Gelben Seiten in der Region gibt. Das ergäbe wahrscheinlich eine Trefferquote, die sich maximal im unteren einstelligen Prozentbereich bewegt, wenn überhaupt — und das bei einem ziemlich hohen zeitlichen Aufwand.

Die trojanische Alternative: Überlegen Sie, welche Produkte und Dienstleistungen im Bereich selbstständiger Handwerksbetriebe bereits weitgehend etabliert sind. Das Ergebnis Ihrer Überlegungen wäre vielleicht, dass solche Handwerksbetriebe z. B. häufig Kunden von fachspezifischen Großhändlern, Baumärkten etc. sind; oder dass sie bestimmte EDV-Hardware kaufen; oder dass sie bestimmte Softwareprodukte einsetzen; oder dass sie bestimmte Autotypen bevorzugen (Transporter o. Ä.); oder dass sie sich in einem bestimmten Gemeindegremium bzw. einer bestimmten politischen Gruppierung treffen; oder dass sie Mitglied einer Handwerksinnung sind …

Und dann fällt es nicht mehr schwer, zu entscheiden, welche Kommunikationswege beschritten werden könnten/sollten, um die Zielgruppe da abzuholen, wo sie sich üblicherweise aufhält — und das auch ohne große Streuverluste, die bei ungezielten Massenwerbungen unvermeidlich auftreten.[1]

Das heißt: Suchen Sie gezielt die Orte und Gelegenheiten auf, die Ihre Zielgruppe üblicherweise frequentiert und platzieren Sie dort Ihre Informationen und Angebote! Und das mit viel größerer Erfolgswahrscheinlichkeit und mit garantiert niedrigeren Kosten.

Um die Sache weiter zu vereinfachen, benutzen wir eine praktikable Darstellung: Das „Trojanische Steuerrad" (s. Abb. 1 unten). Dieses Steuerrad werden wir ab jetzt für alle Beispiele heranziehen, mit deren Hilfe wir das trojanische Grundprinzip veranschaulichen und exemplarisch darstellen werden. Es soll gleichzeitig die „Zauberformel" sein, mit der ein konkretes Marketingproblem mittels trojanischer Methodik gelöst wird.

---

[1] Hier wird zum ersten Mal die „DAWOS-Strategie" angesprochen. Darüber in einem späteren Kapitel mehr und Ausführlicheres.

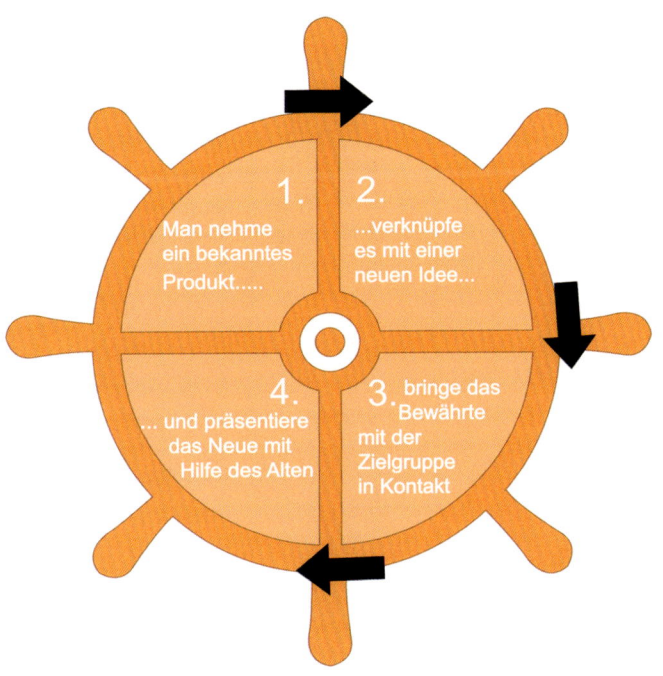

Abb. 1: Das Trojanische Steuerrad

Das Steuerrad soll ab sofort das „Mantra" darstellen, das hilft, in trojanischen Kategorien zu denken. Es soll immer wieder das „Rezept" ins Gedächtnis rufen, nach dem Trojanisches Marketing funktioniert.

3.2 Trojanisches Marketing – dasselbe wie …?

Wie schon bei der Behandlung der akademischen Einwände angedeutet, werden wir immer wieder gefragt, ob Trojanisches Marketing nicht dasselbe sei wie z. B. virales Marketing, Guerilla-Marketing etc. Natürlich gibt es gemeinsame Merkmale. Aber noch einmal: Es geht uns nicht darum, im Nachhinein eine Aktion einer bestimmten Nomenklatur zuzuordnen. Trojanisches Marketing ist keine deskriptive „Wissenschaft", sondern eine Handlungsmaxime, die es erleichtern soll, mit geringerem Aufwand ein Mehr an Ergebnissen zu erzielen, also das Verhältnis von Input zu Output zu verbessern („ökonomisches Prinzip").

Trotzdem wollen wir im Folgenden die gängigsten Begriffe und Marketingansätze[2] vor dem Hintergrund beleuchten, in welcher Beziehung sie zum Trojanischen Marketing stehen. Wir stellen uns die Fragen: Welche Gemeinsamkeiten gibt es, wo ergänzen sich Trojanisches Marketing und die hier beschriebenen Strategien? Auf welche Weise kann sich Trojanisches Marketing die anderen Strategien zunutze machen?

… Ambient Marketing

Ambient Marketing (auch: *Ambient Media*, *Ambient Advertising*, *Street Marketing*) bedeutet, die alltägliche Umgebung (das „Ambiente") der potenziellen Kunden zu nutzen, um dort Information und Werbung in meist auffälliger Weise zu platzieren. Das erinnert stark an die DAWOS-Strategie (vgl. Kapitel 4.8) des Trojanischen Marketings, allerdings mit einem gravierenden Unterschied: Beim Ambient Marketing geht es im Prinzip nicht um kleine Budgets; im Gegenteil: die 1.000-Kontakte-Kosten dieser Methode sind in der Regel deutlich höher als die klassischer Werbung. Allerdings werden — weil die DAWOS-Strategie angewendet wird — deutlich geringere Streuverluste erzielt. *Ambient Marketing* gehört also ins Kapitel 4.8 „DAWOS — zielführende trojanische Strategie", es realisiert also einen wichtigen Teil der Methode.

Um die beiden Methoden voneinander zu unterscheiden: *Ambient Media* nutzt jegliche Art öffentlicher Räume für Werbezwecke, nicht nur die besonders spektakulären. Dabei kommt es nicht darauf an, dass die zu erreichende Zielgruppe besonders häufig dort anzutreffen ist; vielmehr geht es um Massenwirkung. Wenn *Ambient Media* trojanisch agiert, dann spielt auch der Aspekt der Zielgruppenselektion eine wichtige Rolle.

Wie wir später erläutern werden, bedeutet hingegen die „DAWOS-Strategie" (gemeint ist eigentlich: „da, wo's"), die potenziellen Kunden dort aufzusuchen und anzusprechen, wo sie mit überproportional hoher Wahrscheinlichkeit anzutreffen sind. Das kann der öffentliche Raum (besser: ein bestimmter öffentlicher Raum) sein, muss es aber nicht.

Aus der Praxis

Suchen Sie im Internet, z. B. in Google, nach dem Stichwort *„Ambient Media"* und lassen Sie sich „Bilder" anzeigen. Dort finden Sie eine Unmenge an Beispielen, wie kreative Unternehmen ihre Produkte in den Alltag ihrer potenziel-

---

[2] In Anlehnung an: Schwarzbauer 2009.

len Kunden integriert haben, zum großen Teil sehr innovativ, überraschend und witzig. Jetzt prüfen Sie bei jedem einzelnen dieser Beispiele, inwieweit der Ort der Präsentation besonders mit der Zielgruppe assoziiert ist. Sobald Sie feststellen, dass dieser Ort ein geeignetes Trojanisches Pferd darstellt, um die richtige Zielgruppe zu erreichen, handelt es sich gleichzeitig um *Ambient Media* und Trojanisches Marketing.

Die Höhe des eingesetzten Budgets ist im Übrigen kein Allein-Kriterium für die Entscheidung, welche Marketingmethode verwendet wird. Zwar wurde bisher mehrfach betont, dass Trojanisches Marketing grundsätzlich mit geringen Budgets auskommt, Ausnahmen sind jedoch durchaus erlaubt.

… Ambush-Marketing

Ambush-Marketing (engl. *ambush* = Versteck, Hinterhalt; man spricht im deutschen Sprachraum auch gerne von „Schmarotzer-Marketing") bedeutet, dass ein Unternehmen, das nicht als offizieller Sponsor bzw. Marketingpartner z. B. bei einem sportlichen Großevent beteiligt ist (und daher bei diesem Ereignis nichts für Werbung bezahlt), trotzdem diese Veranstaltung zu eigenen Werbezwecken nutzt. *Ambush*-Marketing agiert oft jenseits der Legalitätsgrenze und ist daher ziemlich umstritten. Bortoluzzi et al. (2002) bezeichnen *Ambush*-Marketing als „das unerlaubte Trittbrettfahren, bei dem ein Außenseiter von einem Anlass profitiert, ohne selbst Sponsor zu sein".

Abgesehen davon, dass Trojanisches Marketing keiner illegalen Methoden bedarf, besitzt *Ambush*-Marketing den trojanischen Aspekt, dass ein von anderen initiiertes bzw. bezahltes Ereignis als Trojanisches Pferd für eigene Zwecke benutzt wird. Man könnte hier auch von „Kuckuck-Marketing" sprechen (weil eigene Eier in fremde Nester gelegt werden). Obwohl *Ambush*-Marketing in der Regel zur Schwächung der Werbewirkung des offiziellen Sponsors zugunsten des „Schmarotzers" führt, halten wir (wie Schwarzbauer, s. o.) *Ambush*-Marketing für eine ziemlich riskante Methode.

Aus der Praxis

Besonders im Sportbereich wurde und wird *Ambush*-Marketing mitunter eingesetzt. Wenn ein sportliches Großereignis (Meisterschaften, Olympische Spiele etc.) stattfindet, gibt es in der Regel einen Hauptsponsor pro Produktgruppe. Nehmen wir an, die Brauerei A tritt als Hauptsponsor auf und zahlt viel Geld für die exklusive Möglichkeit, an der Sportstätte vertreten zu sein. Schmarotzer-Marketing liegt dann vor, wenn z. B. ein Mitbewerber — ohne zu zahlen — einen Großteil der Besucher mit seinen Werbetextilien (T-Shirts, Hüte) ausstattet, die diese dann kamerawirksam im Stadion vorzeigen. Was es auch schon gegeben hat: Der Mitbewerber chartert ein Sportflugzeug, das mit einer Werbeschleife über das Stadion fliegt.

Diese Methode hat durchaus trojanische Aspekte, da die fremd-gesponsorte Veranstaltung als Trojanisches Pferd für eigene Zwecke missbraucht wird. Wir möchten uns aber davon distanzieren, solche illegalen Methoden einzusetzen, die generell geeignet sind, das Ansehen von professionellem Marketing zu untergraben.

... Buzz-Marketing

Marketing mithilfe von Gerüchten (engl. *buzz* = Gerücht), das meint *Buzz*-Marketing. Es geht um Mundpropaganda („word of mouth"), d. h. darum, dass Menschen einander Geschichten erzählen, die sie wiederum von anderen gehört haben. Das ist eigentlich eine Unterabteilung des sogenannten viralen Marketings (s. u.). Es gilt, solche Geschichten zu (er-)finden, die sich dafür eignen, von Menschen bereitwillig weitererzählt zu werden. Dafür müssen sie bestimmte Kriterien erfüllen. Sie müssen überraschend, witzig, spannend, unerwartet, pointiert etc. sein, d. h. vom Normalen abweichend und deshalb erzählenswert sein.

Trojanisch daran ist der Aspekt, dass eine solche Geschichte als Trojanisches Pferd für eine Werbebotschaft verwendet wird. Nur witzig, unnormal etc. zu sein genügt nicht, es muss auch eine Werbung für ein bestimmtes Produkt bzw. eine bestimmte Dienstleistung mit dem Gerücht verbunden sein. Abgesehen davon, dass es erheblicher kreativer Leistung bedarf, um ein zum Produkt passendes Gerücht zu (er-)finden, besteht der zweite Kreativitätsschritt darin, passende „Leitungen" für die maximale Verbreitung der Geschichte zu finden und zu nutzen. Die Gefahr ist, dass das Gerücht seine Attraktivität für die ins Auge gefassten Zielgruppen verliert und sich totläuft. Daher ordnet Schwarzbauer dieser Methode ein hohes Misserfolgsrisiko bzw. eine niedrige Erfolgswahrscheinlichkeit zu.

Was leider auch oft passiert: Das Gerücht ist spannend und erzählenswert, es wird daher auch weitergetragen und alle finden es toll und witzig. Aber: Das Produkt, um das es eigentlich gehen sollte, verschwindet im Laufe der Zeit aus der Erzählung und wird durch Beliebiges ersetzt. Dann war der ganze kreative Aufwand umsonst, die potenziellen Konsumenten erzählen einander witzige Geschichten, wissen aber nicht mehr, zu welchem Produkt die Geschichte eigentlich gehört.

Aus der Praxis

Wenn wir mit Studentinnen und Studenten Marketingseminare durchführen, passiert es bei der Besprechung von Beispielen häufig, dass die Studierenden — von uns aufgefordert, selbst erlebte Beispiele einzubringen — von Werbeerlebnissen berichten, die sie kürzlich hatten. Oft können sie in allen Einzelheiten sämtliche Details z. B. eines TV-Fernsehspots schildern. Leider müssen sie bei der Frage, um welches Produkt es sich gehandelt habe, in den meisten Fällen passen.

Besonders häufig passiert das bei Produkten einer Branche, in der relativ viele verschiedene Marken um die potenziellen Käufer buhlen, z. B. im Kfz-Bereich.

... Guerilla-Marketing

Bereits im Jahr 1984 erschien das „*Guerilla-Marketing-Handbuch*" von Jay C. Levinson, einem US-amerikanischen Marketingexperten, das inzwischen in mehr als 40 Sprachen übersetzt und ca. 15 Millionen Mal verkauft wurde.

Guerilla stammt aus dem Spanischen und bedeutet „Kleinkrieg" (während *Guerra* den „normalen" großen Krieg bezeichnet). Es geht fast immer um einen Krieg der Schwächeren (der Einheimischen) gegen den Stärkeren (den Usurpator, Besatzer). Besonders prägend für den militärischen Begriff war der Kampf der vietnamesischen Partisanen „Vietcong" gegen die amerikanischen Truppen in der Mitte des zwanzigsten Jahrhunderts. Während die Amerikaner mit einer zahlenmäßig riesigen und professionellen Streitmacht kämpften, verlegten sich ihre vietnamesischen Gegner immer mehr darauf, ihnen kleine „Nadelstiche" zu versetzen. Sie überfielen beispielsweise in der Nacht mit einer kleinen Gruppe amerikanische Truppenteile, versetzten diesen empfindliche Schläge, um gleich darauf wieder in der Dunkelheit zu verschwinden. Essenzielle Aspekte des Guerillakrieges waren also das Überraschungsmoment, der Einsatz relativ geringer Mittel und die dadurch erreichten relativ großen Ziele.

Dasselbe gilt auch für Guerilla-Marketing. Auch hier geht es darum, mit möglichst wenig Aufwand (= Budget) und mit überraschenden Aktionen die Zielgruppen möglichst erfolgreich anzusprechen und sie von den Vorzügen des beworbenen Produktes zu überzeugen.

Obwohl von immer mehr Großunternehmen als Bestandteil ihres Marketingmix' eingesetzt, ist Guerilla-Marketing eigentlich und *per definitionem* der „Krieg der Kleinen gegen die Großen". Es gilt die Politik der zielgerichteten, hoch wirksamen, aber kostengünstigen Nadelstiche mit nachhaltiger Wirkung.

Trojanisch ist Guerilla-Marketing dann, wenn Trojanische Pferde eingesetzt werden. Diese nutzen vor allem das vorhandene Umfeld der Zielgruppe (um beim oben genannten Bild zu bleiben: den vietnamesischen Dschungel), um bei Nacht und Nebel (also völlig unvorhergesehen und überraschend) die Zielgruppe zu „überfallen" und zu „attackieren".

Häufig wird der Begriff Guerilla-Marketing auch als Oberbegriff für alle eher unkonventionellen Marketingmethoden eingesetzt, er umfasst dann Virales Marketing, *Ambush-Marketing*, *Ambient*-Marketing etc. Das zeigt sich vor allem dann, wenn man im Internet nach dem Begriff sucht und sich Bilder anzeigen lässt. Dann kommt vieles zum Vorschein, das sich auch unter andere Methoden subsumieren lässt.

Es sieht so aus, als sei Guerilla-Marketing inzwischen ein Synonym für „unkonventionelles Marketing" geworden.

… Social-Media-Marketing

Social Media bezeichnen die inzwischen mehr oder weniger weltumspannend verbreiteten sozialen Netzwerke wie *Facebook*, *Youtube*, *Twitter*, Google+, LinkedIn, XING etc. Ursprünglich einzig dazu konzipiert, persönliche Kommunikationsplattformen zwischen einzelnen Individuen mit gleichartigen Merkmalen und/oder Interessen zu sein, wurden daraus inzwischen „Marketingmaschinen". Diese werden (noch immer zunehmend) von großen, mittleren und kleinen Unternehmen genutzt, um ihre Marketingbotschaften in den digitalen Welten zu verbreiten. Dabei gibt es vor allem virale Mechanismen, die angewendet werden. „Freunde" (oder „*Follower*" oder „Kontakte" …) geben an „Freunde" (etc.) ihre Informationen weiter, darunter auch Marken- und Marketingbotschaften kommerzieller Unternehmen. Um die Unternehmen herum bilden sich „Gruppen" und „Freundeskreise", die sich als besonders produktaffin deklarieren.

Der trojanische Aspekt dieser Marketingmethode ist die Tatsache, dass die „Freundschaft" das Trojanische Pferd darstellt, das dazu genutzt wird, Informationen weiterzureichen. Wenn der *Facebook*-Nutzer etwas mit „Gefällt mir" markiert, dann teilt er das seinen „Freunden" in dieser Sekunde mit. Und wenn er eine bestimmte Seite oder andere Informationen „teilt", dann erfahren auch das alle seine mehr oder minder zahlreichen „Freunde", und sie können diese Informationen ihrerseits an ihren Freundeskreis weiterleiten. Ein eindeutig viraler Vorgang (s. u.).

Auf jeden Fall gilt, was Gerhard Laga, Leiter des E-Center der Wirtschaftskammer Österreich, zum Thema sagt: „Das Web 2.0 ist in den Unternehmen angekommen.

Dienste wie *Twitter*, *Facebook* & Co. haben innerhalb kürzester Zeit unsere Kommunikation auch in der Geschäftswelt verändert. Die Meinungen dazu gehen auseinander: Vorteil und Chance? Oder doch Risiko und Gefahr? Feststeht, dass Unternehmen die wachsende Beliebtheit und Bedeutung der Sozialen Netzwerke nicht mehr ignorieren können."[3]

Aus der Praxis

Inzwischen haben nicht nur die großen Unternehmen und Konzerne *Facebook* als Marketinginstrument entdeckt, in das sie viel Geld und Manpower investieren, sondern auch sehr viele kleine und mittelgroße Firmen. Es gibt zahlreiche „Fanseiten", auf denen versucht wird, mit potenziellen Kunden in einen Dialog zu treten. Oft wird auch der Versuch unternommen, die Konsumenten in die Entwicklung zukünftiger Innovationen einzubinden.

... Virales Marketing

Der Begriff des viralen Marketings leitet sich aus der Biologie ab. Bekanntlich ist ein Virus ein „Lebewesen" (die Definition ist allerdings unter Biologen umstritten), das sich nicht aus eigener Kraft vermehrt, sondern sich zum Zweck der Reproduktion fremder Wirtszellen bedient. Diese bringt es dazu, die eigene DNA zu kopieren und damit unzählige neue Viruskopien herzustellen. Ein Virus bedarf also immer fremder Hilfe, um sich zu vermehren und zu verbreiten.

Genau so funktioniert virales Marketing. Man schafft ein Kommunikationsvehikel, das sich leicht verbreiten lässt und das seine „Wirte" dazu bringt, von sich aus und freiwillig für maximale Verbreitung zu sorgen. Dazu bedarf es natürlich attraktiver Inhalte, von denen angenommen wird, sie seien so außergewöhnlich, dass ihre Empfänger (= Zwischenwirte) mit eigenen Mitteln Kopien in großer Zahl in Umlauf bringen. Trojanisch wird virales Marketing dann, wenn Trojanische Pferde mittels der Mechanismen des viralen Marketings verbreitet werden.

Inzwischen ist virales Marketing ein vielgenutztes Schlagwort, das von einschlägigen Werbeagenturen gerne als Ziel ihrer Arbeit genannt wird. Alle Werbung läuft darauf hinaus, dass ihre Botschaften viral weiterverbreitet werden. Doch das gelingt nur wenigen mit wenigen Aktionen. Findet virales Marketing z. B. über die Plattform *YouTube* statt, ist die Klickrate, die ein Video erreicht, ein guter Gradmesser für seine Wirksamkeit. Nur wenigen Spots gelingt es, in Millionen-Sphären zu gelangen.

---

[3] Gastkommentar in medianet technology, 24.08.2012, S. 38.

Virale Verbreitungsmuster zu nutzen, ist nur ein Aspekt im Trojanischen Marketing. Dabei geht es nicht so sehr um die Quantität, d. h. darum, wie viele Personen erreicht werden. Es geht vielmehr um die Qualität, also die Zielgruppen-Treffergenauigkeit. Auch kleine Unternehmen oder Freiberufler können mit viralen Methoden arbeiten. Es kann auch in dieser Größenordnung gelingen, die (potenziellen) Kunden dazu zu bringen, die Botschaft über das eigene Produkt bzw. die eigene Dienstleistung selbstständig und aus eigenem Antrieb im Freundes- und Bekanntenkreis zu verbreiten. Die Inhalte müssen entsprechend attraktiv — also mit einem Nutzen bzw. einer nützlichen Information verbunden — sein.

Aus der Praxis

Eine der erfolgreichsten viralen Kampagnen der relativ frühen Internet-Jahre war das vom Whiskey-Hersteller Johnnie Walker 1999 in Auftrag gegebene Werbespiel „Moorhuhn", das Millionen Anhänger und Mitspieler fand. In relativ kurzer Zeit erreichte das Spiel eine große Breitenwirkung, von der — zumindest am Anfang — auch die Marke profitierte. Mit zunehmender Verbreitung aber trat die Marke immer mehr in den Hintergrund. Damit verlor das Spiel immer mehr seine Werbewirkung für die Marke Johnnie Walker.

Das meistgesehene virale Video des Jahres 2012 war eine Aktion des belgischen TV-Senders TNT, das nach nicht einmal einem Jahr eine Zahl von fast 45 Millionen Sehern auf *YouTube* verzeichnen kann (es kam bereits nach den ersten vier Tagen auf 16 Mio. Views). Das Video zeigt eine belgische Kleinstadt, auf deren Hauptplatz ein roter Knopf angebracht ist. Eine Tafel weist mit dem Text „Push to add drama" auf diesen roten Button hin. Als sich endlich ein Passant traut, dieser Aufforderung nachzukommen, beginnt eine dramatische „Räuberpistole" mit allen Action-Elementen, die man aus Kino- und Fernsehfilmen kennt. Als das Drama nach wenigen Minuten zu Ende ist, entrollt sich vor der Fassade eines Hauses ein großes Transparent mit der Message „Your daily dose of drama. From 10/4 von Telenet/TNT". Dieser Hinweis bezog sich auf den Start des TV-Senders am 10. April 2012 in Belgien (http://www.youtube.com/watch?v=316AzLYfAzw).

3.3 Virales Marketing & Co. trojanisch nutzen

Um es noch einmal zusammenzufassen: Jede der genannten Methoden kann — muss aber nicht — trojanische Aspekte haben. Nämlich immer dann, wenn es um Kundenansprache mit indirekten Mitteln mithilfe eines wie auch immer definierten Trojanischen Pferdes geht. Trojanisches Marketing ist eine Strategie, die *ex ante* zum Tragen kommt. Es handelt sich um eine Methode, die eingesetzt wird, um zunächst durch Überlegungen neue Märkte bzw. Marktsegmente zu identifizieren und sie anschließend zu erobern. Bei den anderen genannten Methoden geht es eher um eine Erklärung *ex post*: Also um die Frage, in welche Schublade eine bereits stattgefundene Aktion eher passt, welches Etikett man ihr im Nachhinein aufklebt. Stark verkürzt: Trojanisches Marketing heißt denken, suchen, konzipieren, (er-)finden, planen, umsetzen.

Virales Marketing z. B. funktioniert nur dann, wenn ein Virus vorhanden ist, das sich auch wirklich wie ein biologisches Virus verbreitet. So etwas lässt sich im Vorhinein kaum planen. Optimieren lassen sich Verbreitungsgeschwindigkeit und -quantität jedoch dadurch, dass bei der Planung in trojanischen Kategorien gedacht, also die Frage gestellt wird, welche Trojanischen Pferde (z. B. Kooperationspartner, Empfängermotive, Verbreitungskanäle, Multiplikatoren und *Opinion Leaders*) genutzt werden können. In anderen Worten: Virales Marketing ist umso erfolgreicher, je mehr trojanische Aspekte dabei berücksichtigt werden. Es gibt also — um ein häufig geäußertes Argument zu entkräften — keine Gegensätze zwischen Trojanischem Marketing und den oben beschriebenen Methoden — und schon gar keine Konkurrenz.

Und noch einmal: Eigentlich ist es uns ziemlich egal, wie Sie eine Marketingaktion benennen und in welche Kategorie Sie sie einordnen. Uns geht es einzig und allein darum, Ihnen Anregungen und Hilfestellungen zu geben, wie Sie in Zukunft noch effektiver und effizienter Ihre Marketingbudgets einsetzen — eben indem Sie die in diesem Buch vorgestellten Prinzipien des Trojanischen Marketings verfolgen. Insofern ist es ziemlich sinnlos, das hier vorliegende Buch nur zu lesen. Seinen Sinn bekommt die Lektüre dadurch, dass Sie ab sofort (noch mehr) trojanisch denken, wenn Sie Ihre nächsten Marketingaktivitäten planen.

3.4 Trojanisches Marketing – Wer profitiert?

Es sind immer in erster Linie die üblichen *Big Players*, die von neuen Marketingansätzen profitieren. Sie können es sich mit ihren dicken Brieftaschen erlauben, etwas Neues auszuprobieren, ohne dass sie ihre gewohnten Aktivitäten aufgeben müssten. Daher war auch klar, dass ein Großteil der Beispiele im ersten Buch über das Trojanische Marketing aus diesem Bereich stammte, was uns ein bisschen zum Vorwurf gemacht wurde. Daher wollen wir in diesem Buch die Gewichte deutlich anders verteilen. Natürlich wird es wieder einige Beispiele von Großunternehmen geben, weil diese oft spektakulär, besonders professionell umgesetzt und bestens dokumentiert sind.

Daneben soll mindestens derselbe Wert auf die Welt der kleinen und mittleren Unternehmen (KMUs) inklusive auch der Einpersonenunternehmen (EPUs) sowie der Freiberufler (Ärzte, Rechtsanwälte, Architekten, Notare, Physiotherapeuten, Masseure etc.) gelegt werden. Bei den kleineren Unternehmen sind es oft selbstständige, sogenannte „kleine" Handwerker, die das Marketing stark vernachlässigen. Einerseits, weil sie dazu keine Ausbildung bekommen haben, andererseits, weil sie sich normalerweise lieber auf ihre handwerklichen Tätigkeiten konzentrieren, und drittens, weil sie häufig nicht daran gewöhnt sind, Ideen zu entwickeln, die über das Branchenübliche hinausgehen.

Essentiell geht es um die Verbindung von maximaler Kreativität mit minimalem Budget. Und das können nicht nur die Großen (sich) leisten, sondern auch jedes noch so kleine Unternehmen. Als Kleinunternehmer oder Freiberufler muss man sich nur die richtigen Informationen beschaffen (z. B. mit diesem Buch) und dazu bereit sein, einmal anders zu denken als bisher, anders als die anderen aus der gleichen Sparte oder aus ähnlichen Branchen — man muss bereit sein, in unkonventionellen Kategorien zu denken und auch auf den ersten Blick „verrückte" Ansätze zulassen, die weit über den eigenen Tellerrand hinausgehen. Wer von vornherein vor allem die Grenzen des Möglichen im Auge hat, wird es nicht schaffen, auch nur in die Nähe dieser Grenzen zu gelangen. Nur wer sich traut, im ersten Denkansatz die Grenzen zu ignorieren und „ins Unendliche" auszudehnen, wird in der Lage sein, das Maximum innerhalb der Grenzen zu erreichen (nachdem das wirklich Unmögliche eliminiert wurde).

Das sind keine Aussagen, die von den Autoren „aus der Luft gegriffen" wurden. Bei zahlreichen unserer Beratungskunden (und bei den Übungsprojekten unserer Studenten) haben wir die Erfahrung machen können, dass es den meisten am Anfang ziemlich schwerfällt, den „inneren Zensor" abzuschalten und wirklich zu „spinnen", auch zunächst verrückt erscheinende Ideen zuzulassen. Vor allem „erfahrene Praktiker" tun sich in der Regel sehr schwer damit, die ihnen seit Jahren in Fleisch und Blut übergegangenen Beschränkungen und Gewohnheiten vorübergehend über Bord zu werfen. „Das haben wir noch nie so gemacht" (oder „das haben wir schon immer so gemacht"), „das geht doch nicht", „das kann man nicht machen" und Ähnliches ist dann zu hören. Meist dauert es einige Zeit und bedarf einer strengen Moderatorenhand, bis ein kreatives *Brainstorming* ohne diese Einschränkungen möglich ist.

Lassen Sie uns mithilfe einer Grafik erläutern, wie wir die Begrenzungsproblematik sehen. Nehmen wir an, Sie kennen den Rahmen und die Grenzen Ihrer Aktivitäten und zeichnen diese wie folgt auf:

Abb. 2: Aktivitätsgrenzen

Wenn Sie im Bewusstsein dieser Grenzen beginnen nachzudenken, werden Sie immer versuchen, die Grenzen nur ja nicht zu überschreiten, werden sich also vorsichtshalber in gebührendem Abstand zu diesen bewegen. Das heißt: Sie realisieren die Begrenzung der folgenden Gedankenfläche, füllen also nicht die gesamte zur Verfügung stehende Fläche aus:

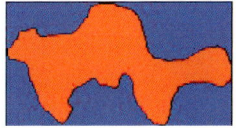

Abb. 3: Gedankenfläche innerhalb der Aktivitätsgrenzen

Im Gegensatz dazu unser Vorschlag einer grenzüberschreitenden Denkweise. Wenn Sie so denken, sieht das erste Ergebnis folgendermaßen aus:

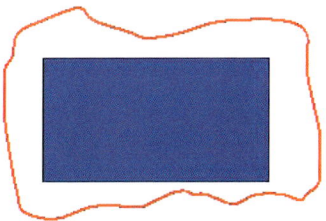

Abb. 4: Grenzüberschreitender Denkprozess

Hier ist klar, dass Sie mit Ihrem Denkprozess die gesetzten und zu respektierenden Grenzen deutlich überschritten haben, was natürlich nicht zulässig ist. Wenn Sie jetzt alles entfernen, was über die Grenzen hinausgeht, kommen Sie auf jeden Fall zu einem Ergebnis, das den kompletten Möglichkeitsrahmen ausschöpft.

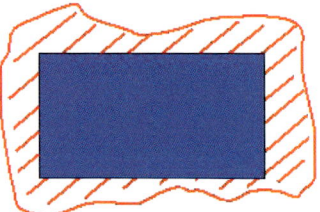

Abb. 5: Korrektur des grenzüberschreitenden Denkprozesses

Das Ergebnis, bei dem die Grenzen komplett ausgeschöpft wurden, ist damit wesentlich größer als das des Denkprozesses, der die Grenzen von vorneherein mit berücksichtigt hat.

Möglicherweise kommen Sie sogar zu einem noch besseren Ergebnis: Es kann sein, dass sich durch den Gedankenprozess nicht nur der bisherige Rahmen vollständig ausschöpfen lässt, sondern dass die Begrenzungen an sich bisher zu eng gesetzt waren (Gewohnheit, Konventionen, Angst davor, neues Territorium zu betreten etc.). Ein zusätzlicher Effekt könnte also sein, dass nicht nur die gesetzten Grenzen ausgeschöpft werden, sondern dass sich der ganze Rahmen erweitert und damit das Endergebnis weit über das anfänglich intendierte Maß hinausgeht.

Abb. 6: Erweiterte Aktivitätsgrenzen

Wenn wir vorschlagen, die Grenzen bei den ersten Denkübungen außer Acht zu lassen, wollen wir damit nicht zur Illegalität einladen. Natürlich gibt es rechtliche, moralische, Geschmacksgrenzen etc., die zu überschreiten ein absolutes *No go* ist. Was wir vorschlagen: Grenzüberschreitend (besser: Grenzen ignorierend) denken; dann so lange reduzieren, bis die Grenzen gerade noch eingehalten werden. Und — wenn möglich — den bisher gesetzten Rahmen ausdehnen.

Andererseits:

Es gibt Marketer, die der Meinung sind, dass es für die maximale *Awareness* einer Marketingaktion durchaus sinnvoll sei, (z. B. rechtliche) Grenzen bewusst zu tangieren oder sogar zu überschreiten, um so etwas wie einen Skandal zu provozieren. Damit — so meinen sie — erreiche man nicht nur die ohnehin durch die Marketingaktion gesetzten Ziele, sondern zusätzlich öffentliche Berichterstattung mit zusätzlichen Werbeimpulsen. In den meisten Fällen übersteige der zusätzlich erwirtschaftete Werbewert die (einzukalkulierende) Strafe deutlich.

Damit sich nicht nur Marketing-*Greenhorns*, sondern insbesondere auch erfahrene Marketingleute an Trojanisches Denken gewöhnen, haben wir auch in diesem Buch zahlreiche praktische Beispiele angeführt. Diese sind in der Regel mit Bildern versehen, die den Leserinnen und Lesern zeigen sollen, wie die beschriebenen Aktionen in der Praxis umgesetzt wurden. Darüber hinaus gibt es konkrete Handlungsanleitungen („Rezepte") und Checklisten, die helfen sollen, nicht nur trojanische Ideen zu suchen und zu finden, sondern diese auch bestmöglich in die Tat umzusetzen.

Damit erst einmal genug der „Vorrede" (eigentlich sind wir ja schon mitten im Thema angekommen). Jetzt laden wir Sie ein, die weiteren Kapitel des Buchs zu lesen. Aber, wie schon einmal gesagt: Lesen allein ist nicht genug!

Zauberei: Visitenkartendruck

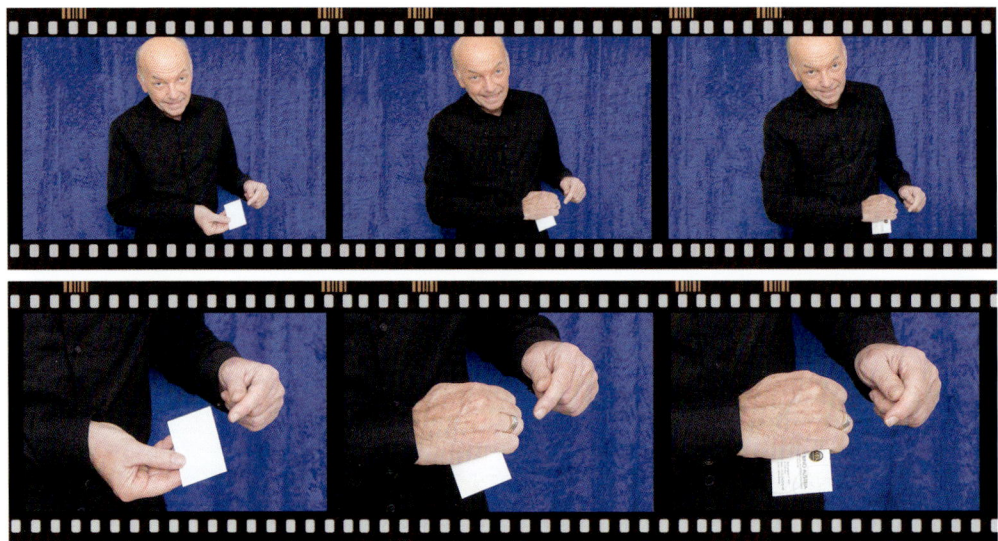

Abb. 7: Zauberkunststück: Visitenkartendruck

Hier zeigen wir Ihnen einen einfachen Trick, den Sie dazu nutzen können, Ihren Geschäftspartnern Ihre Visitenkarten etwas effektvoller als üblich zu überreichen. Das könnte so gehen:

Sagen Sie Ihrem Gesprächspartner, dass Sie ihm gerne eine Visitenkarte übergeben würden, Sie aber leider nur unbedruckte Exemplare mitgenommen haben. Zeigen Sie ihm diese leere Visitenkarte — ohne jeglichen Text. Sagen Sie aber dazu, dass es Ihnen vielleicht gelingt, diese Visitenkarten mit Ihren mentalen Fähigkeiten zu bedrucken.

Probieren Sie es einige Male aus (nicht zu oft, das könnte peinlich werden); aber leider gelingt es Ihnen nicht. Erst nachdem Sie zusätzlich etwas Zaubersalz auf die Karte gestreut haben, ist sie plötzlich bedruckt und kann überreicht werden.

Wie das geht?

Es hängt alles von einer einfachen Handhaltung ab. Wenn Sie die leere Visitenkarte (also die Rückseite der echten) vorzeigen, legen Sie diese relativ weit vorne auf die ausgestreckten Finger (s. Abb. 7 oben). Jetzt schließen Sie die Hand und drehen sie gleichzeitig (!) um 180° (also so, dass der Handrücken dann nach oben zeigt). Dabei dreht sich die Karte quasi von selbst so, dass wieder die leere Rückseite nach oben zeigt, wenn Sie sie (wie in Abb. 7 unten) von hinten aus der Hand herausziehen. Das tun Sie so lange, wie Sie demonstrieren wollen, dass der „Druck" doch nicht funktioniert.

Sobald Sie eine bedruckte Karte zeigen wollen, legen Sie die Karte direkt in die Handfläche. Wenn Sie jetzt die Hand um 180° drehen, wird die Karte diese Drehung nicht mitmachen und kann als bedruckte Version nach hinten herausgezogen werden.

Auch diesen Trick sollten Sie ein paar Mal üben, bevor Sie ihn beim konkreten Geschäftspartner anwenden.

Wir möchten ausdrücklich darauf hinweisen, dass es nicht in jeder Situation und bei jedem Geschäftspartner angebracht ist, diesen Gag zu versuchen. Man könnte auch im einen oder anderen Fall als nicht seriös genug angesehen werden. Das gilt im Übrigen für alle der hier vorgestellten Zauberkunststücke.

4 Die trojanische Toolbox

Die folgenden neun Unterkapitel beschäftigen sich vor allem mit den praktischen Aspekten des Trojanischen Marketings. Es geht darum, anhand von Praxisbeispielen zu zeigen, wie und mit welchen *Tools* Trojanisches Marketing umgesetzt werden kann. Dazu haben wir eine Systematik entwickelt, nach der die Aktivitäten in bestimmte trojanische Kategorien eingeteilt werden können. Es handelt sich dabei um die folgenden:

Kapitel 4.1: Trojanisches Marketing mithilfe freudiger Ereignisse

Freudige Ereignisse (ob gegeben oder geschaffen) sind eine gute Basis, um Werbebotschaften an den Mann oder die Frau zu bringen. Unser Gehirn ist so konstruiert, dass eine positive Stimmung zu einer höheren Akzeptanz jeder Art von Information führt. Das Kapitel zeigt, wie man sich das zunutze machen kann.

Kapitel 4.2: Trojanisches Marketing auf der Basis von Vorlagen

Hier werden wir einen kleinen Ausflug in den Bereich der Neurowissenschaften unternehmen und zeigen, wie z. B. das episodische Gedächtnis bisher gemachte Erfahrungen nutzt und umsetzt, indem es sich an bekannten Vorlagen orientiert. Das Kapitel zeigt, wie Sie bestehende Vorlagen nutzen können, um mit Werbung erfolgreich zu sein.

Kapitel 4.3: Trojanische Rhetorik

Die geschriebene, mehr noch die gesprochene Sprache ist ein starkes Vehikel, um andere Menschen zu beeinflussen. Das Kapitel zeigt, wie Sie Sprachmuster einsetzen können, um bestimmte Ziele zu erreichen.

Kapitel 4.4: Das Wetter als Trojanisches Pferd

So etwas Triviales wie das Wetter soll trojanisch sein? Tatsächlich können wir zeigen, dass man selbst das Wetter für seine Zwecke einsetzen kann — vorausgesetzt, es passt zu der zu übermittelnden Botschaft. Das Kapitel gibt Beispiele dafür, wie trojanische Methoden und Maßnahmen „wetterabhängig" eingesetzt werden können.

Kapitel 4.5: Trojanische Kooperationen

Da Trojanisches Marketing immer mit dem Einsatz eines Trojanischen Pferdes zu tun hat, liegt es nahe, Kooperationspartner zu suchen, die diese Rolle spielen können. Das Kapitel zeigt, wie man das tut und auf was dabei zu achten ist. Erfolgreiche Beispiele illustrieren den Erfolg der Methode.

Kapitel 4.6: Trojanisches Marketing mit Guides und Apps

Guides, oft auch als Ratgeber oder Fibeln bezeichnet, werden gerne als Trojanisches Pferd zur Imagepflege genutzt und dafür eingesetzt, Daten zu gewinnen. In ihrer modernen Form heißen sie Apps. Das Kapitel beschreibt, wie Guides im Rahmen des Trojanischen Marketings funktionieren, und leitet vor allem mittelständische Unternehmen und Freiberufler dazu an, selbst zu diesem Instrument zu greifen.

Kapitel 4.7: Trojanische Überraschungen

In diesem Kapitel findet sich eine Auswahl von trojanischen Beispielen, die nur mit Mühe in eines der anderen Kapitel gepasst hätten. Hier sprechen wir von der „Spielkiste" des Trojanischen Marketings. Nehmen Sie das eine oder andere Spielzeug zur Hand und probieren Sie es aus!

Kapitel 4.8: Die DAWOS-Strategie als trojanische Methode

Eine der zentralen Methoden des Trojanischen Marketings ist die von uns erfundene und so genannte „DAWOS-Strategie" (eigentlich: „da, wo's"). Dabei handelt es sich um einen Ansatz, der davon ausgeht, dass Kunden genau „da, wo's" überproportional viele gibt, die zur Zielgruppe gehören, gesucht, angesprochen, kontaktiert werden sollen. Das Kapitel erläutert, wie diese spezielle Form der Zielgruppenidentifikation funktioniert.

Kapitel 4.9: Trojanisches Marketing in Social Media

Ohne *Social Media* ist Marketing heute nicht mehr denkbar. Es gibt unzählige Netzwerke und Plattformen, auf denen sich mindestens die halbe Menschheit tummelt. Das Kapitel zeigt, wie Sie diese Netzwerke nutzen können, um sich bei Ihren Ziel-

gruppen erfolgreich Gehör zu verschaffen. An einigen Stellen finden Sie Gastbei-
träge von sehr renommierten Fachleuten. Wir haben die Kollegen aus zwei Gründen um diese Texte gebeten: Zum einen schätzen wir deren Wissen und Erfahrung
außerordentlich, zum anderen konnten sie uns dort mit ihrem speziellen Fachwissen unterstützen, wo wir uns selbst nicht als alleinige „Experten" betrachten.

In allen Unterkapiteln werden wir zahlreiche praktische Beispiele vorstellen, die
zeigen, was wir uns unter gelungenem Trojanischen Marketing vorstellen.

4.1   Die gute Stimmung nutzen – freudige Ereignisse

Was Sie in diesem Kapitel erwartet

In diesem Kapitel geht es um Happiness, d. h. darum, Ihre Kundinnen und Kunden nicht nur – wie das früher gefordert wurde – zufriedenzustellen, sondern sie zu überraschen und glücklich zu machen. Was macht solche freudigen Ereignisse zu Instrumenten in der trojanischen Werkzeugkiste? Dass sie sich hervorragend als Trojanische Pferde eignen, um in die Festung (das Herz und Gehirn) der Kundinnen und Kunden eingelassen zu werden! Freudige Ereignisse jeder Art sind ein gutes Mittel, seine Botschaften unters gut gelaunte Volk zu bringen.

Viel ist die Rede von „Glückshormonen". „Diese führen nicht nur zum subjektiv erlebten Gefühl von Freude und Glück, sondern bewirken auch, dass das Gehirn ein erhöhtes Aufmerksamkeitspotenzial aufweist. Das bedeutet, dass in Glücksmomenten die Bereitschaft zur Aufnahme von Informationen deutlich gesteigert ist" (Anlanger, Engel 2008, S. 112).

Dazu kommt, dass Menschen in Situationen, die von ihnen positiv erlebt werden, dazu tendieren, ihre Umwelt deutlich positiver wahrzunehmen. Hochstimmung lässt die Fehlertoleranz signifikant ansteigen. Und glückliche Kunden sind eher bereit, über Sie und Ihre Produkte positiv zu sprechen. So entstehen — offline wie online — virale Effekte, die helfen, Ihre Botschaften zu verbreiten.

Alle Ereignisse, die stark emotional geprägt sind, hinterlassen Spuren im Gehirn, sogenannte Engramme. Das hat die Neurowissenschaft durch bildgebende Verfahren wie die Computertomografie (CT) oder Magnetresonanztomografie (MRT) etc. nachgewiesen. Die erlebten Gefühle sind dabei „als Gedächtnisverstärker aktiv" (Markowitsch, Welzer 2005, S. 135).

Freudige Ereignisse findet man in den unterschiedlichsten Situationen und Lebensbereichen. Die folgende Checkliste zeigt eine Reihe von Beispielen:

☰	CHECKLISTE: Freudige Ereignisse	
Beispiele aus dem familiären Bereich		
Geburtstag, Namenstag, Hochzeit (Grüne, Silberne, Goldene etc.), Geburt und Taufe eines Kindes		
Beispiele aus dem Ausbildungsbereich		
Schulein-/-übertritt, positive Semesterabschlüsse, bestandene Prüfungen, Abitur/Matura, erworbene Diplome/Zertifikate, Hochschulabschluss/Promotion/Habilitation		
Beispiele aus dem Arbeitsbereich		
Jobwechsel, Beförderung, Jubiläum, Belobigung/Auszeichnung, Projektabschluss, Pensionsantritt		
Beispiele aus dem privaten Bereich		
öffentliche Ehrung, Ordensverleihung, Vereinsgründung, Wahl in Vereinsfunktionen, Lottogewinne und sonstige Spielgewinne, sportliche Erfolge, neues Auto, neues Haus/neue Wohnung, Urlaub, Feste/Partys, Konzert-/Theaterbesuche		
Beispiele aus dem Schnittpunkt mit öffentlichen Ereignissen		
wichtige Sportereignisse (WM, EM, Olympische Spiele), wichtige Kulturevents/Festivals, religiöse Feiertage, nationale Feiertage/Gedenktage		
Beispiele aus dem B2B-Bereich		
Gewinnen eines großen Auftrags, Abschluss eines wichtigen Projekts, Firmenjubiläum, (Re-)Launch eines neuen Produkts, Erschließung eines neuen Marktes		

Bei allen diesen Beispielen geht es darum, eines dieser freudigen Ereignisse zu nutzen, um die eigene Botschaft an die Empfänger zu senden, und dies in der begründeten Hoffnung, dass durch das positive Umfeld die eigene Botschaft auf fruchtbaren Boden fällt und nachhaltig im episodischen Gedächtnis verankert bleibt. Wichtig ist dabei die klare Verknüpfung zwischen dem freudigen Ereignis und der Produktbotschaft bzw. der Kaufaufforderung. Am besten gelingt diese, wenn beide Komponenten gleichzeitig und am selben Ort stattfinden.

Das freudige Ereignis als solches ist nie das alleinige Ziel, wie ja auch das Trojanische Pferd nicht das Ziel ist. Erst dann, wenn das Pferd die Mauern durchbrochen hat — im Trojanischen Marketingfall also die Produktbotschaft die freudig erregten Herzen und Gehirne der Konsumenten erreicht hat — erst dann ist der Sieg errungen, das Ziel erreicht.

Um es in einem anderen Bild zu sagen: Je freudiger die Stimmung, desto empfänglicher ist der Ackerboden für den Samen der Produktbotschaft und desto besser das Wachstum der Kaufwunsch-Pflanzen — und desto ertragreicher die Umsaternte.

Darum geht es also:

- Versetzen Sie Ihre potenziellen Kunden in eine möglichst positive emotionale Situation, die sie dafür bereit macht, Informationen gerne aufzunehmen und sich danach zu richten.
- Nutzen Sie die positive Stimmung für Ihre Werbebotschaften, die die Empfänger gerne aufnehmen und „sich zu Herzen nehmen".

Das können nicht nur große Konzerne mit Riesenbudgets, sondern auch jedes kleine(re) Unternehmen, jeder Freiberufler, jeder kleine Gewerbetreibende kann das. „Kreativität schlägt Budget" heißt das Motto.

Während wir uns in dem erwähnten ersten Band vor allem mit gegebenen freudigen Ereignissen (siehe Checkliste oben) beschäftigt haben, wollen wir dieses Mal den Schwerpunkt darauf legen, wie man freudige Ereignisse künstlich schaffen kann. Es werden im Folgenden zahlreiche Beispiele zu lesen und zu sehen sein, die zeigen, welche Ingredienzien vorhanden sein müssen, damit die potenziellen Kunden in eine positive Stimmung versetzt werden, in der sie gerne die Botschaften der in diesem Umfeld werbenden Unternehmen aufnehmen.

Praxisbeispiel: Zwei Unternehmen nutzen den „Apple-Hype" als Trojanisches Pferd

Ein solches künstlich erzeugtes freudiges Ereignis — zumindest für die eingefleischten Apple-Freaks — war der Launch des neuen iPhone 5 in Deutschland im September 2012. Die PR-Maschinerie war prächtig geschmiert und funktionierte glänzend. Der *Hype* war gestartet …

An einem Freitagmorgen sollte der Verkauf in den deutschen Großstädten beginnen. Aber bereits am Mittwoch davor gab es Fans, die vor den Apple-Verkaufsstellen kampierten, um die ersten zu sein, die das neue Kultgerät ihr Eigen nennen konnten.

„Einen Eindruck davon, wie sehr der Apple-*Hype* schon fast religiöse Züge annimmt, konnte man sich am Donnerstag in der Münchner Fußgängerzone verschaffen. Vor dem Apple-Store am Marienplatz (Rosenstraße) sitzt eine stetig wachsende Zahl junger Leute aneinandergereiht auf Campingstühlen — wie Vögel auf der Stange. Der Grund ist so einfach wie für die meisten Menschen wohl völlig unverständlich: Am Freitagmorgen um 8 Uhr, statt zu den regulären Öffnungszeiten um 9 Uhr, startet der Verkauf des iPhone 5. Und manch einer, wie Ralph Barth, wartet bereits seit vorgestern." (Krischke 2012, online)

Abb. 1: Die Schlange vor dem Apple-Shop in München (© Klaus Haag)

Was passiert in solchen Situationen? Geht es tatsächlich nur um das neue Produkt oder geht es um mehr? Sicher geht es auch um den Kick, zu den Ersten zu gehören, die ein solches Kultobjekt besitzen dürfen. Das ist ja eine der Glanzleistungen des Apple-Marketings, es geschafft zu haben, dass jedes neue Produkt, das mit einem „i" beginnt, von den Massen sehnsüchtig erwartet wird. Das nimmt schon fast religiöse Dimensionen an.

Ein zweiter Aspekt ist das Gemeinschaftserlebnis, das dadurch entsteht, dass man als einer von ziemlich vielen gleichgesinnten Menschen dasselbe Ziel verfolgt. Dadurch erhält man die Bestätigung, etwas richtig zu machen. So viele Personen können nicht irren. Ich befinde mich im Einklang mit einer Masse von Leuten, die alle dasselbe wollen und dasselbe für gut und richtig halten. Das kann nur gut sein …

Drittens schließlich geht es darum, die „kognitive Dissonanz" zu minimieren. So ähnlich könnte z. B. ein innerer Dialog aussehen: „Wenn so viele Menschen genauso denken wie ich, dann kann es nicht falsch sein, dieselbe Meinung wie diese zu haben. Meine Entscheidung für dieses Produkt ist also richtig und außerhalb jeder Kritik. Ich habe ‚objektiv' Recht mit meiner Entscheidung für dieses Produkt." Das hebt die Stimmung und schafft ein freudiges Ereignis: „Ich bin einer der Auserwählten, die sich für den Erwerb dieses Produkts qualifiziert haben."

Und das erhöht — siehe oben — die Fehlertoleranz und macht unkritisch gegenüber den „objektiven" Produkteigenschaften. Auch wenn „objektiv" festgestellt wurde, dass der Innovationsgrad des iPhone 5 gegenüber seinen Vorgängern eher bescheiden ist, so bestärkt der *Hype* um das Gerät die Entscheidung, es unbedingt haben zu wollen.

Und der Trend ringsumher verstärkt sich selbst. Je mehr Personen in meiner Umgebung durch ihre Anwesenheit in der Schlange bestätigen, dass auch sie das neue Gerät für ein *Must-have* halten, desto mehr bin ich überzeugt, dass es auch für mich ein unbedingtes *Must-have* ist.

Abb. 2: Die Schlange vor dem Apple-Shop in München (© Klaus Haag)

 http://www.youtube.com/watch?v=5mUD14jlAXo

QR-Code: Apple iPhone 5 Launch

Die Geschichte ist aber noch nicht zu Ende. Zwei andere Unternehmen erkannten die Chance, die sich hier für sie bot. Nämlich Unternehmen, die die trojanische Idee hatten, die Apple-Schlange für eigene Werbeaktivitäten zu nutzen.

Das eine war das Unternehmen „Phone Klinik", das sich auf die Reparatur von Apple-Produkten spezialisiert hat. Der schon erwähnte Ralph Barth, der erste in der Münchner Schlange, hüllte sich in eine weiße Decke mit dem Logo der Firma, bei der er beschäftigt ist. „Aus Werbungsgründen", wie er sagte. Damit hat er das Prinzip der „DAWOS-Strategie" („DA, WO'S Kunden gibt" — Näheres dazu in Kapitel 4.8) perfekt in die Tat umgesetzt. An keinem anderen Ort der Stadt und zu keiner anderen Zeit gab es so viele potenzielle Kunden für die Dienstleistung seines Unternehmens. Jede andere Art der Werbung hätte zu unvermeidlichen Streuverlusten geführt. Hier in der Apple-Schlange gab es solche praktisch nicht. Aber man hätte mehr daraus machen können, als nur an erster Position in der Schlange zu sitzen: Mit relativ wenig Mehraufwand wäre es machbar gewesen, die zahlreich vorhandenen potenziellen Kunden gezielter und nachhaltiger anzusprechen und über das eigene Leistungsangebot zu informieren.

Wie man deutlich mehr daraus machen kann, hat ein anderes Unternehmen vorgeführt, das in fünf deutschen Großstädten den Apple-Andrang nutzte, um auf das eigene Angebot aufmerksam zu machen und passende Kunden an der richtigen Stelle anzusprechen.

Abb. 3: Apfelaktion (© Brandpolice, München)

Es war der Telekommunikationsanbieter mobilcom-debitel, der sich eine kreative Kundengewinnungsaktion einfallen ließ. Die Umsetzung erfolgte durch die Münchner Agentur Brandpolice. Der Branchendienst Horizont berichtete am 24.09.2012: „Das iPhone 5 geht weg wie warme Semmeln: Gerade einmal drei Tage hat Apple gebraucht, um die ersten fünf Millionen Geräte loszuschlagen. In Deutschland, wo sich am vergangenen Wochenende wie in aller Welt lange Schlangen vor den Apple-Shops gebildet hatten, bekamen die geduldig anstehenden iFreaks immerhin eine Gratis-Vitamin-Beigabe. Grund war eine Guerilla-Aktion von mobilcom-debitel." (o. V., horizont.net, online)

Die Grundidee lag nahe: Wo sich so viele technikaffine und innovationsbegeisterte Menschen freiwillig in eine an sich unangenehme Wartesituation bringen, muss es viel Technik-Enthusiasmus geben. Das sind die Menschen, die sich mit rationalen und vor allem emotionalen Argumenten davon überzeugen lassen, ein anderes, ähnlich konnotiertes Produkt zu kaufen.

Also ließ mobilcom-debitel mittels der Agentur Brandpolice den Apfel sprechen.

Abb. 4: Apfelaktion (© Brandpolice, München)

In fünf deutschen Großstädten (Hamburg, Köln, München, Dresden und Augsburg) wurden insgesamt 4.000 Äpfel verteilt, die nicht nur die teils ausgehungerten Wartenden fütterten, sondern zusätzlich durch eine am Stil angebrachte Botschaft die Information über bestimmte Flatrate-Tarife des Providers transportierten.

Abb. 5: Apfelaktion (© Brandpolice, München)

„Der Clou: Auf den Äpfeln waren neben dem Logo von mobilcom-debitel auch Infos zu den hauseigenen Tarifen „Flat All-Star" und „Flat Allnet" untergebracht. Außerdem war die Internetadresse http://www.md.de/shopfinder auf dem Fähnchen am Stiel abgedruckt. Dort finden Verbraucher den Weg zum nächsten Shop von mobilcom-debitel." (o. V., horizont.net, online)

Abb. 6: Apfelaktion (© Brandpolice, München)

Die trojanische Toolbox

Das Motto der von der Agentur Brandpolice in München konzipierten und umgesetzten Kampagne lautete sinnigerweise: „Tarife mit Biss!". Ein gelungenes Beispiel, wie Trojanisches Marketing mit relativ geringem Aufwand zum Erfolg führen kann.

Und über das Trojanische Steuerrad formuliert:

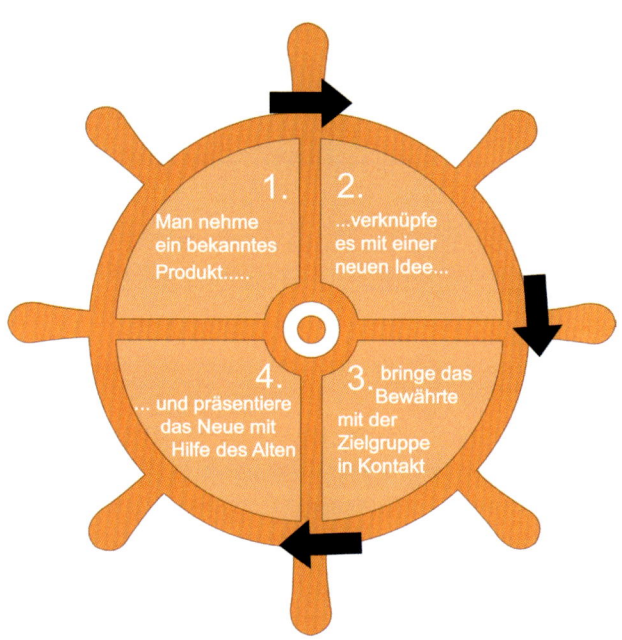

Abb. 7: Das Trojanische Steuerrad

1. Man nehme ein bestehendes/bekanntes Produkt mit hoher Anziehungskraft (in diesem Fall das neue Apple iPhone 5).
2. Setze dieses in Beziehung zum für die Kunden neuen Produkt (hier die Phone Klinik bzw. mobilcom-debitel).
3. Verbinde die beiden Produkte (im Rahmen der Warteschlange auf das iPhone 5).
4. Und bewerbe das Neue (Phone Klinik bzw. Mobilcom-Debitel) mithilfe des bekannten Produkts (iPhone 5).

So funktioniert's!

Die Akteure: Kerstin Köder, Marketing-Chefin, mobilcom-debitel

Daniela Pomsel, Projektleitung, Brandpolice

Anita Karreth, Head of Department Promotion, Brandpolice

Praxisbeispiel: Coca-Cola bringt Happiness

Auch der international als Marketing-Innovator bekannte Konzern Coca-Cola setzt auf freudige Ereignisse: Er hat die *Happiness Machine* und den *Happiness Truck* erfunden und in die Welt geschickt. Die *Happiness Machine* ist ein normal aussehender Coca-Cola-Automat, der auf einem amerikanischen Universitäts-Campus in einem Raum aufgestellt ist, der von Studentinnen und Studenten bevölkert ist. Im entsprechenden *Youtube*-Video sieht man zuerst eine Studentin, wie sie Münzen in den Automaten wirft, um sich eine Flasche Coca-Cola zu kaufen. Es fällt auch eine solche in das Ausgabefach, aber als sie sich umwenden will, um weg zu gehen, hört sie, dass eine weitere Flasche folgt und noch eine und noch eine und noch eine … Lachend dreht sie sich wieder zum Automaten um und entnimmt die zusätzlichen Flaschen, um sie an ihre Kommilitonen zu verteilen. Auch die freuen sich über das unerwartete Geschenk.

Nach und nach wird der Automat kreativer und freigiebiger. In seinem Ausgabefach erscheinen — ohne dass jemand wieder Geld eingeworfen hätte — immer ausgefallenere und größere Präsente: ein paar Hände mit Flasche und Glas, ein Blumenstrauß, Großflaschen etc. Schließlich kommt ein Riesen-Baguette zum Vorschein, das geeignet scheint, die gesamte Studentengruppe zu sättigen. Der Jubel ist groß und alle freuen sich sichtlich.

Was hat Coca-Cola damit erreicht? Vordergründig erst einmal große Freude (*Happiness*) im Studentenlokal mit ein paar Dutzend Studierenden. Alle lachen, alle sind zufrieden, alle verbinden diese Zufriedenheit mit Coca-Cola, dem edlen Spender. Aber das ist natürlich nicht alles. Coca-Cola erwirtschaftet den Werbewert daraus, dass diese Situation mit einer Videokamera gefilmt und professionell auf ein *YouTube*-taugliches Format zurechtgeschnitten wird. Erst dort entfaltet die Aktion ihre wahre Wirkmächtigkeit. Über fünf Millionen Male wird der Spot angeklickt und angeschaut.

 http://www.youtube.com/watch?v=lqT_dPApj9U

QR-Code: Happiness Machine von Coca-Cola

Man stelle gegenüber: über fünf Millionen Werbekontakte versus den Einsatz eines einzigen Automaten (mit ein paar Gags, die auch nicht allzu kostspielig waren). Der Werbewert ist gigantisch — der Einsatz zu vernachlässigen. Hier zeigt ein Konzern mit einem der größten Werbebudgets der Erde, wie man mit wirklich kleinem Budget eine riesige Wirkung erzielen kann.

Am besten bringt den Effekt ein Beitrag zur Sprache, der auf der *YouTube*-Seite dazu gepostet wurde: *„It's funny how small things can make people happy, so nice :-))"* Ja, wirklich, es sind oft die kleinen Dinge, die Menschen glücklich machen. Denken Sie darüber nach, wie Sie in Ihrem Business so etwas inszenieren könnten. Welche Dinge machen Ihre Kunden glücklich?

Etwas — aber nur unwesentlich in Coca-Cola-Dimensionen — teurer kam eine Kampagne, die in dieselbe Richtung ging: Der Coca-Cola-*Happiness Truck*. Dabei handelte sich um einen scheinbar normalen Coca-Cola-Lieferwagen — wie er täglich auf der ganzen Welt als Lieferfahrzeug unterwegs ist —, der in zahlreichen Ländern eingesetzt wurde. Es handelte sich vor allem um Schwellenländer (Indonesien, Brasilien, Indien, Aserbeidschan, Philippinen etc.), die einen noch entwicklungsfähigen Coca-Cola-Markt darstellen. Dort fuhr dieser Lieferwagen in einer (schwer zu erkennenden, aber eher nicht der Oberschicht zuzurechnenden) Wohngegend vor und hielt an.

An seiner Rückseite war ein großer, gut zu erkennender *Push*-Knopf angebracht, darunter ein Ausgabefach. Es dauert immer eine Weile, bis die ersten (meist zufällig vorbeikommenden Kinder) sich trauen, diesen Knopf zu drücken. Und dann passiert Überraschendes: Der Lkw spuckt Geschenke aus. Zuerst Coca-Cola-Flaschen jeder Sorte und Größe, dann ein Surfbrett, dann Sonnenbrillen, Fußbälle und weitere Geschenke. Nicht lange nach dem ersten Druck auf den *Push*-Knopf hat sich eine große Menge lachender Menschen um den Truck geschart, die gespannt darauf warten, was als nächstes kommt, und dies mit Jubel und Geschrei begleiten. Die Stimmung ist ausgelassen und fröhlich. Die Menschen freuen sich gemeinsam über den Geschenkesegen.

 http://www.youtube.com/watch?v=hVap-ZxSDeE

QR-Code: Happiness Truck von Coca-Cola

Aber auch hier gilt dasselbe: Die *Happiness Machine on Wheels* bringt nicht nur den (relativ wenigen) lokalen Nutznießern Freude und Glück. Natürlich landen auch diese Spots auf *YouTube* und werden tausend- bis millionenfach angeklickt. Und auch hier ist das Budget für Coca-Cola-Verhältnisse minimal: Ein leicht umgebauter Lieferwagen, ein paar Geschenke, ein paar Stunden Einsatz, ein Kamerateam; das war alles. Und die ganze Welt redet darüber (zumindest die Millionen, die das *YouTube-Video* gesehen haben).

Tipps für die Praxis

Was können wir daraus lernen? Welche Ingredienzien sind erforderlich, um ein freudiges Ereignis zu einem Marketingerfolg zu machen? Hier die Analyse (und gleichzeitig das „Rezept"):

1. Eine Umgebung, die nicht allzu viele ablenkende (d. h. um die Aufmerksamkeit konkurrierende) Elemente enthält: Der Automat in einem Studentenlokal. Der Lkw in einer eher ruhigen Wohngegend.
2. Ein alltäglicher „Gegenstand", der eigentlich nicht besonders auffällt, der mehr oder weniger normal ist in dieser Umgebung. Von dem man nichts Besonderes erwartet.
3. Ein Handlungselement, also der Geldeinwurfschlitz beim Automaten oder der *Push*-Button beim Lkw. Die Menschen müssen aktiv etwas tun, um die Maschine in Gang zu setzen.
4. Zuerst eine „normale" Reaktion der Maschine, also die Ausgabe einer normalen Flasche Coca-Cola.
5. Danach die Ausgabe von überraschendem Mehrwert (größere Flaschen, diverse Geschenke, überdimensionale Geschenke). Es geht immer darum, dass die sich steigernde Ausgabefreudigkeit der Maschine einen Spannungsbogen erzeugt, der die Menschen in der Umgebung zu erhöhter Aufmerksamkeit zwingt („was kommt als Nächstes?"). Und je mehr Menschen sich um die Maschine versammeln, desto freudiger wird die Stimmung und desto mehr tauschen sich die Teilnehmer über ihre Stimmung aus. „Wahnsinn! Hast du gesehen …?" Eine sich selbst perpetuierende, aufwärtsstrebende Spirale des Frohsinns.
6. Das Ganze dokumentiert und professionell aufbereitet in einem *YouTube*-fähigen Video, das hochgeladen und durch virale Methoden promotet wird. Dann dauert es nicht lange — wenn das Video wirklich lustig, spannend und neuartig ist —, bis die Klickraten in die Höhe schnellen.

Das können Sie auch! Überlegen Sie sich, wie Sie Ihre Kunden (B2C, aber auch B2B) in Hochstimmung versetzen können. Wo sind die Triggerpunkte? Welche Themen interessieren? Was erwarten Ihre Kundinnen und Kunden ohnehin von Ihnen (was ist also keine Überraschung)? Wie können Sie dafür sorgen, dass Ihre Kunden von Ihnen begeistert sind (Zufriedenheit reicht längst nicht mehr)? Kleine, aber nützliche Geschenke? Überraschende (vielleicht kostenlose oder vergünstigte) Zusatzleistungen? Informationen, die andere nicht haben? Was können Sie tun, damit möglichst viele (und die richtigen) anderen Menschen von Ihren guten Taten erfahren?

Praxisbeispiel: Angry Birds — live!

Auch beim deutschen Unternehmen Telekom bzw. seiner Mobilfunk-Sparte T-mobile wurde erkannt, dass *Happiness* ein sehr gutes Verkaufsargument ist. Am 11. Mai 2011 organisierte es in der spanischen Stadt Barcelona ein Event, das viel beachtet und weit verbreitet wurde (über 16 Mio. Klicks beim entsprechenden *YouTube*-Video). Auf einem belebten Platz im Zentrum gab es „*Angry Birds*", aber nicht als Spiel auf dem Smartphone, sondern tatsächlich live! Die Besucher konnten an einem Stand mit der großen Aufschrift „*Angry Birds – Play*!" ein Smartphone in die Hand nehmen, auf dem das Spiel „*Angry Birds*" geöffnet war.

Dasselbe Bild wie auf dem Display des Smartphone war auf einem großen Bildschirm über dem Platz zu sehen. Der Überraschungsgag war folgender: Wenn jemand auf dem Handy die Schleuder spannte und den Vogel abschoss, sah man dasselbe auf dem großen Bildschirm. Aber dort flog tatsächlich ein (Plastik-)Vogel aus dem Verbau, quer über den Platz und gegen die dort (wie im virtuellen Spiel) aufgestellten realen „Bauwerke", die — ebenso wie in der Virtualität — entsprechend unter Blitzen und Knallen zusammenstürzten. Je öfter das passierte, desto mehr Menschen blieben stehen und schauten dem Spektakel zu. Dazu kam, dass eine Musikkapelle mit flotten Rhythmen die Stimmung anheizte, und am Ende wurde alles zu einem Riesen-Volksfest. Allgemeine *Happiness* — dank T-mobile.

 http://www.youtube.com/watch?v=jzIBZQkj6SY

QR-Code: Angry Birds live

Praxisbeispiel: Stiegl-Bier lässt den Maibaum stehlen

Die Salzburger Privatbrauerei Stiegl hat sich etwas Ungewöhnliches einfallen lassen, um ihre Kunden emotional besonders zu binden. Dafür erhielt sie 2012 den „*Best of Social Media Award*" der „*Social Media Convention* 2012". Gemeinsam mit der *Buzz*-Marketing-Agentur *ambuzzador* hat Stiegl die *Facebook*-App „Maibaum stehlen" entwickelt. Damit ist es gelungen, eine in der Realität verankerte Tradition in die Welt der Smartphones zu transferieren. Von Runde zu Runde zog die Aktion immer mehr Stiegl-Liebhaber in ihren Bann, da in Echtzeit kommuniziert werden konnte, und das auch mit mobilen Endgeräten. Schon kurz nach dem Start bildeten sich zahlreiche Teams, die via *Facebook* ihre Freunde aktivierten, virtuell nächtens Wachen aufstellten, um den Baum gegen Konkurrenzteams zu verteidigen.

Abb. 8: Der Stiegl-Maibaum (© mit freundlicher Genehmigung von *ambuzzador* marketing gmbh, Wien)

Knapp 70.000 *Facebook*-Freunde auf der Stiegl-Seite wurden eingeladen und es wurden ca. 900 Teams gegründet. Das Siegerteam mit beachtlichen 85 Mitgliedern schaffte es in letzter Minute, den Maibaum zu stehlen. Mehr als 25 Prozent der Zugriffe erfolgte übrigens mobil via Smartphones. Ausgelöst wurde der Maibaum schließlich wieder mit realem, nicht virtuellem Stiegl-Bier.

Abb. 9: Der Stiegl-Maibaum (© mit freundlicher Genehmigung von *ambuzzador* marketing gmbh, Wien)

Auch hier ging es um positive emotionale Aktivierung von Kunden. Wie das entsprechende *YouTube*-Video zeigt, gab es eine starke Bindung an das Unternehmen und dessen Produkte, und es wurde viel Ehrgeiz entwickelt, um als Sieger durchs Ziel zu gehen. Obwohl Stiegl im Prinzip nur eine regionale Salzburger Brauerei ist, ist es gelungen, österreichweit einen *Hype* zu erzeugen.

 http://www.youtube.com/watch?v=szz-mT345zI

QR-Code: Stiegl Maibaumstehlen

Praxisbeispiel: „Good Lack"

Nein, das ist kein Schreibfehler, das heißt wirklich so. Mit der *„Good Lack!"*-Box erfand die österreichische Agentur „Sachen & Machen Marketing GmbH" ein Vehikel, um ein freudiges Ereignis für werbliche Zwecke zu nutzen: die bestandene Führerscheinprüfung.

Abb. 10: Good Lack! (© mit freundlicher Genehmigung von Sachen & Machen Marketing GmbH, Bruck an der Leitha)

Es handelt sich dabei um eine Box, die Produkt-*Sampling* beinhaltet, also Produktmuster von Unternehmen, die diese spezielle Zielgruppe punktgenau erreichen wollen. Und das im emotional höchst bewegenden Moment der Übergabe des Führerscheins, der „Lizenz zur Freiheit". Die Box wird jährlich in einer Auflage von 100.000 Stück produziert und über Fahrschulen in ganz Österreich verteilt.

Bisher waren u. a. Produkte folgender Firmen vertreten: Ed. Haas, Wrigley, Mars Austria OG, Red Bull, Kraft Foods, Nestlé, Lorenz Bahlsen Snack World, Hakle Kimberly, Rauch, Intersnack, Johnson & Johnson, Lever Faberge, Storck, Gilette-Gruppe, Bahlsen. Ein Beispiel für eine Bestückung zeigt die folgende Abbildung.

Abb. 11: Good Lack! (© mit freundlicher Genehmigung von Sachen & Machen Marketing GmbH, Bruck an der Leitha)

Auf diese Art von anlass- und zielgruppenbezogenem Produkt- und Informations-*Sampling* hat sich „Sachen & Machen" spezialisiert. So gibt es ähnliche Produkte für weitere Zielgruppen. Wichtig dabei ist, dass die Boxen für die Empfänger eine hohe Wertanmutung besitzen, was dadurch unterstrichen wird, dass immer eine persönliche Überreichung durch die Mitarbeiter der verteilenden Organisationen „als Geschenk" erfolgt.

Weil dieses Vorgehen ein typisch trojanisches ist und zudem auch von kleineren Unternehmen genutzt werden kann, finden Sie nachfolgend Beispiele aus dem Programm von „Sachen & Machen". Die Idee wird zur Nachahmung dringend empfohlen!

Tipps für die Praxis

Produkt	Zielgruppe	Verteilung über	
Storchennest-Beutel und -Fibel	Jungfamilien, Schwangere	Geburtskliniken, Hebammen, Fachärzte	immer persönlich überreicht
Knirps & Co.	Drei- bis zehnjährige Kids und deren Eltern	Kindergärten	
Schulbox	Frauen mit Schulkindern	Info durch Flugblätter der Fa. REITER Betten & Vorhänge; Verteilung in 14 Filialen gegen Coupon	
Sommerbox	Frauen zwischen 20 und 49 (mit Verantwortung für das Haushaltsbudget)		
Good Lack!-Box	Führerscheinneulinge	Fahrschulen	
Feel Good!-Box	Fitness- und Freizeitorientierte	Fitness- und Wellness-Einrichtungen	
Reisebox	Urlauber und Reisefreudige	Reisebüros	

Ähnliche Beispiele gibt es in Hülle und Fülle. Gerne wird z. B. auch der Schulstart als Anlass für entsprechende *Samplings* genutzt. So verteilt die Hamburger Agentur „DSA youngstar" ihre Schulstarterboxen an rund 1.000 Grundschulen in ganz Deutschland.

Praxisbeispiel: Der Tag des Apfels

Kennen Sie den „Tag des Apfels"? Wissen Sie, wann dieser gefeiert wird? Wir wussten das bisher auch nicht, haben aber gelernt, dass in Österreich jeweils der zweite Freitag im November als „Tag des Apfels" begangen wird. (Den „Tag des deutschen Apfels" feiert man übrigens seit 2010 am 11. Januar.)

Dieser „Tag des Apfels" wurde vom Unternehmen *Negri Consulting* im österreichischen Hinterbrühl zum freudigen Ereignis deklariert, weil, so der Chef des Unternehmens: „Der Apfel — das ist DAS Symbol für gesunde Ernährung, für Verführung und auch für die Ernte eines Jahres mühevoller (Garten-)Arbeit. Der Apfel weckt bei vielen Menschen positive Emotionen und Assoziationen — sympathisch, natürlich, erfrischend, belebend, gesund, ideal für eine Pause, paradiesisch, vielseitig als Obst, Saft und in vielen beliebten Süßspeisen."

Gerade weil dieser „Gedenktag" so unbekannt ist, eignet er sich hervorragend für die im Folgenden beschriebene trojanische Aktion, die die Kunden positiv überraschte. Die Aktion bestand darin, dass man 50 (potenzielle) Kunden aussuchte und eine entsprechende Anzahl an Apfel-Päckchen vorbereitet wurde. Die ausgewählten Kunden wurden am „Tag des Apfels" — nach einem ausgeklügelten logistischen Plan — vom Chef des Unternehmens und einem Consultant persönlich und ohne Vorankündigung besucht. Die Überreichung des Apfel-Päckchens und ein kurzes (nicht Verkaufs-)Gespräch — das war alles.

Das Päckchen bestand aus „einem Apfel und einer kleinen Flasche Apfelsaft, beides in bester Bio-Qualität. Ein persönlich adressiertes und händisch (österr. für handschriftlich, manuell) unterschriebenes Kärtchen mit unseren Wünschen zur Gesundheit kommt dazu." Es sollte bewusst nur eine kleine Aufmerksamkeit sein und keinen finanziellen Wert darstellen.

Der Inhaber Dieter Negri zieht ein positives Resümee: „Diese trojanische Aktion führen wir nun schon seit einigen Jahren durch. Die Wirkung verstärkt sich mit jedem Jahr. Die Beschenkten reagieren immer wieder überrascht, denn sie erinnern sich zwar in diesem Augenblick an die früheren ‚Tage des Apfels', jedoch ist der Tag des Apfels nicht so allgemein präsent im Bewusstsein, dass die Erwartungshaltung zu hoch wäre. Es ist geplant, die Tradition fortzusetzen."

Das Erfolgsgeheimnis lautet: „Persönlich und exklusiv! Diese Aktion wird weder angekündigt noch medial dokumentiert. Es gibt keine Aussendung, keinen Newsletter, keine Eintragung auf der Website. Das macht die Aktion wirklich persönlich und exklusiv und stellt unsere Kunden in den Mittelpunkt. Das widerspricht zwar scheinbar dem Marketinggrundsatz ‚Tue Gutes und rede darüber', aber unterstützt maximal das Kernziel der persönlichen Kundenbindung. Mit dieser trojanischen Marketingaktion erreichen wir unsere Kunden auf unkonventionelle und damit überraschende, unerwartete Weise. Der relativ geringe Aufwand ist für uns entscheidend. Persönlich und ohne Streuverluste treffen wir direkt die ‚Herzen' unserer Kunden!", so Negri weiter. (Übrigens wurde diese Aktion mit dem *Trojan Award* 2012 ausgezeichnet.)

Das ist ein gutes Beispiel dafür, wie auch kleinere Unternehmen kreative trojanische Aktivitäten entfalten können, ohne unerschwingliche Budgets einzusetzen. Es ist erstaunlich, wie viele ähnliche „Tage des …" es national und international gibt.

Tipps für die Praxis

In Deutschland gibt es z. B. den Tag

- der gesunden Ernährung (am 7. März)
- der Rückengesundheit (am 15. März)
- der älteren Generation (am ersten Mittwoch im April)
- des deutschen Bieres (am 23. April)
- des Gartens (am zweiten Sonntag im Juni)
- der Verkehrssicherheit (am dritten Samstag im Juni)
- der Musik (am letzten Wochenende im Juni)
- des Schlafes (am 21. Juni)
- des Sonnenschutzes (am 21. Juni)
- der deutschen Sprache (am zweiten Samstag im August)
- des deutschen Butterbrotes (am letzten Freitag im August)
- des Kaffees (am letzten Freitag im August)
- der Zahngesundheit (am 25. September)

Auch international wimmelt es von „Tagen des …", die in vielen Fällen von bedeutenden Organisationen (UNO etc.) eingeführt wurden und teilweise schon recht lange bestehen. So gibt es z. B. den

- Europäischen Tag
  - des Notrufs 112 (am 11. Februar)
  - des Fahrrads (am 3. Juni)

- Welttag
  - des Radios (am 13. Februar)
  - des Fremdenführers (am 21. Februar)
  - der Hauswirtschaft (am 21. März)
  - der Poesie (am 21. März)
  - des Tanzes (am 29. April)
  - des Stotterns (am 22. Oktober)

- Internationalen Tag
  - der Muttersprache (am 21. Februar)
  - der Freunde der Zahl Pi (am 14. März)
  - des Puppenspiels (am 21. März)
  - des Waldes (am 21. März)
  - der Sekretärinnen und Sekretäre (am letzten Mittwoch im April)
  - des Baumes (am 25. April)

- der Händehygiene (am 5. Mai)
- des Kusses (am 6. Juli)
- der Freundschaft (am 30. Juli)
- des Eies (am zweiten Freitag im Oktober)
- der Berge (am 11. Dezember)

- sowie den
  - Welt-Grafiker-Tag (am 27. April)
  - Welt-Lach-Tag (am ersten Sonntag im Mai)
  - internationalen Hebammentag (am 5. Mai)
  - Weltvogelzugtag (am 14. Mai)
  - Welt-Hypertonie-Tag (am 17. Mai)
  - Welt-Schildkröten-Tag (am 23. Mai)
  - Welt-Nichtraucher-Tag (am 31. Mai)
  - Welt-Milchtag (am 1. Juni)
  - Weltbauerntag (am 1. Juni)
  - Weltkatzentag (am 8. August)
  - internationalen Linkshändertag (am 13. August)
  - Weltvegetariertag (am 1. Oktober)
  - Weltlehrertag (am 5. Oktober)
  - Welt-Rheumatag (am 12. Oktober)
  - Weltnudeltag (am 25. Oktober)
  - Weltspartag (am 31. Oktober)
  - Weltmännertag (am 5. November)
  - Welttoilettentag (am 19. November)

Alle diese Anlässe — und noch zahlreiche weitere, spezifisch regionale oder lokale — könnten im Sinne freudiger Ereignisse als Aufhänger für spezifische trojanische Aktivitäten herangezogen werden. Der Fantasie sind hier keine Grenzen gesetzt …

Praxisbeispiel: Reise in die Vergangenheit mit der Deutschen Bahn

Schon zwanzig Jahre gibt es die „BahnCard" der Deutschen Bahn (DB). Wenn das kein freudiges Ereignis und kein Grund zum Feiern ist! Die Agentur Ogilvy & Mather hat sich dazu eine kreative Kampagne einfallen lassen und dafür die in Buenos Aires lebende Fotokünstlerin Irina Werning zur Zusammenarbeit gewinnen können.

Abb. 12: BahnCard 25 (© mit freundlicher Genehmigung von Ogilvy & Mather Advertising Frankfurt)

„20 Jahre unverändert gut" ist der Leitgedanke, der von Ogilvy Frankfurt entwickelten Kampagne. „Im Mittelpunkt stehen Fotos und Kinderfotos, die 20 Jahre später mit denselben Protagonisten detailgetreu nachgestellt wurden — mit unglaublicher Liebe zum Detail.", so kommentiert Stephan Vogel, Kreativchef von Ogilvy & Mather Advertising Deutschland, die Zusammenarbeit mit der argentinischen Fotokünstlerin Irina Werning, in der eine ganze Reihe skurriler, lustiger, manchmal schriller und vor allem liebenswerter Motive entstanden sind — und ein Film, der ganz einfach die Entstehung der Fotos erzählt.

Abb. 13: BahnCard 25 (© mit freundlicher Genehmigung von Ogilvy & Mather Advertising Frankfurt)

Gabriele Handel-Jung, Leiterin Marketingkommunikation und Media bei der Deutschen Bahn, erläutert die Kampagnenarchitektur: „Die integrierte Kampagne umfasst neben dem klassischen TV-, Print- und Online-Auftritt Medienkooperationen und einen *Facebook*-Foto-Wettbewerb, bei dem ganz Deutschland eigene Fotos aus der Vergangenheit nachstellen kann — vom Einschulungsfoto mit Schultüte über die modischen Entgleisungen der Teenagerzeit bis zum Hochzeitsfoto oder ersten Familienglück." Motor dieser Mitmach-Aktion werden zwei Filme, ein 45- und ein 27-Sekünder, die das Jubiläum im TV, auf *YouTube* und auf *Facebook* bewerben. Um die insgesamt elf Motive der Kampagne umzusetzen, hat Irina Werning 300 Personen gecastet und dabei tausende Fotos gesichtet. Am Ende hat sie vierzehn Personen ausgewählt, die dann auf ihre ganz persönliche Zeitreise gehen durften.

Abb. 14: BahnCard 25 (© mit freundlicher Genehmigung von Ogilvy & Mather Advertising Frankfurt)

 http://www.youtube.com/watch?v=Cy2SfBxs2Bk

QR-Code: DB-Video

Praxisbeispiel: Ganz aktuell — Der Papst als Trojanisches Pferd

Ganz aktuell und erst kurz vor der Drucklegung sind uns zwei Unternehmen aufgefallen, welche die soeben (im Februar 2013) stattgefundene Papstwahl als trojanischen Aufhänger für ihre Werbung genutzt haben.

Es handelt sich dabei um

- den Autovermieter Sixt, der in einem Inserat ein Auto von hinten zeigt, aus dessen Auspuff weißer Rauch steigt („Habemus Sixt. Reservez votre Papamobile pour Pâques.") sowie
- den Bierbrauer Heineken. In dessen Inserat sieht man eine geöffnete Bierflasche, aus der ebenfalls weißer Rauch steigt („Habemus Heineken").

In beiden Fällen wurde schnell gehandelt, um ein allgemein als freudig — zumindest spannend — empfundenes Ereignis zu nutzen, das weltweit und konfessionsübergreifend für Schlagzeilen sorgte. Das Motiv des weißen Rauchs war allseits bekannt und prinzipiell positiv besetzt. Der Transfer dieses Images auf die eigene Marke war das Ziel der Anzeigen.

Wenn Sie sich die Anzeigenmotive selbst ansehen wollen, finden Sie hier den Link zur Publikation:

 http://derstandard.at/1363239047175/
Habemus-Plakatus-Rauchzeichen-in-der-Werbung

QR-Code: derStandard: Anzeigenmotive „Rauchzeichen"

Tipps für die Praxis: Happiness-Marketing für kleinere Firmen

Nicht nur große, internationale Unternehmen können solche Events planen und veranstalten. An den bisher gezeigten Beispielen konnte man sehen, dass es nicht um wirklich große Budgets ging. Auch kleine und mittlere Firmen, Selbstständige und Freiberufler können *„Happiness Machines"* bauen und ihre Kunden damit überraschen und erfreuen.

In unseren Beratungsprojekten haben wir z. B. die folgenden Ideen eingebracht und umgesetzt:

- einer unserer Klienten veranstaltet regelmäßig Events für seine A-Kunden, bei denen immer etwas Überraschendes erlebt werden kann, z. B.
  - eine *Segway*-Rallye (Der *„Segway Personal Transporter"* ist ein durch Elektromotoren angetriebenes Personentransportmittel mit zwei auf einer Achse liegenden Rädern. Zwischen diesen steht der Fahrer. Der *Segway* hält sich

Die trojanische Toolbox

durch eine elektronische Regelung selbst in Balance.) Wenn man mehrere Geräte mietet, kostet das pro Fahrzeug je nach Mietdauer und Standort zwischen 50 und 100 EUR

- Kundentagungen in ausgesuchten Nobel-Hotels mit Sport- und Spa-Bereich sowie gastronomischen Besonderheiten,
- *Incentive*-Seminare mit ausgefallenen *Outdoor*-Elementen (z. B. Kletter-Parcours, Iglu-Übernachtungen),
- Besuch von außergewöhnlichen, ausgefallenen *Locations*, in die man als „normaler Mensch" nicht so einfach hineinkommt,
- Vorträge und Diskussionen mit prominenten Persönlichkeiten, die man sonst nicht leicht kontaktieren kann.

- ein weiterer Klient hat im letzten Winter seine wichtigsten Kunden zum „Flug in den Schnee" eingeladen. Dabei sind, z. B. beim Angebot „1 Tag Hochzillertal" die folgenden Leistungen enthalten:[1]
  - Flug ab Wien (hin- und zurück) inkl. Taxen
  - Transfer ins Skigebiet und zurück
  - Ski- bzw. Snowboardverleih gratis im Skigebiet
  - eine Lift-Tageskarte
  - Hütten-Getränkegutschein
  - Goodies, Bifi-Snack
  - Nivea-Produktprobe „Repair & Care" (Anmerkung: Wie man sieht, nutzen Marken wie bifi und Nivea diese Events als trojanische Pferde für ihre Produkte.)

Der Tag verläuft dann folgendermaßen:

- Abflug 6.35 Uhr
- zirka 7.35 Uhr: Nach der Landung in Innsbruck wartet bereits das speziell eingerichtete „Flug zum Schnee"-Shuttle.
- zirka 8.40 Uhr: Ankunft direkt bei den Bergbahnen im Hochzillertal. Ski, Stöcke, Snowboard und bei Bedarf auch Skischuhverleih sind direkt vor Ort bei der Liftstation vorhanden.
- bis 16.30 Uhr: Bis zum späten Nachmittag genießt man einen kompletten Skitag samt Hüttengaudi. Danach Après-Ski, Ausklingen oder genussvolles Schlemmen auf der Wedel- oder Kristallhütte
- 16.30 Uhr: Pünktlicher Transfer zum Flughafen.
- 18.55 Uhr: Rückflug nach Wien.
- 19.55 Uhr: Ankunft in Wien.

---

[1] Vgl. o. V. abzumschnee.at 2012, online.

Dieser Tag im Schnee kostet nicht mehr als 159 EUR pro Person und ist für Kunden, die man als solche behalten möchte, sicher eine gute und auch für kleine Unternehmen leistbare Investition.

Was sonst noch alles möglich ist, kann man im Internet recherchieren, z. B. auf den folgenden Seiten:

- Das sind die Top-10-Ideen auf www.erlebnisgeschenke.de:
    - Krimi-Dinner (ab 39 EUR pro Person)
    - Ballon fahren (ab 155 EUR)
    - Candlelight-Dinner für zwei Personen (ab 49 EUR)
    - Romantisches Wochenende für zwei Personen (ab 69 EUR)
    - Ferrari selber fahren (ab 89 EUR)
    - Segway fahren (ab 15 EUR)
    - Fallschirm-Tandemsprung (ab 175 EUR)
    - Quad fahren (ab 20 EUR)
    - Dinner in the dark (ab 39 EUR)
    - Sushi-Kochkurs (ab 38 EUR)

Darüber hinaus werden zahlreiche weitere spannende oder entspannende Erlebnisgeschenke angeboten. Die ausgefallensten (für Gruppen) sind die folgenden:

- Paintball-Spielen (ab 25 EUR)
- Bier brauen lernen (ab 29 EUR)
- Höhlenwanderung (ab 41 EUR)
- Dinner in the Sky (ab 55 EUR)
- Barbeque-Workshop (ab 55 EUR)
- Geocaching (ab 25 EUR)
- Rafting/Canyoning (ab 29 EUR)
- Golf-Schnupperkurs (ab 19 EUR)

 http://www.erlebnisgeschenke.de

---

QR-Code: Erlebnisgeschenke

Sie sehen, es gibt eine Fülle von Möglichkeiten, wie Sie Ihre guten Kundinnen und Kunden beschenken und glücklich machen können. Aber Vorsicht: Wie Sie wissen, gilt immer die gute alte Marketingregel: Der Köder muss dem Fisch schmecken, nicht dem Angler (und auch nicht der Frau des Anglers oder dessen Berater)! Also bitte keine „Zwangsbeglückung". Nur weil Sie selbst etwas besonders toll finden, muss das nicht auch für Ihre Kunden gelten.

Wenn Sie Ihre Kunden zu einem gemeinsamen Event einladen wollen, überlegen Sie gut, wer dazu passt. Wenn Sie — wie unser Klient — Ihre Kunden zum Skifahren einladen wollen, dann denken Sie daran, dass nicht jeder ein so begeisterter und guter Skifahrer ist wie Sie selbst. Je ausgefallener Ihre Einladungen sind, desto schwieriger ist es, abzuschätzen, welche und wie viele Ihrer Kunden diese annehmen werden. Da könnte es helfen, wenn Sie den Kunden unterschiedliche Alternativen anbieten und sich dann für den Event entscheiden, den die Mehrheit Ihrer Kunden sich wünscht. Natürlich die gewichtete Mehrheit, d. h. dass Sie Ihre Entscheidung davon abhängig machen, was Ihre A-Kunden wollen.

Manchmal kann es auch sinnvoll sein, einzelnen Kunden ein individuelles, ausgefallenes Geschenk zu machen. Aber nur dann, wenn Sie ganz genau die Vorlieben und Aversionen dieses Kunden kennen, sollten Sie ihm ein konkretes Geschenk (z. B. aus den Listen auf der vorigen Seite) machen. Wenn Sie nicht riskieren wollen, daneben zu treffen, empfiehlt es sich, bei einem auf solche Geschenke spezialisierten Unternehmen einen Gutschein zu kaufen, mit dem sich der Kunde das konkrete Geschenk selbst aussuchen und das Erlebnispaket selbst zusammenstellen kann.

An dieser Stelle möchten wir Sie darauf hinweisen, dass es in den meisten Ländern gesetzliche Wertobergrenzen für Zuwendungen dieser Art gibt. Erkundigen Sie sich am besten bei Ihrem Steuerberater, was erlaubt ist bzw. was getan bzw. deklariert werden muss, damit es legal bleibt.

Das sollten Sie beachten, wenn Sie Kunden beschenken

Eine weitere Quelle für *Happiness*-Marketing ist all das, was man früher „Werbegeschenke" genannt hat. Inzwischen ist der einschlägige Handel nicht mehr nur Lieferant von billiger Ramschware, sondern immer mehr kreativer (Er-)Finder und Beschaffer hochwertiger, individueller Präsente. Auch mit passenden Werbeartikeln können Sie Ihre Kunden erfreuen. Sie müssen allerdings wirklich nützlich und brauchbar sein.

Auch hier gelten die genannten Einschränkungen: gesetzliche Wertgrenzen sind zu beachten, und: es geht nicht darum, was Ihnen gefällt, sondern darum, was den Kunden erfreut.

Schwierig wird es dann, wenn eine größere Anzahl Kunden zu beschenken ist. Dann gibt es entweder einen kleinsten gemeinsamen Nenner (mit wahrscheinlich wenig Originalität, z. B. alkoholische Getränke, Kalender, Schreibsets o. Ä.) oder Sie müssen individuell auf jeden einzelnen Kunden eingehen. Wir bevorzugen die zweite Idee. Es sollte vermieden werden, dass jemand die Geschenke aussucht, der weit weg vom individuellen Kunden ist, wie z. B. — zumindest in den meisten Fällen — die Marketingleitung. Besser ist es, die Mitarbeiter zu involvieren, deren Aufgabe es ist, den Kunden persönlich mit all seinen Eigenheiten und Vorlieben zu kennen, also den entsprechenden Außendienstmitarbeiter. Er oder sie sollte wissen, was ihm der Kunde wert ist und mit welchem Präsent er ihm ein wenig (oder viel) *Happiness* bereiten kann. Er sollte — je nach Kundenwertigkeit und -potenzial — ein bestimmtes Budget haben, das er nach Belieben (innerhalb eines bestimmten Rahmens) verwenden kann.

In jedem Fall ist es wichtig, bei der Auswahl der (Werbe-)Geschenke bestimmte Kriterien zu beachten. So sollte es das Ziel des Geschenks sein, nicht nur den Kunden einmalig (bei der Übergabe) glücklich zu machen, sondern ihm vielmehr etwas zu schenken, das nachhaltig ein gerne und möglichst oft genutzter Gegenstand werden kann. Das gelingt vor allem mit Artikeln, die in das tägliche Berufs- und/oder Privatleben integriert werden — also Artikel, die die Chance haben, dauernd oder regelmäßig im Büro und/oder Haushalt genutzt zu werden. Wenn dieser Artikel dadurch einen positiven emotionalen Impakt auslöst, entsteht automatisch eine Kopplung von positiver Geschenkanmutung und Verbindung zum schenkenden Unternehmen. Als Beispiel (unter vielen möglichen) wäre etwa eine attraktive Wanduhr zu nennen, die im Büro des Empfängers an exponierter Stelle (z. B. gegenüber dem Schreibtisch) hängt und die mit dem (dezenten!) Logo des Spenders versehen ist.

Ein wesentlicher Aspekt, der gerne übersehen wird, ist die Art der Übergabe. Das Übergaberitual ist integrierter Bestandteil des Geschenks und kommuniziert seine Botschaft auf derselben Ebene. Wichtig dabei sind z. B. die Art, Wertigkeit und Sorgfalt der Verpackung, die bei der Überreichung verwendeten Worte, die Angemessenheit von Anlass und Geschenk. Signalisieren das Geschenk und die Inszenierung der Übergabe gemeinsam die Wertschätzung, die Sie dem Kunden gegenüber zum Ausdruck bringen wollen? Eine gelungene Übergabe kann aus einem objektiv wenig wertvollen Geschenk ein subjektiv als sehr wertvoll empfundenes machen — aber auch umgekehrt!

Es müssen aber nicht immer gekaufte Dinge sein, mit denen man *Happiness*-Marketing „spielen" kann. Gerade kleine und mittlere Unternehmen und vor allem EPUs und Freiberufler haben viele Möglichkeiten, selbst Kreiertes für ihre Kunden zu (er-)

finden. Wenn der Friseur/Masseur/Installateur z. B. gerne zu Weihnachten Kekse backt (oder jemand in seiner Familie das mit Leidenschaft und Erfolg tut), dann spricht nichts dagegen, für die Kunden ein kleines Päckchen mit diesen Keksen zu packen, es mit einem werblichen Anhänger zu versehen und den Personen der Zielgruppe mit entsprechendem „Brimborium" und dem Hinweis auf die Eigenfabrikation (Unikat!) zu übergeben. Wenn der Anhänger dazu noch nützliche Informationen (Öffnungszeiten, Kontaktdaten, Notrufnummern o. Ä.) enthält, könnte man den Kunden darauf hinweisen, dass er diese „Visitenkarte" an einer Pinnwand zu Hause anbringen sollte, um diese Informationen bei Bedarf parat zu haben.

Andere Unternehmen, z. B. kleine Produktionsbetriebe (vor allem im technischen Bereich), könnten sich überlegen, welche nützlichen Präsente sich unter ihren Produkten befinden bzw. welche man dazu umfunktionieren könnte. Metall verarbeitende Betriebe könnten wahrscheinlich mit wenig Aufwand aus ihren Metallen nützliche Gegenstände „basteln", die so originell sind, dass die Kunden sie mit Sicherheit aufbewahren und nutzen werden.

Am schwierigsten haben es die Dienstleister, die keine Produkte verkaufen, sondern immaterielle Leistungen anbieten. Für sie gibt es keine reale Abwandlung eines ihrer Produkte, die sie symbolisch verschenken könnten. Sie müssen nach Artikeln suchen, die man gemeinhin mit ihrer Profession assoziiert. Der Rechtsanwalt könnte sich z. B. das Paragrafenzeichen „§" als Vorbild für mögliche Werbe- und Geschenkartikel nehmen (Flaschenöffner, Schreibgerät, Kühlschrankmagnet u. Ä.).

Schlussgedanken

Für jede Profession gelten unterschiedliche Anforderungen und entsprechende Überlegungen im Hinblick auf das Inszenieren von *Happiness*-Marketing. Es lohnt sich, darüber intensiv nachzudenken. Schließlich geht es darum, aus Kunden mithilfe des trojanischen Werkzeugs *Happiness* Freunde zu machen. Wie man weiß, verkauft sich nicht ein Produkt oder eine Dienstleistung, sondern immer der Mensch dahinter. Produktmarketing ist immer Beziehungsmarketing. Wer also dafür sorgt, dass die Kunden bzw. Freunde „*happy*" sind, sorgt für eine gute, nachhaltige Beziehung, die für weitere Verkäufe unerlässlich ist. Und ein Kunde, der Freund ist, verzeiht Fehler und Schwierigkeiten bei der Lieferung leichter. Das trojanische Pferd *Happiness* führt damit zu besseren und nachhaltigeren Kundenbeziehungen.

Happiness-Marketing ist ein relativ schwieriges Feld, da es immer um subjektive *Happiness* geht. Hier lohnt es sich, sich beraten zu lassen. Sowohl für das Finden und Gestalten von *Happiness* stiftenden Events als auch für die genaue Anpassung von Werbegeschenken an die Kundenbedürfnisse gibt es Fachleute, die Erfahrung und Übung darin haben, maßgeschneiderte Konzepte zu liefern. In der Regel lohnt es sich, für die fachmännische Beratung ein bisschen mehr zu bezahlen als für 08/15-Maßnahmen, weil Streuverluste geringer und Trefferquoten höher ausfallen.

Zusammenfassung

Zusammenfassend können wir festhalten, dass es lohnend sein kann, über *Happiness*-Marketing nachzudenken und zu überlegen, was man — unabhängig von der Unternehmensart und -größe — tun kann, um seine Kundinnen und Kunden glücklich zu machen. Denn: Mit glücklichen Kunden macht man mehr und bessere Geschäfte. Wie schon in der Einleitung zu diesem Kapitel formuliert: Glückliche Kunden sind eher bereit, über Sie und Ihre Produkte positiv zu sprechen. So entstehen — offline wie online — virale Effekte, die helfen, Ihre Botschaften zu verbreiten.

Zauberei: Hui-Hui

Abb. 15: Zauberkunststück: Hui-Hui

Der Zauber-Propeller, auch Hui-Hui-Maschine genannt, ist seit Langem als Spielzeug bekannt. Man kann ihn in jeder Zauberwarenhandlung preiswert kaufen.

Hui-Hui besteht aus einem mit Kerben versehenen Holzstab, auf dessen oberem Ende ein kleiner Propeller so aufgeschraubt ist, dass er sich leicht in jede Richtung drehen kann. Zusätzlich gibt es einen kleineren, runden Holzstab. Mit diesem reibt man über die Kerben am Propellerstab und kann mit einem kleinen Trick dafür sorgen, dass sich der Propeller einmal in die eine, dann wieder in die andere Richtung dreht.

Wie das funktioniert? Nehmen Sie (als Rechtshänder) den Zauberpropeller in die linke Hand, wobei die Kerben nach oben gerichtet sind. Wollen Sie eine Linksdrehung: Halten Sie den Daumen der anderen Hand an die Kerben, während Sie mit dem kleineren Stab über diese hin- und her reiben. Für eine Drehung in die umgekehrte Richtung müssen Sie Ihren Zeigefinger an die Unterseite (also gegenüber den Kerben) halten, während Sie mit dem kleineren Stab über die Kerben hin- und her streichen. Die Bewegung des kleinen Stabes über die Kerben ist also in beiden Fällen dieselbe. Der Unterschied liegt darin, ob Sie den Daumen oben über die Kerben mitführen oder ob Sie dasselbe unten mit dem Zeigefinger tun.

Verblüffen Sie Ihre Zuschauerinnen und Zuschauer damit, dass Sie die Bewegung des Drehrades nur mit der Kraft Ihrer Gedanken beeinflussen können. Das passende Zauberwort dazu ist natürlich „Hui-Hui".

4.2 Vorhandenes verwenden – Vorlagen und Muster nutzen

Was Sie in diesem Kapitel erwartet

In diesem Kapitel geht es darum, wie Vorlagen und Muster als trojanische Instrumente eingesetzt werden können. Vorlagen sind in diesem Zusammenhang individuell oder kollektiv gelernte Elemente, die im Gedächtnis großer Personengruppen verankert sind. Solche Vorlagen können z. B. sein:

- *Verhaltensmuster, Sitten und Gebräuche, soziale Regeln*
- *kognitive Imagefacetten*
- *Rituale*
- *traditionelle Sujets (Sagen, Märchen, Überlieferungen, Geschichten)*
- *Personentypen (Sieger, Helden, Patriarchen, Könige)*
- *typische Gesten, Mimiken*
- *Sprachmuster*
- *Symbole*
- *Schemata*

Diese Vorlagen und Muster können als Trojanische Pferde eingesetzt werden, indem sie im Trojanischen Marketing als (meist implizite) Bezugspunkte für Werbebotschaften herangezogen werden. Wenn auf Vorlagen basierende Texte oder Bilder werblich verwendet werden, wird implizit — d. h. ohne dass der Empfänger der Botschaft sich dessen bewusst sein muss — die archaische Botschaft der Vorlage mit ins Spiel gebracht.

Indem z. B. die Marke Red Bull mit dem Symbol des roten Stiers verknüpft wird, werden automatisch die mit diesem Tiersymbol im Bewussten und Unterbewussten verbundenen Eigenschaften abgerufen. Diese können individuell und kulturell unterschiedlich sein, es wird jedoch eine gewisse Schnittmenge an positiven Eigenschaften wie Stärke, Kraft, Dynamik o. Ä. geben. Wenn diese Vorlage im Kommunikationsprozess benutzt wird, ist es nicht notwendig, explizit diese Eigenschaften zu nennen; sie werden implizit mit dem Symbol verbunden.

Weitere Beispiele sind:

- das trojanische Pferd als Vorlage z. B. für Werbekampagnen von Mercedes und auch der Werbeagentur Jung von Matt
- bekannte Märchengestalten (Aschenputtel, Ali Baba, Rotkäppchen) als Vorlagen z. B. für einen Campari-Bildkalender (mit der Schauspielerin Eva Mendes)
- Rotkäppchen als Testimonial für eine UPC-Kampagne
- das Schema „Chef, Meister, Guru" in der Kampagne „Grill-Chef" der Schweizer Groß-Fleischerei Bell
- das CIA-*Factbook* als Vorlage für österreichische Publikationen zu den Themen „Beteiligungskapital", „Vermögensveranlagung" sowie „Cluster in Österreich"
- die für die Marke Mon Chéri erfundene (nicht wirklich als Art existierende) Piemont-Kirsche
- die historischen amerikanischen Flag Risers (Foto vom amerikanischen Sieg über Japan 1945 mit heroischem Hissen der Flagge) als Werbesujet von Hutchison 3G Austria
- das Bild einer Fee als Vorlage für eine Underberg-Werbung („die Kräuterfee")

Auf diese Weise können Vorlagen als trojanische Pferde für den Transport bestimmter Werbebotschaften genutzt werden. Im Folgenden werden wir anhand einiger Beispiele zeigen, wie das konkret funktioniert.

Eine in diesem Zusammenhang zentrale Bedeutung kommt dem Begriff „Imagetransfer" zu. Hierbei geht es darum, das bestehende (in der Regel positive) Image eines Subjekts A auf ein zweites Subjekt B zu übertragen. Die Subjekte können Unternehmen, Personen oder Produkte sein.

WISSEN: Imagetransfer

Im Jahr 1982 wurde am Institut für Werbewissenschaft und Marktforschung der Wirtschaftsuniversität Wien ein in vielen empirischen Studien getestetes Imagetransfermodell von Günter Schweiger et al. entwickelt. Hauptaufgabe dieses Modells ist das Identifizieren von geeigneten Partnerprodukten. Zu beachten dabei ist vor allem, dass beide Produktklassen sowohl emotional als auch technologisch affin sein müssen, um eine nachhaltige Wirkung bei den Konsumenten zu erzielen. Ein gutes Beispiel dafür finden Sie in diesem Kapitel mit den „Partnerprodukten" Felix Baumgartner und dem Label NORTHLAND. Wir wollen das Modell des Imagetransfers anhand dieses Beispiels veranschaulichen.
Das Produkt P1 steht für Felix Baumgartner, der durch seinen legendären „Stratos-Sprung" relativ (in Österreich: sehr) bekannt ist. Ein solcher Bekanntheitsgrad ist die Voraussetzung für einen Imagetransfer. Das Label NORTHLAND (P2) nutzt die emotionale Affinität zu P1 und überträgt dessen Image auf seine

Kollektion. Dadurch wird eine emotionale Aufwertung von P2 vorgenommen. Man bezeichnet dies in der neueren wissenschaftlichen Marketingliteratur auch als „*Emotional Boosting*".

„Generell sind zwei Produktklassen umso besser für einen Imagetransfer geeignet, je mehr Konsumenten in beiden Produktklassen Verwender sind und die Markenwahl gemäß dem Imagemodell treffen. Der Grund dafür liegt im höheren Produktinteresse von Verwendern gegenüber Nicht-Verwendern. Dieses Interesse bewirkt höhere Aufmerksamkeit und Akzeptanz der Werbebotschaften innerhalb einer Transfer-Kampagne. Raucher, die gerne Jeans tragen, werden sowohl Botschaften für Zigaretten als auch für Jeans selektiv wahrnehmen" (Schweiger, Schrattenecker 2009, S. 98).

Schweiger und Schrattenecker führen auch negative Bespiele an. So sind z. B. Damenparfum und Zigaretten technologisch nicht affin, da der Zigarettenrauch sich negativ auf ein „verführerisches" Damenparfum auswirken würde. Ferner wird festgestellt, dass es Marken wie z. B. „Uhu", die vom Konsumenten mit einem ganz bestimmten Produktbereich assoziiert werden, extrem schwer haben, die technologischen Grenzen des jeweiligen Produktbereichs zu überschreiten. Wenn diese Marken aber im Gegensatz dazu von den Konsumenten mit einem *Lifestyle* verbunden werden, können diese auch technologische Barrieren überschreiten (vgl. Schweiger, Schrattenecker, 2009, S. 99).

Das Imagetransfermodell eignet sich im Trojanischen Marketing besonders für kleinere und mittlere Unternehmen, die mit wenig oder kaum einem Marketingbudget ausgestattet sind. In diesem Fall dient die Marke des „Image-Gebers" als Trojanisches Pferd für die Marke des „Image-Nehmers".

„Der Vorteil für Unternehmungen, die Lizenzen für eine prominente Transfermarke übernehmen, liegt auf der Hand. Sie führen ihre Produkte im Windschatten einer großen Marke ein, genießen die ständige werbliche Unterstützung der Partnermarke und sparen damit Marketingkosten." (Schweiger, Schrattenecker 2009, S. 99)

Wenn beim Imagetransfer im Vordergrund steht, ein fremdes Land, eine Region, eine Stadt etc. zu nutzen, dann spricht man vom „*Country of Origin*"-Effekt für die Bewerbung und Positionierung von Produkten und Marken. Wir werden auf dieses Thema beim Beispiel „*Camp David*" zurückkommen.

Felix Baumgartner — ein moderner Held als Vorlage für Trojanisches Marketing

Am Beispiel des spektakulären Stratosphären-Sprungs des österreichischen Extremsportlers Felix Baumgartner lässt sich exemplarisch zeigen, wie Vorlagen im Marketing genutzt (in diesem speziellen Fall sogar: geschaffen) werden können.

Abb. 1: Baumgartners Stratosphärensprung (© Red Bull Stratos/Red Bull Content Pool)

Bevor wir mit der eigentlichen Geschichte beginnen, lassen wir via *YouTube* noch einmal den Sprung Revue passieren. Unglaubliche 32.284.935 Views zählt hier *YouTube* (Stand: 28.01.2013). Scannen Sie einfach mit Ihrem Smartphone den QR-Code und tauchen Sie in dieses moderne Weltraummärchen ein.

 https://www.youtube.com/watch?v=FHtvDA0W34I

QR-Code: Projekt: Stratos-Sprung

Am Sonntag, dem 14. Oktober 2012, landete Felix Baumgartner sicher um 12.16 Uhr Ortszeit (20.16 Uhr MESZ) in der Wüste von New Mexico. Der Stratos-Sprung war geglückt!

Abb. 2: Baumgartners Stratosphärensprung (© Red Bull Stratos/Red Bull Content Pool)

Abb. 3: Baumgartner (© ZENITH)

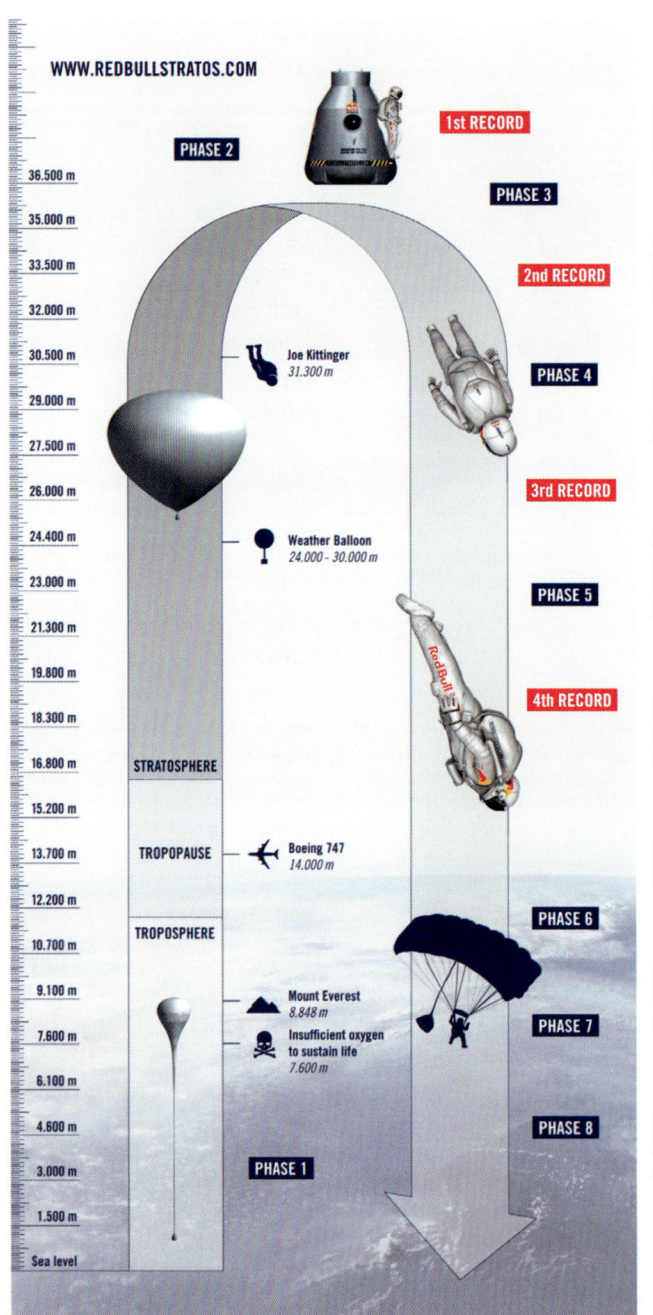

Abb. 4: Baumgartner (© Red Bull Creative)

Felix Baumgartner hatte 90 Sekunden im freien Fall überstanden und dabei einige Rekorde gebrochen. Doch für das Marketing von heute sind vor allem seine medialen Rekorde relevant, hier vor allem der *Livestream*-Rekord auf *YouTube*.

Felix Baumgartner — Das Medienfestival

Der Extremsportler Felix Baumgartner hat nicht nur bei seinem Sprung viele Rekorde gebrochen, auch in den Medien waren seine Erfolge ein absoluter Höhepunkt. Besonders imposant, die Zuschauerzahlen betreffend, war der *Livestream* auf *YouTube*, mit dem er im Internet eine absolute Bestmarke aufstellte. Mehr als acht Millionen Menschen sahen den Aufstieg in die Stratosphäre und den Sprung aus einer Höhe von mehr als 39 Kilometern auf der Videoplattform. Noch nie in der an Erfolgen nicht armen Geschichte von *YouTube* wurden annähernd solche Werte erreicht (vgl. o. V. kurier.at 2012, online).

Der Channel von Red Bull auf *YouTube* (http://www.youtube.com/redbull) beeindruckt mit gigantischen, fast astronomischen Zahlen: 1.435.270 Abonnenten sowie 538.029.791 Videoaufrufe (Stand: 28.01.2013). In diesem Kanal finden Sie eine große Anzahl von Videos über Felix Baumgartner und seinen „Jahrtausendsprung".

Laut einer Zählung des Internetdienstleisters Akamai lag der bisherige Rekord von *Livestreams* bei mehr als sieben Millionen. Dieser wurde im Januar 2009 erreicht, als die Zuschauer der „Inauguration" (Amtseinführung) des US-amerikanischen Präsidenten Barack Obama beiwohnten (vgl. red/APA, diepresse.com 2012b, online).

Astronomische TV-Quoten in Österreich

„ORFeins erreichte bei der Live-Übertragung des Sprungs zwischen 20:06 und 20:16, zur besten Sendezeit in Europa, eine himmlische Reichweite von 2,282 Millionen Zuschauern (das entspricht einem Marktanteil von 59 Prozent). […] Laut ORF ist das der höchste Wert seit dem Interview mit Natascha Kampusch nach ihrer Flucht (6. September 2006 mit 2,55 Millionen)" (vgl. o. V. kurier.at 2012, online).

Top TV-Quoten in Deutschland: Fast sieben Millionen Zuschauer bei n-tv

In Deutschland konnte der Nachrichtensender n-tv jubeln, denn er schaffte mit Abstand den besten Marktanteil in seiner Geschichte. So waren in der Spitzenzeit zwischen 20:10 Uhr und 20:15 Uhr fast sieben Millionen Zuschauer dabei. Das bedeutet einen Marktanteil in Deutschland von 19,4 Prozent. Bei der mehr als vier Stunden dauernden Berichterstattung von n-tv waren 2,24 Millionen Zuschauer live dabei. Dies entspricht einem Marktanteil von 8,8 Prozent (vgl. o. V. kurier.at 2012, online).

Der Jahrtausendsprung als weltweites Medienfestival

Beeindruckend ist, dass der Stratos-Sprung auch beim Jahresrückblick von Google an prominenter Stelle vorkommt. Im Video „Zeitgeist 2012: Year in Review" erscheint Baumgartner sowohl am Anfang als auch am Ende. Damit unterstreicht Google, welchen medialen Stellenwert dieses einzigartige Medienspektakel hatte.

 https://www.youtube.com/watch?v=xY_MUB8adEQ

QR-Code: Zeitgeist 2012: Year in Review

Und sollten Sie noch immer nicht genug vom Thema haben, gehen Sie auf den *YouTube-Channel* von Red Bull. Hier finden Sie viele weitere Videos dazu.

 https://www.youtube.com/user/redbull/videos?query=stratos

QR-Code: Der Video-Channel von Red Bull auf YouTube – Rubrik: Stratos-Sprung

Was können Sie von Red Bull für Ihre trojanischen Marketingaktionen lernen?

Nach Claudia Hilker gibt es drei zentrale Faktoren, die Red Bull auszeichnen (Hilker 2012, online):

1. „Red Bull verwendet keine langweilige Produktwerbung, sondern eine einzigartige Content-Strategie, die auf exklusive Inhalte und spannende Themen setzt.
2. Red Bull verfolgt im Online-Marketing einen crossmedialen Ansatz, der die Marke zielgerichtet im Extremsport und Event platziert — das sorgt für Stimmung, Authentizität und Glaubwürdigkeit.
3. Red Bull arbeitet nicht mit dem Push-Prinzip, sondern mit interaktiver Kommunikation und fördert das persönliche Engagement der Menschen durch Social-Media-Marketing."

Die folgenden drei Praxisbeispiele zeigen, wie der moderne Held Felix Baumgartner anderen als perfekte Vorlage im „trojanischen" Sinne dient. Protagonisten sind dabei die Unternehmen ZENITH und NORTHLAND sowie die Veranstalter der Modellbaumesse Wien.

Praxisbeispiel: ZENITH

Unser Verhalten wird zu einem großen Teil durch das Unterbewusste gesteuert — so viel wissen wir schon seit Siegmund Freud. In den Neurowissenschaften bzw. im Neuromarketing spricht man hier von der Steuerung durch den „Autopiloten". Daher ist es ein Gebot für erfolgreiche Marketingkampagnen, diesen Autopiloten anzusprechen und diese Ansprache auf der Basis von neuropsychologischen Erkenntnissen gehirngerecht zu gestalten, zum Beispiel mit Geschichten.

Geschichten und Helden sind — weil sie gelernten Vorlagen entsprechen — sehr effektive Werkzeuge im Trojanischen Marketing. Felix Baumgartner schrieb mit seinem Stratos-Sprung Geschichte, ein modernes Märchen entstand, das im Marketing genutzt werden kann. Als ZENITH-Markenbotschafter überträgt er sein Heldenimage auf die ZENITH-Produkte.

Die ZENITH Stratos ist die erste Uhr, die an der Seite von Felix Baumgartner am Rande des Weltalls die Schallmauer durchbricht.

Abb. 5: Baumgartner (© Jay Nemeth/Red Bull Content Pool)

Die ZENITH Manufacture: Die 1865 in Le Locle von dem visionären Uhrmacher Georges Favre-Jacot gegründete Manufaktur ZENITH wurde schnell für die Präzision ihrer Chronometer bekannt und erreichte in 150 Jahren mit 2.333 Zeitnahmepreisen einen absoluten Rekord im Bereich der Taschen- und Borduhren. Ihren endgültigen Ruhm aber verdankt die Manufaktur ZENITH dem legendären *El-Primero*-Kaliber, einem im Jahr 1969 entwickelten integrierten Säulenrad-Chronografenwerk mit der hohen Frequenz von 5 Hertz, die eine auf die Zehntelsekunde genaue Messung kurzer Zeiträume gewährleistet. Seitdem hat die Manufaktur mehr als 600 verschiedene Uhrwerkvarianten entwickelt. Alle ZENITH-Uhren sind mit einem ZENITH-Manufakturwerk ausgestattet und werden vollständig in der Manufaktur in Le Locle entwickelt und gefertigt. Letztere befindet sich an demselben Standort, an dem der Gründer das erste Atelier des Unternehmens errichtet hat.

Abb. 6: Baumgartner (© ZENITH & Time Media Marketing)

ZENITH-Uhren haben schon oft Pioniere bei ihren herausragenden Projekten begleitet und waren Teil einiger der größten Abenteuer der Menschheit. Dazu zählen die Entdeckung des Nord- und des Südpols durch Roald Amundsen, Mahatma Ghandis Freiheitskampf für Indien, die Grundlagen des Umweltschutzes durch den belesenen Fürsten Albert I. von Monaco, Louis Blériots Überquerung des Ärmelkanals, John F. Kennedys politische Karriere, zahlreiche Expeditionen — darunter die nach Nepal — des unerschrockenen Entdeckers Colonel John Blashford-Snell oder Johan Ernst Nilssons gewagte Pole2Pole-Mission. Und auch Felix Baumgartner hat sich jetzt seinen Platz auf dieser Liste gesichert.

Abb. 7: ZENITH-Uhr „Baumgartner" (© ZENITH & Time Media Marketing)

Der Präsident und CEO von ZENITH, Jean-Frédéric Dufour, kommentierte das Ereignis mit folgenden Worten: „Die Manufaktur ZENITH ist sehr stolz darauf, offizieller Zeitnehmer bei dieser Mission gewesen zu sein und den El Primero Stratos Flyback Striking 10th Tribute to Felix Baumgartner zu präsentieren. Dank seiner großartigen Leistung wurde der El Primero Stratos Flyback Striking 10th zur ersten Uhr, die jemals die Schallgrenze am Rande des Weltalls durchbrochen hat."

Abb. 8: ZENITH-Uhr „Baumgartner" (© ZENITH & Time Media Marketing)

Diese Uhr ist mit dem weltweit genauesten Automatik-Chronografenwerk, dem El Primero, sowie mit einer Striking 10th- und einer Flyback-Funktion ausgestattet, weshalb sie den perfekten Partner für Baumgartners Mission darstellt. „Dieses Projekt basiert auf dem Know-how, der Präzision und der Echtheit. Meine ZENITH-Uhr entspricht perfekt dem Geist dieser Mission", sagte Felix Baumgarter (Zenith, 2012).

Abb. 9: ZENITH-Uhr „Baumgartner" (© ZENITH & Time Media Marketing)

Die trojanische Toolbox

Felix Baumgartner, durch seine spektakuläre Aktion zum modernen Helden geworden, bildet die trojanische Vorlage für den Imagetransfer auf die Marke ZENITH. Damit ist die implizite Botschaft verbunden, dass ZENITH dieselben harten Anforderungen erfüllt, selbst perfekt ist, unerreicht und unerreichbar, schneller als alle anderen. Kurz: Sie ist nicht nur eine, sondern **die** Uhr für Helden unserer Zeit.

Praxisbeispiel: Imagetransfer am Beispiel NORTHLAND

Abb. 10: Northland (© Northland)

Noch eine zweite Marke hat von einem solchen Imagetransfer profitiert: Northland als Produzent und Lieferant besonderer Textilien.

Was haben Felix Baumgartner und Northland gemeinsam? Beide stammen aus Österreich, beide kennt man weltweit und beide agieren auch weltweit. Der eine liebt und

lebt das Abenteuer; der andere entwickelt dafür die entsprechende Outdoor-Beklei-
dung. Eine ideale Kombination für einen Imagetransfer. Wieder geht es um die Über-
tragung von Image(bestandteilen) von einem Imageträger auf ein anderes Subjekt.

Kaum jemand verkörpert den *Lifestyle* von Northland besser als Felix Baumgartner: Er ist
für viele einer der interessantesten, coolsten und extremsten Menschen der Jetztzeit.
Von der Jesus-Statue in Rio de Janeiro gesprungen, als Erster den Ärmelkanal im freien
Fall überquert, vom Turning Torso in Schweden, vom höchsten Gebäude der Welt, dem
101 Tower Taipeh gesprungen, der Stratos-Jahrtausendsprung und und und …

Hier kommen beim Imagetransfer die positiven Ausstrahlungseffekte für beide voll
zum Tragen. Wie sich zeigt, passt Baumgartner ideal zur Marke NORTHLAND und zu
deren Slogan „…*tested under extreme conditions* …“. Zudem verkörpert Baumgartner
Eigenschaften wie Abenteuer, Natürlichkeit, Selbstbewusstsein und Sportlichkeit.
Genau diese Kombination bietet auch der Outdoor-Ausrüster in seinen Kollektionen.

Abb. 11: Northland (© Northland)

Die werbepsychologische Bedeutung des Imagetransfers wird in zahlreichen wissenschaftlichen Publikationen unterstrichen, wie z. B. in *„Building Brand Image through Event Sponsoring: The Role of Image Transfer"* von Gwinner und Eaton, erschienen bereits im Jahr 1999.

Bei Northland wie bei ZENITH können wir festhalten: Baumgartner ist das ideale trojanische Pferd für Marken mit entsprechender Affinität zu bestimmten gemeinsamen Eigenschaften — wie ja auch für den Hauptsponsor Red Bull. Das gilt nicht nur in qualitativer Hinsicht, sondern auch quantitativ, wenn man sich die gigantischen Aufmerksamkeitswerte weltweit ansieht (s. o.).

Praxisbeispiel: Modellbaumesse Wien

Abb. 12: Inszenierter Sprung (© Ogilvy & Mather Wien)

Vorlagen, die im sogenannten autobiografisch-episodischen Gedächtnis abgespeichert sind, wirken so zuverlässig, weil sie das Gehirn mit einer besonderen Bedeutung für das Individuum auflädt. Solche Vorlagen und Muster werden vom menschlichen Gehirn auf lange Dauer gespeichert und können noch nach einer beträchtlichen Zeit abgerufen werden. Der von den Medien so gehypte „Jahrtausendsprung" von Felix Baumgartner stand auch Pate für einen viralen Werbespot, der von Ogilvy Österreich erdacht und realisiert wurde. Und zwar hat man den Baumgartnerschen Stratos-Sprung im Maßstab 1 : 350 mithilfe von Legobausteinen und -männchen nachgestellt. Die Aktion wurde im Auftrag der Modellbaumesse Wien durchgeführt. Ziel war es, einen möglichst werbewirksamen Videospot zu produzieren, der so interessant sein sollte, dass er sich viral im Internet massenhaft weiterverbreitet.

Creative Director Gerd Schulte-Doeinghaus erzählt auf horizont.at, wie das virale Video zur Modellbaumesse Wien entstand:

„Die ständigen Verschiebungen im Zeitplan des Stratos-Projektes haben uns dazu veranlasst, selber einen Sprung zu wagen. Der eigens angefertigte Ballon stieg allerdings auf einem Rübenplatz in Moosbrunn auf und erreichte eine Höhe von 122 Metern". Im Maßstab 1 : 350 seien dies 42,7 Kilometer, also deutlich höher, als Baumgartner war. „Wir halten damit übrigens zwei offizielle Rekorde: Höchster freier Fall einer Legofigur und höchster Fallschirmsprung einer Legofigur". (Gricenko 2012, online)

Abb. 13: Inszenierter Sprung (© Ogilvy & Mather Wien)

Abgesehen vom positiven Imagegewinn durch den Viral Spot profitierte die Modellbaumesse Wien massiv von der Berichterstattung darüber: Servus TV drehte einen eigenen Bericht, die „Kronenzeitung" (auflagenstärkste Tageszeitung in Österreich mit nationaler Reichweite von knapp 40 Prozent) widmete dem Film eine Doppelseite. Es gab zusätzlich Berichte in den Printmedien „Österreich" und „heute" sowie einen in der „Zeit im Bild 2" im Österreichischen Rundfunk (ORF), der wichtigsten TV-Nachrichtensendung des Landes, samt vollständiger Sendung des Spots, um nur die prominentesten und reichweitenstärksten Medien zu nennen. International weckte der Film kaum weniger Interesse und es gab Berichterstattungen in den unterschiedlichsten Medien verschiedenster Länder, von Finnland bis Neuseeland und von Japan bis Deutschland.

Die virale Verbreitung war ein echter „Hammer". Helge Haberzettl, einer der verantwortlichen Werber, hat uns die Zahlen übermittelt, die er aus dem *YouTube*-Account herausgelesen hat. Hier sieht man sehr gut den *Peak* am Tag von Felix Baumgartners Sprung:[2]

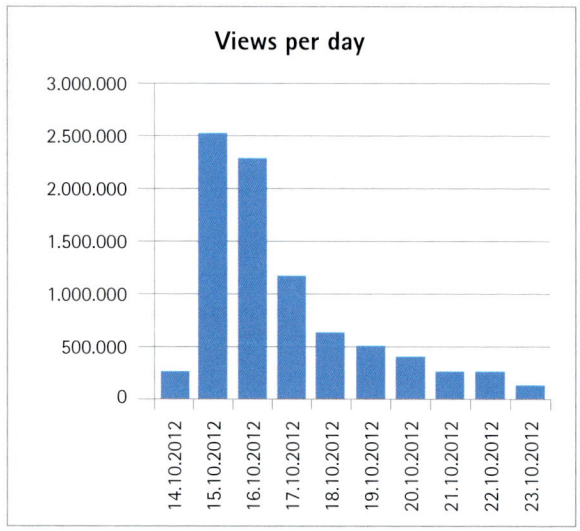

Abb. 14: Views per day des viralen Lego-Spots auf YouTube (eigene Darstellung)

Sehr beeindruckend sind auch die weiteren viralen Effekte des Spots:[3]

- 373.522 *Facebook* shares
- 14.124 *Twitter* shares
- 261 blog post views

[2] Zugriff am 9. Januar 2013, 11:24 Uhr.

[3] Quelle: o. V. viralvideochart.unrulymedia.com 2012 – Stand: 29.01.2013.

Abb. 15: Inszenierter Sprung (© Ogilvy & Mather Wien)

Erstaunlich bei dieser Geschichte, die den Stratos-Sprung von Felix Baumgartner als trojanische Vorlage nutzt, sind die Kosten für die Entstehung des *YouTube*-Hits von nur 1.200 Euro — vergleichen Sie das mit der gewaltigen Medienresonanz!

Abb. 16: Inszenierter Sprung (© Ogilvy & Mather Wien)

Die trojanische Toolbox

Ogilvy & Mather Wien holten mit dem Video „Stratos Jump" in der Kategorie „*Interactive*" Silber bei den Eurobest-Awards, die 2012 in Portugal stattfanden. Der wahre Held dieser Geschichte sind die enorm hohen *Views* auf *YouTube*: bis heute (29.01.2013) unglaubliche 8.910.959 *Views*. Und wenn Sie das Video noch nicht kennen, wird es höchste Zeit, es sich anzusehen:

 http://www.youtube.com/watch?feature=player_embedded&v=yFU774q6eVM

QR-Code: Video eines inszenierten Stratos-Sprungs von Ogilvy für die Modelbaumesse Wien

Beteiligte Akteure:

Agentur:	Ogilvy & Mather Wien
CD:	Gerd Schulte-Doeinghaus
Konzept und Ausführung:	Helge Haberzettl, Gregor Ahman, Michael Kaiser, Karin Schalko
Edit:	Manuel Lindinger, Sabotage Film
Kunde:	Messe Reed Wien / Modellbaumesse, Silvia Vogel

Der persönliche Bericht von Senior Werbetexter Helge Haberzettl zur Ideenfindung und Umsetzung der Lego-Aktion

Dienstag, 9. Oktober. Der große Tag für Felix Baumgartner und das Red Bull Stratos-Projekt war gekommen. Die ganze Welt richtete ihre Augen nach Roswell, New Mexiko. Und das zur besten Sendezeit. Stundenlang war der ORF live zugeschaltet. Ich saß vor dem Fernseher und verfolgte den Event des Jahres, so wie Millionen andere. Kein Werbeblock (zumindest nahm ich keinen einzigen wahr) störte den Anblick eines silbrigen Ballons, der sich langsam mit Helium füllte. Das war aufregend …

… und auch ein bisschen langweilig. Zumindest nach den ersten paar Stunden. Doch dann kam Bewegung in die Sache und, wie sich herausstellen sollte, war diese Bewegung zu viel: Ein Windstoß drückte den Ballon gegen die Startbahn. Zu großes Risiko. Startabbruch. Enttäuschung machte sich in mir breit, verbunden mit der äußerst unvernünftigen Meinung: „Das kann doch nicht so schwer sein, einen Ballon aufzublasen und ein paar Meter steigen zu lassen!"

Und da war sie, die Idee. Plötzlich passte alles zusammen: In knapp drei Wochen würde die Modellbaumesse beginnen. Was, wenn wir es schaffen würden, ein Ballonmodell im Maßstab 1 : 350 aufsteigen zu lassen, und zwar auf 122 Meter? Das entspräche in diesem Maßstab Felix Baumgartners Rekordhöhe. Es wäre schnell zu bewerkstelligen und wir hätten einen Film, den sich die ganze Welt bereits ansehen kann, während sie auf Herrn Baumgartners zweiten Startversuch wartet. Der Hunger nach Bildern und die Euphorie, diesem Event zugesehen zu haben, würden auch unserem kleinen Anliegen auf die Sprünge helfen.

Entscheidend war, wie schnell wir das Vorhaben umsetzen konnten — das hatte mein Kollege Gregor Ahman erkannt: Im Nu hatte er mit balloonart.at einen Partner gefunden, die Legokiste seiner Kindheit geplündert und bereits am Donnerstag war der Film gedreht. In der Zwischenzeit hatten wir Kontakt zu unserem Kunden Modellbaumesse aufgenommen und die Idee verkauft.

Als Felix Baumgartner am Sonntag, dem 14. Oktober 2012, seinen erfolgreichen Versuch startete, war unser *Viral* bereits auf *YouTube* hochgeladen. Während der Live-Übertragung verlinkten wir unseren Film auf einigen Nachrichtenstreams. Ob das noch notwendig war oder nicht, werden wir nie erfahren, denn der Film verbreitete sich schneller, als wir es je erträumt hatten.

Zwei Wochen später begann die Modellbaumesse — mit einem neuen Besucherrekord. Felix Baumgartners Stratos-Sprung war im wahrsten Sinn des Wortes ein Geschenk des Himmels.

Praxisbeispiel Imagetransfer: Camp David als Namensvetter für eine deutsche Modeerfolgsgeschichte

Die deutsche Herrenerfolgsmarke *Camp David* ist nicht nur in Deutschland, sondern auch in Österreich (seit 2010) in aller Munde. Bekannte Label-Träger sind u. a. Dieter Bohlen und Markus Schenkenberg. Hinter dieser Erfolgsstory steht die Clinton Großhandels-GmbH, die außerdem noch das Womanswear-Label *Soccx* anbietet sowie das Retailkonzept *Chelsea* betreibt. Bevor wir uns näher mit der Marke *Camp David* beschäftigen, beschreiben wir Strategien zur Markenpositionierung und lernen dabei den sogenannten *Country-of-Origin*-Effekt kennen, eine Sonderform des Imagetransfers.

WISSEN: Strategien zur Markenpositionierung

Es gibt bei der Markenpositionierung zwei grundlegende Richtungen. Dabei wird zwischen einer „informativen Positionierung" und einer „emotionalen Positionierung" unterschieden. Dies verdeutlicht die nachfolgende Grafik.

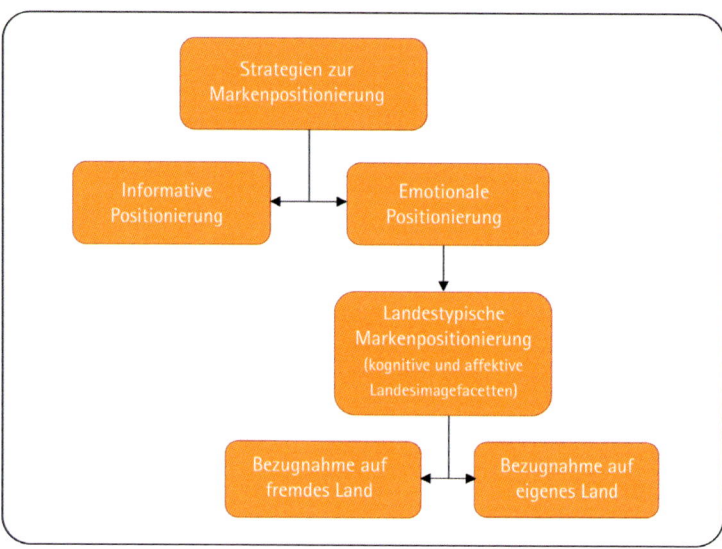

Abb. 17: Strategien zur Markenpositionierung

Für eine landestypische Markenpositionierung (sog. kognitive und affektive Landesimagefacetten) kann man auf das eigene Land oder auf ein fremdes Land Bezug nehmen. Verwendet man kognitive Landesimagefacetten, ein trojanisches Werkzeug, spielen der Gebrauch und das Hervorheben von Mustern und Vorlagen, die einzigartig für ein Land, eine Region, eine Stadt etc. sind, eine Schlüsselrolle.

Empirische Studien zur Nutzung von Landesimages (z. B. Schweiger, 1990) belegen, dass sie sehr wirkungsvolle Werkzeuge sind, die das Kaufverhalten der Konsumenten auf positive und nachhaltige Weise verstärken. Dies kann so weit gehen, dass selbst die Produkte die Form eines typischen Landesimages in sich tragen. Wann haben Sie beispielsweise zum letzten Mal eine „Toblerone" gegessen? Perfect Swiss Chocolate!

So hat insbesondere die Schweizer Uhrenindustrie den *Country-of-Origin*-Effekt genutzt, um eine ausgesprochen wirkungsvolle Markenpositionierung zu erreichen. Dies geschieht durch Zusätze wie *Swiss made* bzw. *Swiss Watches* sowie durch die Verwendung landestypischer Motive wie das Matterhorn (vgl. Schweiger, Schrattenecker 2009, S. 101).

Wir wollen nun von der erfolgreichen Markenpositionierung der Marke *Camp David* lernen und machen dazu einen Ausflug in den amerikanische Ort *Camp David*.

Die heutige Bezeichnung *Camp David* stammt vom US-Präsidenten Dwight D. Eisenhower, der das Gelände im Erholungsgebiet *Catoctin Mountain* im Bundesstaat Maryland im Jahr 1954 nach seinem Enkel David benannt hat. *Catoctin Mountain* wurde 1936 von der amerikanischen Regierung als Erholungseinrichtung gegründet und hauptsächlich als Genesungsstätte für Beamte genutzt. Dann kam der Zweite Weltkrieg und aus Gründen der Sicherheit wählte man für den damaligen Präsidenten Franklin D. Roosevelt die unter dem heutigen Namen bekannte Destination *Camp David* als zeitweiligen Aufenthaltsort.

Die offizielle Bezeichnung für *Camp David* ist „*Naval Support Facility Thurmount*", da die Anlage von der U.S. Navy verwaltet wird. Neben seiner Rolle als Ruhe- und Feriendestination wird die Anlage auch für Gespräche des jeweiligen US-Präsidenten mit anderen Regierungschefs genutzt. Weltruhm erlangte *Camp David* 1979, als hier der Friedensvertrag zwischen Israel und Ägypten unterzeichnet wurde.

Ein solch geschichtsträchtiger Ort ist eine wunderbare Vorlage für eine Markenpositionierung unter Bezugnahme auf ein fremdes Land, da man die geschichtliche Bedeutung in Deutschland und Österreich kennt. Zusätzlich hat die permanente Berichterstattung über die Urlaube der jeweiligen US-Präsidenten dazu beigetragen, dass auch hier im deutschsprachigen Raum *Camp David* in das autobiografisch-episodische Gedächtnis als weltbekannter Ort abgespeichert wurde.

Kommen wir zurück zum Top-Mode-Label *Camp David* mit dem Zitat einiger Zeilen aus dem Artikel „11 Fragen an Thomas Finkbeiner, Geschäftsführer der Clinton Großhandels-GmbH", der auf www.fabeau.de erschienen ist:

„Begonnen hat die Erfolgsstory eigentlich mit einem Aushilfsjob in einem Jeansladen in Berlin-Kreuzberg. Daraus entwickelte Jürgen Finkbeiner zusammen mit seinem Bruder Hans-Peter das Einzelhandelskonzept East & West, das nach der Wende von dem Run auf echte „Westjeans" profitierte. Seit 1994 wird Clinton gemeinschaftlich von drei Brüdern geführt, die trotz des Erfolgs im Modezirkus außerordentlich sympathisch, bodenständig und authentisch geblieben sind. Ihre Bewunderung für den einstigen amerikanischen Präsidenten Bill Clinton ist an den diversen Geschäftszweigen ablesbar: *Camp David* ist der Wochenendsitz der US-Präsidenten, Soccx wurde nach der mittlerweile verstorbenen Katze der Familie Clinton benannt, während das Franchise- und Retailkonzept denselben Namen trägt wie die Tochter der Clintons" (vgl. o. V. fabeau.de 2010, online).

Die trojanische Toolbox

Den ganzen interessanten Artikel können Sie durch Scan des QR-Codes finden und nachlesen:

 http://www.fabeau.de/11-fragen/thomas-finkbeiner-geschaftsfuhrer-der-clinton-groshandels-gmbh/

QR-Code: Video: 11 Fragen an Thomas Finkbeiner, GF der Clinton Großhandels-GmbH

Eine schöne Erfolgsgeschichte eines deutschen Modelabels mithilfe der Vorlage *Camp David*. Daraus kann man lernen!

… und noch ein Geschichte für sich: Auch der Autor Roman Anlanger hat inzwischen Geschmack an *Camp David* gefunden, wie die folgende Abbildung beweist.

Abb. 18: Der Autor Roman Anlanger im *Camp David*-Look (© Peter Korp)

WISSEN: Emotionale Schemabilder als Vorlagen im Trojanischen Marketing

Durch soziales Lernen haben sich bestimmte Schemabilder im Laufe der Zeit über mehrere Kulturen einen festen Platz in unseren Gehirnen erobert. Diese erzeugen ausgeprägte emotionale Wirkungen beim Betrachter, da er aufgrund seiner Sozialisation sofort deren Bedeutung erkennt und deren implizite Codes entschlüsseln kann.

Wir leben im Zeitalter des medialen Overflows und dieser wird von Jahr zu Jahr weiter zunehmen. Tagtäglich werden wir im urbanen Bereich mit bis zu 9.000 Werbebotschaften im wahrsten Sinne des Wortes bombardiert, aber nur die wenigsten davon schaffen es, in unserem Gehirn eine Bedeutung aufzubauen. Darum bekommen trojanische Techniken immer mehr Gewicht für Werbebotschaften, damit diese auch ihre entsprechenden Wirkungen entfalten können. In der Werbeforschung wird die Zeit, in der ein Werbemittel wie Anzeigen betrachtet wird, als Betrachtungsdauer bzw. als Betrachtungszeit definiert. Sie wird als Gradmesser für die Aufmerksamkeitswirkung der einzelnen Werbemittel herangezogen. Ein wichtiger Parameter, der die Aufmerksamkeitswirkung beeinflusst, sind die Aspekte, wo die Anzeige platziert ist und ob bzw. wie diese redaktionell eingebunden ist. Vor allem die Unterscheidung zwischen Bild und Text ist von großer Bedeutung. Die durchschnittlichen Betrachtungszeiten, die Inseraten gewidmet werden, zeigt die folgende Tabelle.

Betrachtungsdauer	
Publikumszeitschrift (Anzeige)	1,7 Sekunden
Fachzeitschrift (Anzeige)	3,2 Sekunden
Plakat	1,5 Sekunden
Mailing (erster Relevanzcheck)	2,0 Sekunden
Banner	1,0 Sekunden

Abb. 19: Durchschnittliche Betrachtungsdauer von Werbemitteln (Zahlen entnommen aus: Scheier, Held 2012a, S. 104)

Besonders aufgrund der Zunahme der Reizüberflutung in unserer heutigen Zeit — die durchschnittliche Betrachtungsdauer einer Anzeige beträgt nur rund 1,7 Sekunden — erlangen Schemabilder als trojanische Vorlagen eine enorme Relevanz in der Marketingkommunikation, da sie eine sofortige Aufmerksamkeit und Zuwendung auslösen. Das bekannteste Schemabild ist das von Konrad Lorenz erstmals erforschte Kindchenschema, zu dem Kulleraugen, rundliche Körperformen, Pausbacken und ein etwas größerer Kopf zählen — also Merkmale, die sich vor allem bei Babys und anderen Jungsäugetieren zeigen.

Tipps aus der Praxis: Folgende Schemabilder eignen sich als trojanische Vorlagen und Muster

- Kindchenschema (Mickey Mouse, Teddybären etc.)
- Jungtierschema (Junghunde- und Jungkatzenbilder)
- Schema von Helden (z. B. Robin Hood, Herkules, Odysseus, Siegfried etc.)
- Mythenschema (Trojanisches Pferd, Hirsch von Jägermeister)
- Kulturelle Schemabilder (Cowboy)
- Ikonografische Schemabilder (Engel, Schutzengel)
- Schemabilder zur Körpersprache (Handbewegungen mit Bedeutung)
- Zielgruppenspezifische Schemabilder (landesspezifische Sportarten)
- Neuzeitliche Helden (Felix Baumgartner)
- Das weibliche und das männliche Geschlecht
- Medial geprägte Schemabilder (Spiderman auf der Nestlé Packung *Limited Edition Cereal*, Verwendung von *Superman* bei Produkten)
- Kognitive und affektive Landesimagefacetten (Großglockner, *Camp David*, Wiener Sängerknaben, Brandenburger Tor, Zugspitze)

Wissenschaftliche Untersuchung: Mickey Mouse — eine Schema-Erfolgsgeschichte

Wer kennt sie nicht, die weltberühmte *Mickey Mouse*, die uns allen sicher noch aus unserer Jugend in Erinnerung ist. Als die Maus ihre Karriere begann, war sie noch sehr erwachsen und ihr Aussehen war nicht immer gleich. Auch die Absatzzahlen der *Mickey-Mouse*-Hefte entsprachen nicht den Vorstellungen des Verlags. Doch dann begann die unglaubliche Erfolgsgeschichte der *Mickey Mouse*, als deren Erscheinungsbild immer jünger wurde. Dies fand der amerikanische Biologe Stephen Jay Gould heraus. Seine Forschungsergebnisse wurden im Paper „*A biological hommage to Mickey Mouse*" veröffentlicht.

Gould hatte in seiner wissenschaftlichen Arbeit die Proportionen der *Mickey Mouse* aus verschiedenen Epochen vermessen. So wurden die Augen immer größer und bekamen immer größere Pupillen. Ebenso wuchs die Kopfgröße. Dazu kam, dass die *cranial vault*, also die Kopfwölbung, ebenso zunahm (vgl. Gould 1980, S. 2). Hier wurde ganz bewusst das Kindchenschema verwendet. Mickey Mouse — eine trojanische Erfolgsgeschichte!

„In short, we like Mickey never grow up although we, alas, do grow old. Best wishes to you." (Gould, 1980, S. 4)

Wissenschaftliche Untersuchung: Auch (trojanische) Teddybären verändern sich …

Im Jahr 1902 hielt sich der amerikanische Präsident Theodore „Teddy" Roosevelt im Süden der USA auf, um einen Grenzstreit zwischen den Bundesstaaten Louisiana und Mississippi zu schlichten. Dabei machten er und seine Begleiter einen Jagdausflug, der sehr enttäuschend endete. Sie fanden lediglich ein kleines Bärenbaby, das an einen Baum gefesselt war. Dieses wollte er allerdings nicht erschießen.

Der bei der *Washington Post* angestellte Karikaturist Clifford K. Berryman zeichnete daraufhin den Präsidenten, wie er den süßen Bären tröstete, und betitelte die Karikatur mit „Grenzziehung in Mississippi". Später wurde der Bär das Markenzeichen von Berryman, da dieser oft bei Karikaturen am Rande des Bildes als Kommentator vorkam. Der Name „Teddy's Bär" war geboren. Dieser „Teddy's Bär" war dann später die trojanische Vorlage für ein gewinnbringendes Geschäft, welches den Anfang in Deutschland nahm. Margarete Steiff, eine Spielzeugmacherin aus Giengen, erzeugte Plüschbären, die von ihrem Neffen Richard auf der Leipziger Messe ausgestellt wurden. In Deutschland wollten die Leute zuerst keine solchen Bären kaufen. Aber wie wurde nun der Steiff'sche Teddybär ein so großer Erfolg in den Vereinigten Staaten? Man nutzte die Bären von Berryman geschickt als trojanische Vorlage aus, da diese sich bereits im Gedächtnis der Amerikaner verfestigt hatten. Innerhalb eines Jahres gingen 12.000 Bären „Made in Germany" in die USA und der Siegeszug, dank trojanischer Technik, begann.

Auch beim niedlichen Teddybär ist das Jungtierschema vorhanden. Die meisten Kinder verwenden ihren Teddy als Kuscheltier, das als Beschützer des Kindes auftritt und bei dem sie Geborgenheit suchen. Somit dient der Teddybär als Übergangsobjekt der Projektionen von Sehnsüchten und Erwartungen.

Interessant ist, dass infantile Funktionen beim Menschen als angeborene Auslöser für die Hemmung von Aggression sorgen. Dies wurde bei Puppen, Stofftieren — wie dem Teddybär — und Haustieren wissenschaftlich untersucht. Der Wissenschaftler Gould hat diese „evolutionäre Transformation" bei der Mickey Mouse untersucht. Andere Wissenschaftler wie Manzer konnten auch bei den Teddybären nachweisen, dass hier im Hinblick auf das Aussehen ein Trend hin zu mehr jugendlichen Funktionen (größere Stirn und kürzere Schnauze) stattgefunden hat (vgl. Manzer 2002, S. 1–5).

„This Study has demonstrated human preferences for infantile features in the teddy bear. Furthermore, this preference was additive. These data, together with those of Hinde and Barden (1985) and Gould (1980), reinforce the proposal that hu-

Die trojanische Toolbox

man preferences act as selective forces in the evolution of nonhuman artefacts." (Manzer, 2002, S. 4)

Zu sehr schönen Bildern von verschiedenen Bären in unterschiedlichen Epochen sowie deren Verwendung in verschiedenen Medien (Filme, Comics etc.) führt Sie der nachfolgende QR-Code (Titel der Geschichte: „TED-Volution: *A Look Back At How The Teddy Bear Turned Into Man's „Other" Best Friend"*).

 http://www.businessinsider.com/
the-evolution-of-the-teddy-bear-2012-7?op=1

QR-Code: TED-Volution: A Look Back At How The Teddy Bear Turned Into Man's „Other" Best Friend

Praxisbeispiel: Der Jägermeister-Hirsch als Mythenschema

Abb. 20: Das Jagdhorn aus dem Spot „Die Zusammenkunft" (© Mast-Jägermeister SE)

Mythenschemata eignen sich hervorragend als Vorlagen-Werkzeuge im Trojanischen Marketing, da sie durch Geschichten emotional sehr aufgeladen und so dauerhaft in unserem episodischen Gedächtnis verwurzelt sind. Geschichten zum Hirsch gibt es zahlreiche, denn diese Geschöpfe sind von stolzer Natur und stehen zudem für kompromisslosen Schutz des eigenen Rudels.

Die Legende vom heiligen Hubertus, die in verschiedenen Versionen überliefert wurde, stand Pate für das unverkennbare Logo von „Jägermeister". Hubertus (genaue geschichtliche Bezeichnung: Hubertus von Lüttich) lebte von 655 bis 727 als Pfalzgraf am Hof Theoderichs III. in Paris, ging später als Witwer in die Wälder der Ardennen und wurde dann der Bischof von Tongern-Maastricht. Aufgrund der Legende, er sei dem Hirsch mit einem Kruzifix im Geweih begegnet, wurde er der Schutzpatron der Jäger. Interessant ist eine These, nach der wahrscheinlich ein heidnischer Hirschgott die Vorlage für Hubertus darstellt.

Die Legende ist eine schöne Geschichte, um daraus ein einprägsames Logo zu gestalten. Schauen Sie sich die interessante Entstehungsgeschichte des Kultgetränks Jägermeister auf *YouTube* an:

 http://www.youtube.com/watch?list=UUnvVGxRtMwsT3z_
OT4XAV0A&v=P5zgyZKwHxY&feature=player_embedded#!

QR-Code: Jägermeister – Imagevideo

Im Oktober 2012 wurde die neue „Jägermeister-Wir-Kampagne" mit dem Claim „Wer, wenn nicht wir" gelaunched — von der Agentur Philipp und Keuntje realisiert. Denis Schrey, Mitglied des Vorstands der Mast Jägermeister SE, erklärt in einem Interview in *Werben & Verkaufen*: „Nach der Verbreitung und Aufwertung der Markenpositionierung durch „Echt Jägermeister" ist jetzt Zeit für den nächsten logischen Schritt in der Markenentwicklung. Der Kräuterlikör soll als Gemeinschaftsmarke wahrgenommen werden, die für Tradition, Qualität und Bodenständigkeit steht." (Schobelt 2012, online)

Im neuen Spot „Zusammenkunft" werden vier Freunde von einem Jagdhorn gerufen, lassen alles liegen und stehen und streben, wie von unsichtbarer Hand geführt, zu einer „Zusammenkunft" in einer Kneipe. Hier ist vor allem die Namensgebung für den Spot von Interesse, da die „Zusammenkunft" bei Jägern ein sehr geschichtsträchtiges Ereignis ist.

Abb. 21: Die „Zusammenkunft" aus dem TV-Spot „Die Zusammenkunft" (© Mast-Jägermeister SE)

Für die „Zusammenkunft" wählte man im Mittelalter immer eine sehr schöne Stelle in freier Natur, an der sich der Jägermeister und die Jäger trafen. Dieses Ritual wurde im übertragenen Sinn als Vorlage für den neuen Jägermeister-Spot „Die Zusammenkunft" gewählt. Klar, dass hier ein typisches Waldhorn als zusätzlicher Protagonist eindrucksvoll in Szene gesetzt wurde. Schauen Sie sich einfach den Spot an:

   http://www.youtube.com/watch?v=mwmpXdmLHSg

QR-Code: Jägermeister-Spot: Die Zusammenkunft

Was will uns der Jägermeister damit sagen? Wir spekulieren, dass es zahlreiche mögliche implizite Codes gibt, die sich in diesem Jagdmotiv ausdrücken:

- Männer, Kumpels, Freunde: Lasst uns gemeinsam zünftig (!) feiern und trinken! (Warum eigentlich ausschließlich Männer?)
- Niemand hält uns auf.
- Kein schlechtes Gewissen, wenn wir etwas, das von uns erwartet wird, nicht tun und stattdessen „saufen" gehen.

- Das steht uns von alters her zu. Das ist unsere Tradition.
- Wenn wir uns in einer Männergruppe zum „geselligen Beisammensein" (= „Saufen"?) treffen, dann natürlich immer mit Jägermeister.
- Wir sind nicht nur Jäger, sondern Jägermeister! Das heißt, wir beherrschen die Jagd, wir beherrschen das Wild, wir beherrschen den Wald, wir beherrschen die Welt!
- Wir haben alles im Griff. Gemeinsam sind wir die Besten. Wir sind die Helden!

Diese unbewussten Motive anzusprechen, dürfte das Ziel der Kampagne sein. Es geht darum, Jägermeister so zu positionieren, dass er immer dann zu trinken ist, wenn es einen Grund zum Feiern gibt — egal, was passiert, und egal, was dem im Weg steht. Das macht Mut, sich zum Jägermeister-Trinken zu bekennen. Und das alles, ohne ein einziges Wort davon auszusprechen. Geliefert werden nur archaische Codes, die der Konsument selbst auf der Basis seines autobiografisch-episodischen Gedächtnisses in seinem Unterbewusstsein entschlüsseln muss.

Praxisbeispiel Heldenschema: Als Robin Hood telefonieren lernte …

Wir kennen sie alle, die Legende von Robin Hood mit seinen Gefährten Little John, Will Scarlet und Friar Tuck. Im Gedächtnis sind bei dem einen oder anderen vielleicht sogar verschiedene Jugenderinnerungen verankert, z. B. die Geschichten über Robin Hood, die wir vorgelesen bekamen, oder wie wir mit Pfeil und Bogen durch Wälder zogen. All dies hat sich tief in unserem Gedächtnis eingegraben und stellt somit eine wunderschöne Vorlage für Trojanisches Marketing dar.

Abb. 22: telering (© mit freundlicher Genehmigung von T-Mobile Austria GmbH, Wien)

Der Inhalt von Legenden verändert sich im historischen Verlauf häufig und weicht von der ursprünglichen Version ab. Die erste schriftliche Erwähnung von Robin Hood datiert aus dem Jahre 1377. In dieser Zeit war „Robin Hood" ein gebräuchlicher Spitzname, der für Gesetzesbrecher verwendet wurde. So wurde Robin Hood in den ersten Schriften als gefährlicher Räuber dargestellt, der insbesondere Adelige und Geistliche ausraubte. Erst später, im 16. Jahrhundert, kam das Image des Kämpfers für soziale Gerechtigkeit dazu, der seine Beute an die Armen weitergibt.

Seine mythologisch aufgebauten Eigenschaften prägen bis heute sein Image. Er widersetzte sich dem damals sehr strengen Jagdverbot im *Sherwood Forest* und raubte mit Vorliebe die korrupte Oberschicht aus. Für ihn charakteristische Symbole sind bis heute Pfeil und Bogen. Das lässt sich hervorragend im übertragenen Sinne für das Marketing nutzen. Implizit lassen sich damit die Preise der Konkurrenz abschießen.

Der österreichische Telekommunikationsanbieter „tele.ring" hat 2012 eine Schärfung der bestehenden Preis-Leistungs-Positionierung vorgenommen. Ramesh Nair, das ehemalige „Inder"-Testimonial von „tele.ring", wurde in den „Inder-Hood" transformiert. Der neuzeitliche Held der Markensymbolik sorgt für „mehr Fairness am Mobilfunkmarkt" und tritt als Beschützer der Konsumenten auf. Der Claim lautet: „Zahlt nur, was ihr wirklich braucht!"

INFOBOX

Der österreichische Telefon-Provider „tele.ring" verwendete eine Zeitlang einen „Inder" als Testimonial. Dieser stand für Klugheit, Bescheidenheit und für ein besonderes Preis-Leistungs-Verhältnis.

Die zentralen *Key Insights* für die Positionierung des „Inder-Hood" sind:

- Gutes Preis-Leistungsverhältnis, das durch den Claim „Zahl nur, was du wirklich brauchst" ausgedrückt wird.
- Nur zu zahlen, was man braucht, impliziert auch Fairness (Geld zurück für nicht verbrauchte Minuten). So bekommt die Positionierung auch eine hohe emotionale und moralische Relevanz.
- Kein Verlust der Stärke der Werbe-Recognition durch Beibehaltung des Testimonials Ramesh Nair (vormals „Der Inder") und gleichzeitige Modifikation der Werbefigur „Inder-Hood" entsprechend der neuen Positionierung.

Abb. 23: tele.ring (© mit freundlicher Genehmigung von T-Mobile Austria GmbH, Wien)

Die „tele.ring"-Markenpersönlichkeit setzt sich aus vier verschiedenen Dimensionen zusammen, die ein einheitliches und kraftvolles Bild nach außen kommunizieren:

- Markenversprechen: „Zahl nur, was du wirklich brauchst!"
- Markentonalität: clever, humorvoll, frech, fair, unkonventionell, angriffslustig, heldenhaft
- Markennutzen: hilft Geld sparen, versteht Kundenbedürfnisse, faire Gebühren, unkompliziert
- Markenikonografie: „Inder-Hood"

Wie zu Beginn dieses Beispiels dargestellt, werden Legenden immer einer gewissen Transformation unterzogen. Solche Transformationen werden auch im Markenleben vorgenommen, um eine zeitgerechte sowie authentische Positionierung zu ermöglichen.

Erleben Sie live den „Inder Hood" im Spot „Zahlt nur, was ihr wirklich braucht":

 http://www.youtube.com/watch?v=h4u2TD2WDMc

QR-Code: Spot von „tele.ring"

Abb. 24: tele.ring (© mit freundlicher Genehmigung von T-Mobile Austria GmbH, Wien)

Praxis- und Fallbeispiel: Helden am Bau

Wie wir bereits wissen, entfalten Schemabilder eine enorme Anziehungskraft, prägen sich besser ein, lassen sich aus dem Gedächtnis leicht reproduzieren und stellen zudem ein optimales Identifikationsobjekt für die Zielgruppe dar. Somit sind Helden ein effektives Werkzeug im Trojanischen Marketing.

In diesem Fallbeispiel stellen wir den Einsatz von Helden in den Kampagnen der Max Bögl Bauservice GmbH & Co. KG vor. Die Firmengruppe hat über 5.800 Mitarbeiter, ist das größte Bauunternehmen in privater Hand in Deutschland und hatte 2011 einen Jahresumsatz von 1,6 Milliarden Euro. Das Leistungsangebot beinhaltet: Hochbau, Ingenieurbau, Infrastruktur, Stahlbau, Fertigteilbau, Tunnelbau, Ver- und Entsorgung, Spezialtiefbau, Gleitschalungsbau, Bodenvereisung, Windenergietürme etc.

Abb. 25: Helden am Bau (© mit freundlicher Genehmigung von „Die Jäger von Rückersbühl GmbH")

Ausgangssituation

Am Headquarter der Max-Bögl-Bauservice in Neumarkt gab es 96 freie Ausbildungsplätze, wovon aber in den letzten Jahren nicht alle besetzt werden konnten. Dies hatte mehrere Gründe: Eine Vielzahl der von Max Bögl angebotenen Berufe waren den Schülern nicht bekannt. Berufsberater an Schulen haben oft andere Ausbildungsberufe im Kopf und können aus diesem Grund kaum Berufsempfehlungen für die Baubranche abgeben.

Markt- und Wettbewerbssituation

Fast alle größeren Unternehmen werben um Auszubildende. Daher findet der Wettbewerb nicht branchenspezifisch, sondern vor allem standortspezifisch statt. Alle anderen großen Unternehmen in Neumarkt und Umgebung versuchen, mit Veranstaltungen wie z. B. Ausbildungstagen Auszubildende anzuwerben.

Die sehr ambitionierte Aufgabenstellung

Basierend auf der Analyse der beschriebenen Markt- und Wettbewerbssituation sollte sich der Fokus der Kampagne darauf richten, Nachwuchs zu generieren. Zusätzlich sollte ein Imagegewinn für die Baubranche an sich und Max Bögl in Neumarkt erreicht werden. Zentrales Anliegen war die Organisation eines Ausbildungstages, der bundesweit seinesgleichen sucht.

Die trojanische Toolbox

Zielsetzung

Hier wurde zwischen qualitativen sowie quantitativen Zielen unterschieden: Die qualitativen Ziele umfassten folgende Punkte:

- eine allgemeine Begeisterung für Max Bögl,
- eine Imagesteigerung für die gesamte Baubranche,
- ein Nahebringen der vielfältigen Ausbildungsberufe,
- das Etablieren von zielgerichteten Interaktionsmöglichkeiten und Informationen für Schüler, Eltern und Lehrer.

Ein weiteres qualitatives Ziel bestand darin, alle Besucher bei Max Bögl individuell zu informieren und dadurch zu begeistern.

Als quantitative Zielkomponente wurden 800 Besucher definiert sowie eine vollständige Vergabe der Ausbildungsplätze für das Jahr 2012.

Die Definition der Zielgruppen

Hier wurde zwischen einer primären und einer sekundären Zielgruppe unterschieden:

- Primäre Zielgruppe:
  Schülerabsolventen, die Ausbildungsberufe kennenlernen und sich im jeweiligen Berufsbild wiederfinden sollen.
- Sekundäre Zielgruppe:
  Hier wurde zwischen Eltern und Lehrern unterschieden. Bei den Eltern lag der Fokus darauf, dass ihre Kinder in einem zukunftsträchtigen Beruf bei einem Unternehmen mit Image beschäftigt sind. Den Lehrern sollten vorrangig die verschiedenen Ausbildungsangebote von Max Bögl nähergebracht werden. Lehrer beeinflussen auf vielfältige Weise die Berufswahl. Nicht zu vergessen sind Freunde in der jeweiligen Altersgruppe, die als Multiplikatoren dienen.

Marketingstrategie

Diese wurde in folgende Unterpunkte gegliedert:

- Analyse (Befragung der Lehrer, Schüler, Eltern)
- Auswertung und Ableitung von Maßnahmen
- Konzepterstellung
- Umsetzung und Planung (Ankündigung)
- Etablierung des Events
- Nachbereitung

Bei der Befragung der Lehrer, Schüler und Eltern ging es hauptsächlich darum, deren Motive für die Wahl eines Ausbildungsberufes kennenzulernen sowie das Image und auch vorhandene Vorurteile gegenüber der Baubranche ausfindig zu machen. Ferner wurde eine Analyse von Ausbildungstagen anderer Unternehmen sowie deren Kommunikation zur Nachwuchsförderung durchgeführt.

Die Ergebnisse der Analyse ergaben, dass es eine generische, austauschbare Kommunikation vieler Unternehmen gibt, dass keine zielgruppengerechte Aufbereitung der Kommunikation vorhanden ist und dass es kein Praxisangebot für interessierte Schüler gibt. Durch die „unnahbare Darstellung des Unternehmens" gibt es keine Möglichkeit zum Dialog mit den Verantwortlichen.

Daraus wurden folgende Ziele abgeleitet:

- detaillierte Informationen zu jedem Berufsbild geben,
- eine zielgerichtete Kommunikation für die Nachwuchsgewinnung schaffen,
- eine Vorselektion von passenden Ausbildungsberufen durch den eigens entwickelten und programmierten Online-Job-Check ermöglichen,
- Dialogmöglichkeiten auf Augenhöhe zwischen Ausbilder und Auszubildenden herstellen,
- die Firmengruppe durch Unternehmenspräsentationen und Werksführungen kennenlernen,
- einen Erlebnischarakter durch ungewöhnliche Aktionsangebote etablieren,
- eine Bewerbung direkt vor Ort anbieten.

USP

Ausgehend von den zuerst genannten Analysen wurde eine eigene zielgruppenspezifische Ansprache für die Jugendlichen unter dem Motto „HEROS@BÖGL" für die Kampagne und den Ausbildungstag entwickelt. Im Zentrum stand dabei auch die Konzeption der Verwendung von Schemabildern („Helden"), denn jeder Mitarbeiter bei Max Bögl ist ein Held und nur durch seine Fähigkeiten kann die Arbeit funktionieren.

Die Helden im Einzelnen

Dabei bekam jede der zehn Berufsgruppen einen individuellen Hero als Avatar zugewiesen. Jeder Hero enthält sowohl in seiner individuellen als auch inhaltlichen Aufmachung als „Superkraft" eine Besonderheit aus seinem spezifischen Berufsbild. Alle zehn Helden wurden im *„Marvel®-Comic Look"* mit dazugehöriger Max-Bögl-Arbeitskleidung gezeichnet.

Abb. 26: Helden am Bau: Betonmischer (© mit freundlicher Genehmigung von „Die Jäger von Rückersbühl GmbH")

Abb. 27: Helden am Bau: Elektrotechniker (© mit freundlicher Genehmigung von „Die Jäger von Rückersbühl GmbH")

Abb. 28: Helden am Bau: Fachinformatikerin (© mit freundlicher Genehmigung von „Die Jäger von Rückersbühl GmbH")

Die Marketing-Umsetzung

Es wurden folgende Maßnahmen zur Umsetzung des Marketingkonzepts getroffen:

Printbereich: Anzeigenwerbung in regionalen Printmedien (Mittelbayerische Zeitung, Neumarkter Tagblatt), Plakatwerbung im Format DIN A3 an Tankstellen und im ausgesuchten Einzelhandel, Verteilung von Faltkarten (Z-Cards®) auf dem Kinderbürgerfest und über den Einzelhandel sowie Versand von Einladungsschreiben an Schulen in den umliegenden Gemeinden.

Out of Home: Brückenbanner in Nürnberg, Regensburg und Neumarkt, Bauzaunbanner sowie ein Pylon an der B 299 (Hauptstraße vor dem Max-Bögl-Firmengelände).

Online: *Facebook*-Bannerwerbung, *Landing Page* zum Ausbildungstag (www.boeglblut.de), Bannerschaltung auf max-boegl.de sowie „Online-Job-Check".

Rundfunk: Radiospot mit 20 Sekunden Länge über Funkhaus Regensburg und Funkhaus Nürnberg (Charivari).

Event: Dieses wurde am 17.09.2011 durchgeführt (Zelte, Shuttleservice, Vorträge, Führungen, Infostände, Catering, Attraktionen wie Bagger, Lkw und Hebebühne fahren).

Abb. 29: Helden am Bau: Rechtsanwalt (© mit freundlicher Genehmigung von „Die Jäger von Rückersbühl GmbH")

Die Marketing-Erfolgsdaten für „Helden am Bau"

Durch den Einsatz des trojanischen Werkzeuges „Schemabilder" konnten die gesteckten Ziele der Erfolgsgeschichte „Helden am Bau" realisiert sowie das Image des Unternehmens erheblich gesteigert werden.

Direkte Wirkung: Eine hohe Presse- und Öffentlichkeitsresonanz, 639 Bewerbungen, wobei 29 Videobewerbungen direkt am Standort durchgeführt wurden. Die freien Ausbildungsplätze wurden zu 90 Prozent besetzt, es gab reihenweise Lob der Mitbewerber.

Indirekte Wirkung: Das eigens entwickelte Eventdesign des Ausbildungstages wird in Zukunft für die gesamte Kommunikation mit jungen Menschen und den potenziellen Auszubildenden angewendet. Aufgrund der sehr hohen Resonanz wird das Event wiederholt.

Darstellung des Effizienzerfolgs: Es ergab sich ein deutlich höherer Bekanntheitsgrad der angebotenen Ausbildungsberufe sowie eine signifikante Erhöhung des dazugehörigen Images. Es gab deutlich mehr Bewerbungen, die auch inhaltlich wesentlich qualifizierter waren, sowie ein gesteigertes Interesse an Schnupperpraktika. Interessant dabei ist, dass auch die Motivation der Ausbilder zunahm. Grund dafür war das sehr hohe Interesse an deren Arbeit.

Das gelungene Event und dessen Organisation

Um eine Bewerbung auch direkt vor Ort durchführen zu können (Ergebnis: 29 Videobewerbungen), wurde eine Videobewerbungsbox für Schnellentschlossene realisiert.

Abb. 30: Videobewerbungsbox (© mit freundlicher Genehmigung von „Die Jäger von Rückersbühl GmbH")

Die beim Event benutzten Entscheidungshilfen bestanden aus eigens programmierten *Job-Check-Terminals* mit Berufsempfehlung und Gewinnspiel. Insgesamt wurden drei verschiedene Vorträge zu den Ausbildungsberufen angeboten. Zusätzlich gab es noch einen allgemeinen Vortrag im Stundentakt, der eine Firmenvorstellung sowie einen Personalvortrag enthielt. Darüber hinaus gab es verschiedene *„Do it yourself"*-Events, um den Interessierten ein echtes Praxiserlebnis zu bieten. Dies bestand z. B. aus Lkw fahren, baggern mithilfe von GPS-Navigation, schweißen etc.

Abb. 31: „Do it yourself"-Event – Baggerfahren (© mit freundlicher Genehmigung von „Die Jäger von Rückersbühl GmbH")

Auf dem Gelände befanden sich neun Berufsinformationsstände mit Übungsstationen, es gab Auszubildende und Ausbilder der Firma Bögl als Ansprechpartner sowie Berufsbroschüren zu 24 Ausbildungsberufen und zwei dualen Studiengängen. Zusätzlich wurde ein Shuttlebus auf dem großen Gelände der Firma installiert und es gab Zelte sowie ein Catering für über 1.000 Eventbesucher. Wichtig war auch, dass die Sicherheit aller Teilnehmer gewährleistet war. Darüber hinaus gab es Werksführungen für Eltern, Schüler und andere Interessierte.

Abb. 32: Werksführung bei Max Bögl (© mit freundlicher Genehmigung von „Die Jäger von Rückersbühl GmbH")

Die Werbeagentur:	Die Jäger von Rückersbühl GmbH Hauptstraße 1, 92361 Rückersbühl www.die-jaeger.de
Das Unternehmen:	Max Bögl Bauservice GmbH & Co. KG Max-Bögl-Straße 1, 92369 Sengenthal www.max-boegl.de

Praxisbeispiel: „Engel"-Schema

Wie wir bereits mehrfach gesehen haben, sind alle Arten von Schemabildern hochwirksame Vorlagen im Rahmen des Trojanischen Marketings, da sie sozial erlernt wurden, dadurch tief in unserem Gedächtnis ihren Platz erworben haben und somit leicht wieder reproduziert werden können — natürlich mit den dazugehörigen (meist) positiven Assoziationen. Der Engel, der vom altgriechischen Wort ἄγγελος („ángelos") stammt und übersetzt „Abgesandter" bzw. „Bote" bedeutet, ist im allgemeinen Sprachgebrauch ein Botschaftsüberbringer, der von Gott zu den Menschen geschickt wird. Engel sind fest mit dem christlichen Symbolgut verschmolzen und haben im zwanzigsten Jahrhundert eine Renaissance erlebt, wobei hier die Transformation vor allem zur esoterischen Ebene erfolgte.

Abb. 33: Engel in Rom (© Roman Anlanger)

Wenn Sie heute in der Büchersuche auf www.amazon.com „Engel" eingeben, so erhalten Sie als Suchergebnis die unglaubliche Anzahl von 108 Millionen Ergebnissen (Stand: 14.03.2013, 22:11 Uhr). Diese enorme Vielzahl lässt sich damit begründen, dass vor allem in der Esoterik alle Arten von möglichen Engeln einen noch nie dagewesenen Höhenflug absolvieren. Ein wesentlicher Grund dafür ist, dass Engel besonders emotional aufgeladen sind und für Attribute wie Geborgenheit, Hoffnung sowie Verantwortung stehen. Hinzu kommt, dass Engel besonders in der christlichen Ikonografie eine lange Tradition haben und zu unserem abendländischen Kulturgut gehören.

Eine besondere Art von Engeln sind die Schutzengel, die laut Mythologie für den Schutz einer Person, eines Landes oder eines Ortes zuständig sind. Besonders in Deutschland haben Schutzengel eine teilweise große Bedeutung. Dies sind ideale Voraussetzungen, um Schutzengel in der Werbung einzusetzen, da man sich mit ihnen voll und ganz identifizieren kann.

Daraus lassen sich zwei unterschiedliche Ausgangspunkte für die Verwendung des Engels im Schemamarketing ableiten.

- Schemabild „Schutzengel": Hierbei wird vor allem die Funktion des Schutzes für den Konsumenten herausgearbeitet (Beispiel: Gelbe Engel des ADAC).
- Schemabild „Engel": Eignet sich zur Unterstreichung des Absoluten, des Höherwertigen (Beispiel: Philadelphia®-Käse ist „himmlisch gut").

Geschichtlich gesehen waren die ersten dargestellten Engel noch flügellos, und erst im vierten Jahrhundert n. Chr. kamen diese prägnanten „Zusatzelemente" dazu. In der Gotik tauchten auch vermehrt nackte Kinderengel auf. Eine der gelungensten Darstellungen von kindlichen Schutzengeln in der Werbung ist der Mercedes-Benz-Spot „Schutzengel". Dabei sitzen zwei süße „Babyengel" auf ihren Wolken und fragen sich, wen sie denn beschützen. Der eine antwortet, dass er einen Autofahrer beschützt. Daraufhin fragt ihn der andere, welches Auto der Autofahrer denn fährt und bekommt als Antwort „Mercedes". Darauf reagiert der zuerst fragende Engel mit dem Ausdruck „Faule Sau!". Dies soll verdeutlichen, dass er damit keine Arbeit hat, sondern dies primär vom beworbenen „PRE-SAFE. Der Insassenschutz von Mercedes-Benz" übernommen wird. Clever, einprägsam und lieblich inszeniert. Machen Sie sich selbst ein Bild von diesem wunderschönen Werbespot:

https://www.youtube.com/watch?v=hGnh3Z8EQyg

QR-Code: Mercedes-Benz: Schutzengel

Die trojanische Toolbox

Der schlaue Schutzengel „Manfred" von ORANGE

Dass sich Engel immer wieder transformieren, hat uns die Geschichte bereits gelehrt, und so wird aus den oft weiblichen Engeln plötzlich ein schlaues männliches Engelchen, das die Telefonkunden vor „Horrorrechnungen" — die in den letzten Jahren oft in der medialen Berichterstattung vorkamen — schützt.

Abb. 34: Schutzengel „Manfred" (© Orange)

In der Vergangenheit hat in Österreich jeder vierte User seinen Pakettarif für die Internetnutzung überschritten. Die Folge waren Rechnungen, die den Empfänger mit astronomischen Summen schockierten. So sind z. B. bei der österreichischen Telekom-Regulierungsbehörde im Zeitraum von 2009 bis 2010 die Schlichtungsfälle rapide angestiegen — um mehr als 25 Prozent. Das waren u. a. auch Gründe dafür, dass mit Januar 2012 eine Novelle des österreichischen Telekommunikationsgesetzes in Kraft trat. Alle österreichischen Telekommunikationsanbieter wurden verpflichtet, eine Warnung an die Konsumenten zu versenden, sobald ein bestimmtes Volumen überschritten wird.

In einem cleveren Schachzug hat der Anbieter ORANGE diese verpflichtenden Warnungen vorweggenommen, und schon seit September 2011 warnt der Mobilfunkanbieter seine Kunden vorab automatisch per SMS, sobald das Guthaben aufgebraucht ist. Das Ganze wurde mit dem Schemabild „Schutzengel" umgesetzt, und dies stand auch Pate für das „ORANGE-Schutzengelpaket".

Und wie der Engel „Manfred" seinen zu beschützenden Telefonkunden warnt, sehen Sie hier:

https://www.youtube.com/watch?v=_NXKY2vi6wE

QR-Code: Schutzengel Manfred

Engel in weiteren werblichen Darstellungen

Eines der bekanntesten Engelmotive in der jüngeren Werbegeschichte ist das der Marke „Philadelphia®" von Kraft Foods. Die Engel schweben immer auf Wolken und preisen den „himmlischen Geschmack" des Frischkäses an.

Besonders bekannt im deutschsprachigen Raum ist auch der „Gelbe Engel". Gelb steht dabei für die Farbe der Fahrzeuge der Pannenhelfer des ADAC (Allgemeiner Deutscher Automobil-Club e. V.) und des ÖAMTC (Österreichischer Automobil-, Motorrad- und Touring-Club) und soll die Symbolik des Helfens und Beschützens durch die Pannenhelfer samt ihrer gelben Autos unterstreichen.

Praxisbeispiel: Designer-„Kotztüten" für Kates Baby — eine royal-trojanische Inszenierung mittels Vorlage

Kaum war die Schwangerschaft der Herzogin Kate, der Frau von Prinz William, in aller Munde, wurde sie eine perfekte Vorlage im Sinne des Trojanischen Marketings. Bei diesem Beispiel werden Sie sehen, wie perfekt Marketing wirken kann, wenn man mehrere trojanische Elemente miteinander verbindet.

Beginnen wir mit einer Flugreise. Wir wünschen Ihnen, dass Sie nicht an Flugangst leiden und sich auch bei Turbulenzen nicht übergeben müssen. Für alle Fälle gibt es auf der Rückseite der Sitze neben Notfallinformationen und Werbung auch eine Spucktüte. In Österreich sagt man übrigens „Speibsackerl" dazu. Doch es gibt auch andere Situationen, in denen man solche Tüten eventuell benötigt. Sei es auf einer Schiffsreise bei stürmischer See oder während einer Schwangerschaft. Laut zahlreichen Pressemitteilungen Ende 2012 soll Kate an einer besonderen Form von Schwangerschaftsübelkeit leiden. Da hilft nur eines: Immer eine Spucktüte bei sich zu tragen. Bis jetzt haben wir allerdings noch nie ein „Sackerl" gesehen, das mit Werbung bedruckt war. Allerdings kennen wir ein Beispiel für bedruckte Spucktüten: *Fly Niki* steckte, zumindest zu der Zeit, als Niki Lauda noch beteiligt war, in seine Sitztaschen Tüten, die mit dem Wort „Speibsackerl" beschriftet waren.

Die inzwischen vorwiegend in England bekannte Designerin und Künstlerin Lydia Leith nutzte das freudige Ereignis der Bekanntgabe von Herzogin Kates Schwangerschaft geschickt: In einer Phase, als die Herzogin unter Übelkeit litt, verwendete sie die biederen und gewöhnlichen Spucktüten geschickt als trojanische Pferde zur Steigerung ihrer Bekanntheit als Künstlerin. Mit britischem Humor könnte man sagen: „Sich königlich wie Kate übergeben!".

Lydia nahm eine herkömmliche Papiertüte, die der Form der Spucktüten aus Flugzeugen sehr ähnlich ist, und designte diese mit der Zeichnung eines Babys, das eine Krone auf dem Kopf sowie eine Rassel in der Hand hatte. Darüber wurden noch drei Wörter geschrieben: „Shake Rattle & Rule", was übersetzt „schüttle, rassele und regiere" bedeutet. Schauen Sie sich einfach diese originellen *Sick Bags* (Spucktüten) von Lydia Leith an:

http://www.lydialeith.com/sick-bags/

QR-Code: Königliche Spucktüte

Lydia Leith hat inzwischen auch andere medial groß inszenierte Ereignisse, wie die Olympischen Sommerspiele 2012 in London oder die 2012 in Frankreich abgehaltenen Präsidentenwahlen, kunstvoll mittels ihrer mittlerweile berühmten *Sick Bags* illustriert und auf typisch trojanische Weise ihren Bekanntheitsgrad in die Höhe getrieben, indem sie die Vorlagen „Royals" und „Sick Bag" nutzte und auf überraschende Weise miteinander koppelte.

National sowie auch international haben die königlichen Spuckbeutel, die übrigens rund drei Pfund kosten, ein enormes mediales Interesse erzeugt, wie nachfolgender kurzer Filmbericht dokumentiert:

http://www.youtube.com/
watch?v=RencjDGgZB0&feature=player_embedded

QR-Code: Filmbericht *Sick Bag*

Wie man an diesem Beispiel sieht, lässt sich Trojanisches Marketing trotz eines geringen Budgeteinsatzes sehr erfolgreich realisieren.

Führen wir uns noch einmal das Trojanische Steuerrad vor Augen, um davon das relativ einfache Prinzip des beschriebenen Konzepts abzuleiten — damit Sie es für Ihre individuellen Aktionen gewinnbringend einsetzen können:

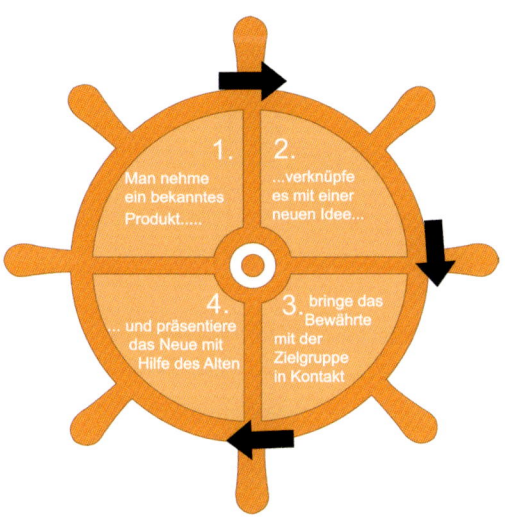

Abb. 35: Trojanisches Steuerrad

1. Man nehme ein der Zielgruppe bekanntes Produkt, eine bekannte Dienstleistung, ein attraktives Geschenk, ein begehrtes Motiv, ein freudiges Ereignis o. Ä., das für die Zielgruppe attraktiv ist und von dem anzunehmen ist, dass sie es freudig und gerne akzeptiert/konsumiert bzw. haben will.
2. Dann fülle oder verknüpfe man dieses Objekt mit einer neuen Idee, einem neuen Produkt, einer bekannten Vorlage, einer zusätzlichen Leistung o. Ä, die man der Zielgruppe vermitteln will.
3. Weiterhin treffe man geeignete Maßnahmen, damit das Bekannte mit der Zielgruppe in Kontakt kommt, nachgefragt und konsumiert wird, d. h. man macht Werbung für das Bekannte, plant z. B. virale Aktionen o. Ä. bzw. nutzt Situationen, in denen die Zielgruppe ohnehin nachhaltig mit dem Bekannten in Kontakt kommt.
4. Schließlich präsentiere man der Zielgruppe das Neue mithilfe des Alten.

Übersetzt in die *„Royal Wedding Sick Bag"*-Aktion:

1. Freudiges Ereignis: royale Hochzeit von Herzogin Kate und Prinz William
2. Trojanische Vorlage: Spucktüte
3. Mediale Nutzung der Gunst der Stunde der royalen Hochzeit von Herzogin Kate und Prinz William
4. Verkauf während bzw. vor und nach der Hochzeit (wegen der Aktualität)

Die trojanische Toolbox

Das mediale Interesse an dieser gelungenen trojanischen Aktion war so groß, dass sogar die BBC darüber einen Bericht mit Interview von Lydia Leith brachte:

http://www.youtube.com/
watch?v=HKsWqVjCJfU&feature=player_embedded

QR-Code: BBC News – Filmbericht über Lydia Leith

Tipps für die Praxis: Vorlagen und Muster effizient nutzen

- Prüfen Sie Ihren Kalender: Welche wichtigen Ereignisse stehen in den kommenden Monaten an? Informieren Sie sich zusätzlich via Internet über alle relevanten Ereignisse, die in Ihrer Stadt, Region, Gemeinde in nächster Zeit passieren werden. Dies können — so wie im geschilderten Beispiel — Hochzeiten oder Wahlen sein. Doch hier gibt es noch sehr viel mehr: Jubiläumsfeiern, Brauchtums- und Kulturfestivals, kirchliche Feste etc.
- Suchen Sie anschließend gezielt nach Vorlagen, die bereits implizit gelernt wurden (viele sind in diesem Kapitel beschrieben) bzw. nach Alltagsgegenständen, so wie die Spucktüte, die noch nicht medial besetzt sind, und lassen Sie sich dazu einen originellen Namen einfallen.
- Jetzt müssen Sie Ihr neu geschaffenes Trojanisches Pferd noch in das Herz der Zielgruppe bringen. Hier sind vor allem Kooperationen gefragt. Durch Ihre Kooperationspartner können Sie bereits etablierte Vertriebswege effizient und gewinnbringend für Ihre Sache nutzen und es entsteht eine ausgewogene Win-win-Situation zwischen beiden Kooperationspartnern, da der andere schließlich auch von Ihrem neuen Produkt bzw. Image profitiert.
- Wenn Sie nicht künstlerisch begabt sind und bereits eine gute Idee für eine Aktion haben, suchen Sie einen Künstler, Maler, Grafiker, der gemeinsam mit Ihnen Ihre Idee umsetzen will. Dabei ergeben sich oft ungeahnte, kreative Möglichkeiten. Kreativitätstechniken einzusetzen erweitert zwangsläufig den eigenen Horizont, schafft zudem neue Verknüpfungen im Gehirn und aktiviert das implizite System.
- Implizites System: Suchen Sie bei Ihren trojanischen Aktivitäten immer nach impliziten Codes, denn diese finden direkt den Weg in die Zielgruppe, in das Kundenherz. Zudem schaffen Sie dadurch einen ganz persönlichen USP, ein Alleinstellungsmerkmal, das sich nicht so leicht kopieren lässt.

- Betreiben Sie bei Ihrer Suche nach impliziten Codes „Produktarchäologie". Das heißt, sehen Sie sich an, welche Produkte in der Vergangenheit wie beworben wurden. Sie werden verblüfft sein, welche Ergebnisse Sie erzielen!
- Beziehen Sie ferner das Imagemodell in ihre Konzeption ein. Somit werden Sie leichter fündig bei der Suche danach, welche Produkte, Dienstleistungen, Personen etc. technologisch affin sind und sich dadurch optimal ergänzen. Dieses erprobte Praxismodell hilft sehr, zukünftige Flops zu vermeiden.
- Arbeiten Sie zur Verbreitung Ihrer gewinnbringenden trojanischen Aktion mit der „*Hub*-Kommunikationsmatrix", die wir in Kapitel 4.9 „Trojanische Pferde durch das *Social-Media*-Universum galoppieren lassen" näher beschreiben werden. Dadurch halten Sie ein weiteres trojanisches Werkzeug in der Hand, um punktgenau in das Herz Ihrer angepeilten Zielgruppe zu gelangen. Sie werden die Erfahrung machen, dass die Kommunikation über Ihre persönlichen *Hubs* hervorragend funktioniert und dabei auch noch Spaß macht.
- Gründen Sie für Ihr Vorhaben eine *Community* z. B. auf XING oder in einem anderem *Social Network*, beispielsweise eine Fanseite auf *Facebook*. Sofern Sie noch keinen eigenen *Twitter*-Account haben, legen Sie einen solchen an und verknüpfen Sie alle diese neuen Medien miteinander. Ihre *Community*-Mitglieder sind quasi Ihre trojanischen Pferde zur weiteren viralen Verbreitung Ihrer Botschaft und sie tragen Ihr Marketingprojekt gerne weiter. Auf diese Weise können Sie von den viralen Effekten profitieren.
- *Taggen* Sie Ihre XING-Kontakte (mehr dazu finden Sie ebenfalls in Kapitel 4.9). So bauen Sie eine wertsteigernde persönliche Datenbank auf, die wie ein Mini-CRM-System arbeitet. Zusätzlich füttern Sie Ihre persönliche „Über-Mich"-Seite auf XING mit den Daten Ihres Marketingprojekts. Das hat den Vorteil, dass die „Über-Mich"-Seite von allen Suchmaschinen gefunden wird.
- Bestandteil Ihres Profils bei XING ist Ihre persönliche Statusmeldungsbox. Dort stellen Sie prägnant Ihr neues Produkt vor und drücken dann einfach jeden Tag auf den Button „Aktualisieren". So wird diese Meldung aus der Statusmeldungsbox täglich an Ihre Kontakte übermittelt, die sie dann im XING-Livestream sehen.

Praxisbeispiel: „Drei kleine Schweinchen" — die goldene „Open-Journalismus-Kampagne" des Guardian

Märchen und Mythen sind besonders wirkungsvolle Vorlagen im Trojanischen Marketing. Wir alle kennen die wunderschönen Märchen der Gebrüder Grimm. Eine der berühmtesten Figuren daraus ist Rotkäppchen, das bereits im Jahr 1023 von Egbert von Lüttich erwähnt wurde und dann 1812 im Band „Kinder- und Hausmärchen" der Gebrüder Grimm auftauchte. Die wesentliche Aufgabe der Märchen und Mythen besteht darin, das enthaltene Kulturwissen und die dazugehörigen Bedeutungen verschlüsselt, also in impliziter Form, weiterzutragen.

Kennen Sie das Märchen von den drei kleinen Schweinen? Eine wunderschöne Geschichte, die sehr einprägsam und weltbekannt ist. Dieses uralte englische Märchen wurde u. a. von Joseph Jacobs veröffentlicht. Der überlieferte Sinn, der dieser Geschichte zugrunde liegt, besagt, dass Fleiß, gepaart mit harter Arbeit, sich auszahlt, wohingegen Bequemlichkeit nie den gewünschten Erfolg nach sich zieht. Die Märchenvorlage und die darin enthaltenen Muster wie harte und ehrliche Arbeit standen auch Pate für verschiedene Zeichentrickfilme und Comics, wovon der berühmteste der Walt-Disney-Film „Die drei kleinen Schweinchen" aus der Reihe „*Silly Symphonies*" ist. Die erste Aufführung fand 1933 statt und erhielt den Oscar für den besten animierten Kurzfilm. Interessant ist, dass, wie bei Märchen üblich, eine Modifikation vorgenommen worden ist: Anders als im Original stirbt der Wolf nicht, sondern er verbrüht sich nur.

Doch die Geschichte geht weiter! Wir zeigen Ihnen jetzt eine der tollsten Marketinginszenierungen mit der Vorlage „Die drei kleinen Schweinchen" für den englischen Pressetitel *The Guardian*. Die Aktion wurde von BBH London 2012 realisiert und lässt das Märchen in einem ganz anderen Licht erscheinen. Es geht nämlich um die Fragen: Wie landete der Wolf wirklich im Kochtopf und war der „böse" Wolf überhaupt in der Lage, die Häuser umzupusten, obwohl er Asthma hatte? Ganz schön kniffelig! Wie reagieren die Öffentlichkeit und die Medien auf den Mord, der von allen drei Schweinen durchgeführt worden sein soll? Der Spot ist durchzogen von Berichterstattungen auf allen Medienkanälen (z. B. Tweets, Analysen etc.) und es werden alle denkbaren Szenarien medial durchgespielt.

Der perfekt gelungene Spot wurde 2012 in Cannes mit dem goldenen Löwen ausgezeichnet. Sehen Sie sich bitte diesen genialen Spot an und genießen Sie dabei die Dramatik:

http://www.youtube.com/
watch?feature=player_embedded&v=vDGrfhJH1P4

QR-Code: *The Guardian* – Three little pigs

Wie wir wissen, haben reine Printmedien heutzutage kein leichtes Spiel, denn die Konkurrenz im Web ist enorm groß. Das musste 2012 auch die renommierte *Financial Times Deutschland* erleben. Erschwerend kommt hinzu, dass in den klassischen Printmedien das Anzeigenaufkommen rapide zurückgegangen ist. Zudem kann sich der Konsument von heute aussuchen, woher er seine „Meinung" bezieht: aus Onlineforen, aus Blogs, aus *Communities* etc. Genau hier setzt das Medium *The Guardian* mit seinem Konzept „The whole picture" an, da laut Alan Rusbridger, Herausgeber von *The Guardian*, kein einziges individuelles Medium die Wahrheit für sich beanspruchen kann. Die Wahrheit setzt sich, so wie es im Videoclip „*The Guardian — Three little pigs*" dargestellt wurde, aus der Meinung vieler Personen und Medien zusammen:

„This change has been driven by Alan Rusbridger, The Guardian's editor and is built on a belief that in modern world no single organization can possibly claim to be sole arbiter of truth, with experts journalists working in isolation to pass down the day's news to the masses. Instead, for The Guardian, modern news is a dynamic, participative and open dialogue in which the public and other news sources enrich and expand stories, inviting response and opinion. It's open and mutual rather than closed and didactic. It's iterative and alive rather than final and definitive. It's multi-platform and digital first." (Gonsalves 2012, online)

Besonders der letzte Satz bringt es sehr schön auf den Punkt. Gemeint ist hier, dass sich moderne Nachrichten aus vielen einzelnen zusammensetzen, die erst gemeinschaftlich und auf digitaler Ebene ein geschlossenes Bild ergeben.

Jason Gonsalves, Head of Strategy von BBH London, fasst die wesentlichen Inhalte der neuen Strategie für *The Guardian* zusammen:[4]

- „Während die meisten Zeitungen die Themen, über die sie zu berichten planen, eifersüchtig hüten, veröffentlicht der britische *The Guardian* nun täglich online seine Newslisten. Damit ermutigt man die breite Öffentlichkeit und die Experten, mit den Journalisten Kontakt aufzunehmen, so man zu den gegebenen Themen etwas beizutragen hat, eine Empfehlung geben oder einfach nur seine Meinung kundtun möchte.
- Als in Großbritannien der Spesenskandal explodierte, in den zahlreiche Parlamentsabgeordnete involviert sind, erstellte *The Guardian* sehr rasch eine Anwendung („App"), die es jedem ermöglichte, Einblick in die Unterlagen zu bekommen, Abrechnungsbelege durchzusehen und alles, was der genaueren Untersuchung wert scheint, zu markieren.
- Während des arabischen Frühlings lud *The Guardian* arabische Kommentatoren ein, um ihre Meinungen und Gedanken in arabischer Sprache — neben der Berichterstattung der eigenen Journalisten — auf der Zeitungsplattform zu bloggen.
- Auf der „*The Guardian*"-Plattform kann jeder die vom Medium gesammelten Daten abrufen und ein *Search Tool* in Anspruch nehmen, mit dem man nach staat-

---

[4] Gonsalves 2012, online – eigene Übersetzung.

lichen Angaben von Regierungen auf der ganzen Welt suchen kann. *The Guardian* motiviert seine Leser, auch ihre eigenen Datenvisualisierungen auf diese Plattform zu stellen oder ihre Lieblingsinformationen mit anderen zu teilen."

Tipps für die Praxis: Geeignete Vorlagen und Muster finden

- Bekannte Persönlichkeiten, Schauspieler, Models eignen sich hervorragend als Zentralfigur für die Neugestaltung eines bekannten Märchens. Überlegen Sie, welche Person eine Affinität zu Ihrem Unternehmen/Produkt und zur jeweiligen Geschichte haben könnte. Dies ist allerdings eher für größere Unternehmungen gedacht, die sich solche Stars „finanziell leisten" können.
- Besorgen Sie sich die Märchen der Gebrüder Grimm, englische Märchen, alte griechische Sagen und lesen Sie in aller Ruhe die Geschichten durch. Dabei sollten Sie immer einen Notizblock griffbereit haben, um mögliche Vorlagen für Ihre Arbeit zu notieren. Kristallisieren Sie diejenigen Geschichten heraus, zu denen Sie bzw. Ihr Unternehmen bzw. Ihre Produkte einen Bezug haben könnten. Vielleicht sind es gerade Schneewittchen oder Rapunzel, die Sie mittels *Storytelling* zu neuem Leben erwecken. Zum Thema *Storytelling* gibt es im Anschluss an dieses Kapitel einen Gastbeitrag von Werner T. Fuchs, der die Bücher „Warum das Gehirn Geschichten liebt" sowie „Tausend und eine Macht. Marketing und moderne Gehirnforschung" geschrieben hat.
- Verändern Sie den zeitlichen und gesellschaftlichen Rahmen. Adaptieren Sie das Märchen, die Leitfigur, das Zentralmotiv mithilfe einer narrativen Struktur. Ein Beispiel zur narrativen Struktur finden Sie in Kapitel 4.3 „Trojanische Rhetorik® — The Power of Words".
- Sie können alten Märchen auch durch das Einbeziehen von Witz und Ironie eine vollkommen neue Gestalt geben, damit sie sich von anderen Erzählungen abheben. Witz und Humor sind gute stilistische Elemente, um die Aufmerksamkeit zu erhöhen. Betrachten Sie als „Anleitung" *„Monty Python's Little Red Riding Hood"* auf *YouTube*, es fallen Ihnen dann sicherlich weitere Aspekte ein. Sehen Sie sich nochmals das Video von „The Guardian" an!
- Gehen Sie an einem freien Tag in Ihre städtische Bibliothek und schmökern Sie in den alten Geschichtsbänden. Besuchen Sie wieder einmal Ihr Heimatmuseum und durchleuchten Sie die alten Sagen und deren Helden. Besonders für lokale Produkte sind dies ideale Vorlagen für Ihren Marketingerfolg. Befragen Sie Ihre Großmutter oder Ihren Großvater, welche Märchen und Sagen sie kennen.

Storytelling – Gastbeitrag unseres Kooperationspartners Dr. Werner T. Fuchs

Neurowissenschaften und Storytelling

Den Kaufknopf haben selbst die Neurowissenschaftler nicht entdeckt. Und das ist gut so. Wir brauchen die Angst nicht unnötig zu schüren, der beliebig manipulierbare Mensch stehe schon bald vor der Tür. Zumal die Botschaft, wer den seltsamen Gast empfangen müsste, schon unangenehm genug ist. Denn auf der Schwelle steht nicht der Homo oeconomicus, sondern ein Lebewesen, dessen Verhalten vorwiegend vom Unbewussten gesteuert wird. Es wird also in den nächsten Jahren darum gehen, die Zeichensprachen dieser unbewusst arbeitenden Gehirnareale zu entdecken und zu übersetzen. Eine Metapher, die sich dazu hervorragend eignet, ist *Storytelling*. Was das ist, wo und wie es einsetzbar ist, soll nun in geradezu fahrlässiger Kürze beantwortet werden.

Storytelling ist kein medizinischer Fachbegriff, sondern eine Metapher, um die Funktionsweise neurologischer Datenverarbeitung zu veranschaulichen. Obwohl unser Gehirn mit einem Computer herzlich wenig zu tun hat, wird die Arbeit der Evolution an den gleichen Kriterien gemessen, die auch ein Programmierer in seinem Pflichtenheft findet.

Abb. 36: Die zweite Auflage des Erfolgsbuches „Warum das Gehirn Geschichten liebt" (Haufe-Verlag)

Die über 100 Milliarden Nervenzellen mit ihren unzähligen Verknüpfungen müssen große Datenmengen möglichst schnell verarbeiten, verdichten und mit bereits vorhandenen Daten verbinden, ohne die Stabilität des Gesamtsystems zu gefährden. Und all das soll möglichst wenig Energie beanspruchen. Der Geniestreich der Evolution besteht nun darin, komplexe Informationen in Geschichten zu verpacken, die Voraussagen über künftige Geschichten, sprich Verhaltensmuster, ermöglichen. Wichtige Aufgaben löst unser Gehirn in Windeseile, weil es kaum Neuberechnungen durchführt, sondern die Gedächtnisareale nach bereits vorhandenen Resultaten durchforstet.

Storytelling beruht auf der Annahme, dass unser Gehirn keine Abbilder von Objekten und Vorgängen speichert, sondern Strukturen von Unterelementen, die immer wieder gemeinsam auftauchen. Menschliches Verhalten wird zu einem wesentlichen Teil von einem Gedächtnissystem gesteuert, das Musterfolgen speichert, Muster autoassoziativ abruft, Muster als unveränderbare Repräsentationen ablegt und Muster hierarchisch ordnet. Mit der Metapher „*Storytelling*" lässt sich das Grundinventar wiederkehrender Musterfolgen sowie die Regeln ihrer häufigsten Kombinationen besser wahrnehmen.

„Tausendundeine Nacht" ist weit mehr als eine großartige Sammlung spannender und erotischer Geschichten. Schahrasad, die schöne Tochter des Wesirs, kämpft mit ihren nächtlichen Erzählungen um ihre Identität, um ihr Dasein, um ihr Überleben. Und das gelingt ihr nur, wenn ihre Geschichten König Schahriyar so begeistern, dass er am nächsten Tag die Fortsetzung vernehmen möchte. Ebenso verhält es sich im Marketing. Nur wenn der Kunde die erzählte Geschichte hören will und an sie glaubt, lässt er sich dazu verführen, das darin verpackte Produkt zu erwerben. Sei es nun ein Konsumgut, eine Dienstleistung oder eine Idee. Wer die beste Geschichte erzählt, hat gewonnen.

Die Frage nach der besten Geschichte

Qualitätssicherung von Geschichten lässt sich nicht mit den üblichen Zertifizierungstools durchführen. Hilfreicher ist es, sich an guten Vorbildern zu orientieren, sie erst zu kopieren, dann zu variieren und so lange zu üben, bis sich daraus ein eigener Stil entwickelt. Dieses Vorgehen lässt schnell erkennen, dass Wahrheit kein Kriterium ist. Wahrheit ist ein Produkt des Bewusstseins und hat beim Knüpfen unserer Verhaltensmuster wenig zu sagen. Die neuronalen Netzwerke, die wirklich entscheiden, arbeiten nach dem Prinzip „passt — passt nicht." In den Alltag übersetzt heißt dies: Entweder wir glauben eine Geschichte oder wir glauben sie nicht.

Wer sich für den Einsatz von *Storytelling* entscheidet, findet und erfindet passende Geschichten, nicht wahre. Das ist allerdings anspruchsvoller.

Wie wir nun bereits wissen, knüpft eine gute Geschichte an bereits vorhandene an. Diese Andockstellen zu finden, ist trotz der Individualität menschlicher Lebensbiografien möglich, weil wir zumindest die neuronalen Ordnungsmuster kennen. Je stärker wir uns also an diesen Mustern orientieren, desto größer wird die Wahrscheinlichkeit, dass unsere Geschichte aufgenommen wird.

Ersterlebnisse, Anfang und Ende

Selbst notorische Schürzenjäger erinnern sich an ihre erste große Liebe. Und obwohl wir in der mobilen Gesellschaft die halbe Welt bereisen, bleiben unsere ersten Ferien im Gedächtnis haften. Die erste eigene Wohnung, die erste Arbeitsstelle, die erste Geburt, der erste große Verlust, das sind Erinnerungsspuren, nach denen Informationen suchen, die neu in unserer Erlebniswelt eindringen. Erstaufführungen misst unser Gedächtnis besondere Bedeutung zu. Denn aus diesen Datenpaketen werden Prototypen konstruiert, die später als Vergleichsbasis für ähnliche Informationen dienen. *Storytelling* ist keine komplizierte und neue Theorie. Neu ist lediglich die Einbettung des Geschichtenerzählens in das naturwissenschaftliche Denkgebäude.

Mit ihren Experimenten bestätigen Hirnforscher unsere Erfahrung, dass wir uns an Geschichten besonders gut erinnern können, die wir in bestimmten Zeiten erlebt haben. Und die sind identisch mit den Jahren großer Umbrüche. Für die konkrete Praxis heißt das: Wir müssen Geschichten, die von Übergängen und Ersterlebnissen handeln, größere Aufmerksamkeit schenken. Investitionen in Neuaufführungen von Klassikern bringen mehr, als in der Garderobe über komplizierte Eigenkreationen zu brüten. Für Originalität bleibt noch genügend Raum, wenn es um die Inszenierung uralter Themen geht. Automobilhersteller sollten sich lieber darum bemühen, ihr Produkt zum Lieblingsspielzeug meiner Kindheitsjahre zu machen, als mich im Erwachsenenalter mit teuren Imagekampagnen zu ködern.

Besondere Aufmerksamkeit müssen wir auch dem Anfang und dem Ende einer Geschichte widmen. Das ist für gute Rhetoriker zwar nichts Neues, bekommt aber dank der neurowissenschaftlichen Erkenntnissen ein zusätzliches Gewicht. Ob und wie ein Datenpaket nach dem Öffnen weiter verarbeitet wird, muss sofort entschieden werden. Weiß ich, dass der Schatten vor der Höhle ein Säbelzahntiger oder mein von der Jagd zurückkehrender Ehemann ist, kann dies den Fortgang meiner Biografie entscheiden. Die Regel, dem Beginn einer Geschichte besondere

Aufmerksamkeit zu schenken, hat sich über Millionen Jahre so bewährt, dass sie auch zur Anwendung kommt, wenn ich die Schwelle eines Optikergeschäfts überschreite. Und weil sich erst am Ende herausstellt, ob sich vor der Höhle ein Drama oder eine Komödie abspielte, ist es noch heute von großer Bedeutung, mit welchem Gefühl ich ein Geschäft verlasse. Wir sollten nie vergessen, dass sich die Evolution an das Prinzip „Ändern, nur wenn nötig" hält. Daher ist der „Neue Mensch" eine Fiktion, die dem Geschichtenerzähler herzlich wenig nützt.

Die Story, das Personal und die Aufführung

Storytelling ist auch deshalb so wirkungsvoll, weil sich diese Methode den Mitarbeitenden so einfach und sogar unterhaltsam vermitteln lässt. Denn wird ihnen eine Marketingstrategie am Beispiel einer guten Geschichte oder eines guten Films erklärt, knüpft man automatisch an persönliche Lebensstationen und Identitäten an. Daher verstehen sie auch, dass der Themenkatalog nicht beliebig ist, die Handlung einer bestimmten Struktur folgen sollte und gute Inszenierungen einen festen Personenkatalog umfassen, zu dem Helden, Bösewichte und Helfer gehören.

Weil es in der Evolution letztlich immer um Fortpflanzen, Anpassen und Überleben geht, haben Themen Vorrang, die wertvolle Informationen zum Erreichen dieser Ziele liefern. Der Frage, wieso denn Berichterstattungen über die Welt der Reichen und Schönen so beliebt sind, ist schnell beantwortet, wenn das Personal einer guten Geschichte eingeführt wird. Denn unser Gedächtnis braucht Helden. Sie treten als Bezugspersonen sehr früh in unser Leben ein, geben uns Orientierung, personalisieren Abstraktes, ermöglichen Simulationsspiele und reduzieren Komplexität. Wir brauchen aber auch die Störenfriede, weil sie uns auf Gefahren aufmerksam machen. Es ist also alles andere als Zufall, dass wir Abenteuer- und Liebesgeschichten lieben.

Storytelling erhöht bei den Mitarbeitenden die Sensibilität für gute Aufführungen. Denn sie können aus ihrem eigenen Erinnerungsschatz abrufen, was Kulissen, Requisiten und Überbringer sinnlicher Eindrücke sind. Ist die Grundstory einmal eingeführt und verstanden, können wir die Ausschmückungen und Fortsetzungsgeschichten auch anderen überlassen. Zumal uns die Neurologen in aller Deutlichkeit daran erinnern, wie beschränkt bei komplexen Systemen die Macht einer Zentralverwaltung ist.

Branding, Kommunikation, Werbung und Verkauf

Storytelling im Marketing ist Instrument, Denkhaltung und Glaubensbekenntnis zugleich. Wer unter Marketing „Beeinflussung menschlichen Wahlverhaltens" versteht und die wahren Machtverhältnisse bei der neuronalen Datenverarbeitung akzeptiert, wird dem Unbewussten Geschichten erzählen, die es leicht aufnimmt, lange speichert und leicht abrufen kann. Und er wird auch Bühnen schaffen, auf denen Kunden ihre eigenen Geschichten aufführen können. *Facebook* und *Social Media* lassen grüßen, sind aber bei weitem nicht die einzigen Möglichkeiten.

Storytelling ist keine Wissenschaft, sondern eine Kunst, die wir alle einigermaßen beherrschen mussten, um auf dem langen Weg bis zur eigenständigen Persönlichkeit nicht zu scheitern. Wenn die früh verinnerlichten Mustervorlagen zu wenig beachtet und angewendet werden, ist dafür meist ein Umfeld verantwortlich, das noch immer an die Existenz des „Homo oeconomicus" glaubt. Daher hat es sich als nützlich erwiesen, bei den verschiedensten Marketingaktivitäten auch Personen beizuziehen, die in anderen Disziplinen zu den Meistern gehören. Spezialisten für Schönheit, Rituale und Kitsch. Drehbuchschreiber, Kulissenbauer, Musiker und Erzähltalente. In einer so bunten Gesellschaft wird Marketing wieder spannender, lebensnaher und vor allem wirkungsvoller.

Tipps für die Praxis: Storytelling — darauf sollten Sie achten

- Ersetzen Sie „Information" künftig durch „Geschichte" und Sie werden sehen, dass allein diese Handlung Ihren Blickwinkel für immer verändern wird.
- Suchen Sie nach Geschichten, in denen sich Ihr Publikum wiederfindet und schaffen Sie so eine gemeinsame Beziehungsebene. Gehen Sie ruhig davon aus, dass dies immer möglich ist. Denn weil jede Geschichte Elemente weiterer Geschichten in sich trägt, können Sie selbst mit dem Wetterbericht beginnen.
- Sparen Sie sich die Energie, eine Geschichte zu finden, die allen gefällt. Es genügt, wenn Sie die Mehrheit des Publikums für Ihre Story gewinnen können.
- Bevor Sie mit dem Ausschmücken einer Geschichte beginnen, sollten Sie deren unantastbaren Kern herausschälen. Und der muss so einfach sein, dass er sich in einem einzigen Satz festhalten lässt.
- Vermeiden Sie ein Ende, das keine Fortsetzungsgeschichten zulässt, die Ihr Publikum selber gestalten und weitererzählen kann. Am Schluss reitet der Cowboy immer Richtung Sonne.
- Verwechseln Sie Geschichte nicht mit Kulisse und Requisiten. Denn die sind austauschbar und dienen vor allem dazu, auf die Erwartungen von bestimmten Zielgruppen einzugehen.

- Beginnen Sie erst mit dem Erzählen einer Geschichte, wenn Ihnen klar ist, von welchem Urthema Ihre Story handelt, wer im Zentrum der Abenteuerreise steht und wer sich dem Helden in den Weg stellt.
- Berücksichtigen Sie die Prägungsstärke einer Story. Geschichten, die an Kindheit, Pubertät und Ersterlebnisse erinnern, wecken höhere Aufmerksamkeit und bleiben länger haften.
- Studieren Sie Bestsellerlisten und legen Sie sich eine Sammlung von Lieblingsgeschichten an, in der sich Beispiele aus dem kollektiven Gedächtnis der Menschen und aus Ihrem eigenen Leben finden.
- Analysieren Sie Ihre Lieblingsfilme und wählen Sie drei aus, die Ihnen künftig als Mustervorlagen für Ihre eigenen Varianten dienen.
- Verbinden Sie Ihre bisherigen Marketingmethoden und -instrumente mit *Storytelling*, indem Sie bekannte Begrifflichkeiten durch neue ersetzen. USP oder Held? Zielgruppe oder Publikum? Information oder Geschichte?
- Suchen Sie sich ein Trainingsfeld, auf dem Sie die Kunst des *Storytelling* üben können, ohne dem Druck zu unterliegen, nur Meisterwerke zu schaffen. Bewährt hat sich das weite Feld der Korrespondenz, zu dem ja auch Glückwünsche aller Art gehören.
- Lachen Sie sich einen Sparringspartner an, der vielleicht fernab von allen offiziellen Marketingaktivitäten seine Meisterschaft im *Storytelling* bewiesen hat und Sie ebenso wohlwollend wie offen auf bessere Varianten Ihrer Geschichte aufmerksam macht.
- Beginnen Sie einfach irgendwo und feiern Sie jede gute Geschichte, die Sie gefunden und weitererzählt haben.

Erklärungsvideos – Gastbeitrag unseres Kooperationspartners Matthias Cermak

Erklärungsvideos: Storytelling im trojanischen Tarnanzug

Über Trojanisches Marketing haben wir jetzt schon einiges gehört — aber wie ist Trojanisches Marketing eigentlich entstanden?

Nun, am Anfang stand die Belagerung, später die List. Von irgendwo her kam dann das Pferd mit den Kriegern im Bauch und es folgte das Unvermeidliche: die Niederlage Trojas. Warum das auch der Startpunkt für Trojanisches Marketing war, was das mit Arnold und einem findigen Getränkehändler zu tun hat und warum heute bei Siegen gern mit (Perl-)Wein angestoßen wird, könnten wir hier sicher auf zwei bis drei Seiten erklären. Oder aber Sie lehnen sich zurück und lassen es sich einfach erzählen — von einem einfachen, gezeichneten Erklärungsvideo. Sehen Sie sich unseren Held „TRANOLD" an, der folgende QR-Code wird Sie zu ihm führen:

 http://vervievas.com/tranold

QR-Code: Video Tranold

Speziell im Online-Marketing und bei Themen, die sich nicht auf drei Bulletpoints reduzieren lassen, erfreuen sich Erklärungsvideos stark steigender Beliebtheit. Kurze Clips die in ein bis zwei Minuten erklären, was eine Firma oder ein Produkt macht, und die wichtigsten Argumente und USPs auf den Punkt bringen, sind ein eleganter Weg, um auf nicht marktschreierische Weise ein Produkt anzupreisen.

Doch was macht Erklärungsvideos eigentlich aus und wie schaffen sie es, als Informationsservice und nicht als Werbung angesehen zu werden? Wo werden sie eingesetzt und was hat dies alles mit Trojanischem Marketing zu tun?

Abb. 37: Tranold

Irgendwie sympathisch, das Pony!

Vielleicht war es bei Ihnen kein süßes Pferdchen — aber wer hat nicht Mickey Mouse, Lucky Luke oder Captain Amerika in der Kindheit gesehen. Gezeichnete Figuren öffnen die Herzen und stimmen uns fröhlich — die ideale Voraussetzung, um offen für Botschaften und Emotionen zu sein.

Nicht umsonst verwenden Erklärungsvideos daher meist gezeichnete Figuren, die wir überspitzt auch als visuelle Trojaner bezeichnen könnten. Denn wir hören ihnen einfach lieber zu als anderen Werbemaßnahmen.

Gerade im Internet fehlt häufig diese emotionale Seite: Der Kunde fühlt sich oft alleingelassen und überfordert — wie in vielen Baumärkten. Nicht umsonst haben sich gerade in solchen Servicewüsten Utility-Videos zu Bohrmaschinen und Ähnlichem als Kaufberatungsersatz durchgesetzt. Denn die Verkäufer sind häufig entweder nicht zu finden oder haben wenig Ahnung.

Genau hier setzt der Trojanische Servicegedanke der Erklärungsvideos an. Sie sind der freundliche, kompetente Boutiqueverkäufer des Internets.

Repräsentieren Werbeclips oft den abschlussorientierten Hardseller, werden Erklärungsvideos viel mehr als Berater und Informationsquelle wahrgenommen und umgehen so charmant die „internen Ad-Blocker" der Internetshopper.

Fazit: Wäre das Pferd ein Turm gewesen, es wäre am Ufer verrottet.

Klingt gut. Sehen wir uns doch einmal die „Werbung im trojanischen Tarnanzug" genauer an. In Zeiten von extrem verkürzten Aufmerksamkeitsspannen, Website-Verweildauern von wenigen Sekunden und einem Überangebot an scheinbar gleichen Produkten fragen sich Konsumenten wie Trojaner: Was macht das Produkt aus? Wie verschaffe ich mir einen Überblick? Wofür soll ich meine knappe Zeit investieren?

Wären dem stolzen Ross Beschreibungstexte, PowerPoint-Präsentationen oder Whitepaper-Studien beigelegt gewesen, die die Vorteile des Pferdes hervorgehoben hätten, die Geschichte wäre anders ausgegangen. Das wussten die Griechen — also ließen sie den sich scheinbar vor den Griechen versteckenden Sinon zurück. Der erzählte ihnen eine so packende Story, dass sie ihm bis zum Ende zuhörten und alle wichtigen Details mitbekamen. Erst dadurch kamen sie überhaupt auf die Idee, darüber nachzudenken, ob sie das Pferd in die Stadt schieben sollten.

Es ist auch die Aufgabe eines guten Erklärungsvideos, Features, USPs oder Visionen packend und unterhaltsam zu transportieren und mit einer Handlungsaufforderung zu verknüpfen. Hat der Interessent einmal verstanden, worum es Ihnen geht, kann er selbst entscheiden, ob das Produkt einen Kauf oder Download wert ist — oder ob es eben durchs Stadttor geschoben wird. Dass sich der Betrachter die Zeit überhaupt nimmt, ist ein nicht zu unterschätzender trojanischer Aspekt. Denn ob ein Interessent nach wenigen Sekunden oder erst nach ein bis zwei Minuten weitersurft, kann für das Behalten der Werbebotschaft entscheidend sein.

Fazit: Unterhaltende Elemente verlängern die Aufmerksamkeitsspanne und ermöglichen es, mehr Inhalt zu transportieren.

Das Pferd einfach in die Stadt zu ziehen, kann ja nicht so schwer sein! Was aber, wenn sich die Trojaner das Hineinziehen gar nicht zugetraut hätten? Zu schwer, zu groß etc.? Selbst wenn es ganz einfach gewesen wäre? Denn, ob etwas als einfach oder komplex empfunden wird, hat vielfach mit Barrieren zu tun. Wie man den Konsumenten diese Angst nimmt, zeigt z. B. die Ikea-Anleitung. Sie macht aus Bastel-Muffeln selbstbestimmte Innenausstatter.

Zeichnungen oder Skizzen vermitteln ein Gefühl von Einfachheit. Denn zeichnen kann jeder und was gezeichnet werden kann, kann nicht kompliziert sein. Das gilt für Anleitungen und Erklärungsvideos!

Fazit: Auch wenn dem Pferdchen keine Schiebeanleitung beigelegt war — mit trojanischen Methoden schmuggeln Sie selbst komplexeste Themen an den Kundenfirewalls vorbei und erschließen sich Kundengruppen, die Sie sonst vielleicht nie erreicht hätten … wie die Trojaner leidvoll erfahren mussten.

Seht mal, was wir da haben. Ist der Göttin Athene gewidmet — nicht schlecht — oder? (Presse und Viral-Effekte: Erzählen Sie die Geschichte so, wie Sie sie selbst erzählen würden — *„Help your fans evangelize your product"*). OK — das Pferd ist also unterwegs in die Stadt. Die Nachricht verbreitet sich, denn Berichte von Multiplikatoren (Kunden, Fans oder Bekannten im Netzwerk) sind damals wie heute das Gold des viralen Marketings, der Mundpropaganda. Aber was, wenn die Botschaft eher die Interpretation des Boschafters als der wahre Kern Ihrer Botschaft ist.

Genau das wollten die Griechen verhindern. Um sicher zu gehen, dass die Trojaner nicht irgendetwas Falsches herumerzählten, wurde Simon quasi als embedded Erklärungstool zurückgelassen, der nicht müde wurde, jedem die Geschichte von Neuem zu erzählen. Um Glaubwürdigkeit und Vertrauen kümmerte sich Göttin Athene, die seine Story höchstpersönlich bestätigte.

Auch ein Erklärungsvideo kann quasi als das Trojanische Pferd der vertrauensvollen Berichterstattung eingesetzt werden. Denn wird ihr Video geteilt, versendet oder in einem Pressebericht oder Blog embedded (was wahrscheinlich ist), profitieren sie zweifach:

Der Rezipient vertraut dem Botschafter (Autor, Freund) und zusätzlich können Sie sicher sein, dass Ihre Geschichte so erzählt wird, wie Sie sie selbst erzählen würden.

Fazit: Die Trojaner vertrauten den Zeichen Athenes und haben die Story eins zu eins geschluckt.

100 Prozent Conversion oder: Ein Pferd, ein Sieg

Im Endeffekt zählt für Griechen wie Onlinemarketer aber nur eins: Der Sieg, Kauf, Download etc. … Denn eingesetzt werden Erklärungsvideos vor allem dort, wo über das Internet verkauft wird: auf verkaufsorientierten Websites, auch Landingpages genannt.

Um die Zielgruppen dorthin zu bekommen — also sogenannten Traffic zu generieren — werden große Anstrengungen unternommen (Werbekampagnen, QR-Codes, TV-Spots oder *Social-Media*-Maßnahmen). Am Ziel angelangt fühlen sich die Besucher jedoch oft im Stich gelassen. Dabei zahlt sich jede Drachme, die in den Bau des stolzen Rosses gesteckt wurde, nur dann aus, wenn die Trojaner das Pferdchen auch tatsächlich mitnehmen, wild feiern und sich besiegen lassen.

Abb. 38: Tranold

In der Marketingsprache heißt das dann *Conversion* — was bedeutet, wie viele Pferdchen man braucht, bis eines in die Stadt geschoben wird!

Erklärungsvideos gehören zu den effektivsten Mitteln der *Conversion*-Steigerung und konnten bei unseren Kunden die Erfolgsrate um 15 bis 75 Prozent steigern.

Denn sie

- sprechen Kunden emotional an,
- transportieren auf unterhaltsame Weise
- die wirklichen Infos innerhalb kurzer Zeit,
- erklären in einfachen Bildern und bauen Barrieren ab,
- erzählen die Geschichte so, als hätten Sie sie persönlich erzählt
- und helfen, die Conversion zu steigern.

Den Griechen wäre das freilich zu wenig gewesen. Statt es also jeden Tag mit einem neuen Tier zu versuchen, stellten die Griechen das ultimative 100 Prozent *Conversion*-Package zusammen. Doch auch wenn Sie keinen Odysseus in ihrem Online-Marketing-Team haben: Sie haben die Kraft, jeden Tag hunderte von Interessenten auf Ihre Website zu locken, greifen Sie doch einfach einmal in die trojanische Trickkiste.

Denn am Ende zählt doch der Sieg am meisten!

Zusammenfassung

In diesem Kapitel haben Sie gesehen, wie gelernte Geschichten und im episodischen Gedächtnis gespeicherte Muster als trojanische Vorlagen für Marketingaktivitäten genutzt werden können. Sie haben auch verfolgt, wie eine solche Vorlage geschaffen (Baumgartner und sein Stratos-Sprung) und anschließend von anderen genutzt werden kann (Zenith, Northland, Modellbaumesse).

Als Vorlagen werden u. a. genutzt:

- historische Orte (*Camp David*)
- Schemabilder (Mickey Mouse, Teddybär, Helden am Bau)
- historische Vorbilder (Jagd-Gepflogenheiten, Robin Hood)
- himmlische Wesen (Engel)
- prominente Persönlichkeiten (Royal Sick Bags)
- bekannte Comic-Figuren (drei kleine Schweinchen)

Die Gastautoren haben darüber hinaus gezeigt, wie diese Vorlagen mit der Methode des *Storytelling* zur Zielgruppe gebracht werden können.

In allen beschriebenen Fällen ging es darum, die etablierte Vorlage als Trojanisches Pferd dafür zu verwenden, etwas Neues bei der Zielgruppe einzuführen. Dabei gilt die Regel: Je affiner die Zielgruppe zu den Bildern und Geschichten der gewählten Vorlage ist, desto leichter und nachhaltiger gelingt es, „das Neue mithilfe des Alten" (trojanisches Grundprinzip) in die „Festung der Zielgruppe" zu transportieren und diese zu erobern.

Zauberei: Kartenwanderung

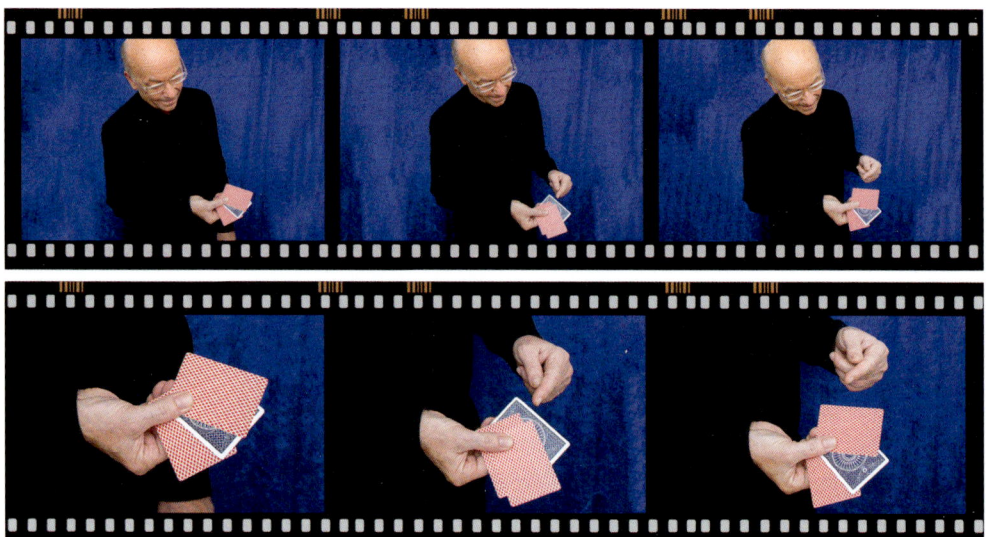

Abb. 39: Zauberkunststück: Kartenwanderung

Für dieses Zauberkunststück benötigen Sie Trickkarten, die Sie leicht selbst herstellen können.

So gehen Sie vor: Nehmen Sie zwei Bildkarten mit einer roten Rückseite (die Kartenwerte spielen keine Rolle) sowie eine Zahlenkarte mit einem blauen Rücken. Wie Sie im Bild sehen, ist die Ausgangsposition die, dass die blaue Karte zwischen den beiden roten liegt.

Wenn Sie nun die Karten ein bisschen bewegen, sehen Ihre Zuschauerinnen und Zuschauer, wie die blaue Karte aus der Mitte vor ihren Augen in eine Randposition wandert. Und auf demselben Weg auch wieder zurück.

Wie geht das?

Der Trick besteht darin, dass eine der Karten präpariert ist.

Mit einer scharfen Rasierklinge wird die blaue Zahlenkarte eingeschnitten und so zwischen die beiden roten Bildkarten eingeklemmt.

Beim Bewegen (möglichst in *slow motion*) lassen sich die Karten so verschieben, dass der Eindruck entsteht, als sei die mittlere Karte an den Rand gewandert.

Das Ganze muss man ein bisschen üben, damit die Manipulation nicht auffällt.

4.3 Trojanische Rhetorik® – The Power of Words

Was Sie in diesem Kapitel erwartet

In diesem Kapitel werden Sie erfahren, wie die gesprochene oder geschriebene Sprache als trojanisches Werkzeug eingesetzt werden kann. Sie erhalten Antworten auf Fragen wie: Mit welchen verbalen oder nonverbalen Kommunikationsmitteln arbeitet man? Wie benutzt man diese Mittel im Marketing?

INFOBOX: Was ist ein Code?

Ein Code ist eine Vorgabe oder Vorschrift dazu, wie eine Nachricht für eine Übermittlung aufbereitet wird. Die Kommunikationswissenschaft versteht unter Code im weitesten Sinne eine bestimmte Sprache bzw. bestimmte Fachausdrücke. Wir verwenden den Begriff „Sprache" hier im umfassendsten Sinne, der auch Symbole oder nonverbale Elemente einschließt.

Das folgende Beispiel veranschaulicht, wie ein Code als Kommunikationswerkzeug verwendet werden kann: Die Wahl des Italo-Argentiniers Jorge Mario Bergoglio zum neuen Papst Franziskus ist uns noch lebhaft in Erinnerung. Zuvor hatten sich die Kardinäle in der Sixtinischen Kapelle hinter verschlossenen Türen beraten. Die Kommunikation in die Welt außerhalb der Sixtinischen Kapelle über das jeweils aktuelle Wahlergebnis erfolgte in zwei verschiedenen Ausprägungen, mittels zweier verschiedener Codes. So bedeutet schwarzer Rauch, dass nach einem Wahlgang kein gültiges Ergebnis zustande gekommen ist. Weißer Rauch bedeutet, die Kardinäle haben sich auf einen neuen Papst geeinigt. Sehen wir uns die Papstwahl unter diesem Aspekt systematisch an:

Sender der Botschaft:	Kardinäle
Codierung der Botschaft:	weißer Rauch
Übertragungskanal:	Kamin
Decodierung der Botschaft:	Bedeutung des weißen Rauchs wird erkannt
Bedeutung beim Empfänger:	Jubel bei den Gläubigen

Die Gläubigen kennen ganz genau die Bedeutung des Codes „weißer Rauch". Wenn man z. B. einen Ureinwohner aus Papua-Neuguinea nur die Fernsehbilder dieses Ereignisses zeigen würde, könnte er nichts damit anfangen, da er den Code „weißer Rauch" nie gelernt hat und auch dessen Bedeutung nicht kennt. Wir wissen also, dass ein Code nicht automatisch von jedem verstanden wird. Andererseits: Falls er verstanden wird, reduziert ein Code eine lange Beschreibung der Realität. Die Trojaner erkannten den Code des Pferdes (heilig, der Schutzgöttin Athene geweiht) und zogen es in ihre Stadt. Wenn Sie den Code Ihrer zu erobernden Zielgruppe verstehen, können Sie ihn gezielt für sich als „Transportvehikel" (= Trojanisches Pferd) verwenden.

Bevor wir das Kapitel mit einem einleitenden Beispiel eröffnen, wollen wir in einer kurzen Definition erläutern, was wir unter dem Begriff „Trojanische Rhetorik" verstehen.

INFOBOX: Trojanische Rhetorik® — eine Definition

Darunter verstehen wir das Ausnutzen des Codesystems der zu erobernden Zielgruppe, und zwar nicht nur verbal, sondern auch nonverbal. Insofern zählen zum Codesystem auch die Körpersprache und die schriftliche Kommunikation.

Das Prinzip der sozialen Bewährtheit werden wir in diesem Kapitel noch ausführlich behandeln. Kurz gefasst geht es dabei darum, dass sich Personen am Handeln anderer orientieren, wenn sie sich in der gleichen Situation wie diese anderen befinden.

Einführungsbeispiel: Der Code des Professors

Unser menschliches Gehirn liebt Geschichten. Diese sind enorm einprägsam und werden dauerhaft im episodischen Gedächtnis gespeichert, wodurch sie jederzeit leicht abgerufen werden können. Geschichten stellen im Trojanischen Marketing ein sehr effektives Werkzeug dar. Bevor wir uns mit diesem Thema detailliert beschäftigen, erzählen wir Ihnen zunächst die folgende „trojanische Rhetorik-Geschichte":

Einst gab es eine sehr fleißige Studentin, die ihr Studium sehr ernst nahm. Sie wusste, dass ihr ein guter Abschluss die Tür in ein erfolgreiches Berufsleben öffnen würde. Bei jedem Fach war sie leidenschaftlich dabei und legte immer großen Wert auf das, was die Professoren sagten, d. h., sie achtete besonders auf die von den Professoren verwendeten Wörter. Bekanntermaßen hat jeder Mensch ein ganz spezielles Repertoire an Ausdrücken, insbesondere dann, wenn er in einem speziellen Fachgebiet tätig ist. Diese eigene Ausdrucksweise wird bevorzugt verwendet, da man sich im eigenen Repertoire, in seinem eigenen Codesystem, immer sicher fühlt.

Das sprachliche Repertoire bzw. Codesystem eines anderen Menschen kann ein Dritter perfekt als Trojanisches Pferd einsetzen. Der Grund: Die Trojanische Rhetorik des Dritten spiegelt die Ursprungsperson genau wider, wodurch sich diese in der verwendeten Ausdrucksweise wiederfindet. All das wusste die clevere Studentin und notierte sich die von den Professoren verwendeten Spezialausdrücke. Bei jeder Prüfung, sei es schriftlich oder mündlich, benutzte die Studentin gezielt diese Spezialausdrücke, wodurch die Professoren implizit erkannten, dass die Prüfungskandidatin ordentlich gelernt und das Thema verstanden hatte. Dies war ein wesentlicher Eckpunkt in ihrem Studentenleben, denn sie bekam jedes Mal dank der Trojanischen Rhetorik sehr gute Noten. Darüber hinaus hatte sie sich natürlich auch intensiv mit der jeweiligen Prüfungsthematik beschäftigt.

Dies ist der eine Teil der Geschichte, die jetzt aber eine neue Wendung nimmt: Eines Tages musste unsere Studentin bei einer sehr wichtigen Prüfung aus organisatorischen Gründen gemeinsam mit ihren Kommilitonen in einem anderen Saal untergebracht werden. Dort saßen die Prüflinge auf sehr engem Raum beisammen, sodass man leicht vom Nachbarn abschreiben konnte. Unsere Studentin war wie immer bestens vorbereitet und sie vertiefte sich so sehr in ihre Arbeit, dass sie nicht merkte, wie eine neben ihr sitzende Kommilitonin ihr Geschriebenes fast wörtlich übernahm, da sie nichts für die Prüfung gelernt hatte. Hinzu kam, dass die abschreibende Person einen Spickzettel bei sich hatte und das Abgeschriebene zusätzlich um die Notizen auf dem Schwindelzettel ergänzte. Mit rund 200 Studenten waren viele Prüflinge im Saal, weshalb dem Professor und den anderen Aufsichtspersonen keine Schummeleien auffielen.

Als dann unsere Studentin die Prüfung fertig geschrieben hatte, ging sie alles nochmals genau durch, um sicher zu gehen, dass alles richtig sei. Genau in dieser Zeit ergänzte die nebenan sitzende Person das von unserer Studentin Übernommene noch mit den Daten des bereits erwähnten Spickzettels. Daher waren beide fast zeitgleich fertig und gaben ihre Klausuren unmittelbar hintereinander ab. Ein Fehler, der sich zunächst für die immer fleißig lernende Studentin verhängnisvoll auswirkte.

Bei der Korrektur der Arbeiten fielen dem Professor natürlich die Übereinstimmungen auf, und da die abschreibende Person die Arbeit noch mit den Daten des Spickzettels ergänzt hatte, war er sicher, zu wissen, wer geschummelt hatte. Aber nur vorerst. Die stets um Ehrlichkeit bemühte Studentin bekam eine negative Note und die abschreibende Person sogar die beste Note. Eine verkehrte Welt, wie man meinen würde. Nach Wochen des Wartens auf die Klausurergebnisse fiel dann bei der Bekanntgabe der Noten unsere Studentin aus allen Wolken und wurde zudem noch persönlich zum Professor wegen ihrer angeblichen Schummelei zitiert. Doch hier beginnt das *Happy End* dieser trojanischen Geschichte.

Zuerst musste sie sich die Vorwürfe des Professors, der wütend war, da er die Studentin wegen ihrer vergangenen Leistungen sehr schätzte, anhören. Dann ging sie aber in die Offensive, und dank der Trojanischen Rhetorik konnte der Sachverhalt sehr schnell geklärt werden.

Fangen wir also mit der Aufklärungsarbeit und damit an, wie souverän sich die Studentin dabei verhielt. Sie erklärte dem Professor, dass sie jederzeit und auch jetzt in diesem Moment den gesamten Prüfungsstoff wiedergeben könne und wies darauf hin, dass dies der abschreibenden Person nicht möglich sei, da diese ja nichts für die Prüfung gelernt hatte. Da unsere mustergültige Studentin wirklich perfekt vorbereitet und den geschriebenen Inhalt der Klausur zudem vor der Abgabe nochmals durchgegangen war, wusste sie ganz genau, was auf jedem einzelnen Blatt, ja, sogar in jedem Absatz stand. Der Professor hörte ihr gespannt zu und glaubte seiner Studentin immer mehr.

Schließlich holte unsere Studentin die wichtigste Waffe aus ihrem sprachlichen Repertoire hervor: die Macht der Trojanischen Rhetorik. Sie erklärte dem Professor die gezielt eingesetzten Spezialwörter seiner Ausdrucksweise, also seine eigenen Codes. Sie können sich vorstellen, wie verwundert der Professor die Studentin betrachtete, denn von dieser Technik hatte er vorher noch nie gehört.

Dann ließ er sofort die Studentin, die abgeschrieben hatte, zu sich kommen, befragte sie nach einigen Eckpunkten aus dem Prüfungsstoff und natürlich auch gezielt nach den trojanischen Schlüsselwörtern, die die andere Studentin verwendet hatte. All dies konnte die Befragte nicht beantworten und somit nahm die Prüfung ein positives Ende für unsere fleißige Studentin, die mit der Technik der Trojanischen Rhetorik vertraut war. Sie bekam jetzt die beste Note. Ihre abschreibende Kommilitonin dagegen erhielt eine sehr scharfe Mahnung, zudem musste sie die Prüfung wiederholen. Ein schöne trojanische Erfolgsgeschichte, von der wir viel lernen können!

Zusammenfassung der Geschichte

Die Studentin erwarb nicht nur das relevante fachspezifische Wissen, sondern erlernte zusätzlich das Codesystem des Professors — das waren hier all seine speziellen Fachausdrücke — und konnte diese auch exakt beschreiben. Insbesondere lernte sie solche Codewörter, die der Professor während seiner Vorlesung verbal äußerte.

Tipps für Studenten, Schüler und Personen in Weiterbildungskursen

Achten Sie in Zukunft ganz gezielt darauf, was Sie von Ihren Vortragenden hören. Wir wissen jetzt, dass jede Person im Rahmen der gesprochenen Sprache ein ganz eigenes Repertoire an speziellen Wörtern verwendet — gewissermaßen seine ganz persönlichen Codewörter. Hören Sie gezielt zu, schreiben Sie sich diese Wörter auf und verwenden Sie diese dann als Trojanisches Pferd bei mündlichen und schriftlichen Prüfungen. Zumeist handelt es sich dabei vor allem um die speziellen Fachausdrücke der Vortragenden. Dies könnte z. B. im Fach Marketing ein Begriff wie „kognitive Landesimagefacetten" sein. Übertreiben darf man diese Methode jedoch nicht. Wir werden immer dann skeptisch, wenn unsere Studenten zu häufig den Begriff „Trojanisches Marketing" verwenden. Dann sind wir nicht sicher, ob sie damit nur ihr eigenes Unwissen kaschieren wollen.

Trojanische Rhetorik — Ratschläge für Trainer

Jeder Trainer hat das grundlegende Bedürfnis, nach Beendigung seines Seminars gut bewertet zu werden, um neue Aufträge zu generieren. Speziell bei Firmenseminaren lässt sich hierzu die Technik der Trojanischen Rhetorik perfekt anwenden. Reden Sie einige Tage oder Wochen vor dem Start des Seminars mit den potenziellen Teilnehmern und hören Sie genau zu. In jeder Firma gibt es für bestimmte Vorgänge oder Plätze eigene Ausdrucksweisen. Dies sind dann die besten trojanischen Pferde, die Codes, die Sie während Ihres Seminars bewusst platzieren können. Sie schaffen damit Vertrauen und Glaubwürdigkeit, weil Sie sich mit den rhetorischen Gepflogenheiten des jeweiligen Unternehmens auskennen. Dies bedeutet zwar einen kleinen zeitlichen Mehraufwand, doch Ihr Erfolg wird dies mehr als ausgleichen.

Tipps für Vortragende

Es ist einer der wesentlichen Eckpfeiler für Ihren Erfolg als Vortragender, dass Sie nicht erst im letzten Moment zum Vortrag zu erscheinen, sondern deutlich früher. So können Sie sich zum einen bewusst mit der Örtlichkeit vertraut machen. Dies stärkt Ihr Auftreten während Ihres Vortrags. Darüber hinaus hat es noch einen weiteren Vorteil: Sie können das erforderliche technische Equipment rechtzeitig vor Ort testen. Leider haben die Autoren schon zahlreiche, oft peinliche Situationen erlebt, in denen Referenten während ihres Vortrags mit technischen Pannen zu kämpfen hatten. So waren sie nicht nur einmal Zeugen davon, dass z. B. ein in PowerPoint eingebundenes Videobeispiel versagte. Zweitens, und das ist wesentlich, können Sie sich durch Ihr frühes Erscheinen bereits vorab mit den Zuhörern unterhalten und bei diesen Gesprächen relevante trojanische Schlüsselwörter identifizieren, um diese später in Ihrem Vortrag einzubauen. Das Publikum wird es Ihnen danken und mit entsprechendem Applaus honorieren, da es die Bedeutung Ihrer verwendeten Codes versteht.

Ein besonders wirksames Trojanisches Pferd, über das Sie in einem späteren Kapitel mehr erfahren werden, ist und war immer das Wetter. Über das Wetter wird überall weltweit gesprochen, es ist identitätsstiftend und einprägsam. Nehmen Sie einfach Bemerkungen zum aktuellen Wetter in Ihren Vortrag mit auf und stellen Sie damit eine Beziehung mit Ihren Zuhörern her. Wir haben diese Technik schon oft ausprobiert und die Praxis hat uns gezeigt, dass sie erstaunlich gut wirkt. In allen Wetterlagen, ob stürmisch, heiß oder „arschkalt"!

Praxisratschlag für den Smalltalk nach einem Vortrag

Für den zukünftigen Businesserfolg ist ein clever geführter Smalltalk eine der Grundlagen. Dazu gibt es unzählige Bücher und Ratgeber. Eine Technik haben wir allerdings dort noch nicht gefunden, aber bereits erfolgreich in der Praxis ausgeführt, wenn man selbst Zuhörer bei einem Vortrag ist. Nach einem Vortrag stellen gewöhnlich einige Personen aus dem Auditorium Fragen an den Vortragenden. Hier setzt jetzt die trojanische Technik ein. Sie brauchen dazu lediglich einen Notizblock oder Sie merken sich die Fragen, die aus der Zuhörerschaft gestellt wurden. Dies könnte z. B. eine Frage zur Stichprobengröße einer vorgestellten Untersuchung sein.

Gehen Sie während der Pause bewusst auf einen der Fragesteller zu und greifen Sie interessiert dessen zuvor gestellte Frage auf. Sie werden sehen, welch positiver Einstieg das in einen Smalltalk ist. Der angesprochene Fragesteller wird sich aufgrund Ihres Interesses geehrt fühlen — und so gut wie immer sofort Sympathie für Sie empfinden.

Trojanische Türöffner für Zahnärzte

Die meisten Kinder haben Angst vor dem Zahnarzt. Besonders das Geräusch eines Bohrers lässt viele Kinder in Panik geraten, und wenn dann eventuell noch eine Spritze verabreicht werden muss, steigt die Angst von Kindern ins Grenzenlose. Dabei ist es so einfach, Kinder zu beruhigen: Man braucht die Dinge lediglich anders zu benennen, damit sie keine Furcht oder Panik mehr erzeugen. Diese trojanische Technik wird bereits von einigen Zahnärzten erfolgreich verwendet. Dazu drei Beispiele:

Spritze = Einschlafgerät (für den Zahn)

Bohrer = Putzer

Zahnplombe = Pflaster

Zahnärzte, die diese Technik anwenden, berichten von guten Erfolgen. Die Kinder sind wesentlich entspannter und ruhiger und lassen sich leichter behandeln. Wichtig ist natürlich, dass nicht nur die Eltern mitmachen, sondern auch das übrige Umfeld dieses *Reframing* unterstützt.

Praxisbeispiel: Der trojanische Appell an den Umweltschutz mithilfe des Prinzips der sozialen Bewährtheit

Sie kennen sicher die Schilder in den Badezimmern von Hotels mit der Aufforderung, Ihre Handtücher mehrmals zu verwenden. Davon gibt es viele Ausprägungen in sehr vielen unterschiedlichen Darstellungen und Formulierungen. Der ökonomische und ökologische Sinn ist klar, denn durch die Mehrfachverwendung kann der Hotelbetreiber massiv Kosten sparen. Doch entfalten diese Aufforderungen auch ihre Wirkung? Werden die Handtücher auch wirklich mehrmals verwendet?

Der Autor Robert B. Cialdini bringt es auf den Punkt: „Im Rahmen unserer Studien mussten wir immer feststellen, dass die Fähigkeit der Menschen, diejenigen Faktoren beim Namen zu benennen, die ihr Verhalten beeinflussen, überraschend schwach ausgebildet ist. Vielleicht ist dies auch ein Grund dafür, warum die Fachleute, deren Aufgabe es war, die kleinen Hinweisschilder zur Mehrfachverwendung von Hotelhandtüchern zu verfassen, nicht daran dachten, das Prinzip der sozialen Bewährtheit für ihre Zwecke einzusetzen." (Cialdini et al. 2010, S. 17)

Cialdini führt ferner aus, dass die Schöpfer solcher Schilder nicht daran gedacht haben, wie sehr das Verhalten anderer Menschen auf das eigene Verhalten wirkt. Stattdessen beriefen sie sich lieber auf das sachliche Umweltschutzargument (vgl. Cialdini et al. 2010, S. 18).

ÜBUNG

Machen Sie nun eine kleine Übung: Betrachten Sie bitte die nachfolgende Abbildung eines solchen Hinweisschildes. Dann überlegen Sie, ob dieses geeignet ist, Sie persönlich dazu zu animieren, die Handtücher wirklich mehrmals zu verwenden. Ist hier der Appell richtig angelegt? Stimmt die Argumentation? Würden Sie bei dieser Aufforderung Ihre Handtücher wirklich mehrmals verwenden?

Abb. 1: Hinweisschild zur Mehrfachverwendung von Handtüchern (© mit freundlicher Genehmigung von Scandic Hamburg EMPORIO)

Vermutlich haben Sie jetzt viele Argumente, pro wie auch contra, in Ihren Überlegungen durchgespielt. Würden Sie wirklich die Handtücher mehrmals verwenden? Wir lassen Sie jetzt bewusst noch im Unklaren, denn zuerst müssen wir uns mit dem Prinzip der sozialen Bewährtheit näher auseinandersetzen.

Beim Prinzip der sozialen Bewährtheit geht es darum, dass sich Personen und im speziellen auch Konsumenten am Handeln anderer orientieren, wenn sie sich in der gleichen Situation wie diese anderen befinden. Vor allem bei Kaufentscheidungen kommt solchen Nachahmungseffekten eine besondere Relevanz zu. Anders ausgedrückt: Wir orientieren uns an anderen Personen und achten darauf, das Gleiche zu tun wie diese. Dabei ist aber zu bedenken, dass zwei Bedingungen vorliegen müssen, die besonders bei Kaufentscheidungen relevant sind:

- Je stärker in einer Situation Mehrdeutigkeit und Unsicherheit gegeben sind, desto stärker werden andere Personen wahrgenommen, d. h., die Aufmerksamkeit, die auf diese Personen gerichtet ist, wird erhöht.
- Man versucht, sich seinem Vorbild anzupassen und damit eine größtmögliche Ähnlichkeit herbeizuführen.

Wissenschaftliches Experiment zu den Hotelschildern

Um herauszufinden, welche Schilder tatsächlich in Hotels am besten wirken, wurde ein wissenschaftliches Experiment durchgeführt und im *Journal of Consumer Research* unter dem Titel *„A room with a viewpoint: using social norms to motivate environmental conservation in hotels"* veröffentlicht (vgl. Goldstein et al. 2008, S. 472 ff.).

Das erste Experiment in dieser Studie (*Social Norms* versus *Industry Standard*) bestand darin, dass zwei verschiedene Schilder in den Räumen einer bekannten Hotelkette angebracht wurden. Ein Schild appellierte an den Umweltschutz. Das zweite Schild wurde nach dem Prinzip der sozialen Bewährtheit gestaltet: Es beinhaltete den Hinweis, dass der Großteil der Hotelgäste ihre Handtücher während des Aufenthaltes mehrmals verwenden. Dieses wissenschaftliche Experiment wurde zuvor von der Hoteldirektion bewilligt und in einer Zeitspanne von 80 Tagen in 190 Räumen durchgeführt. Es war ein aufwendiges Projekt, das ohne die Mithilfe des Reinigungspersonals nicht durchführbar gewesen wäre. Die Reinigungskräfte vermerkten auf Strichlisten, ob die Handtücher mehrmals verwendet worden waren oder nicht (vgl. Goldstein et al. 2008, S. 472 ff.).

Wie lautete der Text auf den beiden unterschiedlichen Schildern? Das eine beinhaltete einen typischen Umweltschutzappel („*HELP SAVE THE ENVIROMENT*"), also eine klassische *„Standard Environmental Message"*. Diese Headline wurde dann noch um weitere Sätze ergänzt, so wie Sie es auf der vorherigen Abbildung gesehen haben. Das zweite Schild war eine *„Descriptive Norm Message"*, also ein Appell an das Prinzip der sozialen Bewährtheit, und bestand aus folgender Headline: *„JOIN YOUR FELLOWS GUESTS IN HELPING TO SAVE THE ENVIROMENT"*, ergänzt um weitere Zeilen. Die Ergebnisse sind verblüffend: Bei dem Appell an das Prinzip der sozialen Bewährtheit mit dem Schild *„JOIN YOUR FELLOWS GUESTS IN HELPING TO SAVE THE*

ENVIROMENT" konnte eine Steigerung der Wiederverwendungsrate um 26 Prozent erreicht werden (vgl. Goldstein et al. 2008, S. 472 ff.). Wie wir im Beispiel „The Power of Words" gesehen haben, reichte eine bloße Umformulierung aus, um so ein Ergebnis zu erhalten.

Das Hamburger Hotel Scandic Emporio — das den vorhin gezeigten Türanhänger verwendet hatte — nutzte diese Erkenntnis, produzierte einen entsprechenden neuen Anhänger und hat ihn an den Badezimmertüren angebracht:

Abb. 2: Hinweisschild zur Mehrfachbenutzung von Handtüchern (© mit freundlicher Genehmigung von Scandic Hamburg EMPORIO)

Experiment der Autoren zum Prinzip der sozialen Bewährtheit

Die Autoren dieses Buches wollten es selbst wissen und starteten dazu ein eigenes Experiment. Im Rahmen der Lehrveranstaltung „*Teambuilding*" wird regelmäßig ein konkretes Praxisprojekt realisiert, da sich dieses Fach nur schwer theoretisch unterrichten lässt — es muss vor allem „live", also in einer realen Situation erlebt werden. Dazu wird ein Punschstand konzipiert. Der Reinerlös dieser Veranstaltung kommt dem *neunerhaus* in Wien zu Gute. Das *neunerhaus* — Sie werden es im Kapitel 4.4 „Das Wetter als Trojanisches Pferd" näher kennenlernen — ist ein karitativer Verein, dessen Aufgabe es ist, obdachlosen Menschen eine neue Heimat zu geben. Die Aktion mit dem Punschstand findet immer am letzten Vorweihnachts-Einkaufssamstag in Wien in einer der Haupteinkaufsstraßen statt. Begleitend zu diesem Event wird der gesamte Teambildungsprozess, der während des Projektes stattfindet, mit den Studierenden theoretisch aufbereitet. Hier wird also Praxis mit Theorie verschmolzen.

Im Vorfeld dieses Events lernen die Studierenden auch gewisse Techniken des Trojanischen Marketings und der Trojanischen Rhetorik kennen. Das Ziel besteht darin, möglichst einen hohen Reingewinn für das *neunerhaus* zu erwirtschaften. Die Studierenden sind jedes Jahr mit vollem Einsatz für diese gute Sache dabei. Eine der Aufgaben im Jahr 2012 bestand darin, vorbeigehende Passanten aktiv anzusprechen und diese zum Konsum am Punschstand zu bewegen. Hier wurde bewusst das Prinzip der sozialen Bewährtheit angewendet und dafür wurde den Passanten ein kleines Geschenk mit dem richtigen trojanischen Text überreicht: „9 von 10 Personen haben schon darüber nachgedacht: Ihnen ist heute am Abend wieder wohlig warm. In ihrem eigenen Zuhause. Den obdach- und wohnungslosen Menschen nicht."

Die Methode hat funktioniert! Der Reinerlös konnte gegenüber den Vorjahren (als der Text noch nicht verwendet wurde) beträchtlich gesteigert werden: 5.600 Euro wurden an einem einzigen Adventsamstag als Erlös für das *neunerhaus* erwirtschaftet.

Abb. 3: Trojanische Geschenke für die vorbeigehenden Passanten beim Punschstand (© Peter Korp)

Machen Sie sich selbst ein Bild auf *YouTube* von diesem tollen Projekt!

 http://www.youtube.com/watch?v=68UAyxoxZwA&feature=youtu.be

QR-Code: Projekt Punschstand

Tipps für die trojanische Rhetorikpraxis zum Prinzip der sozialen Bewährtheit

- Das Prinzip der sozialen Bewährtheit kann als perfektes Medium bei allen Überzeugungsstrategien verwendet werden. Wir haben es beim Projekt Punschstand an einer weiteren Stelle eingesetzt. Da es sich um ein karitatives Event handelte, durften von den Studierenden keine Preise für Speisen, Punsch und andere Getränke verlangt werden. Die Studierenden wiesen darauf hin, dass man eine Spende geben könne, und zwar mit dem Nachsatz: „Schon ein Cent hilft!". Um das Spendenaufkommen anzukurbeln, wurde in die Spendenbox bereits im Vorfeld eine Anzahl von Münzen und Banknoten gelegt. Dadurch wurden die Passanten — gemäß dem Prinzip der sozialen Bewährtheit — indirekt darüber informiert, dass es vor ihnen andere Passanten gegeben hat, die bereits großzügig gespendet haben. Wenn Sie das nächste Mal im Rahmen einer Spendenaktion Geld sammeln, dann legen Sie in Spendenkorb und Spendenbox (sie sollte natürlich durchsichtig sein) schon im Vorhinein Geld in Form von Münzen und Scheinen hinein. Dass dies gut funktioniert, hat sich inzwischen bereits unter ziemlich vielen Spendensammlern und Profi-Bettlern herumgesprochen, die alle diese Methode anwenden.

- Das Prinzip der sozialen Bewährtheit funktioniert besonders gut bei „Unsicherheit der Angesprochenen", denn in Situationen der Unsicherheit schließt man sich bevorzugt der Mehrheit an. Das gilt auch bei allen Arten von Ähnlichkeiten: Je mehr Gemeinsamkeiten der Spendensammler mit dem Spender hat (oder vorgibt zu haben), desto größer ist dessen Bereitschaft zu spenden. Viele gute Werbekampagnen nutzen dieses Prinzip. Denken Sie an Aussagen wie „Von Hausfrauen in ganz Deutschland empfohlen" oder „Vier Millionen hochbegeisterte Kunden — wir bedanken uns".

Die Firma Audi hat dies unlängst in einem sehr dramatischen Spot vor Augen geführt, nachdem sie 500.000 Fans auf *Facebook* erreicht hatte und sich dann „viral" bei diesen Fans bedankte. Der Spot zeigt, wie eindrucksvoll man dies tun kann:

https://www.youtube.com/watch?v=PeAbM5teLgE

QR-Code: Audi bedankt sich für 500.000 *Facebook*-Fans

Bei allen Arten von Verkaufsgesprächen können Sie diese Technik einsetzen, denn bei 95 Prozent aller Menschen funktioniert diese Vorgehensweise. Betonen Sie einfach immer wieder, dass Sie bereits „250.000 zufriedene Kunden haben, die sich nicht irren können". Falls Sie diese Größenordnung nicht erreichen, genügt auch der Hinweis auf 98 Prozent zufriedene Kunden.

- Kennen Sie einen *Claqueur*? Der Begriff leitet sich vom französischen Wort „claquer" ab, was so viel wie „in die Hände klatschen" bedeutet. Ein *Claqueur* ist eine bezahlte Person, die bei öffentlichen Auftritten zu klatschen beginnt, damit die anderen dies auch tun. Dies war im neunzehnten Jahrhundert in Frankreich ein normaler Beruf; die Claqueure wurden vor allem von Opernsängern für ihre Applausdienste an den richtigen Stellen honoriert.

- Auch heute noch wird eine ähnliche Technik in amerikanischen *Comedy Shows* angewendet, indem man an bestimmten Stellen künstliche Lacher einblendet, die die Zuschauer ebenfalls zum Lachen bringen sollen.
- Angeblich werden in der Politik und bei religiösen Massenveranstaltungen heute noch Claqueure eingesetzt.
- Das Prinzip der sozialen Bewährtheit funktioniert verstärkt, wenn es mit weiteren Mechanismen der bewussten Einflussnahme gekoppelt wird. Sie kennen vielleicht die *Tupper Party*, und wenn Sie noch nicht bei einer gewesen sind, dann erklärt Ihnen der Erfolgsautor Cialdini sehr treffend, wie das Prinzip funktioniert (vgl. Cialdini 2009, S. 212):
  - „**Reziprozität.** Es beginnt mit ein paar Spielen, bei denen die Partygäste Preise gewinnen können; wer nicht gewonnen hat, kann sich am Ende etwas aus einem „Grabbelsack" nehmen, sodass vor Beginn des Verkaufs jeder etwas geschenkt bekommen hat.
  - **Commitment.** Die Teilnehmer werden angehalten, den anderen die Vorzüge der Tupperware zu beschreiben, die sie bereits besitzen.
  - **Soziale Bewährtheit.** Sobald der Verkauf beginnt, bestätigt jeder Artikel, der den Besitzer wechselt, erneut, dass andere, ähnliche Leute die Produkte haben wollen und sie deshalb einfach gut sein müssen." (Cialdini 2009, S. 212)

INFOBOX: Reziprozität

Dieses Prinzip der Soziologie besagt: Wenn jemand uns einen Gefallen tut, fühlen wir uns verpflichtet, uns zu revanchieren, den Gefallen zu erwidern.

INFOBOX: Commitment

Commitment bezeichnet das aktive bzw. öffentliche Bekenntnis zu einer Aktivität oder einer Person. Der Wert des Commitments steigt, je mehr Personen anwesend sind. In einem solchen Fall lässt es sich aufgrund der vielen Zeugen schwer rückgängig machen. Wenn Sie z. B. vor vielen Leuten erzählen, dass Sie das Rauchen aufgeben wollen, dann erschwert Ihnen das den Versuch, dieses Versprechen ungeschehen zu machen.

Praxisbeispiel: The Power of Words — Change your words, change your world

Die folgende Geschichte beginnt mit einer traurigen Realität: Ein blinder Mann sitzt alleine auf einem Gehsteig vor den Treppen zu einem Aufgang. Er benutzt eine Sitzunterlage aus Karton. Rechts neben ihm stehen eine Konservendose und ein Schild aus Pappe mit der Aufschrift „I'M BLIND — PLEASE HELP". Ab und zu wirft ihm jemand ein Geldstück in die Dose. Doch dann erscheint eine elegante junge Dame mit großer, dunkler Sonnenbrille und geht anfangs am blinden Mann vorbei. Sie kehrt dann aber plötzlich um, nimmt sein Pappenschild und fängt auf der anderen Seite an zu schreiben. Der Mann berührt kurz die grünen Schuhe der Dame, die das Schild wieder zum Blinden stellt und ohne Worte davon geht. Dann passiert das Wundervolle: Plötzlich werfen die vorbeigehenden Passanten mehr Geldstücke als zuvor in die Sammelbüchse. Nach einiger Zeit kommt die Dame wieder vorbei, der Mann berührt sie an den Schuhen, erkennt die Lady wieder und fragt, was sie denn an seinem Spruch verändert habe. Sie antwortet: „I wrote a saying in different words" („Ich habe den Spruch in anderen Wörtern geschrieben"). Er bedankt sich, sie geht davon und auf dem Schild steht jetzt „IT'S A BEAUTIFUL DAY AND I CAN'T SEE IT".

Ist dies nicht eine wundervolle Geschichte, die uns vor Augen führt, welche Bedeutung ein einziger Ausdruck haben kann, wenn man ihn nur richtig formuliert? „The Power of Words" ist eine einzigartige Geschichte darüber, wie stark die Kraft der Trojanischen Rhetorik ist, die hier mittels eines Videos illustriert wird. Sehen Sie sich bitte diesen Videoclip an, zu dem Sie der nachfolgende QR-Code führen wird. Unglaubliche 16.101.320 Mal (Stand: 27. Januar 2013) wurde dieser Spot bereits angeschaut. Hier wurde alles richtig gemacht.

 http://www.youtube.com/watch?v=Hzgzim5m7oU

QR-Code: The Power of words

Dies ist der eine Teil der Geschichte. Betrachten wir die Story genau, werden wir feststellen, dass sie durch und durch trojanisch ist. Die Schöpferin dieses YouTube-Bestsellers ist Andrea Gardner, Inhaberin der in London ansässigen Onlinemarketing-Firma „Purplefeather". In Wahrheit nutzte sie einen bereits bestehenden ähnlichen Film von Alonso Alverez Barreda, der das Video „The Story of a Sign" kreierte, als trojanische Vorlage — eine Technik, die im Kapitel „Vorhandenes verwenden — Vorlagen und Muster trojanisieren" sehr ausführlich beschrieben wird. Die Vorlage wurde nun entscheidend gekürzt, um den Aspekt der Dramatik besser herauszustreichen. Das geniale an diesem Video aber ist, dass es als Trojanisches Pferd für die Vermarktung ihres Buches „Change Your Words, Change Your World" verwendet wurde. Das Buch ist auf amazon.de in englischer Sprache am 7. März 2012 erschienen. Leider noch nicht in deutscher Sprache.

Sehen wir zum Schluss dieser trojanischen Geschichte noch das Video „The Story of a Sign" an. Benutzen Sie dafür folgenden QR-Code:

 https://www.youtube.com/watch?v=4-K8bpoDn-8

QR-Code: The Story of a Sign

An dieser Stelle wollen wir kurz zusammenfassen, was die trojanischen Elemente dieser Aktion sind:

- Für das Video *„The Power of Words"* wurde als Vorlage ein bereits bekanntes Video (*„The Story of a Sign"*) verwendet. Ausführliche Infos zu dieser Technik haben Sie im Kapitel 4.2 „Vorhandenes verwenden — Vorlagen und Muster trojanisieren" bereits erhalten.
- Der Ausdruck „I'M BLIND — PLEASE HELP" wurde nach dem Prinzip der sozialen Bewährtheit umgeschrieben, wodurch eine negative Stimmung in eine positive umgewandelt wurde.

Praxisbeispiel: „Zwischenlager für Gedanken" — Post-it®

Beginnen wir dieses Praxisbeispiel bitte mit einer Übung:

ÜBUNG

Nehmen Sie sich eine Minute Zeit, schließen Sie Ihre Augen und denken Sie einfach darüber nach, welches die wichtigsten Erfindungen im zwanzigsten Jahrhundert waren. Dann schreiben Sie alle Erfindungen auf, die Ihnen eingefallen sind. Wichtig ist, dass Sie alles wirklich aufschreiben. Also, los geht's!

Wahrscheinlich sind Begriffe wie Computer, Radio, Fernseher, Kühlschrank, Flugzeug (also meist technische Dinge), mitunter auch medizinische Stoffe wie Penicillin dabei. Jetzt stellen wir Ihnen eine weitere Frage: Worauf haben Sie denn Ihre Begriffe geschrieben? Ganz wenige werden sie direkt in dieses Buch geschrieben haben, die große Mehrheit vermutlich auf ein Post-it®. Diese Klebezettel liegen wahrscheinlich in zahlreichen Ausprägungen auf Ihrem Schreibtisch oder in Ihrer Wohnung; für kurze Notizen, wie z. B. Einkaufszettel, damit man nichts vergisst. Auch wir schätzen die Klebezettel sehr. Wir haben sie sogar als Trojanisches Pferd in unser erstes Buch „Trojanisches Marketing" eingefügt, gleich nach dem Umschlag, damit Sie wichtige Seiten beim Lesen markieren können.

Die trojanische Toolbox

Die amerikanische Zeitschrift „*Fortune*" hat neben dem Kühlschrank, der *Compact Disc* oder der Boeing 707 das Post-it® zu einer der wichtigsten Erfindungen des zwanzigsten Jahrhunderts erklärt (vgl. 20jahrhundert.de 2012, online).

Mit Recht wohl, denn Post-it® gehören einfach zum modernen Kommunikationsalltag. Im Büro, für Notizen aller Art, sind diese „Gedächtnis-Schnellzwischenlager" nicht mehr wegzudenken. Man findet sie überall dort, wo sie als Gedächtnisstütze benötigt werden. Sei es zum Einkaufen, für Spontaneinfälle, als Markierungshilfen für Ideen aller Art. Sie sind auf fast jedem Schreibtisch der Welt zu finden. Mitunter bieten sie zudem eine perfekte Organisationshilfe. Wir können uns ein Leben ohne diese bunten Dinger kaum noch vorstellen.

Wie jede Geschichte fing auch diese irgendwann einmal ganz klein an. Die Erfolgsgeschichte der Haftnotizen ist eine Geschichte, die es heute eigentlich nur aufgrund einiger Zufälle gibt. Wir schreiben das Jahr 1968: Ein sehr ereignisreiches Jahr. Es gab die „68-er Bewegung", in den USA lehnte man sich gegen den Vietnamkrieg auf, am 4. April 1968 wurde Martin Luther King Opfer eines Anschlages, es gab den „Prager Frühling" und wir kennen noch viele der damaligen Welthits wie „*Hey Jude*" von den *Beatles* oder „*Jumpin' Jack Flash*" von den *Rolling Stones*.

In den USA tüftelte Spencer Silver, ein Mitarbeiter der *Minnesota Mining and Manufacturing Company*, die man besser als „3M" kennt, an einem neuen Superkleber, der alle bisherigen Dimensionen sprengen sollte. Daraus wurde leider nichts, lediglich eine klebrige Masse entstand, die aber nicht dauerhaft hielt. 3M entwickelte daraus eine Pinnwand, worauf man Zettel aller Art anbringen und wieder abnehmen konnte. Das war es dann auch, denn niemand wollte eine solche Pinnwand haben. Die Geschichte war vorerst zu Ende.

Abb. 4: Art Fry (© mit freundlicher Genehmigung von 3M Österreich GmbH)

Die Fortsetzung begann 1974. Art Fry, ein Kollege von Spencer Silver, ärgerte sich manchmal darüber, dass die Lesezeichen, mit denen er bestimmte Passagen in seinen Kirchenchornoten markieren wollte, ständig herausfielen. Er war Mitarbeiter in der Forschungsabteilung von 3M und hatte noch die Erfindung vom Kollegen Spencer Silver im Kopf. Er ließ den Kleber versuchsweise am oberen Ende seiner damaligen „Haftnotizen" anbringen. Siehe da — er hatte beim sonntäglichen Chorsingen keinen Ärger mehr, er konnte die gesuchten Seiten einfach markieren. Glaubt man der Legende, dann wollte auch diesmal niemand in seinem Unternehmen damit etwas anfangen. Vorerst. Doch es gab schließlich doch ein *Happy End*.

Abb. 5: Art Fry (© mit freundlicher Genehmigung von 3M Österreich GmbH)

Das *Happy End* gab es, weil es trojanische Pferde gab, mit deren Hilfe das Produkt den Durchbruch schaffte. Wie? 3M verschenkte die Haftnotizen an Firmeninhaber in der näheren und weiteren Umgebung. Diese Chefs gaben den Großteil der Klebeblöcke an ihre Sekretärinnen weiter und die wussten sofort, was sie damit anfangen konnten: ihren Büroalltag besser organisieren. Und wenn der Chef eine Bemerkung zu einer Arbeit fallen ließ, notierten sie diese fortan auf den neuen „Post-it®"-Haftnotizen. Chefsekretärinnen sind die wahren Kommunikationsdrehscheiben, die sogenannten „Kommunikations-*Hubs*" in jeder Firma. Sie wissen alles von ihrem Chef und natürlich allerlei von den Mitarbeitern. Wenn diese Damen (natürlich gibt es vereinzelt auch „Chefsekretäre") etwas empfehlen, dann wird es häufig in der ganzen Firma Schule machen.

WICHTIG: Ideen für die trojanische Rhetorikpraxis am Beispiel Post-it©

- Ob es sich um einen Termin beim Geschäftsführer handelt oder um viele andere Belange: An Chefsekretärinnen kommt man nicht vorbei. Sie haben eine mächtige *Gate Keeper*-Position. Wer die Chefsekretärin auf seiner Seite hat, kommt schneller zum Ziel. „Nutzen" Sie Chefsekretärinnen bewusst — die Damen mögen diese drastische Formulierung bitte verzeihen — als Trojanische Pferde, um neue Produkte schneller in einem Unternehmen bekannt zu machen.
- Identifizieren Sie andere Kommunikations-*Hubs*, die als trojanische Pferde dienen können. Dies sind z. B. Betriebsräte, über deren Tisch nicht nur die Post-it® wandern, sondern ein Großteil der unternehmensinternen Kommunikation. Sie sind wahre Drehscheiben des Informationsaustausches.[5]

Abb. 6: Art Fry (© mit freundlicher Genehmigung von 3M Österreich GmbH)

Praxisbeispiel: Persönliche Handschrift

Eine zielgerichtete implizite Kommunikation ist wie das Trojanische Pferd, denn sie hat dasselbe Ziel: Eroberung. Die Sprache und ihr verlängerter Arm, die persönliche Handschrift, können starke „Superhelden" der Überzeugung sein. Das haben wir bereits in den Beispielen „*The Power of Words*" oder „*Trojanische Hotelhandtücher*" kennengelernt.

Ihre persönliche Handschrift ist etwas ganz besonderes, die untrennbar mit Ihnen verbunden ist. So wie Ihre Stimme lässt sich Ihre Handschrift nur schwer nachah-

---

[5] Zum Begriff „Hub" siehe InfoBox zu Beginn von Kapitel 4.9.

men. Sie lässt sich höchstens imitieren und jemand muss schon ein wahrer Künstler sein, um dies wirklich zu können. Ihre Unterschrift ist einzigartig, sie ist ihre persönliche Signatur. Ihre Schrift kann als Trojanisches Pferd verwendet werden, um ein Ziel besser und schneller zu erreichen. Wir werden Ihnen zeigen, wie Sie Ihre Handschrift wirkungsvoll einsetzen können — eine Tatsache übrigens, die inzwischen wissenschaftlich bewiesen ist.

Kehren wir wieder zu den bunten Haftnotizen zurück. Wie lassen sie sich geschickt an der „Überzeugungsfront" einsetzen und welche Rolle spielt dabei die persönliche Handschrift?

Viele kennen die typische Situation aus dem Büroalltag: Sie haben ein dringendes Anliegen, für das Sie die Unterschrift eines Ihrer Kollegen oder Ihres Chefs benötigen — vielleicht sogar dessen Bearbeitung. Und es eilt wirklich. Setzen Sie hier einfach Trojanische Pferde ein! Wie das geht, erfahren Sie im Folgenden:

Wissenschaftliches Experiment: Persönliche Handschrift

Randy Garner vom *College of Criminal Justice* an der *Sam Houston State University* in Huntsville im US-Bundesstaat Texas untersuchte in verschiedenen Tests, ob schriftliche Anfragen — es ging um eine Bitte um Bearbeitung —, die mit einem Post-it® versehen sind, schneller bearbeitet werden. Er berief sich dabei auf das Prinzip der Reziprozität, das im Grundkern Folgendes besagt: Wenn uns eine Person einen Gefallen erweist, fühlen wir uns automatisch verpflichtet, diesen zu erwidern. Weitet man dieses Prinzip aus, könnte es aber auch besagen, dass man bei einer sehr persönlich vorgetragenen Bitte ebenso das Bedürfnis hat, sie zu erfüllen (vgl. Garner 2005. S. 230 ff.).

Als Teilnehmer an seinem Experiment wählte Garner per Zufall 150 Universitätsprofessoren der Universität aus, die einen fünfseitigen Fragebogen zu beantworten hatten. Dabei unterteilte er die Teilnehmer in drei Gruppen mit jeweils 50 Personen, die verschiedene Arten der Aufforderung zur Mitwirkung bei der Umfrage erhielten. Die Umfrage enthielt immer ein Deckblatt, auf dem die Anleitung für das Ausfüllen angebracht waren. Alle Pakete hatten den gleichen Inhalt, also den fünfseitigen Fragebogen (vgl. Garner 2005. S. 231).

- Gruppe A: Die Umfrage war mit einer handschriftlichen Post-it®-Notiz versehen (*Post-it conditions*)
- Gruppe B: Es gab eine ähnliche handschriftliche Notiz, die jedoch direkt, also ohne Post-it®, auf das Deckblatt geschrieben war (*written message conditions*)
- Gruppe C: Hier wurden nur das Deckblatt und die Umfrage versendet, ohne irgendeine handschriftliche Notiz bzw. ohne Post-it® (*control conditions*)

Die trojanische Toolbox

Das Post-it®, mit dem das Deckblatt für die Empfängergruppe A versehen war, enthielt die handschriftliche Mitteilung: „Nehmen Sie sich einige Minuten Zeit, um den Fragebogen für uns auszufüllen. Vielen Dank!". Die Ergebnisse spiegelten Garners Grundannahme wider, denn die Empfängergruppe A hatte eine signifikant höhere Responsequote (vgl. Garner 2005. S. 232).

Hier die Ergebnisse des Rücklaufes im Einzelnen (vgl. Garner 2005. S. 232):

- Gruppe A: 76 Prozent, das sind 38 Personen
- Gruppe B: 48 Prozent oder 24 Personen
- Gruppe C: 36 Prozent, entspricht 18 Personen

Randy Garner machte weitere Versuche zu diesem Phänomen. Bemerkenswert ist, dass die Rücklaufquoten noch höher waren, wenn der Absender seine persönlichen Initialen hinzufügte. Es gab noch eine weitere verblüffende Erkenntnis: Die Probanden der Testgruppe mit den persönlich beschrifteten Post-it® schickten die Fragebögen nicht nur schneller zurück, auch die Qualität der Antworten war deutlich besser als die der anderen Gruppen (vgl. Garner 2005. S. 230 ff.). Sie sehen: Die persönliche Handschrift als Trojanisches Pferd durchbricht jede Festung. Trojanische Kommunikation *par Excellence*!

Abb. 7: Elisabeth Toth, Studiengangskoordinatorin „Technisches Vertriebsmanagement" an der Fachhochschule des bfi Wien, beim Verwenden der Trojanischen Rhetorik. (© Peter Korp)

Cialdini bringt dies ebenfalls gut auf den Punkt:

„Je persönlicher eine Bitte vorgetragen wird, desto wahrscheinlicher ist es, dass man eine positive Antwort erhält. Sowohl im Büro als auch zu Hause betont eine handschriftliche Haftnotiz die Wichtigkeit einer Mitteilung und verhindert, dass sie zwischen all den anderen um Aufmerksamkeit buhlenden Berichten, Briefen und Mitteilungen zur sprichwörtlichen Nadel im Heuhaufen wird. Und mehr noch: Die Schnelligkeit und die Qualität, mit der die darin geäußerte Bitte befolgt wird, steigen ebenfalls." (Cialdini et al. 2010, S. 48)

Abb. 8: Das Post-it von Elisabeth Toth im Detail (© Peter Korp)

Tipps für die Praxis: Post-its® optimal einsetzen

- Für die wissenschaftliche *Community* gilt: Weniger ist mehr! Diesen Satz kennen wir alle zur Genüge, doch in der jetzigen, schnelllebigen Zeit ist oft Quantität wichtiger als Qualität, besonders was Umfragen betrifft. Daher unser Rat an Professoren, Dozenten und Studierende, damit sie bessere Datenqualität in Umfragen erhalten: Suchen Sie sich eine klar abgegrenzte Zielgruppe aus, der Sie Ihren Fragebogen auch auf Papier übermitteln können, denn wir wissen, ein Post-it® darauf sorgt für Wunder *in puncto* Datenqualität. Falls Sie eine Online-Umfrage durchführen und das Attribut „repräsentativ" verwenden wollen, sorgen Sie unbedingt für ein „Online-*Post-it*", also persönliche Gutscheine, die zu Beginn der Befragung angeboten werden. Nach Beendigung der Befragung (wenn man wirklich alle Fragen durchgearbeitet hat) kann man die vorher angekündigten Gutscheine ausdrucken. Dies lässt ebenfalls ihre Responsequote in die Höhe schießen.

- Für Ihr nächstes Geschenk an Ihre Lieben, Verwandten etc.: Befestigen Sie an dem Geschenk ein Post-it® mit einer individuelle Nachricht oder legen Sie eine solche Nachricht in einer anderen schriftlichen Form bei. Schreiben Sie den Namen der zu beschenkenden Person dazu und vergessen Sie nicht Ihre Unterschrift bzw. Ihre Initialen. Sie bleiben dank dieser kleinen Zettelchen viel besser in Erinnerung und verleihen Ihrem Geschenk somit eine ganz spezielle, individuelle und emotionale Komponente.
- Wenn Sie von einem Kollegen eine schnelle Bearbeitung wünschen, sind Haftnotizen das perfekte Trojanische Pferd, um dies zu erreichen. Die Beschriftung ist innerhalb kürzester Zeit erledigt, ebenso die darauffolgende Bearbeitung seitens der Kollegenschaft.
- Auch Menschen, die im Marketing tätig sind, führen (hoffentlich) ein Privatleben. Leider wird diese private Seite des Lebens nur allzu häufig vernachlässigt. Daher für die „reumütigen Betroffenen" an dieser Stelle ein Tipp für einen emotionalen Liebesverstärker: Wenn Sie wegen eines beruflichen Termins schon früher aus dem Haus müssen und Ihr Partner erst später, so lassen Sie ab und zu ein Post-it® mit einem netten Kompliment auf dem Frühstückstisch zurück und legen als Verstärkerkomponente eine Süßigkeit oder eine andere Kleinigkeit dazu. Denn wir alle wissen, dass Beziehungen gepflegt werden müssen. Die „kleinen gelben Engelchen" sind das ideale Mittel dazu und Ihr Partner wird sich darüber wirklich freuen.
- Speziell für Restaurantbesitzer, Barchefs etc.: Sie wollen ja, dass Ihr Gast wiederkommt. Bei der Verabschiedung können Sie als Erinnerungsverstärker ein Post-it® verwenden. Eine Möglichkeit dafür wäre: Geben Sie dem Gast zuerst Ihre Visitenkarte und sagen Sie, dass Sie sich sehr freuen, wenn er wiederkommt. Dazu schreiben Sie dann auf ein Post-it® Ihre persönliche Handynummer sowie Ihre Initialen. Fordern Sie den Gast anschließend auf, Sie unter dieser Nummer zu kontaktieren und er bekäme garantiert seinen Lieblingsplatz. Einer der beiden Autoren hat dies mit einem befreundeten Restaurantbesitzer bereits erfolgreich in die Praxis umgesetzt: Die Folge war eine signifikante Steigerung der Tischreservierungen über die persönliche Handynummer. Damit einhergehend stieg auch die Frequenz der Besuche, was letztlich zu höheren Einnahmen für den Wirt führte. Sie sehen, trojanische Ideen erleichtern vieles, machen Freude und bringen wirtschaftliche Vorteile.

Praxisbeispiel: Handschriftliche Pferde in das Kundenherz galoppieren lassen

In diesem Praxisbeispiel zum persönlichen Marketing zeigen wir Ihnen, wie Sie potenzielle Kunden emotional abholen und an sich binden. Trojanische Rhetorik in schriftlicher Form eignet sich dafür besonders gut. Die Künstlerin „Mücke" (Ulrike Pistora), die wunderschöne Bilder malt, ist darin eine perfekte Meisterin geworden. Um neue *Leads* für ihre schöpferischen Werke zu generieren, geht sie gerne auf *Cross Table Dinners* der XING:Wien-Gruppe und hinterlässt dort immer einen bleibenden Eindruck bei den anderen Anwesenden. Bei *Cross Table Dinners* werden im Rahmen der zahlreichen Tischwechsel sehr viele Visitenkarten getauscht. Man kann sich nicht alles einprägen, und wenn man am nächsten Morgen aufwacht, sind viele Attribute, die man mit einer Visitenkarte des vorigen Abends bzw. deren Besitzer verbunden hat, aus dem Gedächtnis verschwunden. Ein Mittel, um dem Vergessen entgegenzuwirken, besteht darin, gleich bei Erhalt der Visitenkarten einige *Tags*, also Stichwörter, aufzuschreiben.[6] Gut, aber es gibt etwas Besseres.

Abb. 9: „Mücke" beim „Trojanisieren" der Karten (© Peter Korp)

„Mücke" nimmt zu den *Cross Table Dinners* immer eine ausreichend große Anzahl ihrer Visitenkarten mit, die ein Bildmotiv ihrer Arbeit zeigen. Diese sind größer als die herkömmlichen Visitenkarten. Doch jetzt kommt das eigentliche Trojanische Pferd zum Einsatz. Vorab, gewissermaßen um das Trojanische Pferd richtig in Stel-

---

[6] Als **Tag** bezeichnen wir hier die strukturierte Kennzeichnung der persönlichen Kontakte.

lung zu bringen, fragt sie ihre Sitznachbarn in der jeweiligen *Cross Table Dinner*-Runde immer nach deren Lieblingsfarbe. Auf diese Weise schafft sie einen emotionalen Zugang, der im Verlauf des Gesprächs dann vertieft wird.

Mit einem dickeren Stift schreibt sie für ihren Gesprächspartner anschließend eine persönliche Widmung in dessen Lieblingsfarbe auf die Karte. Diese Widmung beginnt immer mit einer Du-Anrede, wie z. B. „Liebe Jasmin". Am Ende überreicht Mücke dann ihre persönliche und jetzt emotional angereicherte Visitenkarte dem Gegenüber. Parallel dazu notiert sie die Lieblingsfarbe der anderen Person auf der erhaltenen Visitenkarte. Dies ist für eine spätere Kommunikationsaufnahme in den nachfolgenden Tagen ein äußerst hilfreiches Trojanisches Pferd. Die Wirkung ist verblüffend. Durch ihre persönliche Handschrift und die Verwendung der Lieblingsfarbe des jeweiligen Gegenübers schafft sie es, sich dauerhaft im Gedächtnis der am *Cross Table Dinner* teilnehmenden Personen zu verankern. Eine perfekte trojanische Maßnahme. Mehr Bildverkäufe zeugen von der Effizienz dieser Technik.

Abb. 10: „Mücke" beim Schreiben während des Cross Table Dinners von XING:Wien (©Peter Korp)

Fazit: Indem sie den Namen Ihres Gegenübers per Hand schreibt, merkt sich „Mücke" ihren Gesprächspartner deutlich leichter. Gleichzeitig hat das Trojanische Pferd bei der angeschrieben Person nachhaltig seine Spuren hinterlassen und „Mücke" ist dauerhaft im Gedächtnis der anderen Person verankert.

Praxisbeispiel: Handschriftliche Pferde in der Zahnarztpraxis oder wie Kunden Termintreue lernen

Bevor wir nun mit dem Praxisbeispiel „Zahnarztpraxis" fortfahren, berichten wir über ein interessantes wissenschaftliches Experiment, das uns wichtige Hintergrundinformationen gibt.

Wissenschaftliches Experiment

Wir haben in diesem Kapitel bereits viel über die Handschrift erfahren, die „Seele der Hand". Die Handschrift ist ein wahres Wundermittel des persönlichen Ausdrucks, der persönlichen Verpflichtung. Viele von Ihnen fassen jedes Jahr zu Silvester gute Vorsätze. Doch die wenigsten davon gelingen. Warum? Weil sie nicht aufgeschrieben werden und in der Wein- oder Sektlaune schnell wieder in Vergessenheit geraten. Werden solche Vorsätze jedoch handschriftlich verfasst, behalten sie ihre Nachhaltigkeit. Klingt das zu einfach? Lassen Sie sich von Cialdini ein Experiment beschreiben, das im *„Personality and Social Psychology Bulletin"* veröffentlicht wurde.

„Einfach gesagt wirken Verpflichtungen, die wir aktiv und bewusst eingehen, sehr viel nachhaltiger als solche, denen wir bloß passiv zustimmen. Um zu zeigen, wie stark, aber auch subtil solche aktiven Verpflichtungen wirken können, baten Delia Cioffi und Randy Garner College-Studentinnen und -Studenten um ihre Teilnahme an einem Aids-Aufklärungsprojekt, das an öffentlichen Schulen durchgeführt werden sollte. Die Studie war so angelegt, dass die Studierenden jeweils eines von zwei unterschiedlichen Sets von Anweisungen bekamen. Im ersten Set wurden sie gebeten, ihr freiwilliges Engagement zu bestätigen, indem sie ein entsprechendes Formular ausfüllten und dabei schriftlich ihre Bereitschaft zur Teilnahme an dem Projekt bekundeten. Im Gegensatz dazu hieß es im zweiten Set, die Studierenden, die freiwillig mitmachen wollten, bräuchten nur das Formular mit der Angabe, nicht teilnehmen zu wollen, unausgefüllt abzugeben." (Cialdini et al. 2010, S. 67)

Die Ergebnisse waren frappierend: Der Prozentsatz der Personen, die beim Aids-Aufklärungsprojekt mitwirken wollten, war in beiden Gruppen gleich groß. Welche Personen aber erschienen tatsächlich? Aus der Gruppe derjenigen, die nur passiv zugestimmt hatten, kamen lediglich 17 Prozent. Aus der Gruppe, die ihre Bereitschaft mit ihrer persönlichen Handschrift besiegelt hatte, hielten 49 Prozent ihre Zusage ein und stellten somit 74 Prozent aller erschienenen Personen (vgl. Cialdini et al. 2010, S. 67 ff.).

Worin liegt die Magie der persönlichen Handschrift? „Wir alle beurteilen uns selbst auf der Grundlage der Verhaltensweisen, die wir an uns beobachten, und stützen uns dabei in erster Linie auf tatsächlich ausgeführte Handlungen. In einer Zusatzbefragung stellten Cioffi und Garner fest, dass die aktiv zur Teilnahme Entschlossenen ihre Entscheidungen mit größerer Wahrscheinlichkeit ihren eigenen Persönlichkeitszügen, Vorlieben und Idealen zuschreiben als die nur passiv für die Teilnahme gewonnenen Personen." (Cialdini et al. 2010, S. 68)

Nun zur Zahnarztpraxis: Ein schlimmes Übel unserer Zeit ist, wenn Kunden, die fixe Termine vereinbart haben, zu diesen nicht erscheinen. Gut, es kann immer etwas dazwischen kommen, aber dann sollte man wenigstens anrufen und mitteilen, dass man verhindert ist. Für Unternehmen, egal welcher Art, bedeutet ein unentschuldigtes Nichterscheinen immer ein betriebswirtschaftliches Fiasko, denn wer zahlt die Leerlaufkosten? In einigen Branchen wird eine solche Vorgehensweise der Kunden nicht toleriert und die entstandenen Kosten müssen ersetzt werden.

Die meisten Ärzte haben Schwierigkeiten, sich richtig zu vermarkten. Auch im Hinblick auf Termine ist dies ein Problem. Viele Patienten halten Termine nicht ein. Der Arzt befindet sich in einem Dilemma: Soll er etwas für den ausgefallenen Termin verlangen oder nicht. Müssten die Patienten eine „Nicht-Erscheinen-Gebühr" bezahlen, bestünde das Risiko, dass sie überhaupt nicht mehr kommen und der Arzt einen Kunden verliert. Gibt es eine andere Maßnahme, um die Patienten zur Termintreue zu „erziehen"? Gute Frage!

Die Autoren kennen die Wiener Zahnärztin Dr. Gabriele Brim schon seit vielen Jahren. In unseren Gesprächen stellte sich heraus, dass das Problem der „No Shows" von Jahr zu Jahr zunimmt. Gut, wir leben im Zeitalter des medialen Overflows, die Burn-Out-Rate steigt von Jahr zu Jahr und immer mehr Menschen leiden am Stress im beruflichen Alltag. Sind dies eventuell die Gründe, warum Patienten ihre Termine vergessen oder steckt etwas anderes dahinter?

Wir boten Frau Dr. Brim unsere Dienste an, um zu untersuchen, warum Patienten nicht erscheinen. Wir versprachen, eine Lösung zu finden, damit die Patienten nicht mehr wegbleiben, sondern tatsächlich zum vereinbarten Termin erscheinen. Zuerst wurden die Prozesse, wie Patiententermine zustande kommen, durchleuchtet.

Es gibt hier zwei Arten:

1. Dem Patienten wird nach einem Besuch der nächste Termin mitgeteilt. Dies geschieht, indem die Sprechstundenhilfe den verabredeten Termin auf einem Block — die in Mengen von der Pharmaindustrie kostenlos zur Verfügung gestellt werden — notiert und anschließend den Zettel dem Patienten übergibt.
2. Der Patient ruft in der Praxis an und vereinbart einen Termin.

Für diese beiden Situationen galt es, Lösungen zu finden, mit dem Ziel, die Zahl der *No-Shows* deutlich zu reduzieren.

Hier die Lösung für Fall 1: Die beiden Sprechstundenhilfen absolvierten eine Schulung, bei der sie lernten, die persönliche Handschrift als Trojanisches Pferd richtig einzusetzen. Nicht mehr sie, die Sprechstundenassistentinnen, schrieben den nächsten Termin auf, stattdessen wurden die Patienten dazu angehalten, dies selbst mit ihrer eigenen Handschrift zu tun. Zu aller Erstaunen weigerte sich kein Patient und es geschah Unglaubliches: Die Nichterscheinensquote der Patienten, die den Termin selbst, also mit der eigenen Handschrift, notiert hatten, sank um über 50 Prozent.

Abb. 11: Zahnärztin Dr. Gabriele Brim und eine ihrer Patientinnen beim Selbstausfüllen des nächsten Termins (© Peter Korp)

Man kann sogar noch einen Schritt weiter gehen, um eine fast 100-prozentige Termintreue zu erzielen. Nachdem der Patient den Termin auf dem Block selbst aufgeschrieben hat, lässt man ihn zum Schluss, quasi als Verstärker, noch selbst unterschreiben. Dann wird anschließend eine Kopie davon gemacht, und man weist ausdrücklich nochmals auf den zuvor bestätigten Termin hin.

Die Lösung für Fall 2: der Patient vereinbart telefonisch einen Termin.

Die Lösung liegt wieder darin, vom Patienten ein Commitment zu erhalten, ihn also regelrecht zur Termineinhaltung zu „verpflichten".

Die trojanische Toolbox

Der Abschlusssatz, den die Assistentin von Frau Dr. Brim am Telefon verwendet, lautet: „Können Sie uns bitte anrufen, wenn Sie Ihren Termin nicht einhalten können?". Die noch verbindlichere Variante ist: „Können Sie uns bitte verlässlich anrufen, wenn Sie Ihren fixen Termin bei Frau Doktor Brim nicht wahrnehmen können?"

Was passiert hier? Die Anrufer werden durch die Art der Frage angehalten, sie zu bejahen, also ihre Zustimmung zu geben. Diese Art der Fragetechnik nennt sich „Ja-Frage" bzw. sie ist Teil einer „Ja-Frage-Straße" die, je nach Literatur, auch „Sokratische Frage" genannt wird.

Übrigens ist in der Praxis von Frau Dr. Brim auch bei den telefonischen Terminvereinbarungen die Fehlquote massiv zurückgegangen.

INFOBOX: Sokratische Fragetechnik

Als „Sokratische Fragetechnik" oder „Ja-Frage-Straße" bezeichnet man die Methode, einem Gegenüber eine Serie von Fragen zu stellen, die immer mit Ja beantwortet werden müssen. Je öfter dieses Ja geantwortet wird, umso besser lässt sich der andere in eine bestimmte Richtung steuern.

Zur Erläuterung der Ja-Technik hier noch eine Geschichte:

Der Autor Roman Anlanger hat in seiner Jugend auch einige Jahre im Gastgewerbe gearbeitet und dabei sehr viel Menschenkenntnis gewonnen. Er hat alle Tricks kennengelernt, die Kunden anwenden, um nicht bezahlen zu müssen bzw. den Kellner oder Barkeeper hereinzulegen. Doch dafür gibt es ein hoch wirksames Gegenmittel: das sogenannte „Abnicken" beim Herausgeben des Wechselgeldes. Nachdem der Kellner dem Gast das Wechselgeld ausgehändigt hat, muss er sich explizit oder implizit dessen Zustimmung holen, dass alles korrekt ist. Ansonsten könnte der Kunde später reklamieren, der Kellner habe eine falsche Summe herausgegeben. Die Technik des „Abnickens" funktioniert folgendermaßen: Nachdem der Gast sein Wechselgeld erhalten hat, sieht ihm der Kellner in die Augen und nickt dabei. Der Gast fühlt sich implizit beauftragt, dies ebenfalls zu tun, er wird auch nicken. Das heißt, er hat durch sein „Zustimmungsnicken" die ordentliche und korrekte Transaktion des Geldzurückgebens signalisiert. Wenn ein Kellner dies macht, gibt es später keine Reklamationen. Die Technik wirkt auch bei anderen Tätigkeiten, bei denen Sie Kunden Geld auf einen zunächst höheren Betrag herausgeben.

Das Beispiel mit der Zahnärztin lässt sich z. B. auch auf ein Restaurant übertragen. Lassen wir dazu noch einmal Prof. Cialdini zu Wort kommen:

„Die Mitarbeiterinnen und Mitarbeiter eines Restaurants konnten den Prozentsatz reservierter, aber nicht in Anspruch genommener Tische (weil die Gäste zwar vorher anriefen, zur angegebenen Zeit aber nicht erschienen und auch nicht rechtzeitig absagten) deutlich reduzieren, indem sie bei der Entgegennahme einer Tischreservierung nicht mehr sagten: „Bitte rufen Sie uns an, wenn Sie nicht kommen können." Stattdessen fragen sie: „Können Sie uns bitte anrufen, wenn Sie nicht kommen können?" und warteten dann die Antwort ab. Fast alle Gäste verpflichteten sich zu einer rechtzeitigen Absage, indem sie diese Frage bejahten. Noch wichtiger aber war: Sie verspürten die Notwendigkeit, sich an die Zusage zu halten: Die Rate der reservierten, aber nicht besetzten Tische sank von 30 auf 10 Prozent." (Cialdini et al. 2010, S. 65)

Ideen für die Praxis

- Bei allen Arten von Vereinbarungen: Holen Sie immer die Zustimmung Ihres Gegenübers/Partners/Patienten etc. ab. Auch wenn Sie dies nur telefonisch bzw. über Skype erledigt haben. Errichten Sie dazu eine „Ja-Frage-Straße".
- In diesem Zusammenhang noch ein anderer Tipp: Bei telefonischen Geschäftsunterhaltungen werden häufig nicht alle besprochenen Themen notiert. Schreiben Sie alle zusammen und senden Sie Ihrem Partner diese Zusammenfassung nach dem Gesprächsende sobald wie möglich zu. Bitten Sie ihn dann in der E-Mail höflich um seine Bestätigung. Sie werden sehen, er wird all die mit Ihnen zuvor vereinbarten Termine einhalten, da er seine Zustimmung schriftlich per E-Mail gab.
- Werden Termine per Outlook hergestellt, erhält man automatisch eine Erinnerung. Auch die meisten Smartphones bieten diese Möglichkeit. Für den möglichen Fall, dass jemand dieses Feature nicht nutzt, investieren Sie ein paar Sekunden und schreiben Sie zwei bis drei Tage (nicht erst einen Tag) vor dem Termin eine Erinnerungs-E-Mail an Ihren Kunden bzw. Patienten. Der Kunden bzw. Patient wird nicht mehr absagen, weil er sich verpflichtet fühlt.
- Sie können Ihren Kunden auch telefonisch kontaktieren und nochmals mittels einer „Ja-Frage-Straße" abholen, sodass dieser nicht mehr absagen wird.
- Denken Sie in einem Punkt ausnahmsweise einmal nicht serviceorientiert: Stellen Sie einem Kunden ein Antragsformular nicht schon vollständig ausgefüllt zur Verfügung. Dies muss der Kunde selbst erledigen, mit seiner eigenen Handschrift. Ihr Kunde wird sich dadurch verpflichtet fühlen, den von ihm selbst ausgefüllten Vertrag auch wirklich einzuhalten. Hierbei sinkt auch die Rücktrittsquote der Kunden.

Zusammenfassung

„Trojanische Rhetorik" heißt eigentlich besser „trojanische Kommunikation", weil hier nicht nur die gesprochene Sprache eine Rolle spielt — was üblicherweise unter „Rhetorik" verstanden wird. Hier geht es vielmehr um jede Art der Kommunikation: verbal, nonverbal, schriftlich, vor allem handschriftlich.

Trojanisch ist Kommunikation aufgrund der Tatsache, dass es um indirekte, co-dierte Nachrichten geht. In diesem Fall werden Sprachelemente als Trojanische Pferde genutzt, um indirekt und unkonventionell Botschaften zu übermitteln. Man hätte dieses Kapitel auch mit „Kommunikationstricks" überschreiben können.

Es gibt noch zahlreiche weitere Möglichkeiten, mit der Sprache zu spielen und sie als trojanisches Werkzeug zu gebrauchen. Die Möglichkeiten, die diese Dimension des Trojanischen Marketings bietet, sind so mannigfaltig, dass sie den Rahmen des Buchs sprengen würden. Sie wissen nun, worum es geht, und Ihrer Kreativität sind keine Grenzen gesetzt.

Zum Abschluss noch ein paar Kostproben. Fallen Ihnen weitere ein?

- Bitte ein Bit!
- Gut, besser, Gösser.
- Komasurfen.
- Andere Länder, andere Fritten.
- Tax in the City.
- Iss was G'scheits!
- Chromjuwelen.
- Pack den Tiger in den Tank!
- Schnell we$_{99,-}$
- Hindien
- Ausgesprochen gut. Ausgetrunken besser.
- Gen Sünden.

Wissen Sie jeweils, wer dahinter steckt(e)? Wir freuen uns, wenn Sie uns (z. B. über unsere Homepage) weitere kreative Beispiele zukommen lassen!

Zauberei: Pi – Pa – Po

Abb. 12: Zauberkunststück: Pi – Pa – Po

Hier die Originalbeschreibung vom Zauberkünstler Kelli zu diesem Kunststück:

„Keine Ahnung, wann ich das erste Mal dieses Kunststück vorgeführt habe, und auch keine Idee mehr, von wem ich es her habe. Daher verzeihen Sie mir, lieber Erfinder, wenn ich Sie nicht beim Namen nenne.

Ich weiß nur, dass ich von der Reaktion des Publikums und vom Unterhaltungswert dieses Kartengags überrascht war. Wenn Sie die folgenden Zeilen lesen, werden Sie sich das Gleiche denken wie ich vor einigen Jahren.

Sie borgen sich ein Kartenspiel aus (egal, in welchem Zustand es sich befindet) und lassen dieses mischen. Nun erklären Sie, dass Sie imstande sind, jede Karte zu nennen, bei der Sie abheben. Sie benötigen dafür nur die drei Worte „Pi — Pa — Po".

Sie heben ab, zeigen das abgehobene Paket mit der untersten Karte dem Zuschauer und sagen laut „Pi". Dann drehen Sie das Paket zu sich, sehen sich die Karte an und sagen laut „Pa". Nun drehen Sie wieder das Paket zum Zuschauen und sagen „Po". Gleich darauf nennen Sie den Kartenwert der abgehobenen Karte mit stolzer Miene.

Sie werden sich jetzt denken: Was soll der Blödsinn? Genau dasselbe denkt sich zu diesem Zeitpunkt auch der Zuschauer.

Sie wiederholen das Kunststück, nur um einiges schneller, und sind wieder sehr stolz auf Ihre Fähigkeiten. Der Zuschauer wird sich jetzt noch mehr über diese Verrücktheit wundern und wird Sie zu diesem Zeitpunkt nicht mehr ernst nehmen.

Nun bitten Sie den Zuschauer, das Gleiche zu tun. Sie überreichen ihm die Karten und bitten ihn, irgendwo abzuheben, das Gleiche (sehr rasch!) zu tun wie Sie und dabei „Pi — Pa — Po" zu sagen. Betonen Sie aber (wichtig!), dass es nur dann funktioniert, wenn man einander ganz fest in die Augen sieht (Gedankenübertragung!). Bei „Pa" (der Zuschauer dreht das Paket zu sich) wird er staunen: Er sieht keinen Kartenwert, sondern nur eine Kartenrückseite. Egal, wie oft er es wiederholt und wo er abhebt, er wird immer nur eine Rückseite sehen. Sie können jetzt jederzeit das Paket vom Zuschauer übernehmen und das Kunststück vorführen. Es wird bei Ihnen immer funktionieren. Ein Riesen-Spaß!

Das Geheimnis: Ganz einfach. Wenn Sie das gemischte Kartenspiel vom Zuschauer entgegennehmen (Rückseite nach oben), drehen Sie die unterste Karte um und legen so das Paket mit der Rückseite nach oben auf den Tisch.

Jetzt heben Sie irgendwo im Spiel ab und gehen die „Pi — Pa — Po"-Frequenz durch. Wenn Sie die Karten für den Zuschauer auf den Tisch legen, brauchen Sie das Paket nur umzudrehen. Egal, wo er abhebt, er wird immer einen Kartenrücken zu sehen bekommen.

Das Wichtigste bei diesem Kunststück ist der Augenkontakt. Erwähnen Sie immer, dass man einander in die Augen schauen muss (wegen der Gedankenübertragung). Daher ist es ein Leichtes, das Kartenpaket unbemerkt umzudrehen. Außerdem ist es sehr wichtig, dass der Zuschauer beim eigenen Abheben nicht auf das Paket blickt und nicht schon vorher die Karten verkehrt herum liegen sieht.

Wenn Sie mit ein bisschen Finesse und ein wenig Schauspielkunst diesen Kartengag bei Ihrem nächsten Stammtisch vorführen, werden Sie genau so über die Wirkung überrascht sein wie ich vor einigen Jahren."

4.4   Das Wetter als Trojanisches Pferd

Was Sie in diesem Kapitel erwartet

Egal, wo man sich aufhält, sei es im In- oder Ausland, bei einem Gesprächstermin mit Kundinnen und Kunden, am Stammtisch etc., kaum ein anderes Thema ist besser geeignet, um mit Leuten ins Gespräch zu kommen: das Wetter! Sei es schaurig kalt oder drückend schwül, schneit es zu Weihnachten oder nicht, wie wird das Urlaubswetter, man spricht darüber. Besonders zu Beginn eines Smalltalks wird in fast allen Fällen das Wetter als Kommunikationsthema eingesetzt. Es betrifft jeden, und es ist auch meist eine emotionale Komponente mit im Spiel.

Das Wetter, dieses Allerweltsthema, als Trojanisches Pferd? Ja, wenn man es nutzt, um zum richtigen Zeitpunkt seine Kundinnen und Kunden – indirekt über das Wetter-Thema – anzusprechen. Das Wetter als Aufhänger für eine Aktion. Das Wetter als Anlass für eine Aktion. Das Wetter als Anhaltspunkt, der dem Kunden signalisiert, dass man in einer speziellen Situation an ihn gedacht hat. Das Wetter als Hilfsmittel, um dem Kunden zu sagen, dass man ihn als besonders betrachtet, sich um ihn kümmert, um sein Wohl sorgt.

Das Wetter ist so ubiquitär in den Gehirnen der Menschen verankert, dass es leicht ist, mit seiner Hilfe im Gedächtnis präsent zu sein. An das Wetter zu einem bestimmten Zeitpunkt erinnern sich viele. Wenn es Ihnen gelingt, sich und Ihr Angebot mit dieser Erinnerung zu verknüpfen, dann sind Sie im Gedächtnis und im Gefühl des Kunden positiv verankert.

Auf welche Weise man sich das zunutze macht, davon handelt dieses Kapitel.

Wie wir in den nachfolgenden Beispielen zeigen werden, gibt es zahlreiche Möglichkeiten, das Wetter als Trojanisches Pferd zu verwenden. Wichtig war uns in diesem Zusammenhang, dass wir Ihnen Marketingfallbeispiele mit geringem Budget aufzeigen und dadurch verdeutlichen, wie vielfältig eine trojanische Wetterstrategie durchgeführt werden kann. Am Ende des Kapitels finden Sie eine Checkliste, die Sie dabei unterstützt, das Wetter optimal als trojanisches Werkzeug einzusetzen.

Praxisbeispiel: Eine Versicherung nutzt das Wetter

Eine große Versicherung, die zu einer namhaften Bank gehört, bietet eine spezielle Haushaltsversicherung an, die auch größere Sturmschäden abdeckt. In der heutigen Zeit, in der orkanartige Stürme immer öfter vorkommen, ist dies ein erheblicher finanzieller Mehraufwand für die Versicherung, da diese die Sturmschäden laut Versicherungsvertrag abgelten muss.

Um weniger Schadensersatz für entstandene Schäden zahlen zu müssen, bedient sich die Versicherung der Technik des Trojanischen Marketings und nutzt das Wetter als Trojanisches Pferd. Wie sieht nun diese Vorgehensweise konkret?

Der Marketingverantwortliche der Versicherung betrachtet alle Wettervorhersagen, die größere Sturm- bzw. Orkanwarnungen beinhalten, immer mit größter Sorgfalt. Im Falle einer Orkan- bzw. Sturmvorhersage wird ein spezielles Direkt-Mailing an alle Versicherungsnehmer versendet, worin man Tipps und Ratschläge zur Sturmschadenvermeidung nachlesen kann. Die Empfänger der E-Mails setzen diese Ratschläge sicher gerne um. Somit wird eine klassische Win-win-Situation erreicht: Die Versicherung muss weniger Schäden abgelten und die Versicherten haben an ihrem Haus weniger Beschädigungen, da sie sich an die Ratschläge der E-Mail halten.

Fazit: Ein gutes Beispiel für den Einsatz des Wetters als Trojanisches Pferd, von dem alle Beteiligten profitieren. Die Versicherten erhalten eine Information, die sie sonst nicht bekommen würden, und achten gerne darauf, dass ihr Eigentum möglichst wenig beschädigt wird. Das Versicherungsunternehmen spart sich Schadenersatzzahlungen, weil weniger Schäden eintreten. Anders ausgedrückt: Der Versicherer baut das trojanische Pferd „Wettervorhersage" und integriert dort die Maßnahmen, die zur Schadensvorbeugung getroffen werden können. Die Versicherten lassen dieses Pferd gerne in ihre Sphäre ein, weil ihnen damit die Möglichkeit geboten wird, sich vor gröberen Schäden zu schützen. Und beide gewinnen — Win-win-Situation!

Praxisbeispiel: Der trojanische Regenschirm

Akteur in diesem Beispiel ist ein Unternehmen, das in der Druckbranche beheimatet ist. Der Geschäftsführer hatte die Idee, sich seinen Businesskunden wieder einmal mit einer gezielten Aktion in Erinnerung zu bringen. Nach langem Überlegen entschied er, große Regenschirme, sogenannte Tandemregenschirme zu kaufen und mit dem Slogan „Wir lassen unsere Kunden nicht im Regen stehen!" bedrucken zu lassen. Das alleine war noch nicht sehr originell. Er studierte aber aufmerksam die Wettervorhersage und als es einmal stark zu regnen drohte, orderte er den Versand der Regenschirme mittels eines Botendienstes, der die Schirme persönlich mit Begleitschreiben abgab — und zwar genau in dem Moment, in dem diese dringend gebraucht wurden. In dem Begleitschreiben standen lustige „Regenwitze". Diese Aktion wurde sehr nachhaltig in der Erinnerung der Kunden verankert, zumal viele an diesem Tage gar keinen Regenschirm dabei hatten und die Aktion somit einen sehr konkreten Nutzen für die Kunden hatte.

Falls Sie eine solche Aktion planen, sollten Sie Folgendes beachten: Verwenden Sie hochwertige Regenschirme. Ein billiger Schirm, der schnell kaputtgeht, kann für Ärger bei den Empfängern sorgen, was zu einem negativen Image für das Unternehmen, das die Regenschirme versendet hat, führen kann. Ferner: Das Logo des werbenden Unternehmens sollte nur dezent aufgebracht sein.

Fast alle Kunden riefen persönlich beim Geschäftsführer der Druckerei an und bedankten sich für den Schirm. Sie hatten implizit, also indirekt, die Information erhalten, dass sie persönlich von diesem Unternehmen gut betreut werden und vor allem, dass das Druckunternehmen zu logistischen Meisterleistungen *just in time* in der Lage ist, was in dieser Branche ein wichtiger Trumpf ist.

Trojanisch war in diesem Fall wiederum das Wetter als Vehikel. Genau in dem Moment, als der Himmel seine Schleusen öffnete, war das Unternehmen mit seinen Regenschirmen präsent. Jeder, der in einer solchen Situation vor einem Unterwasser-Nachhauseweg bewahrt wird, wird dem schenkenden Unternehmen dankbar sein. Das hat — wie bereits erwähnt — nicht nur einen Momenteffekt. Vielmehr wird der Schirm auf lange Zeit als „Lebensretter" im Gedächtnis des Kunden bleiben. Und davon profitiert das Unternehmen, das diese gute Idee hatte.

Praxisbeispiel: Astra-Winterbier „Astra Arschkalt"

Das folgende Beispiel demonstriert, wie man das Wetter als Trojanisches Pferd in Verbindung mit einem Bier verwenden kann.

Abb. 1: Unser Kooperationspartner Michael R. Grunenberg, Geschäftsführer von introja. com und XING Xpert Ambassador beim Öffnen einer Flasche „Astra Arschkalt" in Hamburg (© Christian Rasch)

Abb. 2: Die Flasche Astra Arschkalt (© Christian Rasch)

In der Nacht vom 27. auf den 28. Oktober 2012 wurde in Europa die Uhr um eine Stunde auf die Winterzeit zurückgedreht. Dies nahm Astra zum Anlass, um sein limitiertes Winterbier „Astra Arschkalt" an den Start zu bringen. Unter dem Motto „Astra stellt auf Arschkaltzeit um" erhielt jeder Gast (in zwöf ausgewählten Hamburger Kiezkneipen) zwei Biere zum Preis von einem. Über *Facebook* und die Astra-Webseite erfolgte die Werbung.

 https://www.facebook.com/AstraBier

QR-Code: Astra Facebookseite

Abb. 3: Hamburg 2013: Astra erklärt das Arschkalt offiziell für geöffnet (© Christian Rasch)

Auf der *Facebook*-Seite finden Sie witzige Printmotive sowie Informationen zu den „Arschkalt Winterspielen".

„Los ging es Anfang Oktober mit dem ‚Knollenlauf' (Spitzname für Astra-Flasche) durch frostige Länder. Die ‚Bilder' aus Sibirien und Grönland sind auf Facebook und der Website zu sehen. Facebook-User können außerdem für den Astra-Schnelllauf Bilder von sich und einem ‚Astra Arschkalt' in Sportlerpose auf die Pinnwand pos-

ten. Wer gefällt, darf in die Winterspiele-Galerie ‚Holla die Waldfee, ist das dunkel.‘:
Auf Youtube gibt es auch schon einen Produkttester, der sich über ein ‚echtes Bier
ohne Minzscheiße‘ freut." (Schobelt 2012, online).

http://www.youtube.com/
watch?feature=player_embedded&v=4d0aiirhSoU

QR-Code: Astra-Biertester

Noch ein Wort zum Knollenlauf: Er ist die Astra-Antwort auf den olympischen Fackel-
lauf. Ebenfalls eine trojanische Aktion, die aber anstatt des Wetters eine bekannte
Vorlage nutzt (vgl. Kapitel 4.2 „Vorhandenes verwenden — Vorlagen und Muster trojanisieren"). Googeln Sie einfach in der Bildersuche nach den beiden Stichwörtern
„astra arschkalt", und sie bekommen sehr witzige Bild- und Printmotive zu sehen.

Abb. 4: Hamburg 2013: Astra erklärt das Arschkalt offiziell für geöffnet (© Christian Rasch)

Auch hier wird das Wetter („arschkalt") als Trojanisches Pferd für die Message „Winterbier von Astra" verwendet. Der Zweck der Aktion ist, dass jeder, der das gerade
herrschende Wetter als „arschkalt" empfindet und bezeichnet (in Norddeutschland eine übliche Kommunikationsfloskel), automatisch einen Astra-Werbeimpuls
setzt. „Wenn arschkalt — dann Astra-Winterbier" lautet die Botschaft. Damit ist
ein Automatismus in Gang gesetzt, der keiner weiteren externen Werbeimpulse

bedarf. Sobald es „arschkalt" ist (was im Norden Deutschlands gar nicht so selten vorkommt), wird sich das Astra-Bier ins Gedächtnis schieben. Das Wetter fungiert hier als Konsum-Trigger.

Am Rande sei noch erwähnt, dass sich diese Werbestrategie genau gegenteilig zu den üblicherweise angewandten verhält. Normalerweise werden Frühling und Sommer aufgrund der angenehm warmen Temperaturen als Biersaison betrachtet. Ausgerechnet den Winter als konsumauslösend zu forcieren, erfordert schon einiges an unkonventioneller Energie und an Marketingmut.

Die Autoren bedanken sich ganz besonders bei der Kreativagentur Philipp und Keuntje aus Hamburg, die die Unterlagen für dieses Fallbeispiel zur Verfügung gestellt haben.

Tipps für die Praxis: Das Wetter zum Trojanischen Pferd machen

Wenn Sie darüber nachdenken, wie Sie das Wetter für Ihre Marketingzwecke einsetzen können, empfehlen wir die folgenden Überlegungen:

- Denken Sie darüber nach, ob und inwieweit Ihre Produkte und Dienstleistungen irgendeinen Bezug zum Wetter aufweisen
  - temperaturabhängige Nutzung?
  - wetterabhängiger Gebrauch?
  - jahreszeitliche Schwankungen?
  - verbale Gemeinsamkeiten?
- Wenn das der Fall ist, überlegen Sie, wie Sie diese Produkte und Leistungen werbetechnisch mit dem Wetter verbinden können.
- Denken Sie darüber nach, ob es bestimmte Wettersituationen gibt, in denen Sie Ihre Kundeninnen und Kunden besonders ansprechen können.

Ein Beispiel dazu liefert das Wiener *neunerhaus*, das wir in anderem Zusammenhang in diesem Buch bereits kennengelernt haben. Diese auf Obdachlosenhilfe spezialisierte karitative Organisation schaltet immer dann Werbung in Tageszeitungen, wenn laut Wetterbericht abzusehen ist, dass besonders scheußliches Wetter zu erwarten ist, bei dem man „keinen Hund vor die Tür jagt". Jeder kann sich vorstellen, dass es an solchen Tagen besonders unangenehm ist, obdachlos zu sein und kein Dach über dem Kopf zu haben. Klar ist, dass an solchen Tagen der Appell an die Spendenfreudigkeit auf besonders fruchtbaren Boden fällt. Dann fließen die Spendengelder umso üppiger. Auch hier wird das Wetter trojanisch genutzt, um Mitgefühl und Spendenfreudigkeit zu erhöhen.

Praxisbeispiel: Der trojanische Handy-Handschuh

In diesem Kapitel haben Sie bereits die trojanische Aktion mit dem Regenschirm kennengelernt, die dem Druckereibesitzer viel Sympathie seiner Kunden einbrachte. Auch im Winter, so wie wir es beim Beispiel „Astra-Arschkalt" und dem *neunerhaus* gesehen haben, lässt sich die Kälte hervorragend als Trojanisches Pferd einsetzen.

Besonders in der Vorweihnachtszeit wird man mit sehr vielen unnötigen Werbegeschenken bedacht, die (oft) keinen konkreten Nutzen bringen. Es sind billige Kugelschreiber, unnötige Stehkalender etc. Man spürt, dass viele Unternehmen im Weihnachtsstress wenig kreativ und lediglich schnell handeln. Solche „unnötigen" Werbegeschenke landen viel zu oft im Papierkorb. Schade um das Geld! Doch es gibt andere Unternehmen, die sich etwas Besonderes einfallen lassen: Geschenke mit großem Nutzen für die Kunden. Einer der beiden Autoren hatte Mitte Dezember 2012, als es in Wien sehr kalt war, Handschuhe mit speziellen Fingerkuppen für die Bedienung von Smartphones oder Tablets im Freien erhalten. Sie kennen ja sicher das ungute Gefühl, wenn man im Freien ohne Handschuhe telefoniert.

Neugierig, wie wir sind, haben wir uns beim Unternehmen „edialog", das die Aktion für seine Kunden durchführte, nach der Response erkundigt. Einhelliger Tenor: Sehr viele Kunden riefen an und bedankten sich für das wärmende Geschenk. Eine gelungene trojanische Aktion, die die Kundenbindung stärkt!

Der Mechanismus läuft dabei wie folgt ab: Das Unternehmen schenkt seinen Kunden — sinnvollerweise zu Beginn des Winters — Handschuhe, die eine ungewöhnliche Eigenschaft haben: Man kann mit ihnen Smartphones und Tablets bedienen, weil in den Fingerkuppen leitende Fäden eingearbeitet sind. Das ist nicht nur eine gute Idee für Menschen, die sich kaum eine Minute ohne diese Geräte vorstellen können. Auch bei weniger intensiver Nutzung von Smartphone und Co. entfaltet das unkonventionelle Geschenk eine positive Wirkung: Jedes Mal, wenn man bei Kälte im Freien telefonieren oder sonstwie das Smartphone benutzen muss, wird man sich über die Handy-tauglichen Handschuhe freuen — zumal das Bedienen der Geräte mit normalen Textilhandschuhen nicht gelingen würde. Die Handschuhe stiften somit nicht nur einen Nutzen, sie bereiten zudem Freude — und damit verbunden eine positive Erinnerung an den Spender der Gabe. Was will man mehr erwarten, als von den eigenen Kunden in diesem Licht gesehen zu werden?

Abb. 5: Der trojanische Kundenbindungshandschuh

Praxisbeispiel: Sky Nordpol — Sportliches Heimweh am Nordpol

Bei der *FIRST STEPS AWARD*-Gala 2012, die in Berlin stattfand, wurden Nachwuchstalente der Filmbranche ausgezeichnet. In der Kategorie Werbefilm, die von Mercedes-Benz unterstützt und von LACAVI betreut wird, wurde der Spot „Sky Nordpol" für den Pay-TV Sender Sky zum Sieger gekürt. Insgesamt hatte die Jury 47 Commercials begutachtet.

„Sky Nordpol" besticht durch die hohe Emotionalität. Regisseur ist Stephan Strube. Im Spot sind frierende Polarforscher zu sehen, die sich in einem Expeditionszelt verschanzt haben. Die Funkverbindung zur Außenwelt ist abgerissen. Um sich gegen die Kälte aufzumuntern, beginnen die Polarforscher, über Fußball zu reden, und einer vermisst ganz besonders die Partie „Schalke gegen Bayern". Sie stellen sich Szenen wie „Schweini gegen Gomez" vor und steigern sich immer mehr in das fiktive Fussballspiel hinein, es wird immer dramatischer …

„Stephan Strube gelingt es, Produkt und Marke emotional perfekt aufzuladen und in genau der richtigen Zeit auf den Punkt zu bringen. [...] Die spezielle „Leiden"-schaft der von der Außenwelt abgeschnittenen Polarforscher ist förmlich spürbar und wird dank brillantem Cast optimal umgesetzt. [...] So wird Identifikation und Wärme pur erzeugt — trotz der fast körperlich gefühlten frostigen Temperaturen am Ende der Welt... grandios!" (locavi.de 2012, online)

Weil der Spot die Leidenschaft für den Fußball so hervorragend darstellt, gekoppelt mit der Nähe zur Zielgruppe, sammelt Sky viele Sympathiepunkte unter den Fußballfans.

Machen sie sich selbst ein Bild, von diesem bewegenden Videoclip:

 http://www.youtube.com/watch?v=n3ohc8lGU7M

QR-Code: Sky Nordpol

Auch hier wird das Wetter — tiefste Nordpol-Temperaturen, unwirtliche Lebensverhältnisse im Zelt, eine Gruppe Männer fern der Heimat — genutzt, um darzustellen, wie man sich fühlt, wenn man so weit weg von jeglicher Zivilisation und damit der Möglichkeit beraubt ist, fernzusehen und insbesondere Fußballspiele im Fernseher zu verfolgen. So versucht der TV-Sender Sky, das kalte Wetter als Impulsgeber für den Fernsehwunsch zu etablieren.

CHECKLISTE: Das Wetter als Trojanisches Pferd

Vorbereitung	
Sind ein klar definiertes Budget sowie ausreichend Manpower vorhanden?	
Wird Ihr konkretes trojanisches Wetterbeispiel in das gesamte Marketingkonzept integriert?	
Wer ist für die Durchführung verantwortlich und welche Befugnisse hat diese Person?	
Gibt es einen konkreten Projektplan?	
Gibt es einen Spielraum für Flexibilität, damit man auf Wetterumschwünge, orkanhafte Stürme, sinnflutartige Regenfälle etc. reagieren kann?	
Ist ein Organisationsplan vorhanden, damit man schnell reagieren kann?	
Wurde die Zielgruppe klar definiert und haben Sie sich Gedanken über einen konkreten Nutzen für Ihre Kunden gemacht (z. B. Regenschirme)?	
Mögliche Durchführungszeitpunkte und Orte	
Beginn einer Hitzewelle	
Start einer Kältewelle	
Spezifische Aktionen zu den jeweiligen Jahreszeiten	
Erster Scheefall	
Erster Regentag noch einer langen Zeit ohne Regen	
Zeitumstellungstage (Sommer- und Winterzeit)	
Erster warmer Frühlingstag	
Kalte Extrempunkte: Nordpol, Südpol, Sibirien	
Heiße Extremgebiete: Äquator, Tropen	
Nachbearbeitung und Erfolgskontrolle	
Welche Maßnahmen werden ergriffen, um die Kunden nach der Aktion gezielt anzusprechen?	
Werden die aus der Aktion gewonnenen Informationen in Ihre Datenbank integriert?	
Ist Ihnen klar, wie Sie den Erfolg bewerten und welche Schlüsse Sie daraus ziehen?	
Werden die Mitarbeiter bei der Durchführung zusätzlich motiviert?	

Zusammenfassung

Das Wetter als Trojanisches Pferd zu nutzen, ist nicht ganz einfach, es erfordert eine gründliche Beobachtung und hinreichend genaue Vorhersage, um zum richtigen Zeitpunkt bei den „richtigen" Wetterverhältnissen die eigene Aktion auf den Weg zu bringen. Gleichzeitig fällt es aber nicht allzu schwer, sich zu überlegen, ob und wie die eigenen Produkte und Dienstleistungen „wetterrelevant" beworben werden können. Dabei muss es nicht einmal immer einen Bezug zur eigenen Angebotspalette geben.

Wir kennen ein Unternehmen, das seit Jahren besonders heiße Tage (vor allem in den Großstädten) dafür nutzt, seinen guten Kunden durch einen Botendienst oder durch die eigenen Außendienstmitarbeiter einige Portionen italienisches Eis zukommen zu lassen. Die Freude auf Seiten der Kunden ist jedes Mal groß — das merkt man sich! Und die Kosten sind vernachlässigbar, wenn die Logistik gut geplant ist.

Wieder geht es darum, zur richtigen Zeit am richtigen Ort mit dem richtigen Präsent zur Stelle zu sein, um Freude und Begeisterung auszulösen. Ein Unternehmen, das dazu in der Lage ist, wird auch als zuverlässiger Lieferant und Geschäftspartner wahrgenommen und als solcher dauerhaft im Gedächtnis gespeichert. Hinzu kommt: Einem Unternehmen, dem es gelingt, mit solch unkonventionellen, aber dennoch einfachen und zu nichts verpflichtenden Mitteln positive Überraschungen zu bereiten, wird man bei allfälligen Lieferverzögerungen und leichten Qualitätsmängeln solche Fehler eher nachsehen.

Denken Sie an Ihr eigenes Business: Was könnten Sie tun, um mithilfe des Wetters Ihre Kundeninnen und Kunden zu erfreuen und ihnen zu nutzen? Es gibt ja nicht nur Eiscreme im Sommer, sondern vielleicht auch heißen Tee oder Glühwein an besonders kalten Wintertagen. Man kann anstatt über Regenschirme bei heftigen Niederschlägen auch über passende „Gimmicks" für extreme Hitzetage nachdenken — oder über Gamaschen beim ersten Schneefall, über Schuh-Spikes bei Eisglätte, über Sturmhauben bei erwarteten Orkanböen …

Zauberei: Verwandlung von Feuerzeug in Zündholzschachtel

Abb. 6: Zauberkunststück: Verwandlung von Feuerzeug in Zündholzschachtel

Stellen Sie sich vor, Ihr Gesprächspartner will sich gerade eine Zigarette anzünden. Eilfertig bieten Sie an, ihm Feuer zu geben. Sie ziehen ein Feuerzeug aus der Tasche und versuchen, es anzuzünden. Leider gelingt das nicht. Immer wieder versuchen Sie, das Reibrad zu drehen und eine Flamme zu erzeugen. Leider immer wieder vergeblich. Funken sprühen — aber es gibt keine Flamme.

Sie schließen resignierend die Faust, um sie sogleich wieder zu öffnen. Jetzt aber haben Sie in Ihrer Handfläche eine geöffnete Zündholzschachtel liegen. Sie entnehmen ein Zündholz, zünden es an und geben Ihrem Gesprächspartner nun endlich Feuer. Das Feuerzeug ist verschwunden.

Und so geht's

Das Feuerzeug (ein leeres mit funktionierendem Reibrad) ist auf der einen Seite der inneren Zündholzschachtel angeklebt. Während Sie das Feuerzeug anzuzünden versuchen, befindet sich die geschlossene Zündholzschachtel also verborgen in Ihrer geschlossenen Faust. Sobald Sie diese schließen, weil das Feuerzeug nicht funktioniert, schieben Sie es in das Innere der Schachtel, die Sie damit öffnen, um das Zündholz zu entnehmen. (Damit ist klar, dass das Feuerzeug nicht größer sein darf als die Länge der Schachtel.)

Nachdem Sie das Zündholz entnommen und angezündet haben, schließen Sie die Schachtel wieder (in der geschlossenen Faust). Das Feuerzeug bleibt verschwunden.

Kooperationen – ein trojanisches Erfolgsprinzip

Was Sie in diesem Kapitel erwartet

Im folgenden Kapitel geht es um die partnerschaftliche Zusammenarbeit unterschiedlicher Unternehmen mit dem Ziel, die Geschäftserfolge zu erhöhen. Indem man eine Kooperation mit einem Partnerunternehmen eingeht, nutzt man dieses als Trojanisches Pferd, um die Kunden dieses Partners zu „erobern" und zu eigenen Kunden zu machen. In diesem Kapitel werden wir an Beispielen zeigen, wie solche Kooperationen sinnvoll eingegangen und organisiert werden können.

Zahlreiche Publikationen belegen, dass Kooperationen zwischen Unternehmen zunehmen. Diese Kooperationen können eine gute Methode sein, um „dem Marketing-Euro zu mehr Effektivität und Effizienz zu verhelfen" (Anlanger, Engel 2008, S. 151).

Diese Kooperationsarten gibt es — ein kurzer Überblick

Bevor wir uns mit neuen, erfolgreichen Beispielen dieser Form des Trojanischen Marketings beschäftigen, hier die Begriffe, die in diesem Zusammenhang eine Rolle spielen und die wir anschließend erklären:

- Cross Promotion, Cross Selling, Up Selling
- Co-Branding
- Ingredient Branding
- Product Bundling
- Couponing
- Cross Referencing
- Affiliate Marketing
- Coopetition

Cross Promotion, Cross Selling, Up Selling

Das „Wirtschaftslexikon24" definiert diesen Begriff wie folgt: „*Cross Promotion* ist auf zweierlei Weise möglich:

- Ein Produkt kann Werbeträger für ein anderes Produkt sein. So kann die Verpackung für ein Kosmetikprodukt Werbeaussagen für die gesamte Pflegelinie enthalten. *Cross Promotion* findet auch statt, wenn Spirituosen Cocktailrezepte beigegeben sind, bei denen andere Produkte des gleichen Herstellers benötigt werden. Auf der Verpackung eines Fertigprodukts kann das gesamte Sortiment aufgeführt sein.

- *Cross Promotion* kann auch völlig artfremde Produkte zusammenführen. Bspw. kann sich auf dem Karton für Kosmetiktücher auch eine Probepackung Papiertaschentücher befinden.
- *Cross Promotion* findet auch statt, wenn mehrere Firmen für ihr jeweiliges Produkt gemeinsam werben, bspw. Waschmittel- und Waschmaschinenhersteller gemeinsame TV-Spots drehen." (o. V., wirtschaftslexikon24.com 2012, online)

Cross Promotion, auch *Cross Selling*, ist inzwischen eine gängige Praxis in zahlreichen Branchen, in denen die Verkäufer darin geschult werden, den Kunden nach dem Kauf eines Produktes dazu passende weitere Produkte aktiv anzubieten. Die Beispiele kennt jeder:

- Spätestens an der Kasse des Schuhgeschäfts werden Sie gefragt, ob Sie dazu passende Pflegeprodukte mitnehmen möchten.
- Wenn Sie bei Amazon z. B. ein Buch bestellen wollen, werden Sie automatisch informiert, welche weiteren Artikel die bisherigen Käufer dieses Buches zusätzlich gekauft haben.
- Nachdem Sie sich für den Kauf eines bestimmten Anzugs in einem Bekleidungsgeschäft entschieden haben, werden Ihnen dazu passende Hemden und Krawatten offeriert.
- Wenn Sie bei McDonald's oder bei einer anderen *Fastfood*-Kette etwas zu essen ordern, werden Sie standardmäßig nach Ihren Getränkewünschen gefragt.
- Im Café nimmt die freundliche Bedienung gerne Ihre Kaffeebestellung auf, nicht ohne Ihnen die besonders heute dazu passenden Süßspeisen zu empfehlen.

In diesen Bereich fällt auch der Begriff *Up selling*. Dabei geht es darum, einen Kunden, der bestimmte Produkte gekauft hat oder zu kaufen pflegt, auf höherwertige bzw. höherpreisige Artikel aufmerksam zu machen.

Co-Branding

„Bei einer Co-Branding-Strategie wird das Leistungsangebot durch zwei oder mehr Marken im Verbund markiert. In der Regel bringen alle Kooperationspartner ihre Ressourcen und Kompetenzen in größerem Umfang ein. *Co-Branding* zeichnet sich durch vier wesentliche Merkmale aus:

1. Verbindung von mind. zwei Marken,
2. die für den Nachfrager wahrnehmbar kooperieren,

3. um durch die Kooperation der Marken ein gemeinsames Leistungsbündel zu schaffen,
4. um sowohl vor als auch nach der *Co-Branding*-Kooperation aus Sicht der Nachfrager selbstständig zu sein.

Co-Branding-Strategien haben in jüngster Vergangenheit an Bedeutung gewonnen, da viele Hersteller sich von diesen Kooperationen eine Imageverbesserung sowie eine Verbreiterung ihrer Markenkompetenz aus Sicht der Nachfrager erhoffen. Die Besonderheit des *Co-Branding* besteht in der Problematik, mindestens zwei Identitäten eigenständiger Marken unter Berücksichtigung der zugrunde liegenden gemeinsamen Leistung verbinden zu müssen, ohne dass es zu Konflikten zwischen den Markenidentitäten kommt." (Burmann 2012, online)

Gerade unter Markenartiklern ist *Co-Branding* heute weit verbreitet, um sich gegenüber den Handels-Eigenmarken und den *No-Names* besser abzugrenzen. Allgemein bekannt sind hier z. B. Langnese-Eis mit Milka-Kuhflecken oder die Zusammenarbeit der Schweizer Restaurantkette Mövenpick mit dem Eishersteller Schöller unter der Marke „Schöller Mövenpick". Auch im Kreditkartenbereich werden gerne Karten ausgegeben, die von zwei oder mehr Marken getragen werden, z. B. die vom deutschen Automobilclub ADAC zusammen mit Visa und MasterCard emittierte Kreditkarte.

Ingredient Branding

Eine Sonderform von *Co-Branding* bzw. *Cross Promotion* stellt das sogenannte „*Ingredient Branding*" dar. Britta Domke schreibt dazu im Harvard Business Manager:

„Haben Sie sich Ihr Fahrrad schon einmal genau angeschaut? Falls es sich nicht gerade um eine billige Rostlaube handelt, ist höchstwahrscheinlich irgendwo — an der Gangschaltung, am Dynamo oder an den Bremsen — der Schriftzug „Shimano" aufgedruckt. […] Was der japanische Fahrradspezialist betreibt, hat einen klingenden Namen: *Ingredient Branding* oder kurz *InBranding* nennt sich das Marketingkonzept […]. Dabei gehen der Hersteller eines Endprodukts und sein Zulieferer eine Markenallianz ein: Der eine wirbt damit, dass sein Produkt eine hochwertige Komponente enthält; der andere macht sein gesichtsloses Bauteil oder den Inhaltsstoff bei Endkunden bekannt. So entsteht eine Marke in der Marke, die im Idealfall die Nachfrage nach beiden Produkten steigert." (Domke 2009, online)

Hier wollen wir ein weiteres Beispiel zeigen.

Abb. 1: „Ingredient Branding" by CORSAIR (©Peter Korp)

Corsair ist ein US-amerikanisches Unternehmen, das vorwiegend Peripherie-Komponenten für den PC-Bereich anbietet: Gehäuse, Kühlung, Netzteile etc.

Mit jeder hochwertigen Komponente, wie z. B. einem Netzteil mit Kabelmanagement, die von Corsair gekauft wird, um sie in den Computer einzubauen, erhält der User ein Etikett „*Powered by Corsair*" (siehe Abbildung), das auf das Gehäuse geklebt werden kann. Das inzwischen sehr gute Image von Corsair führt dazu, dass das Gerät damit „aufgewertet" und als mit Qualitätskomponenten ausgerüstet deklariert wird. Wie auch immer das zugrunde liegende Gerät aussieht, welche Marke oder welcher *NoName* dahintersteht: Mit einer Corsair-Komponente gewinnt das Grundgerät auf jeden Fall an Wert. So führt der *ingredient brand* dazu, dass der *main brand* eine Aufwertung erfährt.

 http://www.corsair.com/de/

QR-Code: Corsair-Homepage

Product Bundling

Im einfachsten Fall bedeutet *Product Bundling* schlicht den Verkauf von mehreren Packungen eines Produkts in einer Bündelung zu einem Gebinde, also z. B. die Sechserpackung Mineralwasserflaschen. Im nächsten Schritt sprechen wir von Produktbündeln, die sich z. B. als Pauschalreisen, Restaurant-Menüs oder Fertighäuser manifestieren. Das alles sind „*Intra-Firm-Bundles*", also Bündelungen innerhalb eines Unternehmens.

Im Sinne des Trojanischen Marketings meinen wir in diesem Zusammenhang aber etwas anderes, nämlich die „*Inter-Firm-Bundles*", also Produktbündelungen über Firmengrenzen hinweg. Von dieser Form des *Product Bundling* sprechen wir z. B. dann, wenn zwei oder mehr Produkte unterschiedlicher Unternehmen zu einem einzigen Produkt verbunden sind, das dann als Bündel gekauft werden kann, oft zu einem günstigeren Preis, als wenn die jeweiligen Produkte einzeln gekauft würden.

Als gutes Beispiel für die firmenübergreifende Zusammenarbeit verschiedener Unternehmen derselben Branche sei das folgende angeführt:

„Die freien Brauer, 39 führende, unabhängige Familienbrauereien aus Deutschland, Österreich, Luxemburg und den Niederlanden,

- haben 2011 rund 6 Millionen Hektoliter Bier produziert,
- brauen über 350 Bierspezialitäten unter knapp 140 Marken in rund 30 verschiedenen Sorten,
- sind mit einem Anteil von 40 Prozent am Bierabsatz in der Gastronomie vertreten, während es in der Branche insgesamt durchschnittlich nur 18 Prozent sind,
- fördern rund 3.000 regionale Vereine in den Bereichen Kultur und Sport,
- sichern rund 3.500 Arbeitsplätze in ihren Heimatregionen,
- investierten in den letzten drei Jahren ca. 95 Millionen Euro in ihre Betriebe,
- bekennen sich zu sieben unternehmerischen Werten: Große Freiheit, Persönliche Verantwortung, Einzigartige Vielfalt, Höchste Qualität, Saubere Umwelt, Echte Tradition und Gelebte Heimatverbundenheit." (o. V. Die Freien Brauer 2013, online)

Im Frühjahr 2013 erscheint wieder, wie schon in den Vorjahren, eine Sonderedition mit „12 regionalen Bierspezialitäten".

Abb. 2: 12 Bierspezialitäten (© mit freundlicher Genehmigung der Freien Brauer)

Diese Produktbündelung hat den Sinn, dass Biertrinkern die Möglichkeit geboten wird, Biermarken und -sorten kennenzulernen, die ansonsten nicht in ihr Radar gekommen wären. Auf diese Weise haben die kleineren, eher regional orientierten Bierbrauer die Chance, überregional neue Kunden zu gewinnen und ihr Verbreitungsgebiet zu erweitern. Diese Art der Kooperation und der Produktbündelung ist durchaus auch in anderen Branchen denkbar, in denen sich kleinere Marken zu solchen Gemeinschaftsaktionen zusammenfinden könnten.

Darüber hinaus kann es auch sinnvoll sein, dass sich in der beschriebenen Weise Marken unterschiedlicher Branchen und Produktgruppen zusammentun und gemeinsam Produktbündel erfinden. Ein Beispiel dafür war ein Bündel, das wir selbst einmal in einem Supermarkt gefunden haben. Dort gab es die Kombination von einer Dose Bier und zwei Dosen Suppe, die zusammen eingeschweißt waren und als „Fußball-Fan-Package" angeboten wurden.

Auch im Dienstleistungssektor sind Produktbündelungen möglich. Warum sollten sich nicht Dienstleister verschiedener Professionen zusammentun, um gemeinsam ein Dienstleistungspaket zu definieren und anzubieten. Ein Beispiel wäre ein „Unternehmensgründungsberatungspaket", das die Leistungen eines Unternehmensberaters, eines Steuerberaters, eines Designers, eines Internetexperten etc. umfasst.

Auch Gewerbetreibende bzw. Handwerker könnten sich solche Leistungspakete überlegen. Es kommt oft genug vor, dass für die Lösung eines Problems, z. B. im Bauwesen, mehrere Handwerkszweige benötigt werden. Hier bietet es sich an, dass sich ein Installateur, ein Dachdecker, ein Spengler, ein Elektriker, ein Tischler etc. darin verständigen, ein gemeinsames Renovierungspaket zu schnüren und als Einheit gegenüber potenziellen Kunden aufzutreten.

Couponing

Normalerweise bezeichnet *Couponing* die Tatsache, dass Unternehmen Gutscheine (früher auch: Rabattmarken) ausgeben, mit denen die Konsumenten Produkte und Dienstleistungen eben dieses Unternehmens zu einem günstigen Preis erwerben können. Damit belohnen sie die Treue ihrer Kunden und veranlassen sie dazu, immer wieder bei diesem Unternehmen einzukaufen. Das ist jedoch nicht das Thema „Kooperationsmarketing", um das es in diesem Kapitel geht. Was hier besprochen werden soll, ist die Nutzung von *Couponing* im trojanischen Partner-Marketing. Konkret geht es darum, dass Kunden des eigenen Unternehmens Gutscheine und Rabattvorteile eines Partnerunternehmens erhalten. Warum nicht Gutscheine anderer Unternehmen als Trojanische Pferde verwenden?

Wir schrieben dazu schon im ersten Band „Trojanisches Marketing" (Anlanger, Engel 2008, S. 176): „Wie immer kommt es darauf an, dass Produkte und Branchen zusammenpassen und Zielgruppen nahe verwandt sind. Und warum sollte nicht der Schuhmachermeister, der seinen Kunden die Schuhe repariert, in den Schuhsack einen Gutschein des nahe gelegenen Elektrogeschäfts legen und umgekehrt? Warum nicht im Kaffeehaus einen Gutschein für die Buchhandlung um die Ecke verteilen und umgekehrt? Warum nicht in der Pizzeria einen Gutschein für das italienische Schuhgeschäft in der Nachbarstraße erhalten?"

Uns wundert, dass es noch immer nur wenige Kooperationen dieser Art gibt. Es fehlen wohl die Pioniere und damit die Erfahrungen mit solchen Maßnahmen. Nachdem dies in den USA schon weiter verbreitet ist, gehen wir davon aus, dass es auch bei uns bald mehr dieser Aktionen geben wird.

Cross Referencing

Von *Cross Referencing* spricht man dann, wenn eine Marke eine Empfehlung für ein anderes Markenprodukt (eines fremden Unternehmens) abgibt. So gibt es Empfehlungen von Waschmaschinenherstellern für bestimmte Wasch- bzw. Entkalkungsmittel („Calgon … von führenden Waschmaschinenherstellern empfohlen"). Oder Automarken, die bestimmte Autoöle für ihre Motoren empfehlen.

Die trojanische Toolbox

Das geht auch bei kleinen Unternehmen, freien Berufen, Handwerkern. Bei den Ärzten ist es übliche Praxis, dass sie bei einer Überweisung z. B. zum Radiologen auf die Nachfrage des Patienten „Wo kann ich das machen lassen?" prompt die Visitenkarte eines benachbarten Radiologen aus der Schreibtischlade ziehen. Das tun sie auch bei Masseuren, Psychotherapeuten, Physiotherapeuten, sonstigen Fachärzten. Dieses Konzept lässt sich auch bei anderen freien Berufen entsprechend umsetzen.

Gerade Handwerker tun sich nach unserer Beobachtung mit Kooperationen noch relativ schwer. Dabei ist es doch naheliegend, dass sich besonders hier einige Synergieeffekte erzielen ließen. Fast alle Projekte, in die Handwerker involviert sind, erfordern die Zusammenarbeit mehrerer Spezialisten.

Ein gutes Beispiel für einen solchen Handwerker-Pool bietet „Meisterwerk[3]" im deutschen Lübbecke. Hier haben sich mehrere benachbarte Handwerksbetriebe zu einem Dienstleistungsanbieter vereint, der verschiedene Leistungen anbietet. Die Homepage dazu: „Meisterwerk[3] verbindet sieben Fachbetriebe des Handwerks zu einem kompetenten Dienstleister. Was immer Sie an handwerklichen Leistungen benötigen, Meisterwerk[3] ist Ihr richtiger Ansprechpartner. Hier muss nicht einer alles können. Hier macht jeder das, was er am besten kann. Denn eins haben alle gemeinsam: einen hohen Qualitätsanspruch und eine ausgeprägte Servicementalität." (o. V. meisterwerk3 2012, online)

Diese Betriebe umfassen

- ein Fliesen- und Bauunternehmen
- eine Zimmerei
- ein Unternehmen für Heizung und Sanitär
- einen Elektrotechnik-Betrieb
- eine Tischlerei
- ein Unternehmen für Treppen- und Metallbau
- einen Malerfachbetrieb
- ein Unternehmen für Garten- und Landschaftsbau

Organisiert ist die Kooperation als eingetragener Verein („e. V."). Es gibt eine für den gesamten Pool gültige Telefon- und Faxnummer sowie eine E-Mail-Adresse für allfällige Kontakte und Anfragen. Ähnliche Handwerker-Kooperativen gibt es inzwischen in zahlreichen Städten in Deutschland, Österreich und der Schweiz. Die örtlichen Telefonbücher helfen bei der Suche.

Affiliate Marketing

Bei *Affiliate Marketing* handelt es sich um die Etablierung eines virtuellen Netzwerks von Vertriebspartnern, die im Auftrag des Händlers dessen Produkte über ihre eigenen Netze bekannt machen und einen Kauf-Link auf ihrer Homepage führen. Damit erfüllen die *Affiliates* die Funktion, die im realen Leben die Einzelhändler ausüben. Wenn ein Kauf über einen *Affiliate* zustande kommt, wird das vom Händler registriert, und der Vermittler bekommt eine Provision. Diese kann nach unterschiedlichen Kriterien bemessen werden. Man unterscheidet hierbei:

- Pay per Click (PPC): Die Provision wird gezahlt, sobald ein Kunde auf ein Werbemittel klickt.
- Pay per Lead (PPL): Provision bei Generierung eines Interessenten, der z. B. Werbematerial, einen Katalog bestellt.
- Pay per Sales (PPS): Provision wird dann fällig, sobald der Kunde tatsächlich über die *Affiliate*-Seite einen Kauf getätigt hat.

Coopetition

Relativ neu ist der Begriff *Coopetition*. Er bezeichnet die Tatsache, dass Unternehmen gleichzeitig kooperieren und in Konkurrenz zueinander stehen. Ein Beispiel: Ein Hersteller von Marken-Lebensmitteln produziert gleichzeitig für Handelskonzerne deren Eigenmarken. Während die beiden Unternehmen im Bereich der Produktion kooperieren, stehen sie sich gleichzeitig am Markt der Endverbraucher als Konkurrenten gegenüber. Da die beiden gleichzeitig zu spielenden Rollen — Kooperation und Konkurrenz — in der Regel nicht offensiv kommuniziert werden, verzichten wir hier auf eine detaillierte Erörterung.

Bevor wir ihnen die Praxisbeispiele vorstellen, hier noch einmal kurz die Definition der Marketingkooperation, die wir diesmal von Prof. Schütz von der Fachhochschule Hildesheim übernehmen: *„Kooperatives Marketing ist eine freiwillige und i. d. R. zeitlich begrenzte Zusammenarbeit von selbstständigen Marktpartnern, die durch koordiniertes Verhalten Marktziele effektiver, schneller und besser erreichen wollen."* (Schütz 2007, online).

Zum möglichen Einspruch „Warum kooperieren — man kann das meiste doch ohnehin besser alleine machen!" zitieren wir gerne den bekannten japanischen Unternehmensberater und Buchautor Kenichi: *„With enough time, money and luck, you can do everything yourself. But who has enough?"*[7]

---

[7] Ohmae 1989, zitiert nach Blyth J., Zimmerman A. 2005, S. 113.

Die trojanische Toolbox

Wir haben festgestellt, dass Unternehmenskooperationen zu Marketingzwecken immer häufiger in Erscheinung treten und auch immer professioneller gemanagt werden. Inzwischen gibt es einige Agenturen, die sich darauf spezialisiert haben, solche Kooperationen aktiv zu vermitteln und zu begleiten.

In Deutschland hat sich sogar eine „Messe" etabliert, die im Sinne eines organisierten *Speed-dating* potenzielle Partner an einen Tisch und ins Gespräch bringt. Die Hamburger Agentur „*connecting brands*" nennt den Event, der jedes Jahr steigende Teilnehmerzahlen aufweist, „*co brands*". Bei dieser Veranstaltung gelingt es, an nur einem Tag mit bis zu zehn kooperationswilligen Partnern persönliche Kurzgespräche zu führen und dabei die grundsätzlichen Möglichkeiten einer Zusammenarbeit zu erörtern. Die Agentur bereitet das im Vorfeld professionell vor. Jeder Teilnehmer gibt seine Gesprächswünsche an und die *Matching*-Software „bastelt" für jeden Teilnehmer ein minutiöses Tagesprogramm, aus dem hervorgeht, mit wem er wann an welchem Tisch ins Gespräch kommen wird. Die Teilnehmerzufriedenheit ist hoch. Beeindruckend ist auch die Liste der bisherigen Teilnehmer. Da geht es wirklich nicht um „Kreti und Pleti" … Ein informatives Video dazu finden Sie im Internet (s. u.).

 http://www.connectingbrands.de/cobrands/cobrands-galerie/

QR-Code: Connectingbrands – Cobrands

Praxisbeispiel: Big Shot Bikes (USA)

Big Shot ist ein US-amerikanisches Unternehmen, das sich auf die Produktion von „*fixed gear bikes*" (also Fahrrädern ohne Gangschaltung) spezialisiert hat. Diese werden hauptsächlich über das Internet vertrieben. Dabei haben die Kunden die Möglichkeit, ihre individuellen Fahrräder selbst zu konfigurieren und sich diese als Bausätze nach Hause schicken zu lassen. Das Geschäft läuft gut.

Abb. 3: 12 Big Shot-Logo (© mit freundlicher Genehmigung von BIG SHOT Bikes, USA)

Normalerweise sind solche Online-Händler und der stationäre Fahrradhandel erbitterte Konkurrenten, die sich um Marktanteile streiten. *Big Shot* hat jedoch einen Weg gewählt, der beide Welten — *online* und *offline* — gut miteinander verbindet. Das Unternehmen arbeitet mit bestimmten lokalen Fachhändlern zusammen. Dabei können die Kunden in den Räumen des lokalen Händlers an dessen Computer ihre Wunschräder *online* konfigurieren. Und wenn der Händler nicht über eine passende Ausrüstung verfügt, finanziert ihm *Big Shot* diese mit bis zu 1.200 US$. Der bestellte Fahrradbausatz wird an den Händler geschickt, der ihn für den Kunden fertig montiert. Damit ergibt sich eine dreifache Win-win-win-Situation:

- **WINNER 1:** *Big Shot* vertreibt über diese zusätzliche Verkaufsschiene zusätzliche Einheiten an letztendlich zufriedene Kunden.
- **WINNER 2:** Die Händler können ihren Kunden den Vorteil der Individualisierung anbieten und sparen sich zusätzlich Lagerkosten für zu verkaufende Fahrradmodelle (zudem bekommen sie natürlich Provisionen für die Verkäufe); zusätzlich gewinnen sie Service- und Ersatzteilkunden.
- **WINNER 3:** Die Kunden bekommen ihr Wunschfahrrad, das sie unter fachkundiger Hilfe bestellt haben, fix und fertig zusammengebaut und sofort benutzbar geliefert.

Also sind alle involvierten Parteien zufrieden und gehen als Gewinner aus der Kooperation hervor. Ein wenig hat das auch von *Coopetition*.

 http://www.bigshotbikes.com/

QR-Code: Homepage Big Shot Bikes

Praxisbeispiel: MINI und Puma

„MINI ist nicht einfach eine Marke. MINI ist ein Lebensgefühl. Extrovertiert. Spontan. Anders." So lautet die Schlagzeile auf der Unternehmensseite von MINI, einer Marke aus dem BMW-Konzern. Da liegt es nahe, diesen Markenauftritt durch eine Kooperation mit einem passenden Label aus dem Bereich der Mode zu kombinieren. In diesem Fall ist es die Marke Puma, die ein ähnliches Lebensgefühl und eine ähnliche Anmutung ihrer Produkte transportieren will. So ergibt sich die spezielle Modelinie „MINI by PUMA", die seit September 2012 auf dem Markt ist. Es handelt sich dabei hauptsächlich um verschiedene hochwertige und entsprechend hochpreisige Taschen in ganz speziellem Design, wie die folgenden Beispiele zeigen.

Abb. 4: Die Modelinie „Mini by Puma" (© mit freundlicher Genehmigung von BMW Austria GmbH)

Alle Taschen sind aus schwarzem PU-Leder gefertigt und tragen als charakteristische Merkmale ein MINI-Logo sowie auffällige Reißverschlüsse und Anhänger in gelber Farbe. Außerdem gehören zur Kollektion „MINI by PUMA" drei Paar Schuhe für Damen und Herren.

Die Kollektion ist sowohl im Online-Shop von MINI als auch in dem von PUMA zu finden und käuflich zu erwerben.

 http://www.shop-eu.puma.com/collections/sportlifestyle/
mini/63800,en,sc.html

QR-Code: Online-Shop MINI by PUMA

Praxisbeispiel: Springjam

Ein gelungenes Beispiel erfolgreicher Kooperation ist das seit einigen Jahren (seit 2005) zweimal jährlich durchgeführte Event „DocLX Springjam", nach Angaben des Veranstalters Alexander Knechtsberger „Europas größte Studentenreise" mit Teilnehmern aus inzwischen achtzehn Nationen.

Ca. zwanzig Millionen Euro werden mit diesen Events pro Jahr umgesetzt. An einem einzigen Party-Wochenende, bei dem eine ganze Halbinsel in Istrien exklusiv angemietet wird, werden 30.000 Nächtigungen registriert. (Wobei das Wort „Nächtigungen" hier nicht wirklich angebracht ist; lautet das Motto doch „Vier Tage wach — wer schläft, verliert".)

 http://www.facebook.com/spring.jam.legendaer.am.meer

QR-Code: Spring Jam auf *Facebook*

 http://www.youtube.com/watch?v=PL47lf7fJ8w

QR-Code: *Youtube*-Video zu Spring Jam 2012

Die Veranstaltungsreihe ist ein Eldorado für Unternehmen, die sich verstärkt mit der Zielgruppe der gut ausgebildeten Jugendlichen beschäftigen und diese für sich gewinnen wollen. Die Abiturreisen sind ein ideales Trojanisches Pferd, um diese Zielpersonen zu erreichen. Und das auch noch, wenn sie in allerbester Stimmung sind (siehe dazu Kapitel 4.1 „Die gute Stimmung nutzen — freudige Ereignisse"). Da wundert es nicht, dass es zahlreiche Kooperationspartner gibt, die auf diesem rasant fahrenden Zug mitfahren wollen.

Erstmals 2012 gab es Kooperationen mit den deutschen Universitätsstädten München, Passau, Würzburg, Regensburg und Köln, wodurch nun auch ca. 100 deutsche Studenten zur Teilnahme animiert wurden. Ebenfalls 2012 zum ersten Mal dabei war die SevenOne Media Austria mit dem TV-Sender ProSieben — nach eigenen Angaben Fernseh-Marktführer im Bereich der jungen Zielgruppe — als exklusiver TV-Partner. Schon länger währt die Kooperation mit den Printmedien-Partnern *Kronenzeitung* (auflagenstärkste österreichische Tageszeitung) und „*miss*" („das Magazin für die lebenslustige, trendorientierte junge Frau, die gut unterhalten und genau informiert sein möchte" laut Homepage) aus dem Styria-Verlag. Aus dem Radiobereich ist *KroneHit Radio* mit an Bord.

Aus dem jugendnahen Wirtschaftsbereich kooperieren u. a. schon länger

- der Raiffeisen-Club
    - Er nennt sich „der größte Jugend-Freizeit-Club Österreichs" mit mehr als 630.000 Mitgliedern und bietet zahlreiche Ermäßigungen für jugendaffine Veranstaltungen und Einrichtungen in ganz Österreich sowie in weiteren 40 Ländern in Europa an.
    - Die Mitgliedschaft ist gratis und erfolgt für Schüler und Studenten im Alter zwischen 10 und 27 Jahren automatisch bei einer Kontoeröffnung.
    - Es handelt sich um ein Einrichtung der Raiffeisen Zentralbank Österreich AG, die in Wien und in allen Bundesländern vertreten ist.

- tele.ring
    - tele.ring ist eine Marke für Mobilkommunikationsdienstleistungen der T-Mobile Austria GmbH. Die T-Mobile Austria GmbH ist ein Unternehmen der Deutschen Telekom AG. tele.ring ist als Preis-/Leistungsführer am Markt positioniert und hat ausgesprochen junge Kundengruppen:
      19 Prozent: 10–14 Jahre
      36 Prozent: 15–20 Jahre
      34 Prozent: 21–27 Jahre
      11 Prozent: 28–30 Jahre

- Bacardi & Eristoff
    - Bacardi Ltd. zählt zu den größten Spirituosenherstellern weltweit.
    - Das Portfolio umfasst mehr als 200 Rum-, Wodka-, Whisky-, Gin-, Vermouth- und Tequilaprodukte, die zum größten Teil global vertrieben werden.
    - Achtung, keine Satire: „Wir setzen uns vehement gegen den Missbrauch unserer Produkte durch Minderjährige sowie gegen jeglichen anderen verantwortungslosen Umgang mit Alkohol durch Konsumenten ein. Die Förderung des verantwortungsvollen Konsums unserer Markenprodukte zählt zu den wichtigsten Firmengrundsätzen von Bacardi."

- Red Bull
  - Österreichischer Weltmarktführer für Energy Drinks
  - Positionierungsstrategie: Premiumprodukt, Premiumpreis und Premiumprofitabilität.
  - Starke Marktstellung im Bereich Jugend und Aktivität, Sport und Erlebnis.

- laola1.at
  - Österreichs größtes Sportportal
  - das internationale Sport-TV im Netz ist ein Unternehmen der „the sportsman media holding" mit Sitz in Wien

Diese Kooperationen sind fast klassisch zu nennendes Trojanisches Marketing. Da wird ein sehr erfolgreiches Eventformat, das tausende Jugendliche erreicht, als Trojanisches Pferd für das eigene, dazu passende, aber nicht konkurrierende Angebot genutzt — und das auch noch unter der Gunst der oben beschriebenen Effekte, die eine positive Stimmung auf das Akzeptanz- und Merkverhalten haben. Es kann davon ausgegangen werden (Forschungsdaten dazu liegen uns nicht vor), dass der Erfolg auch für die Kooperationspartner sehr groß ist. Erreicht man doch ausschließlich Abiturienten/Maturanten, von denen man annehmen kann, dass sie die künftigen Besserverdiener sein werden. Und es wird eine Menge getan, um eine positive Mundpropaganda zu erzeugen sowie am Laufen zu halten.

Noch stärker, aber nach demselben Schema, funktioniert das Event „X-Jam" vom demselben Veranstalter DocLX. Hierbei handelt es sich um die „größte Maturareise Österreichs", die ebenfalls von Alexander Knechtsberger erfunden wurde und von seinem Unternehmen organisiert wird.

 http://www.youtube.com/watch?v=eXi8u3oP_WI

QR-Code: X-Jam

Praxisbeispiel: Biersenf

Die Unternehmen Mautner Markhof und Ottakringer sind zwei österreichische Traditionsmarken mit langer Geschichte. Die einen (Mautner Markhof) produzieren Feinkost seit 1841 in Wien. Sie sind insbesondere für ihre Spezial-Senfsorten bekannt und in diesem Bereich auch Marktführer. Ferner führen sie in ihrem Sortiment Kren (Meerrettich), Essig und Sirup.

Abb. 5: Biersenf (©mit freundlicher Genehmigung von MAUTNER MARKHOF Feinkost GmbH, Wien)

Der zweite Partner ist die Ottakringer Brauerei, die noch länger als Mautner Markhof, nämlich seit 1837, auf dem Markt aktiv ist und eine große Biersortenvielfalt anbietet. Mit einem Marktanteil von rund neun Prozent ist die Ottakringer Brauerei die drittgrößte Brauerei Österreichs, allerdings die zweitgrößte Brauerei in österreichischem Besitz. Der Marktführer Brau-Union AG (mit einem Marktanteil von etwa 56 Prozent und Marken wie Gösser, Zipfer, Schwechater, Wieselburger, Puntigamer, Skol etc.) wurde vom niederländischen Bierriesen Heineken geschluckt. Dahinter rangiert die Salzburger Stiegl-Brauerei.

Abb. 6: Biersenf (©mit freundlicher Genehmigung von MAUTNER MARKHOF Feinkost GmbH, Wien)

Das Ergebnis der Kooperation dieser beiden Unternehmen ist der hier abgebildete Biersenf. Der seit 2010 angebotene Spezialsenf mit hopfig malzigem Geschmacksprofil entsteht auf Basis einer innovativen Rezeptur aus Senf, Hopfen und Malz und ist die perfekte Ergänzung des Spezialsenf-Sortiments von Mautner Markhof. Die Verkaufszahlen sind — auch aufgrund der starken Werbepräsenz — erfreulich.

Praxisbeispiel: Bier macht Männer schöner

„Bier formte diesen wunderschönen Körper" findet man gelegentlich als Aufdruck auf T-Shirts. Was in den meisten Fällen eher selbstironisch gemeint zu sein scheint, wenn man sich die T-Shirt-Träger genauer ansieht, findet ab Anfang 2013 eine völlig unironische Entsprechung. Wie bringt man Männerschönheit und Bier unter einen Hut? Was haben eine deutsche Brauerei und ein französischer Kosmetikkonzern gemeinsam?

Ende 2012 haben die Unternehmen Warsteiner Brauerei mit Hauptsitz in Warstein im deutschen Westfalen und L'Oréal Deutschland mit den Hauptstandorten Düsseldorf und Karlsruhe eine Marketingkooperation beschlossen, die für beide Branchen neuartig ist. In den ersten Monaten des Jahres 2013 enthalten die Warsteiner Bierkisten nicht nur Bierflaschen, sondern zusätzlich ein Herren-Pflegeset der Marke L'Oréal Paris. Darin enthalten sind — nach einem Bericht der Zeitschrift „werben & verkaufen" vom 07.01.2013 — „eine Tube Hydra Intensive Feuchtigkeitscreme und ein Spender Rasierschaum namens Mousse Hydra Sensitive".

Jörg Diegmann, der Leiter Trade Marketing der Warsteiner Brauerei und Vater der Kooperationsidee: „Auch Männer haben entdeckt, dass sie mit speziell für sie entwickelten Cremes und Pflegeprodukten ganz einfach etwas für sich tun können." Anlass für die Aktion ist das 260-jährige Firmenjubiläum der Warsteiner Brauerei, die — obwohl eine der größten Privatbrauereien Deutschlands — noch immer als Familienunternehmen geführt wird. Ergänzt wird die Maßnahme durch weitere Werbeaktivitäten in den Medien sowie am Point of Sale.

So überraschend und unkonventionell der Zusammenschluss von Bier und Kosmetik ist, so logisch ist er aus trojanischer Sicht. Hier ist es wieder die „DAWOS-Strategie", die zum Tragen kommt. Wenn man sich die Frage stellt, wo man Männer mit großer Treffsicherheit erreichen kann, ohne auf ein zu großes Konkurrenzumfeld zu stoßen, ist das Thema Bier ziemlich naheliegend. Wie die deutsche Zeitschrift „Wirtschaftswoche" berichtet, sind Männer „eine der letzten Zielgruppen in der Kosmetikbranche, die noch echtes Wachstumspotential versprechen. Das haben zwar vor dem Kosmetik-Weltmarktführer L'Oréal auch schon der Hamburger

Beiersdorf-Konzern mit „Nivea for men" oder der US-Konsumgüterriese Procter & Gamble mit seiner Gillette-Männerserie und den Wellaflex-Men-Produkten erkannt. Dennoch drücken die Franzosen seit Jahresbeginn massiv entsprechende Produkte in den lukrativen Markt: Deos, Aftershaves und Haarcolorationen." Da kommt die Warsteiner-Idee genau zum richtigen Zeitpunkt! Man darf gespannt sein, wie die beiden Produktgruppen sich gegenseitig bei dieser Kooperation beflügeln werden. Entsprechende Daten lagen beim Redaktionsschluss dieses Buches — März 2013 — noch nicht vor.

Abb. 7: Warsteiner (© mit freundlicher Genehmigung von WARSTEINER Brauerei Haus Cramer KG)

http://www.warsteiner-gruppe.de/epaper/
Kundenmagazin/index.html#/15/zoomed

QR-Code: Warsteiner-Homepage

Praxisbeispiel: Strom vom Discounter

„Der Name Hofer ist im Verlauf der letzten Jahrzehnte zu einem festen Begriff in Österreich geworden. Er steht für gleichbleibend hohe Qualität zu konstant niedrigen Preisen. Durch eine eigenständige Preis- und Sortimentspolitik ist es uns möglich, Nahrungsmittel und Konsumgüter in hervorragender Qualität zu günstigen Preisen anzubieten. Das ist die Basis unseres Erfolges. Und darauf können sich unsere Kunden verlassen." So liest man es auf der Homepage des österreichischen Discounters, einer Tochter der deutschen Unternehmensgruppe Aldi Süd.

Dort heißt es weiter: „Unser Erfolg: ein konsequentes Konzept. Die besten Ideen bestechen durch ihre Klarheit und uneingeschränkte Umsetzung. Wir haben uns konsequent dem Discount-Prinzip verschrieben: die Konzentration auf das Wesentliche." Und mit diesem Prinzip ist Hofer immer besser geworden, auch in der Wahrnehmung durch die Kunden, wie das österreichische „Wirtschaftsblatt" schon 2010 berichtete: „Der Image-Index des aktuellen Handels-Checks zeigt es deutlich: Mit 35,8 Prozent Zustimmung ist der Discounter Hofer der mit Abstand beliebteste Lebensmitteleinzelhändler Österreichs, auf den Plätzen zwei und drei liegen die Verbrauchermärkte Merkur und Interspar, erst dann folgen Spar und Billa."

Schon seit Längerem sind alle Discounter dazu übergegangen, nicht nur die für die Grundversorgung mit Lebensmitteln etc. notwendigen Produkte zu verkaufen, sondern zunehmend auch Aktions-Artikel anzubieten, die deutlich über das Grundsortiment hinausgehen: Fernsehgeräte, Videorecorder, Sportausrüstung (inkl. Golf), Bügeleisen, Reisekoffer, Haushaltsgeräte jeder Art, Werkzeug … zuletzt auch Reisen.

Anfang 2013 ist Hofer noch einen Schritt weitergegangen und verkaufte in seinen knapp 450 Filialen in Österreich — Ökostrom! Das ist sogenannter „Grünstrom aus Österreich", der mit folgenden Argumenten beworben wurde:

- keine Grundgebühr
- zu 100 Prozent aus erneuerbaren Energiequellen (0,0 mg/kWh radioaktiver Abfall, 0,0 mg/kWh Treibhausgas-Kohlendioxid)
- zu 100 Prozent aus österreichischen Quellen
- spielend leichter Anbieterwechsel
- empfohlen von Greenpeace

„Die oekostrom AG für Energieerzeugung und -handel ist eine österreichische Beteiligungsgesellschaft im Eigentum von rund 2.000 Aktionären. Das Unternehmen wurde 1999 mit dem Ziel gegründet, eine nachhaltige Energiewirtschaft aufzubauen, Kunden österreichweit mit ‚grünem' Strom zu versorgen und den Ausbau erneuerbarer Energiequellen in Österreich zu forcieren." (o. V. oekostrom.at 2012, online)

http://www.oekostrom.at/ueber-oekostrom/

QR-Code: oekostrom-Homepage

Das war — unter trojanischen Gesichtspunkten — eine hervorragende Kooperationsidee, von den beiden Unternehmen — oekostrom und Hofer — profitiert haben:

- Die Firma oekostrom gewann einen starken Vertriebspartner und damit eine mediale Aufmerksamkeit, die alleine nur schwer und mit großem finanziellen Aufwand zu erreichen gewesen wäre. Sie profitierte außerdem vom Hofer-Image als preisgünstiger, qualitäts- und kundenorientierter Discounter.
- Für das Unternehmen Hofer bot das Grünstrom-Angebot die Chance, sein Grün-Image weiter auszubauen und zu festigen. Schließlich werden zunehmend mehr Produkte aus dem Bereich „Bio" bzw. „*Fairtrade*" ins Sortiment genommen.

Praxisbeispiel: Vaillant und Audi

Zwei Unternehmen bzw. Produktgruppen, die auf den ersten Blick ebenfalls überhaupt nicht zusammenpassen, sind Automobile (hier: Audi) und Heiztechnik (hier: Vaillant). Außer man findet eine Gemeinsamkeit, nämlich das „Made in Germany". In einem Inserat in der österreichischen Kronenzeitung wurde die Frage gestellt: Warum Vaillant?

Vaillant wird nicht immer und überall als deutsches Unternehmen wahrgenommen. Tatsächlich gründete Johann Vaillant im Jahr 1874 im deutschen Remscheid sein Unternehmen als Handwerksbetrieb. Viele sprechen den Namen französisch aus, weil die Schreibweise dazu verleitet, den Namen aus dieser Sprache kommend zu vermuten. Vor allem in Österreich benutzen praktisch alle Experten (Installateure, Techniker etc.) die französische Aussprache.

Da liegt es nahe, dass Vaillant etwas tut, um seine deutsche Herkunft herauszustreichen. Die erwähnte Anzeige, für die wir leider keine Abdruckgenehmigung erhalten haben, tut das mit trojanischen Methoden. Mit keinem Wort in der Anzeige wird auf die Marke Audi verwiesen; aber jeder kennt das Markenlogo. Das Auto, das gerade gewaschen wird, ist leicht am sogar nur teilweise sichtbaren Kühlergrill-Logo als Audi zu erkennen. Und sogar das Spielzeugauto des kleinen Jungen trägt

— wenn man genau hinsieht — das Audi-Logo. Die Aussage ist also: Ein Auto „Made in Germany" hat sich bekanntermaßen „auf der Straße bewährt". Das spricht für „Made in Germany". Und genauso ist Vaillant (deutsch ausgesprochen!) „Made in Germany" bewährt. So funktioniert ein indirekter Imagetransfer.

 http://www.vaillant.de/

QR-Code: Vaillant-Homepage

WISSEN: Schein-Kooperationen

Es gibt — vor allem im medizinischen und Gesundheitsbereich — zahlreiche Marketingaktionen, die sich als Kooperationen tarnen, um beim Konsumenten ein besseres Image zu erzielen. Denken Sie beispielsweise an medizinisches Personal (Ärzte, Apotheker, Zahnärzte, Physiotherapeuten etc.), das medizinische Produkte in Verbindung mit ihrer Fachautorität empfiehlt. Da wird leichthin eine Kooperation mit einer renommierten medizinischen Institution („Institut für …"; „Universität …", „…-Akademie") suggeriert. Der zugrunde liegende Gedanke ist, die Institution als Trojanisches Pferd, als *Testimonial* für die Wirksamkeit und Qualität des beworbenen Produkts zu verwenden.

Kürzlich fanden wir in einem unserer Postkästen eine Nachricht von einer „Initiative für gesunde Hundezähne". Bei näherer Recherche von unserer Seite — auch im Internet — zeigte sich, dass sich eine veterinärmedizinische Universität für eine bessere Gesundheit von Hundezähnen einsetzt. Dass dabei ein bestimmtes Kau-Produkt einer bestimmten Hundenahrungsfirma beworben wurde, schien nebensächlich. Auf den zweiten Blick — nämlich ins Impressum der entsprechenden Internetseite — fanden wir dann als Initiator und Betreiber der Aktion den Namen eines bekannten Konzerns, der u. a. auch Hundenahrung herstellt und vertreibt.

Das sind — was wir hier ausdrücklich festhalten möchten — keine zielführenden Maßnahmen, die das Etikett „Trojanisches Marketing" tragen sollten. Hier geht es eher um eine Irreführung der Endverbraucher. Und das ist keinesfalls das Ziel von Trojanischem Marketing!

Auch hier wollen wir uns noch einmal ausdrücklich von allen kriegerischen Konnotationen des Begriffs „trojanisch" sowie von jeglicher Schadsoftware à la „Trojaner" distanzieren! Das alles hat nichts mit Trojanischem Marketing zu tun!

CHECKLISTE: Kooperationen	
Partner suchen und finden	
passende Sachgebiete	
geeignete Unternehmen	
Branchen mit gleicher/ähnlicher Zielgruppe	
Welche Unternehmen bedienen die Zielgruppen, die Sie gerne als Kunden hätten?	
Konzept erstellen	
Checkliste: Welche Voraussetzungen muss ein Partner erfüllen?	
Kooperationsziele definieren und abgleichen	
Budgets definieren	
Profitsituation klären	
Kooperationsmaßnahmen	
Gemeinsamen Marketingplan erstellen	
Personal einweisen/schulen	
Kooperationsvereinbarung fixieren (schriftlich)	
Verhaltensregeln festlegen	
Ausstiegsszenario definieren	
Vertrauensbildende Maßnahmen	
Erfolgskontrolle	
Berichtswesen etablieren (Transparenz!)	
Kooperation regelmäßig evaluieren	
Mitarbeiter-Incentives einführen	

Zusammenfassung

Kooperationen jeder Art sind ein hervorragendes Mittel, um die eigene Marke aufzuwerten. Ziel ist es, einen Imagetransfer von einer Marke auf eine andere durchzuführen. Zudem besteht der Sinn darin, eine Zielgruppe indirekt zu erreichen, die eine andere Marke bereits erfolgreich „besetzt" hat.

Damit diese Kooperationen wirklich funktionieren, müssen ein paar wichtige Kriterien erfüllt sein, die wir von Julie Purser und Simon Thun übernehmen:

- „Erstens wurde ein überzeugendes, auf die Kundenbedürfnisse zugeschnittenes Konzept entwickelt, das die vorhandenen Stärken der Partner berücksichtigt.

- Zweitens wurde eine echte Win-win-Situation geschaffen, die beiden Kooperationspartnern sowie den Kunden gleichermaßen Mehrwerte bietet.
- Drittens sorgen die verbrüderten Unternehmen durch geeignete Aktivitäten und Initiativen dafür, dass die Kooperation mit Leben erfüllt wird — und zwar von der Konzepterstellung bis zur Lancierung." (Purser, Thun 2011, online)

Zauberei: Magische Rechenmaschine

Abb. 8: Zauberkunststück: Magische Rechenmaschine

Diese Zauberei schafft einen Effekt, der sich hervorragend für *Trade Shows* eignet, da er leicht an Unternehmen und Produkte angepasst werden kann.

Sie zeigen eine scheinbar gewöhnliche Zündholzschachtel (auch geöffnet, sodass man die Zündhölzer sieht) und erklären, es handle sich um eine magische Rechenmaschine, was Sie gleich demonstrieren werden.

Schieben Sie die Schachtel ein wenig auf und zeigen Sie, dass dort die Ziffern von 0 bis 9 aufgedruckt sind. Bitten Sie einen Zuschauer, sich eine dieser Ziffern zu merken.

Wenn Sie die Schachtel ein weiteres kleines Stück aufschieben, erscheint dort beispielsweise eine Telefonnummer. Bitten Sie den Zuschauer, sich eine der Ziffern auszusuchen und zu der vorher gemerkten zu addieren.

Wenn Sie wollen, schieben Sie die Schachtel ein weiteres Stückchen auf und präsentieren z. B. eine Faxnummer. Und wieder dasselbe: Der Zuschauer soll eine der Ziffern aussuchen und zur vorigen Summe hinzuaddieren.

Jetzt kommt die Rechenmaschine zum Arbeiten. Schütteln Sie diese bedeutungsvoll. Dass sie arbeitet, hört man am typischen Geräusch der Zündhölzer, die sich darin befinden.

Nun fragen Sie den Zuschauen nach seinem Rechenergebnis. „Aha!", sagen Sie, „jetzt wollen wir einmal schauen, was meine magische Rechenmaschine dazu sagt."

Wieder schieben Sie die Schachtel ein wenig auf — diesmal von der anderen Seite — und präsentieren das Ergebnis: Die Schachtel zeigt „Stimmt!".

Die Schachtel können Sie leicht selbst präparieren, indem Sie die für Ihr Unternehmen relevanten Nummern sowie das Wort „Stimmt!" auf die innere Schachtel montieren.

Wenn Sie den Gag in größerer Runde vorführen wollen, sollten Sie zu größeren Ausführungen handelsüblicher Zündholzschachteln greifen. Bei diesen kann man zudem die Texte sehr viel leichter anbringen.

P.S. Einer unserer Kunden hat sich von dieser Zündholzschachtel eine größere Menge produzieren lassen, mit Telefon- und Faxnummer als Rechenbasis. Alle Außendienstmitarbeiter sind mit diesen Schachteln unterwegs und präsentieren ihren Kunden den Gag. Anschließend dürfen diese die Schachteln behalten und ihrerseits den Trick in ihrem Bekanntenkreis vorführen. (Das ist virales Marketing ganz ohne Internet!)

4.6   Das Guide-Prinzip – Informationen als Trojanisches Pferd

Was Sie in diesem Kapitel erwartet

Eine clevere Neukundengewinnung ist heute einer der wesentlichen Bausteine, um langfristig am Markt bestehen zu können. Man spricht in diesem Zusammenhang auch von der Lead-Generierung (Interessentengewinnung). Um hier überzeugend aufzutreten, muss man sich von klassischen Direct Mailings und Werbeanzeigen verabschieden und stattdessen versuchen, die potenziellen Kunden mit Informationen und einem konkreten Nutzen indirekt zu erreichen. Eine solche indirekte Ansprache über den „Mittler" Nutzen ist das Trojanische Pferd, mit dessen Hilfe Sie zu hoch qualifizierten Leads gelangen. Ausgehend vom Praxisbeispiel „Wüsten Guide" erfahren Sie in diesem Kapitel schrittweise, auf welche Besonderheiten Sie achten müssen. Nach der Lektüre dieses Kapitels werden Sie über das Know-how verfügen, um Ihren eigenen Guide für Ihr Business zu konzipieren und gewinnbringend in Umlauf zu bringen.

Wir haben bei der Auswahl der Beispiele besonders den Mittelstand im Auge gehabt. Sie erfahren in diesem Kapitel auch, wie Sie Social Media für die Verbreitung Ihrer Botschaft effizient einsetzen können. Ferner geben wir Ihnen konkrete Tipps zur Konzeption eines Guides mittels einer App und sagen Ihnen, worauf Sie dabei achten müssen. Besonderer Wert wurde auf die Einbeziehung von Kooperationspartnern gelegt, da im Rahmen einer solchen Konstellation beide Partner an der jeweils anderen Kundenklientel partizipieren.

Der Begriff „Guide" ist uns nicht leicht gefallen. Ursprünglich haben wir von einer „Fibel" gesprochen, wurden dann aber darauf aufmerksam gemacht, dass „Fibel" doch etwas altmodisch sei. Auch „Ratgeber" wurde vorgeschlagen. Dieser Begriff passt jedoch aus unserer Sicht eher zu allgemeinen Lebensratgebern (für Ehe, Familie, Kindererziehung etc.), jedoch weniger zu einem Marketingfachbuch, wie es hier vorliegt. Wir haben uns daher entschlossen, generell den Begriff „Guide" zu verwenden. Bei einigen Originalbeispielen müssen wir jedoch bei der „Fibel" bleiben, weil die Originale wirklich so heißen.

Praxisbeispiel: Der Wüsten-Guide zum Aufessen

Wir alle kennen die Filmszenen von Personen, die in der Wüste herumirren, fast verdursten und nichts mehr zu Essen haben. Eine oft hoffnungslose Angelegenheit, die manchmal nicht gut ausgeht.

Unsere Geschichte vom Wüsten-Guide, den man sogar essen kann, findet in Dubai statt. Jeder weiß, wie lebensfeindlich, trotz ihrer ungeheueren Faszination, die Wüste sein kann. Doch auch dort gibt es eine erstaunlich umfangreiche Flora und Fauna, die sich den äußerst unwirtlichen Bedingungen stellt.

Abb. 1: Desert Survival Guide, eingepackt in einer Schutzhülle (© mit freundlicher Genehmigung der Jaguar Land Rover Austria GmbH)

Guides werden im Regelfall gelesen, doch unser Protagonist in dieser amüsanten Geschichte, der „DESERT SURVIVAL GUIDE", ist essbar. Ja, Sie haben richtig gelesen: ein Guide zum Aufessen. Auf den ersten Blick eine sehr skurrile Angelegenheit, doch bei genauerer Analyse sehr passend.

Die Fahrzeuge von *Land Rover* werden als sogenannte „Monster of the desert" (Monster der Wüste) vermarktet und sind ganz speziell auch für den Einsatz in der Wüste konzipiert worden, damit man mit den extrem harten Bedingungen dort zurechtkommt. Jedoch sind die Fahrer oft mit diesen höllischen Bedingungen überfordert. *Land Rover* möchte mit dem Wüsten-Guide die Fahrer und deren Beifahrer auf eine ganz besondere Weise beschützen, und das war auch der Grund, warum man sich für die Konzeption des Überlebens-Guides entschied. Man findet im Inneren des Guides zahlreiche Tipps, z. B. welche Pflanzen zum Verzehr geeignet sind, welche Tiere essbar sind und wie man diese jagt. Damit man nach erfolgreicher Jagd seine erlegte Beute nicht roh verzehren muss, gibt es zudem konkrete Anleitungen zum Feuermachen sowie Tipps zum richtigen Umgang mit SOS-Signalen (mittels Feuer oder akustisch). Sehen Sie sich die Anleitung in der folgenden Abbildung an:

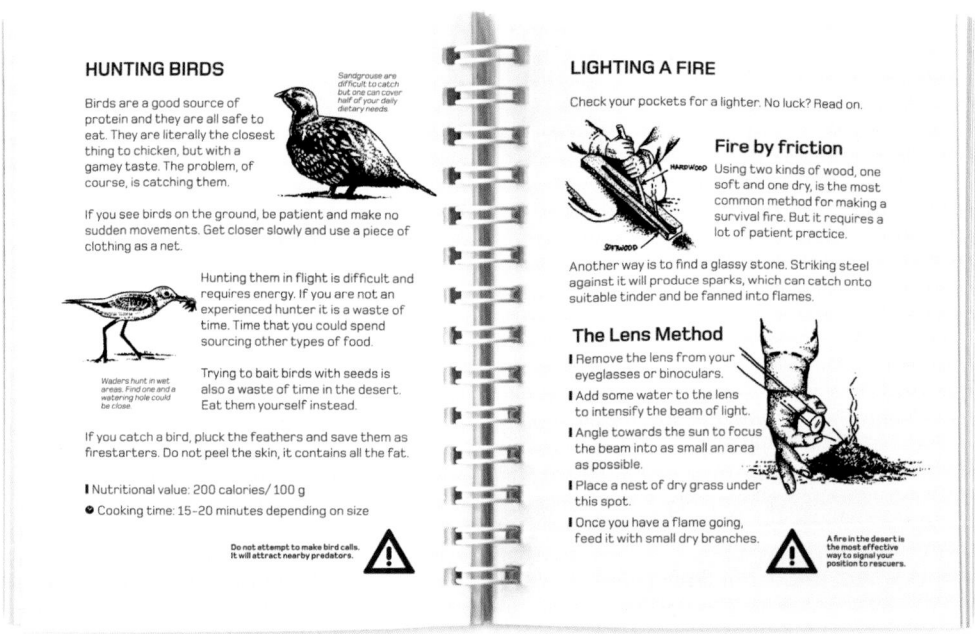

Abb. 2: Auszug aus dem Wüsten-Guide (© mit freundlicher Genehmigung der Jaguar Land Rover Austria GmbH)

Die Verantwortlichen der mit dem Auftrag bedachten Agentur, Young & Rubicam aus Dubai, wollten bei diesem Guide nichts verschwenden, und so beschloss man, dass dieser auch essbar sein sollte — für den Fall der Fälle. Der Nährwert des Guides entspricht übrigens etwa dem eines Cheeseburgers. Der Guide mit einem Gag: Es ist noch eine Nährwerttabelle beigefügt.

Abb. 3: Frontseite Wüsten-Guide (© mit freundlicher Genehmigung der Jaguar Land Rover Austria GmbH)

Der werbliche Erfolg des Guides

Der Erfolg war gigantisch im Hinblick auf die Kundenbindung. Zuerst wurden 5.000 Stück dieses Guides gedruckt und an bestehende Kunden kostenlos verteilt. Sie waren hellauf begeistert. Man merkte dies an den zahlreichen äußerst positiven Kundenstimmen. Aus diesem Grund wurden nochmals 70.000 Stück nachgedruckt, die dann als Supplement einem Automagazin beigelegt wurden, ebenfalls mit äußerst positiver Resonanz. Wir gratulieren den Verantwortlichen zu dieser beeindruckenden trojanischen Guide-Aktion. Besonderen Dank auch an Frau Sarah Hyden von Jaguar Land Rover Austria, die uns die Bilder des Guides aus Dubai sowie den Guide selbst (ist noch nicht verzehrt worden — liegt für die nächste Expedition der Autoren im Regal) besorgt hat. Noch eine Anmerkung: Diese Aktion wurde mit Bronze beim *Cannes Lions Award* in der Kategorie Direktmarketing ausgezeichnet.

Weitere Bilder von dieser Erfolgsgeschichte finden Sie hier:

 http://landrovermena.com/2012/10/04/whet-your-appetite-with-the-edible-survival-guide-from-land-rover-menap/

QR-Code: Land Rover – Wüstenguide

An dieser Stelle wollen wir kurz zusammenfassen, was die trojanischen Elemente dieser Aktion sind:

- Die zu erobernde Zielgruppe setzt sich im ersten Schritt aus den bisherigen Kunden zusammen, im zweiten sind es Neukunden, die man für die Marke gewinnen will.
- Als Trojanisches Pferd wird der Wüsten-Guide eingesetzt, der so überraschende Qualitäten hat, dass man fast gezwungen ist, sich damit zu beschäftigen.
- Indem man sich über die Essbarkeit des Guide amüsiert und dadurch neugierig auf den Inhalt wird, zündet die zweite Stufe der Kommunikationsrakete und man entdeckt den Überlebensleitfaden für die Wüste. Dadurch wird im dritten Schritt implizit „gelernt", dass *Land Rover* ein Fahrzeug ist, das sich für die Bewältigung schwierigster Fahraufgaben eignet und das sich um seine Insassen sorgt, ja diese sogar im *case of emergency* nicht im Stich lässt.
- Etwas Wesentliches, das der Guide neben den bereits genannten Zielen erreichen soll, ist die Gewinnung von Kontaktinformationen, d. h. Adressen von (potenziellen) Kunden. Der Guide bereitet also lediglich den Boden vor, in den die weiteren Marketing- und Verkaufsmaßnahmen gesät werden, um dann in letzter Konsequenz Fahrzeugverkäufe zu ernten.
- Ein Guide dieser unkonventionellen Art führt auch dazu, dass das involvierte Unternehmen bzw. sein(e) Produkt(e) Gegenstand von Mundpropaganda und von Meldungen in Blogs und sozialen Netzwerken wird. Damit verbreitet sich die Information über den gelungenen Marketing-Gag weit über die ursprünglich avisierte Zielgruppe hinaus. Wenn Sie in einer Suchmaschine die Phrase „in case of emergency eat this book" eingeben, finden Sie zahlreiche Webseiten und Foren, die über den beschriebenen Guide berichten, wie z. B. www.incrediblethings.com.

Tipps für die Praxis: Worauf Sie beim Einsatz von Guides achten sollten

- Denken Sie immer daran, dass ein Guide keine reine Werbebroschüre ist, die mit unzähligen Produktdetails glänzt. Zweck eines Guides ist immer, das Image oder eine Leistung Ihres Unternehmens auf trojanische Weise zu transportieren. Der vorher beschriebene Wüsten-Guide hätte nie seine gute Wirkung erzeugt, wenn er nur mit technischen Details z. B. über den Vierrad-Antrieb des neuen *Land Rover* geglänzt hätte. Stattdessen liefert er praktische und sofort umsetzbare Anleitungen zum Überleben in der Wüste, er hat also einen echten Informations- und Nutzwert.

- Eine gut funktionierende Kundendatenbank, ein CRM-System (CRM = Customer Relationship Management bzw. Kundenbeziehungsmanagement), die regelmäßig gepflegt wird, ist das Herz jedes Unternehmens. Denn im Marketing wollen Sie vor allem eines: mit Ihren Kunden kommunizieren. Bauen Sie daher stets Response-Elemente in Ihren Guide ein.

- Der Survival-Guide wurde zuerst an den bestehenden Kundenstamm in einer Auflage von 5.000 Stück versendet. Durch die Nachbearbeitung der postalisch nicht zustellbaren Päckchen konnte die Datenbank aktualisiert werden. Diese Kosten müssen natürlich in der Konzeptionsphase berücksichtigt werden. Als nächster Schritt werden alle begeisterten Kunden, die sich für den Guide bedankt haben, mit einem speziellen *Tag* in ihrem Datenbanksystem markiert. Mit diesen loyalen und begeisterten Kunden können Sie in Zukunft viel effektiver in einen Dialog treten.

- Integrieren Sie Ihren Guide immer in den Kommunikations- bzw. Marketingmix. Dadurch erreichen Sie mehr Aufmerksamkeit und mehr Werbewirkung für dieses trojanische Werkzeug. Integration in den Kommunikationsmix bedeutet, dass der Guide mit allen übrigen Marketingmaßnahmen abgestimmt sein muss, nicht nur im Erscheinungsbild, sondern auch inhaltlich.

- Im Beispiel haben wir beschrieben, dass der Guide in einer Auflage von 70.000 Stück als Beilage in einer Autozeitschrift eingebunden war. Auch hier gab es äußerst viele positive Rückmeldungen von „Noch-nicht-Kunden", sogenannten *Prospects*, die zu *Leads* gemacht werden können. All diese neuen Kontakte müssen natürlich in die Datenbank aufgenommen werden. Bei der Planung sind die dafür erforderlichen Ressourcen zu berücksichtigen, damit der Guide die Aufgabe, zukünftige Kunden zu identifizieren, erfüllen kann.

- Stellen Sie zusätzlich den Guide auch in elektronischer Form auf ihrer Homepage zur Verfügung. (die Essbarkeit ist hier allerdings nur eingeschränkt gegeben.) Dadurch lassen sich weitere Adressen generieren und virale Weiterverbreitungseffekte erzielen.

Guide-Praxisideen für Branchen aus dem Mittelstand

Egal, in welcher Branche Ihr Unternehmen angesiedelt ist, Ihre Kunden sind immer an nützlichen Zusatzinformationen interessiert. Die nachfolgenden Beispiele sollen Sie dazu inspirieren, unabhängig von der Branche Guides zu konzipieren, die Sie als Trojanische Pferde zur Imagesteigerung Ihres Unternehmens und zur Kundengewinnung verwenden können.

GUIDE-BEISPIELE für Ihr erfolgreiches trojanisches Business

Branche/Beruf	Guide-Konzeption
Angelfachgeschäft	Das A bis Z der erfolgreichen Fliegenfischerei
Blumenfachgeschäft	Langfristige Überlebenstipps für Ihre Blumen
Herrenboutique	Dresscode für den Mann von heute
Kinderspielzeugfachgeschäft	Pädagogisch wertvolle Kinderspiele für jedes Alter
Rechtsanwalt	Fallen beim Erbrecht; Die Abmahnfibel
Reisebüro	Optimaler Auslandsschutz mit der richtigen Impfung
Versicherungsmakler	Rundumschutz für Ihr Eigenheim
Zahnarzt	Richtige Mundhygiene von A bis Z

Die oben gewählten Beispiele ließen sich beliebig fortsetzen, denn Guides sind für alle Arten des Business einsetzbar. Wir wollen nun die oben genannten Vorschläge ein wenig durchleuchten und Ihnen dabei noch weitere wertvolle Tipps geben.

Angelfachgeschäft

Analog zum Wüsten-Guide: Schaffen Sie einen Guide, der z. B. die Form eines großen Angelhakens hat und dazu noch wasserfest ist. Dies hat den Vorteil, dass er überall mitgenommen werden kann, und sollte er doch einmal feucht werden, so macht das nichts. Stellen Sie in diesem Guide verschiedene Knotentechniken für das Anbringen der Angelhaken in einfacher Form dar, damit dies spielend leicht von Anfängern und Fortgeschrittenen gelernt werden kann. Wie bereits angesprochen, haben Guides auch die Aufgabe, *Leads* zu generieren. Sie könnten ergänzend auf speziellen Seiten echte Köder integrieren, die tatsächlich verwendet werden können. Sie sehen, hier sind Ihrer Fantasie keine Grenzen gesetzt.

Blumenfachgeschäft

Blumenfachgeschäfte leiden heutzutage unter der enormen Konkurrenz durch international tätige Blumengroßmärkte. Aber: In alteingesessenen Blumengeschäften bekommt man noch immer die besten Ratschläge. Haben Sie z. B. gewusst, dass man frisch gekaufte Sonnenblumen in lauwarmes Wasser geben soll, damit sie länger in ihrer Farbenschönheit erstrahlen? Ein Guide mit Ratschlägen wie diesem wäre eine enorme Bereicherung für die Kunden. Die längere Frischhaltedauer der Blumen wirkt auch als Kundenbindungsverstärker. Zusätzlich könnte man mithilfe eines Kooperationspartners z. B. ein Samenkornpäckchen in den Guide integrieren. Kooperationen, seien sie nun vertikal oder horizontal, generieren immer eine typische Win-win-Situation, da man durch sie die jeweils anderen Distributionskanäle der Partner nutzen kann. Ein zusätzlicher Vorteil besteht darin, dass sich die Kosten für die Guide-Produktion reduzieren.

INFOBOX: Vertikale Kooperation

Vertikale Kooperation bedeutet die Zusammenarbeit mit in der Lieferkette über- oder untergeordneten Unternehmen, also z. B. Einzelhändler mit Produzent. Horizontale Kooperation bedeutet die Zusammenarbeit mit Unternehmen derselben Hierarchiestufe, also z. B. Einzelhändler mit Einzelhändler.

Herrenboutique

Hier wäre eine Fibel mit den Namen „Dresscode für Männer" ein optimales trojanisches Werkzeug. Der Einband sollte natürlich entsprechend gestaltet sein, z. B. aus edlem Stoff. Wir alle kennen den Ausspruch „Kleider machen Leute", und der Erfolgsfaktor *Styling* wird in der heutigen Businesswelt immer wichtiger.

Welche Elemente sollte nun ein solcher Guide beinhalten? Das könnte z. B. ein Kapitel über die psychologische Wirkung der Farben sein. Sie könnten ferner Tipps für die optimale Rasur geben und Parfumvorschläge machen. Zusätzlich könnten Sie das Guide-Konzept mit der DAWOS-Strategie koppeln, indem Sie eine Kooperation mit einer naheliegenden Parfümerie eingehen, wodurch jeder Partner von der Kundenklientel des anderen profitieren würde.

Ein weiteres Kapitel könnte sich „Accessoire-Styling" nennen. Stecktücher, Krawatten, Manschettenknöpfe etc. spielen eine entscheidende Rolle für das gelungene Outfit, denn erst diese, geschickt kombiniert, ergeben das perfekte Äußere. Dazu gehört ebenfalls eine elegante Uhr. Eine Kooperation mit einem nahegelegenen Uhrmachermeister oder Juwelier, wie im Kapitel 4.8 zur DAWOS-Strategie beschrieben, ist naheliegend. Sie könnten dort jeweils die Guides auflegen und zusätzliche *Leads* generieren oder einfach nur das Image des eigenen Geschäfts in Erinnerung rufen.

**WICHTIG: Social Media für Ihren Guide-Erfolg
am Beispiel der Herrenboutique**

Wollen Sie *Social-Media*-Plattformen nutzen, ist es wichtig, den Guide zusätzlich in elektronischer Form auf Ihrer Homepage anzubieten. Vergessen Sie dabei aber nie, dass Sie bei jeder Anfrage die Kundendaten erfassen, denn die Datenbank will ja ständig gefüttert werden. Zusätzlich können sie Ihren Guide auch in Ihren diversen *Social-Media*-Profilen beschreiben und einem Link auf Ihrer Webseite schalten. Nutzen Sie zusätzlich die Geburtstage ihrer persönlichen Kontakte als trojanische Pferde. Nahezu jeder freut sich ganz besonders an diesem Tag über eine persönliche Nachricht.
Wir haben für Sie ein Beispiel formuliert:

Lieber Herr Trojan!
Zu Ihrem heutigen Geburtstag wünsche ich Ihnen alles Liebe, viel Erfolg und natürlich Gesundheit! Passend zu Ihrem Geburtstag sende ich Ihnen noch mein Lieblingszitat: „Das Leben kann nur in der Schau nach rückwärts verstanden, aber nur in der Schau nach vorwärts gelebt werden" (Sören Kierkegaard).

Herzliche Grüße und genießen Sie heute Ihren persönlichen Tag!

Max Mustermann

PS: Ein kleines Geburtstagsgeschenk darf natürlich nicht fehlen. Mein neuer Guide „Dresscode für Männer" ist soeben erschienen und für Sie kostenlos auf meiner Homepage [hier ihre Domain eingeben] beziehbar.

Bitte achten Sie darauf, dass Sie Ihr Geburtstagsschreiben zielgruppengerecht formulieren. Wenn das Geburtstagskind eine weibliche Person ist, dann schreiben Sie dazu, dass es schön wäre, wenn sie diesen Guide weiterempfiehlt.

Einen speziellen Guide für Männer verbreitet seit einigen Jahren Triumph. Er trägt den Namen: „Gesprächs-Stoff für Männer. Was Er über Damen-Dessous wissen sollte. Österreichs 1. Wäscheratgeber für Männer." Ziel dieses Guides ist es, Männer als zusätzliche Zielgruppe in die Geschäfte zu bringen, damit diese u. a. elegante Dessous für ihre Frauen kaufen. Schauen Sie sich diesen eleganten Guide doch im Internet an:

 http://www.triumph.com/at/ewt_assets/AT/
triumph_maennerratgeber.pdf

QR-Code: Triumpf: Männer-Wäscheratgeber

Kinderspielzeugfachgeschäft

Spielzeug bietet ein breites Territorium für kreative Guide-Ideen. Ein Vorschlag: Entwickeln Sie einen Guide „Pädagogisch wertvolle Kinderspiele für jedes Alter". Suchen sie einen erfahrenen Pädagogen als Kooperationspartner, der Sie mit wertvollen Impulsen füttert. Optimal wäre jemand, der bereits bekannt ist, da sie dann dessen Reputation als Trojanisches Pferd nutzen könnten. Dies sind sogenannte *Opinion Leader* (Meinungsführer). *Opinion Leader* verfügen über Informationen, die sie z. B. aus unterschiedlichen Medien (klassische Presse, *Social Networks* etc.) gewinnen. Diese Informationen geben sie an Menschen aus ihrem sozialen Umfeld weiter, die ihrerseits nicht den Informationsstand der *Opinion Leader* haben. Das Konzept der *Opinion Leaders* wurde erstmals 1944 in einer wissenschaftlichen Panelstudie (Lazarsfeld et al. 1944) vorgestellt.

Es gibt Marketingsituationen, in denen es zielführend ist, an das „Wir-Gefühl" der Zielgruppe zu appellieren. Dies trifft im Besonderen auch auf Aktivitäten zu, die sich an Eltern richten. Berücksichtigt man dies, könnte ein trojanisches Konzept für das Kinderspielzeugfachgeschäft folgendermaßen aussehen:

Bestimmte Kinderspiele werden im Guide von den Eltern selbst beschrieben, ausgestaltet werden die Beschreibungen mit selbstgemachten Bildern. Ergänzend geben der *Opinion Leader* und eine Kinderpädagogin wertvolle Inputs. Marketinggerecht aufbereiten könnten Sie das Ganze mittels der Technik des *Storytelling*, über die Sie im Kapitel 4.2 „Vorhandenes verwenden — Vorlagen und Muster trojanisieren" bereits detaillierte Informationen erhalten haben. Zusätzlich wird eine Facebookseite gestaltet, auf die Eltern Bilder, die sie beim Spielen mit ihren Kids zeigen, hochladen können. Das schafft vor allem Identifikation mit der Gruppe — und durch die „Teilen"-Funktion lassen sich wunderbare virale Effekte erzeugen.

WICHTIG: Social Media für Ihren Guide-Erfolg am Beispiel eines Kinder-spielzeugfachgeschäfts

---

Heute ist es extrem wichtig, die einzelnen *Social-Media*-Kanäle miteinander zu verbinden bzw. zu vernetzen. Im konkreten Fall wäre es ideal, eine eigene *Community* in einer zielgruppenadäquaten *Social-Media*-Plattform einzurichten. Hier müssen Sie vor allem darauf achten, dass Sie einen geeigneten Gruppennamen finden. Eine Gruppenbezeichnung wie z. B. „Kinderspielzeugfachgeschäft Max Mustermann" würde nicht den gewünschten Erfolg bringen, da dies sofort mit plumper Werbung für das Geschäft assoziiert würde. Denken Sie trojanisch: Man wählt eine Bezeichnung, die implizit, also indirekt mit dem hier beschriebenen Vorhaben zu tun hat. Vorschläge wären z. B. Gruppennamen wie „Pädagogische Kinderarbeit", „Mit Kindern pädagogisch richtig spielen", „Spaß und Freude mit Kindern durch die richtigen Spiele" etc. Über Ihre *Community* können Sie dann zielgruppenkonform den Guide mittels eines Newsletters versenden bzw. im Newsletter einen Link zum Download des Guides einbauen. Zum Aufbau der *Community* werden wir uns in diesem Buch noch mehrfach äußern, denn dies ist eine sehr effektive Waffe im trojanischen Marketing.

Ein weiteres Mittel, das in der Zeit von *Social Media* immer bedeutender wird: Apps als Guides einzusetzen. Apps sorgen für eine noch bessere virale Verbreitung des Guides, denn durch das immer präsente Smartphone ist er als App stets griffbereit.

Doch vielen Unternehmen fällt es nach wie vor schwer, ihre Werbebotschaften via App unters Volk zu bringen. „Es gibt immer noch eine entscheidende Fehleinschätzung", sagt Jan Gessenhardt, Geschäftsführer der Agentur Aperto Move. „Die Aktivitäten zielen bisher meist darauf ab, die bestehenden Ansätze aus anderen Werbekanälen lediglich eins zu eins auf Smartphones zu übertragen." Dabei werde unterschätzt, dass das mobile Nutzungsverhalten ganz anders ausfalle als beispielsweise beim Surfen am PC." (Peer 2012a, online)

Bedenken Sie dabei immer, dass eine App niemals den Nutzer enttäuschen soll, da sonst gravierende Imageschäden entstehen, betont Stephan Enders von der Wiesbadener Agentur Scholz & Volkmer. (vgl. Peer 2012, online)

„Am größten sei der Erfolg einer App aus seiner Sicht, wenn sie sowohl zu der Werbebotschaft des Unternehmens als auch zur Nutzungssituation des Anwenders passe. So entwarf seine Agentur für die Biermarke Carlsberg einen App-Prototypen für Musikfestivals, die von der Firma gesponsert werden. Auf der interaktiven Geländekarte sehen Besucher nicht nur den nächsten Bierstand, sondern auch, wo sich ihre Freunde gerade aufhalten oder vorgemerkte Konzerte stattfinden. Auch das eigene Zelt kann mit GPS-Daten markiert werden, sollte sich der Nutzer im Getümmel verlaufen." (Peer 2012b, online)

Man könnte daraus folgende Schlüsse für die Gestaltung der App des Kinderspielzeugfachgeschäftes ziehen: In der heutigen Zeit gibt es viele alleinerziehende Mütter oder Väter, für die es oft schwierig ist, mit anderen Elternteilen, die ebenfalls alleinerziehend sind, in Kontakt zu kommen und sich mit ihnen auszutauschen. Genau hier könnte die App ansetzen. Wie hilfreich wäre es, wenn man sich mittels GPS-Daten auf dem Smartphone auf einem Kinderspielplatz einloggt und dann darüber informiert wird, wer sich — identifiziert über die App des Kinderspielzeugfachgeschäftes — ebenfalls hier aufhält. Somit kann das Unternehmen einen sehr wertvollen Zusatzdienst anbieten: Das Kennenlernen von Gleichgesinnten. Und die reden dann natürlich miteinander über pädagogisch wertvolle Spiele für ihre Kids.

Rechtsanwalt

Was haben Ärzte, Wirtschaftstreuhänder und Rechtsanwälte gemeinsam? Sie unterliegen in ihrer freiberuflichen Tätigkeit gewissen werblichen Restriktionen. Doch mittels eines Guides, eines Ratgebers oder einer Fibel, wie immer man es nennt, lassen sich solche Restriktionen geschickt trojanisch umgehen. Speziell für Rechtsanwälte werden wir dies noch gesondert in diesem Kapitel erläutern.

Versicherungsmakler

Besonders junge Menschen, die in der Versicherungsbranche tätig sind, haben es heute wegen der immensen Konkurrenz sehr schwer, einen eigenen Kundenstamm aufzubauen. Dies erfordert sehr viel Geduld, ausgeprägte kämpferische Verkaufsqualitäten und auch das richtige Timing, am rechten Ort zur rechten Zeit zu sein. Wie man dies sehr effektiv angehen kann, werden wir Ihnen in diesem Buch noch anhand eines *Social-Media*-Marketing-Beispiels auf XING vorstellen.

Kommen wir aber zum Guide zurück. Vom *Dessert Survival Guide* der Fahrzeugmarke *Land Rover* haben wir gelernt, wie wichtig es zum einen ist, bei der Guide-Konzeption durch die Brille der anvisierten Zielgruppe zu sehen. Zum anderen ist es entscheidend, der Zielgruppe einen konkreten Nutzen zu übermitteln und damit einen Bedeutungsaufbau beim Empfänger der Werbebotschaft zu fördern. Es ist ein Phänomen unserer Zeit, dass einfach oft zu schnell gehandelt wird. Überlegungen dazu, welches die wichtigsten Motive unserer Kunden sind, bleiben dann häufig auf der Strecke. Besonders die Motive, die mit Sicherheit, Schutz, Vorsorge zu tun haben, stellen für einen Versicherungsprofi wichtige Anknüpfungspunkte für ein erfolgreiches Trojanisches Marketing dar.

Schlagzeilen wie „93-Städte-Check: Jede 157. Wohnung in Deutschland, Österreich & Schweiz ausgeraubt / Zürich jede 27. / 90.000 Wohnungen in 365 Tagen / Täter oft Ausländer-Gangs / über 250 Mio. Euro Schaden" (Korosides, Neubert 2011, online) geben uns zu denken. Wenn Sie nun wissen wollen, ob ihre Region bzw. Stadt von Wohnungseinbrüchen massiv heimgesucht wird, dann empfehlen wir Ihnen, die Studie „93-Städte-Studie. Wohnungseinbrüche in Deutschland, Österreich und Schweiz", die Sie über den nachfolgenden QR-Code kostenlos beziehen können (vgl. Korosides, Neubert 2011, online):

 http://www.kripo.at/NEWS_Artikel/2011/01/110114einbruch.pdf

QR-Code: Studie zur Wohnungseinbruchsstatistik

Diese leider nicht erfreulichen Informationen wären ein möglicher Ansatzpunkt für einen Versicherungsmakler bzw. eine Versicherung, einen Guide mit den Namen „Rundumschutz für Ihr Eigenheim" zu entwerfen, in dem vor allem praktische Tipps zur Einbruchsicherheit und -vorbeugung enthalten sind. Als idealer Kooperationspartner wäre hier der „Kriminalpolizeiliche Beratungsdienst" zu nennen, der umfangreiches Wissen über die Prävention gegen Einbrüche hat. Ideale weitere lokale Kooperationspartner wären hier Sicherheitstüren und -fensteranbieter, da sie zu einem solchen Guide optimal passen. Bedenken Sie aber auf jeden Fall, dass ein Guide immer mit konkretem Wissen glänzt und keine reine Werbebroschüre darstellt. Die Autoren dieses Buches haben im Vorfeld bei ihrer Recherche eine große Anzahl von Guides analysiert und mussten leider feststellen, dass die meisten dieser Fibeln und Ratgeber nicht das Attribut Guide verdienen, da sie oft nur ein „Werbefleckerlteppich" sind.

Zahnarzt

Guides im medizinischen Bereich lassen sich auf vielen Ebenen realisieren. Warum Guides für Ärzte eine so große Bedeutung im Trojanischen Marketing haben, liegt in der Tatsache begründet, dass Ärzte Werberestriktionen unterliegen.

Ein Guide für einen Zahnarzt könnte z. B. den Namen „Richtige Mundhygiene von A bis Z" haben, wobei hier zusätzlich noch eine Kooperation mit einer in der Nähe liegenden Apotheke stattfinden kann, die ihrerseits einen Guide mit der Bezeichnung „Gesichtspflegefibel" herausbringt. Für Apotheken sind Kosmetika als hochpreisige Produkte willkommene zusätzliche Umsatzbringer. Da der Guide der Apotheke auch in der Zahnarztpraxis ausliegt, spielt der Zahnarzt das Trojanische Pferd für die Apotheke und natürlich umgekehrt, da die Apotheke den Guide „Richtige Mundhygiene von A bis Z" bei sich auslegt. Hier liegt wieder eine typische Win-win-Situation für beide Kooperationspartner vor.

Das eben beschriebene Beispiel kann man noch ausbauen, indem neue Elemente in den Guide integriert werden. So wissen wir, dass es mitunter zu längeren Wartezeiten bei Ärzten kommen kann. Sie können z. B. den „Arztguide" mit einem Kreuzworträtsel oder einem Sudoku anreichern, um die Wartezeit zu verkürzen. Für die Praxis bedeutet dies, dass die Patienten gleich beim Empfang den Guide in die Hand bekommen. Wenn dies persönlich geschieht, dann wird automatisch eine höhere Identifikation mit dem Guide und dem Arzt erreicht. Lassen Sie beim Guide, am besten auf der Umschlagseite, noch ein freies Feld übrig, damit der Patient seinen eigenen Namen selbst eintragen kann. Dieses trojanische Werkzeug, die eigene persönliche Handschrift, haben Sie bereits ausführlich in diesem Buch kennengelernt. Zusätzlich könnte man noch Malseiten für Kinder integrieren. Sorgen Sie aber für ausreichenden Vorrat an Buntstiften für Ihre kleinen Patienten!

Praxisbeispiel: Guide zur Raucherentwöhnung

Dieses Beispiel handelt von der Guide-App „Rauchfrei durchstarten: Mit individueller Unterstützung für jeden Raucher" des Pharmakonzerns Pfizer, der u. a. ein Medikament zur Unterstützung der Raucherentwöhnung anbietet.

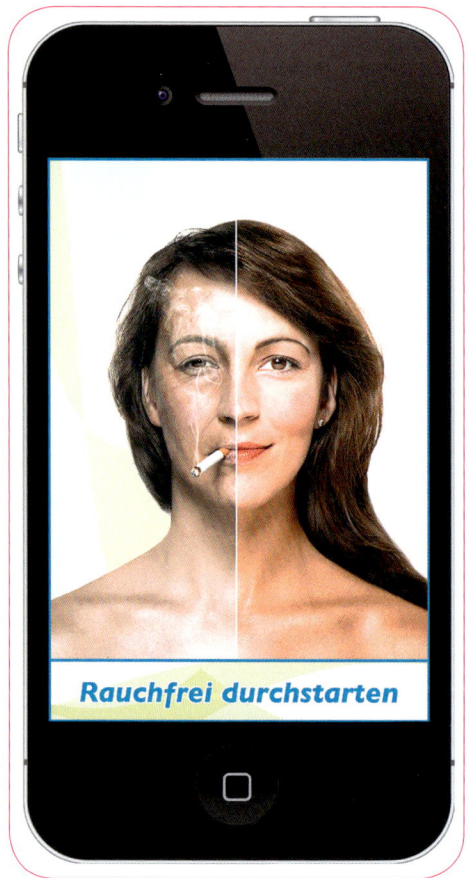

Abb. 4: Vorderseite „Rauchfrei durchstarten" (Flyerversion) (© Pfizer, mit freundlicher Genehmigung der MedMedia Verlag und Mediaservice GmbH)

„Bei der Entwicklung dieser App wurde besonderer Wert auf qualitativ hochwertigen, medizinischen Inhalt und größtmögliche Individualisierung gelegt — denn jeder Raucher ist anders! Zugeschnitten auf die persönliche Motivation, das individuelle Rauchverhalten und den Grad der Abhängigkeit, der mithilfe des Fagerström-Tests eruiert wird, begleitet die App „Rauchfrei durchstarten" den Raucher mit animierenden Botschaften, hilfreichen Tipps und motivierenden, spielerischen Elementen durch den Entwöhnungsprozess. Parallel wird ein elektronisches Rauchertagebuch geführt. Dies zeigt über den Zeitverlauf, in welchen Situationen besonders gerne zur Zigarette gegriffen wird, und bildet so eine sehr gute Hilfestellung zur strukturierten Entwöhnung — auch in Kooperation mit dem Arzt." (Handl 2012, online)

INFOBOX: Fagerström-Test

Der Fagerström-Test, eigentlich „Fagerström-Test für Nikotinabhängigkeit (FTNA)", ist eine Methode zur Ermittlung der Nikotinabhängigkeit von Rauchern. Er erhebt nikotinrelevante Suchtkriterien in Form eines kurzen Fragebogens.

Die Guide-App „Rauchfrei durchstarten" kann kostenlos im App Store und Google play Store heruntergeladen werden.

Abb. 5: Rückseite „Rauchfrei durchstarten" (Flyerversion) (© Pfizer, mit freundlicher Genehmigung der MedMedia Verlag und Mediaservice GmbH)

Diese App wurde mittlerweile ein großartiger Erfolg, denn immer mehr Menschen wollen mit dem Laster des Rauchens aufhören. Wenn Sie noch rauchen, dann laden Sie sich einfach diese kostenlose App herunter und lassen Sie sich von der Funktionalität überzeugen.

Was Guide-Apps erfolgreich macht

Bei unseren bisher angeführten Beispielen haben wir gezeigt, wie wichtig es ist, Kooperationspartner mit in das Projekt zu integrieren. Diese können verschiedene Funktionen im Guide-Prinzip ausführen. Beim Guide-App „Rauchfrei durchstarten" hat Pfizer mit dem Nikotin-Institut des Instituts für Sozialmedizin der Universität Wien und der Österreichischen Gesellschaft für Allgemeinmedizin (ÖGAM) kooperiert. Es war das Ziel, den Guide mit wissenschaftlich basierten Daten und Fakten anzureichern, um ihn damit fundierter zu machen. Als Entwickler wurde die Agentur MedMedia mit an Bord geholt.

Ein anderes Ziel bei der Integration von Kooperationspartnern besteht darin, die Distributionskanäle des jeweils anderen zu nutzen. Dies haben wir beim Zahnarzt-Guide bereits dargelegt. Um eine bessere Verbreitung der Raucher-App zu erzielen, wurde auch eine gedruckte Flyerversion, welche wir hier abgebildet haben, produziert. Dieser Flyer wird hauptsächlich in Apotheken aufgelegt. Hier wird im Sinne der DAWOS-Strategie die Zielgruppe genau erreicht — die gesundheitsbewussten zukünftigen Nichtraucher bzw. deren Angehörige.

WICHTIG: Ideen für Ihren Guide-Erfolg mit „In-App Ads"

Was den Guide in Form einer App so interessant macht, ist die Tatsache, dass mögliche Kooperationspartner mittels einer Werbeanzeige integriert werden können. Aber Vorsicht dabei: Guides, auch wenn sie als App auf den Markt kommen, sind niemals reine Werbebroschüren, sonst verlieren sie ihre trojanische Wirkung. Seien Sie mit Werbung sparsam! Einer einzigen Werbeanzeige des Kooperationspartners ist aber nichts entgegen zu halten. Eine wahre Anzeigen-Flut dagegen verfehlt die Wirkung. In der Fachsprache werden diese Anzeigen in Apps als „In-App Ads" bezeichnet.[8]

Eine US-amerikanische Studie von *Strategy Analytics* belegt, dass „In-App Ads" auf dem besten Weg sind, den Werbemarkt zu revolutionieren. Dies sind Anzeigen, die innerhalb einer geöffneten App wie z. B. einer App zur Analyse Ihres Raucherverhaltens eingeblendet werden, oder in ein Spiel integriert sind. Anstatt auf üblichen Ads auf mobilen Websites zu werben, werden die „In-App Ads" nach den Studienergebnissen von *Strategy Analytics* immer häufiger von Werbern eingesetzt. Wie groß der Markt ist, zeigt die Studie, die angibt, dass ca. drei Mrd. US-Dollar für „In-App Ads" ausgegeben werden, und das Kaufvolumen der Konsumenten wird mit ca. 26 Mrd. Dollar angegeben. Gigantische Zahlen! Der Vorteil dieser „In-App Ads"

---

[8] „Ads" ist die Kurzform für „advertisement" (engl.; Werbung, Reklame, Zeitungsinserat).

liegt darin, dass diese an die Smartphones angepassten Werbeformate eine gezieltere Kundenansprache ermöglichen (o. V., social-media-aachen.de 2012, online).

Wenn Sie sich mehr für das spannende Thema App-Marketing interessieren, können Sie über den folgenden QR-Code die kostenlose Studie „*Be The Best In Your Mobile App Marketing*" beziehen. Darin sind zahlreiche Tipps für erfolgreiche Kampagnen im *Mobile App*-Marketing enthalten — sieben Schritte von der Produktentwicklung bis zur stetigen Optimierung sowie ein Glossar mit den wichtigsten Begriffen der *Mobile Industry*.

 http://www.trademob.com/de/free-papers/

QR-Code: Studie App-Marketing

Der wesentlichste Knackpunkt, wenn Sie einen Guide in Form einer App anbieten, ist immer noch die Vermarktung, die hier natürlich auf besondere Art und Weise erfolgen muss. Darüber gibt es eine sehr interessante Diplomarbeit von Gregor Vollbach, der durch seine Untersuchungen wertvolle Impulse gibt, wie man auf wirkungsvolle Weise die Apps an seine spezielle Zielgruppe bringt. Die Ergebnisse sammelte er mittels einer Online-Umfrage bei 341 App-Nutzern, denen die Frage gestellt wurde, wie sie eine App entdeckten und durch welche Faktoren sie von ihr überzeugt wurden. Die wichtigsten Ergebnisse dieser hoch interessanten Studie wurden auf *mobilezeitgeist.com* von Martin Lawrence zusammengestellt (Lawrence 2012, online):

Wie Nutzer Apps entdecken

Eine der spannendsten Erkenntnisse der Umfrage ist, wie Nutzer Apps entdecken. Hier die wichtigsten Wege:

1. Beim Stöbern im App Store (33 Prozent)
2. Bei der Suche nach einer bestimmten Funktion (33 Prozent)
3. Durch Blogs und Reviews (16 Prozent)
4. Über Freunde oder Bekannte (13 Prozent)
5. Durch Werbung (4 Prozent)

Tipps für die Praxis: Apps bekannt machen

- Durch Stöbern entdeckt zu werden setzt voraus, dass eine App es in die Top-Listen schafft.
- Ein App Boosting hilft, eine neue App temporär in die Top-Listen hochzuschießen — danach muss sie sich selbst tragen.
- Die Auswahl der richtigen Keywords hilft Nutzern, die App zu finden. App Store SEO (SEO = Search Engine Optimization, d. h. Suchmaschinen-Optimierung) kostet wenig und hat viel Potenzial.
- Werbung spricht nur wenige Nutzer an. Darüber nachhaltig Downloads zu generieren, ist nur für hochprofitable Apps sinnvoll (Lawrence 2012, online).

INFOBOX

App Boosting bezeichnet alle Maßnahmen, die gesetzt werden, um kurzfristig die Abrufzahlen einer App zu steigern — inkl. Bekanntmachung durch klassisches Marketing und PR.

 http://www.mobile-zeitgeist.com/2012/05/07/
app-vermarktung-was-wirklich-zieht/

QR-Code: App-Vermarktung – was wirklich zieht

Weitere Tipps finden Sie unter: http://www.mobile-zeitgeist.com/2012/05/07/app-vermarktung-was-wirklich-zieht/. Sie finden dort hervorragende Praxistipps, die Sie bei der Konzeption Ihres App-Guides unbedingt berücksichtigen sollten — zusammengestellt von Martin Lawrence (vgl. Lawrence 2012, online). Wenn Sie sich die Ergebnisse der Studie von Gregor Vollbach im Detail ansehen wollen, können Sie diese mit dem folgenden QR-Code finden. Die wissenschaftliche Studie ist ein Muss für jeden trojanisch denkenden Marketer, der App-Guides gewinnbringend in Umlauf bringen will.

 http://www.mobile-zeitgeist.com/wp-content/uploads/2012/05/
Informationsverhalten+vor+dem+App+Download.pdf

QR-Code: Detailergebnisse der Studie über Apps von Gregor Vollbach

Praxisbeispiel: Guide für Rechtsanwälte

Wie wir bereits wissen, unterliegen bestimmte freie Berufe, wie z. B. Ärzte oder Rechtsanwälte, werblichen Restriktionen. Doch mithilfe des Guide-Prinzips lassen sich diese trojanisch umgehen und damit kann eine enorme Breitenwirkung erzielt werden.

Besonders im heutigen Marketing ist man sehr häufig mit rechtlichen Fragestellungen konfrontiert. Dies betrifft vor allem Markenrecht, Urheberrecht, Domainrecht etc. Wenn Sie als Marketingfachmann bzw. als Geschäftsmann nicht mit dem nötigen juristischen Grundwissen ausgestattet sind, können Sie leicht in eine Falle geraten und dann ist guter Rat wirklich teuer. Kennen Sie in einem Notfall den richtigen Rechtsanwalt, der sich fundiert mit dieser Materie auskennt?

„Abgemahnt? Die Erste-Hilfe-Taschenfibel"

Ein gelungenes Beispiel für unser Thema bietet der deutsche Rechtsanwalt Thomas Seifried mit „Abgemahnt? Die Erste-Hilfe-Taschenfibel": Kostenloses Ebook über die Abmahnung im Wettbewerbsrecht, Markenrecht, Domainrecht, Geschmacksmusterrecht, Internetrecht und Urheberrecht". Dieses „Ebook" liegt in einer aktualisierten Neuauflage vor, wurde an die neueste deutsche Rechtsprechung (Stand Mai 2012) angepasst und beantwortet dem Empfänger einer Abmahnung die wichtigsten Fragen (vgl. Seifried 2012, online):

- „Kann man die Sache aussitzen?
- Kann man die vorformulierte Unterlassungserklärung modifizieren?
- Muss man die Rechtsanwaltsgebühren und die eventuell zusätzlich verlangten Patentanwaltsgebühren bezahlen?
- Wie detailliert muss man Auskunft geben?
- Welche Indizien deuten darauf hin, dass eine Abmahnung zweifelhaft oder sogar rechtsmissbräuchlich ist?

Die trojanische Toolbox

- Was passiert bei einem Verstoß gegen die Unterlassungserklärung? Kann auch durch ein Nichtstun gegen die Unterlassungserklärung verstoßen werden? Bestehen eventuell sogar Handlungspflichten?
- Kann ich zum Gegenangriff übergehen und eine Gegenabmahnung aussprechen?" (Seifried 2012, online)

Ferner werden in dieser Fibel auch kurze Überblicke über typische Zweifelsfälle im Markenrecht, Wettbewerbsrecht, Geschmacksmusterrecht und Domainrecht dargestellt. All dies sind sehr nützliche Informationen in unserer juridifizierten Welt.

Was uns besonders gut gefallen hat, sind die Weiterempfehlungsbuttons für *Facebook*, *Twitter* & Co. Damit können wiederum gezielt virale Effekte erzielt werden. Wir möchten Ihnen diesen Guide, den Sie mit dem nachfolgenden QR-Code kostenlos herunterladen können, sehr empfehlen.

 http://www.gewerblicherrechtsschutz.pro/
index.php?id=abgemahnt_die_erste_hilfe

QR-Code: Fibel „Abgemahnt"

Noch einige Anmerkungen dazu, wie man einen Guide optimal an die Zielgruppe bringt. Hier sind vor allem *Communities* in XING, die sich mit den Themen Marketing, Vertrieb, Sales, Markenrecht, Urheberrecht etc. beschäftigen, primäre Kommunikationsmedien. Nutzen Sie diese gezielt und beantworten Sie dort auch die Kommentare der anderen Mitglieder der jeweiligen *Community*. Das alleinige Posten einer Mitteilung, dass es einen solchen Guide gibt, ist zu wenig. Bauen Sie daher in Ihrem Beitrag auf XING auch eine Bitte um Feedback ein, z. B. wie der Guide gefallen hat, was vermisst wurde etc. Dies führt dazu, dass Ihr Beitrag mehr gelesen wird und letztlich auch häufiger heruntergeladen wird. Als nächsten Schritt stellen Sie Ihren XING-Beitrag auch in *Twitter* ein. Somit erreichen Sie nochmals mehr Menschen. XING bietet ein solches „Beitrag-Sharing" für *Twitter* und *Facebook* an. Ein einfacher Klick genügt.

Praxisbeispiel: Guide für Steuerberater und Wirtschaftstreuhänder

Die Unternehmensnachfolge ist für viele Wirtschafts-Dienstleister wie Steuerberater, Rechtsanwälte, Wirtschaftstreuhänder etc. ein wichtiger Umsatzbringer. Hier gilt es vor allem, frühzeitig zu wissen, wann und wo eine solche stattfindet. Sie haben bereits erfahren, dass Guides vor allem eine wichtige Funktion haben: Ein Guide ist das optimale trojanische Werkzeug zur *Lead*-Generierung. Heute können Sie nicht mehr über das Telefon wahllos Kaltaquise betreiben, denn in den meisten europäischen Ländern verbieten das die Telekommunikationsgesetze.

Die Unternehmensnachfolge ist ein riesiger Markt; allein in Deutschland sind jährlich rund 22.000 Betriebe betroffen. Hierbei geht es vor allem um die Nachfolgeplanung, Übernahmeverpflichtungen, Gesellschaftsrecht, Haftungsfragen etc., die oft nur von Spezialisten richtig beantwortet werden können.

„Das ifM Bonn schätzt seit Beginn der 1990er Jahre in regelmäßigen Abständen die Anzahl der anstehenden Unternehmensübertragungen in Deutschland. Nach aktuellen Schätzungen steht im Zeitraum von 2010 bis 2014 in 110.000 Familienunternehmen die Übergabe an (ca. 3 Prozent aller Familienunternehmen). Dies entspricht 22.000 Übergaben pro Jahr. Von den Übertragungen werden im Fünf-Jahres-Zeitraum 1,4 Mio. Beschäftigte oder 287.000 Beschäftigte pro Jahr betroffen sein. Das Erreichen des Ruhestandsalters stellt mit einem Anteil von 86 Prozent den häufigsten Übergabegrund dar, gefolgt von Übergaben aufgrund von Tod (10 Prozent) und Krankheit des Eigentümers (4 Prozent).

Die meisten Unternehmensübertragungen sind im Prognosezeitraum in Nordrhein-Westfalen zu erwarten, dem Bundesland mit dem größten Unternehmensbestand, die wenigsten im Stadtstaat Bremen. Auf Westdeutschland entfallen insgesamt 83,9 Prozent und auf Ostdeutschland (einschließlich Berlin) 16,1 der anstehenden Übergaben." (Kay 2012, online)

Interessant dabei ist, dass mehr als die Hälfte der Unternehmensübergaben (54 Prozent) an die eigenen Kinder bzw. an andere Familienangehörigen erfolgt. Bei 29 Prozent wird eine sog. unternehmensexterne Lösung gefunden und bei 17 Prozent der Familienbetriebe erfolgt die Übergabe an Mitarbeiter des Unternehmens (vgl. Kay 2012, online).

All diese Zahlen sprechen eine deutliche Sprache; hier kann Trojanisches Marketing mittels eines Guides seine Kraft entfalten. Ein sehr gutes Beispiel dazu ist der Guide zur Unternehmensnachfolge von TPA Horwath mit dem Slogan „Erst nachlesen. Dann nachfolgen.". Das Unternehmen zählt zu den führenden Steuerberatungs- und Wirtschaftsprüfungsunternehmen in Österreich sowie in Mittel- und Osteuropa und beschäftigt rund 450 Mitarbeiter an elf Standorten in Österreich. Insgesamt beschäftigt das Unternehmen weitere zirka 1.000 Mitarbeiter in zehn Ländern.

Abb. 6: Unternehmensnachfolge-Guide von TPA Horwath (© TPA Horwath: Unternehmensnachfolge-Guide von TPA Horwath)

Den Unternehmensnachfolge-Guide sowie zahlreiche andere interessante Publikationen des Unternehmens können Sie mittels des nachfolgenden QR-Codes beziehen.

http://www.tpa-horwath.com/de/publikationen/
publikationen-uebersicht

QR-Code: Publikationen von TPA Horwath

TPA Horwath bietet darüber hinaus weitere nützliche Guides wie z. B. „Große Tipps zum österreichischen Steuersystem im kleinen Format." (Steuerservice-Guide mit aktuellen Informationen und Tipps) oder einen speziellen Zielgruppen-Guide für die Immobilienbranche „Umfassendes steuerliches Spezialwissen für die Immobilienbranche auf 0,021 m^2" (Immo-Guide mit Infos zur Besteuerung unbeweglichen Vermögens in Österreich) an.

Abb. 7: Steuerspartipp-Guide von TPA Horwath (© TPA Horwath)

All diese Guides haben, wie bereits beschrieben, eine zentrale Aufgabe im trojanischen Marketing: Sie sollen zielgruppenrelevante Adressen potenzieller Neukunden beschaffen.

Guide-Ideen für die Praxis: Social Media mit „SlideShare"

Sie haben bis jetzt in diesem Kapitel sehr viele Techniken kennengelernt, wie man erfolgreich Guides in Umlauf bringen kann. Nun möchten wir Ihnen zum Abschluss dieses Kapitels noch „*SlideShare*" vorstellen und wie sich diese „Präsentationsplattform" im übertragenen Sinne hervorragend für die Verbreitungssteuerung der Guides nutzen lässt.

SlideShare ist zurzeit die weltweit größte *Content-Sharing*-Plattform und die Inhalte eines Guides sind „*Content*", der über alle Kommunikationskanäle verstreut werden kann. Besonders im B2B-Segment wird ein gut aufbereiteter *Content* immer wichtiger. *SlideShare* wird in letzter Zeit gerne als das „*YouTube of PowerPoint*" bezeichnet, denn die Erfolgszahlen von *SlideShare* sind beeindruckend.

INFOBOX: B2B und B2C

B2B = Business to Business (Geschäfte zwischen Unternehmern)
Im Gegensatz zu
B2C = Business to Consumers (Geschäfte zwischen Unternehmen und Privatkunden)

Mittlerweile gehört *SlideShare* zu den Top-150-Webseiten weltweit und hat rund 60 Millionen Besucher pro Monat. Dabei werden drei Milliarden „*Slide Views*" pro Monat erzielt, oder anders gerechnet sind dies 1.140 Seiten, die pro Sekunde betrachtet werden. All dies und viele weitere interessante Zahlen und Fakten über *SlideShare* können Sie über den nachfolgenden QR-Code in einer schön aufbereiteten Grafik auf columnfivemedia.com nachlesen. Sie werden dabei feststellen, welches Potenzial darin liegt, den Guide auch in elektronischer Form auf *SlideShare* hochzuladen.

 http://columnfivemedia.com/work-items/
slideshare-infographic-the-quiet-giant-of-content-marketing/

QR-Code: Slideshare Infografic

Sie finden mittlerweile bereits eine beträchtliche Anzahl an Guides auf *SlideShare*. Ein besonders gelungener Guide ist der von Michael Litman. Er trägt den Namen „The ultimate guide to Pinterest" und bietet sehr gute Anleitungen, wie man Pinterest (ein soziales Netzwerk mit Bild-Schwerpunkt) effektiv nutzen kann.

Das Besondere an *SlideShare* ist, dass es zahlreiche sogenannte *Share*-Funktionen bietet, sodass Sie Ihren Guide sofort in andere *Social-Media*-Kanäle übertragen können wie z. B. *Facebook*, LinkedIn, Google+, Wordpress, Pinterest, *Twitter* etc. Zudem kann Ihr Guide auch heruntergeladen und gespeichert werden.

Wenn Sie Ihre persönliche Online-Reputation oder das Image Ihres Unternehmens mittels einer Präsentation steigern wollen, dann sind sie ebenfalls richtig auf *SlideShare*. Bedenken Sie aber, dass Sie Ihre Präsentationen, die Sie bei Vorträgen gezeigt haben, nicht einfach 1:1 auf *SlideShare* übertragen können, denn im elektronischen Medium fehlt der direkte Kontakt zum Publikum. Was bei einer Präsentation das Gelbe vom Ei ist, Ihre Körpersprache in allen Facetten, Ihre Stimme, Ihre Mimik, muss hier anders gelöst werden: Die Präsentationen auf *SlideShare* müssen daher mit *Eye-Catchern* ausgestattet werden, die für sich selbst sprechen.

„Viele Marketingverantwortliche denken noch immer, dass SlideShare nicht mehr als ein Platz zur Veröffentlichung von PowerPoint-Präsentationen ist. Sie übersehen dabei die wirkliche Macht von *SlideShare*: Inhalte, *Community* sowie Daten und Fakten.

SlideShare ist ein geeigneter Platz zur Präsentation von Dokumenten, z. B. in Form von pdf-Dateien. Was fast niemand berücksichtigt, wir aber aus eigner Erfahrung bestätigen können: B2B-Videos werden auf SlideShare wesentlich häufiger abgerufen als auf *Youtube* oder Vimeo." (Buntrock 2012, online)

Volker Buntrock führt in seinem Artikel „Die Power von *SlideShare* im B2B-Marketing" noch zahlreiche Praxistipps für die optimale Verwendung von *SlideShare* an (vgl. Buntrock 2012, online):

- Identifizieren Sie Ihre Zielgruppe: Verstehen Sie, wie Ihre Zielgruppe denkt und fühlt, sprechen Sie deren Sprache und füttern Sie diese regelmäßig mit hochwertigem Content.
- *SlideShare* ist mehr als nur Präsentationen: *SlideShare* bietet die Möglichkeit, jedes Medium, sei es Text, Video, Audio etc. hochzuladen. Nutzen Sie daher diese vielfältigen Möglichkeiten!
- Verwenden sie *Hashtags* (#): Buntrock betont, dass mit der Anzahl der *Hashtags* nicht übertrieben werden soll, denn drei pro Veröffentlichung seien ein guter Richtwert. (*Hashtags* sind spezielle Markierungen, die mit dem Rautezeichen # (engl. *hash*) beginnen. Sie dienen der Verschlagwortung von Texten.)
- Holen Sie sich neue Ideen: Studieren Sie die Publikationen der anderen für Ihre eigene Ideenfindung.

Die trojanische Toolbox

- Anpassung der Präsentationen: Diesen Punkt haben wir vorher bereits angesprochen. Übertragen Sie selbst gehaltene Präsentationen nicht 1:1 auf *SlideShare*, sondern bereiten Sie sie *SlideShare*-gerecht auf.
- Optimierung des Titels: Ziel sollte immer sein, gefunden zu werden. Ein „knackiger" Titel und die optimalen *Keywords* helfen dabei sehr. Zudem steigt durch gute Headlines Ihre Online-Reputation!
- *Lead*-Generierung mittels SlideShare: „Denken Sie immer daran, dass die Besucher von SlideShare auf der Plattform bleiben möchten, um alle relevanten Informationen zu bekommen. Zwingen Sie sie daher nicht, die Plattform zu verlassen, und verlangen Sie auf keinen Fall den Eintrag in einen Newsletter, um Informationen bekommen zu können. Diese Opt-Ins mögen auf *Facebook* im B2C-Bereich erfolgreich sein, auf SlideShare wirken Sie kontraproduktiv". (Buntrock 2012, online)

Wie man sieht, ist *SlideShare* ein sehr effektives Werkzeug, um Ihre Inhalte in alle Welt zu transportieren. Stellen Sie daher ihren klassischen Print-Guide auch in elektronischer Form her, und denken Sie dabei immer an die besonderen Spielregeln, die wir hier angeführt haben. Dann steht einem Erfolg Ihres trojanischen Marketings nichts im Wege. Viel Erfolg für Ihre Guide-Konzeption, bei der Ihnen die nachfolgende Checkliste helfen wird:

CHECKLISTE: Guide

Guide-Vorbereitung	
Wer trägt die Verantwortung für die Realisierung des Guides?	
Gibt es einen konkreten Projektplan für die Entwicklung, Produktion und Nutzung des Guides?	
Gibt es ein festgelegtes Budget für die komplette Realisierung des Guides inkl. Nachbearbeitung?	
Welche Vertriebskanäle werden mit dem Guide bedient (*Social Media*, Kooperationspartner, Distributionspartner, Vertrieb über *Opinion Leaders*)?	
Welche Kooperationspartner sind sinnvoll und wie werden diese in den Guide integriert?	
Wer kümmert sich im Unternehmen um die Eingabe der neuen Adressen, die mit dem Guide gewonnen werden?	
Wurde der Guide in den Kommunikations- bzw. Marketingmix integriert?	
Guide als App: Welcher externe Dienstleister kann dies realisieren?	
Guide-Kooperationspartner	
Wer verfügt über die entsprechenden Vertriebswege, um den Guide gewinnbringend in Umlauf zu bringen?	
Welche Leistungen bietet der Kooperationspartner?	
Welchen konkreten Nutzen stiftet der Kooperationspartner für die eigenen Kunden?	

Guide-Inhalte	
Wurde der Nutzen für Ihre Kunden klar definiert und in den Mittelpunkt des Guides gestellt?	
Wurde daran gedacht, was der Kunde von dem Nutzen konkret hat?	
Wurde das Response-Element richtig im Guide platziert?	
Guide-Distribution	
Wurden die Response-Elemente im Guide vorher auf Ihre Tauglichkeit (Annahme durch die Zielgruppe) getestet?	
Wie und auf welchen Kanälen vertreiben die Kooperationspartner den Guide?	
Gibt es im eigenen Unternehmen einen Spezialisten, der den Guide in *Social Media* (z. B. XING, *Facebook*, *SlideShare* etc.) in Umlauf bringen kann?	
Ist der Guide auch auf Ihrer Homepage leicht zu finden?	
Welche Anreizsysteme beinhaltet der Guide zur Weiterverbreitung?	
Enthalten Ihre übrigen Werbemaßnahmen (Flyer, Newsletter, Foreneinträge etc.) Informationen zu Ihrem Guide?	
Wie können Sie Ihre Kunden zur Verbreitung des Guides motivieren und in diese integrieren?	
Guide-Nachbearbeitung	
Wurde die benötigte Zeit im Budget erfasst und gibt es das geeignete Personal?	
Wurden Qualitätsmaßnahmen für die Erfassung der neuen Adressen ergriffen?	
Gibt es einen konkreten Plan, wie oft die Adressen der Guide-Nutzer von wem und mit welchen Aktionen genutzt werden?	
Haben Sie an eine umfangreiche Analyse der *Response* gedacht?	
Haben Sie an eine Befragung der neuen Kunden gedacht, die durch den Guide zu Ihnen gekommen sind?	

Zusammenfassung

Darum ging es in diesem Kapitel:

- Guides (Ratgeber, Fibeln) sind ein hochwirksames trojanisches Mittel, um Kunden zu binden bzw. um Neukunden zu werben.
- Guides bieten als Trojanische Pferde nützliche Informationen, die nicht trivial sind.
- Im Inneren dieser Trojanischen Pferde verbergen sich vor allem zwei Gruppen von „Kriegern":
  - Auf sehr konkreter Ebene geht es darum, die Kontaktdaten des (potenziellen) Kunden zu „erobern", um mit diesen die eigentlichen Marketingmaßnahmen durchzuführen.

- Auf eher abstrakter Ebene geht es darum, die (potenziellen) Kunden im Sinne des eigenen Images zu beeinflussen, ihnen also eine Unternehmens- bzw. Produktbotschaft zu übermitteln.

- Guides sind nicht „Werbung", wie sie die Empfänger üblicherweise erhalten. Sobald der werbliche Anteil zu groß wird, verliert der Guide seine Wirkung als trojanisches Element.
- Guides „verkaufen" nicht, sondern bereiten den Boden für weitere Marketing- und Verkaufsmaßnahmen vor.
- Guides in elektronischer Form heißen „Apps". Apps sind stark im Kommen und verbreiten sich auf Smartphones und Tablets rasend schnell. Das bedeutet allerdings ein quantitativ erhöhtes Angebot, was für die einzelne App die Wahrnehmungswahrscheinlichkeit tendenziell reduziert.
- Wenn ein Guide gut gemacht und nützlich ist und es zudem gelingt, für eine gute Verbreitung in der Zielgruppe zu sorgen, dann ist die Chance groß, dass er auf viralem Weg weiterverbreitet wird. Planbar ist so etwas aber grundsätzlich nicht.
- Eine gute Möglichkeit, Guides zu verbreiten, ist die Kooperation mit Partnern, was zu Synergien im Sinne von Win-win führen kann.

Zauberei: Zigarette in Schachtel

Abb. 8: Zauberkunststück: Zigarette in Schachtel

Hier handelt es sich überhaupt nicht um einen Zaubertrick, vielmehr um die Illusion eines solchen.

Der Effekt, den Sie im Zaubergeschäft, z. B. unter dem Namen „Wunderschnapper" kaufen können, besteht darin, dass Sie den Zuschauern ein an einer Seite geschlossenes Holzröhrchen zeigen. In den Hohlraum passt ein runder Holzstab, der am unteren Ende eine Kerbung aufweist. Sie erklären den Zuschauern, dass es die Aufgabe sei, mit dem gekerbten Stab einen am Grund des Röhrchens angebrachten Gummiring zu erfassen. Sie zeigen es vor: Sie führen den Stab ins Röhrchen ein und drehen ihn ein wenig. Dann ziehen Sie ihn etwa einen Zentimeter heraus und lassen los. Jeder kann sehen, wie der Stab — vom Gummi gezogen — sofort wieder ins Gehäuse zurückschnellt. Bittet man die Zuschauer, dasselbe zu tun, wird es ihnen nicht gelingen.

Der Trick besteht darin, dass es gar keinen Gummi im Inneren gibt. Vielmehr drückt der Zauberer, sobald der Stab ein wenig herausgezogen wurde, den Kopf des Stabes so zusammen, dass er ihm aus den Fingern rutscht und nach unten saust. Dadurch entsteht der Eindruck, es gebe einen Zug von unten.

Wie unser Bild (s. o.) zeigt, kann man das auch ohne solche Requisiten vorführen und seine Zuschauer so ebenfalls zur Verzweiflung bringen. Man verwendet eine handelsübliche Zigarettenschachtel mit ebenso üblichen Zigaretten als Inhalt. Auch hier kann man mit demselben Trick zeigen, dass die Zigaretten unten mit einem Gummi gehalten werden.

4.7 Trojanische Überraschungen

Was Sie in diesem Kapitel erwartet

Hier geht es um Überraschungseffekte, die im Trojanischen Marketing oft eingesetzt werden. Wie schon mehrfach angesprochen, ist es ein Hauptelement des Trojanischen Marketings, Kundinnen und Kunden indirekt zu erreichen. Dazu gehört oft, an Orten präsent zu sein, an denen das niemand erwartet. Umfassender ausgedrückt: Es geht darum, überhaupt Dinge zu tun, die überraschen – am besten natürlich in positivem Sinn. Diese Überraschungen sind die Trojanischen Pferde, mit denen die Kundenfestung erobert werden kann. An den folgenden Beispielen wollen wir aufzeigen, was alles möglich ist.

Praxisbeispiel: Bier mit Liebe

Dass es manchmal als sinnvoll erachtet wird, sich bewusst am Rande der Legalität zu bewegen, um aufzufallen, haben wir schon einmal erwähnt. Dass dies auch unfreiwillig passieren kann, zeigt das folgende Beispiel, das wir der Fachzeitschrift „Werben und Verkaufen" entnommen haben. Der Artikel beginnt so: „Liebesgrüße vom Amt — Ein Szenebier-Anbieter bekommt es mit dem Ordnungsamt zu tun. Es geht um Liebe — als Zutat, neben Hopfen und Malz." (jup 2012, S. 26)

Das „Bier" entstammt der Ideenwerkstatt von Stephan Alutis und Johannes Schwaderer, die damit ein „Projekt gegen die visuelle Umweltverschmutzung" ins Leben rufen wollten. Deshalb verzichteten sie auf jegliche grafische Gestaltung; auch ein Logo war nicht vorgesehen. Ihr Bier sollte schlicht „Bier" heißen.

Abb. 1: Bier (© bierbier.org, mit freundlicher Genehmigung von Stephan Alutis, Waren des täglichen Bedarfs GmbH)

Als zusätzlichen Gag verzeichneten sie auf der Rückseite, auf der die Zutaten angegeben werden müssen: „Wasser, Hopfen, Malz und Liebe", mit dem Argument, dass ein gutes Produkt gar nicht ohne Liebe hergestellt werden kann. Die folgende Abbildung zeigt den „Artikel-Pass" für „Bier".

Alkoholgehalt:	4,8 %
Stammwürze:	11 %
ohne Süßungsmittel:	ja
ohne Farbstoffe:	ja
ohne Aromastoffe:	ja
nach dem Deutschen Reinheitsgebot:	ja
Zutaten:	Gerstenmalz, Hopfen, Hopfenextrakt, Wasser, ==Liebe==
Pfand:	Mehrwegpfand
Lieferfrist:	max. 1-3 Wochen

Abb. 2: Bier Pass (© bierbier.org, mit freundlicher Genehmigung von Stephan Alutis, Waren des täglichen Bedarfs GmbH)

Die trojanische Toolbox

Und hier kam nun das Berliner Ordnungsamt ins Spiel. „Liebe ist keine Zutat im Sinne des § 5 der Lebensmittelkennzeichnungsverordnung", lautete der behördliche Bescheid, verbunden mit einer Ordnungsstrafe in Höhe von 35 Euro je Verstoß. Doch die Initiatoren wollten auf die Liebe nicht verzichten, was zu einer regen Korrespondenz zwischen dem Unternehmen und dem Bezirksamt führte. Dieser Briefwechsel wurde auf *Facebook* publiziert und bald schon wurde der Radiosender RBB aufmerksam, der über die „Affaire" berichtete. Schließlich lenkte das Amt ein und genehmigte die ungewöhnliche Bierzutat.

Dem Bekanntheitsgrad von „Bier" hat das sicher nicht geschadet. Außerdem gibt es im Online-Shop T-Shirts mit den Aufdrucken „Frau" und „Mann" zu kaufen, ebenfalls eine Konsequenz der strikten Vermeidung von „Marken-Firlefanz" und „Lifestyle-Getue". Eine weitere trojanische Aktion der „Bier"-Anbieter ist das Sponsoring von sogenannten WG-Partys, das derzeit aus logistischen Gründen noch auf die deutsche Hauptstadt Berlin beschränkt ist.

Weitere Produkte der Minimalisten sind eine „Wein-Schorle" genannte Wein-Schorle (in Österreich: Spritzer) sowie ein Produkt namens „Feuerzeug", das ein Feuerzeug ist.

Abb. 3: Wein-Schorle (© bierbier.org, mit freundlicher Genehmigung von Stephan Alutis, Waren des täglichen Bedarfs GmbH)

Abb. 4: Feuerzeug (© bierbier.org, mit freundlicher Genehmigung von Stephan Alutis, Waren des täglichen Bedarfs GmbH)

 www.bierbier.org

QR-Code: BIER-Homepage

Praxisbeispiel: Das trojanische T-Shirt

Exit-Deutschland heißt eine Initiative in Deutschland, die sich zum Ziel gesetzt hat, Menschen zu helfen, aus der rechtsextremen Szene auszusteigen. Keine leichte Aufgabe, zumal mit kleinem, nur aus Spenden finanziertem Budget. Und die Frage war: Wie kommt man mit diesen Zielpersonen in Kontakt (ohne selbst der Szene anzugehören)?

Eine Antwort fiel der Agentur Grabarz und Partner ein: Man produzierte ein „trojanisches T-Shirt" — vorerst in einer Auflage von 250 Stück. Es war nicht ganz einfach, Kontakt zum Festival-Veranstalter der Partei NPD aufzunehmen; fast ein Jahr bedurfte es für die Vorlaufzeit. Dann wurden die Pakete mit den T-Shirts an die von der NPD genannte Adresse verschickt. Und schließlich war es die NPD selbst, die die T-Shirts an ihre Anhänger verschenkte, und zwar an Besucher des größten Rechts-Rock-Festivals Europas „Rock für Deutschland" in Gera im Osten des Bundeslandes Thüringen.

Die T-Shirts trugen im Originalzustand den Aufdruck „Hardcore Rebellen — National und Frei" und waren mit rechtsüblichen Symbolen wie Totenkopf und Fahnen verziert.

Abb. 5: T-Shirt vorher (© Exit Deutschland, mit freundlicher Genehmigung von GRABARZ & PARTNER, Hamburg)

Nach dem ersten Waschen kam freilich etwas anderes zutage, nämlich der Satz „Was dein T-Shirt kann, kannst du auch" — „Wir helfen dir, dich vom Rechtsextremismus zu lösen.", inklusive den Kontaktdaten von exit-deutschland.de.

Abb. 6: T-Shirt nachher (© Exit Deutschland, mit freundlicher Genehmigung von GRABARZ & PARTNER, Hamburg)

In den Einreichunterlagen der Agentur für den *Trojan Award* heißt es: „Durch die Aktion ‚Trojanisches T-Shirt' wurde die Initiative EXIT in der ganzen rechten Szene schlagartig bekannt. Aber nicht nur dort: Über 800 nationale und internationale Medien berichteten über den Coup und die enorme Resonanz in den sozialen Netzwerken machte das „trojanische T-Shirt" laut ZDF zum *Social-Media*-Hit des Jahres 2011. Das brachte EXIT nicht nur eine Steigerung des Spendenaufkommens um 500 Prozent, sondern auch die Anzahl der Beratungsanfragen ausstiegswilliger Rechtsextremisten stieg um 300 Prozent."

   http://www.exit-deutschland.de/

QR-Code: Homepage Exit Deutschland

 http://www.youtube.com/watch?v=QF01g_jzVcY

QR-Code: Video zur Aktion von Exit

Praxisbeispiel: Trojanisch gegen zu viel Alkohol

Der Landesverkehrswacht Nordrhein-Westfalen ging es wie vielen solcher Organisationen, die sich für mehr Sicherheit auf den Straßen einsetzen. Sie wollte wieder einmal gegen Alkohol am Steuer angehen. Dazu engagierte sie die Düsseldorfer Filiale der Werbeagentur Ogilvy & Mather, die sich einen kreativen und im Ergebnis erfolgreichen Spot einfallen ließ.

Abb. 7: See the Danger of drink driving (© mit freundlicher Genehmigung von OGILVYACTION, Düsseldorf)

Sie entschlossen sich, direkt am „*Point of Drink*" (in einschlägigen Lokalen, Kneipen und Bars) anzusetzen, also trojanisch „da, wo's" die potenziellen Verkehrssünder gibt, und sie mit drastischen Maßnahmen anzusprechen, bevor sie zu solchen werden.

Abb. 8: Reflektierender Untersetzer (© mit freundlicher Genehmigung von OGILVYACTION, Düsseldorf)

Sie kreierten dazu einen speziellen Untersetzer, der in diesen Restaurants, Pubs und Bars zum Einsatz kam. Sobald man ein gefülltes Bierglas darauf stellt, erscheint auf diesem wie von Geisterhand die schemenhafte Darstellung eines Totenkopfes. Gleichzeitig findet man auf dem Untersetzer einen QR-Code, der zur Internetpräsenz der Verkehrswacht führt. Dort werden die aktuellen Statistiken zu Verkehrstoten aufgrund von Alkohol am Steuer präsentiert.

Abb. 9: Don't risk your neck (© mit freundlicher Genehmigung von OGILVYACTION, Düsseldorf)

Die trojanische Toolbox

Diese Signale sollten die potenziellen „Trinker" dazu animieren, die Hände vom Steuer zu lassen, wenn sie zu viel Alkohol konsumiert haben. Der Erfolg war beeindruckend:

- zahlreiche *uploads*, *likes* und *shares* in sozialen Netzwerken
- 27 Prozent mehr *visits* auf der Homepage der Landesverkehrswacht
- signifikant mehr Personen, die das Kneipenpersonal darum baten, ihnen für die Heimfahrt ein Taxi zu rufen

Die Kampagne stand unter dem Motto „Don't risk your neck!" und wurde in einem Video dokumentiert, das unter dem folgenden Link im Internet abrufbar ist.

 http://bit.ly/Wt4MVK

QR-Code: Kampf dem Alkohol am Steuer

Praxisbeispiel: Pizza Digitale als Recruiting-Tool (Scholz & Friends)

Die Hamburger Werbeagentur Scholz & Friends ist bekannt für ihre Kreativität bei der Gestaltung von werblichen Aktivitäten für ihre Kunden. Aber auch für die eigenen Interessen lassen sich die Kreativen neuartige Ideen einfallen. Ihr Problem formulieren sie so: „Wie die meisten Agenturen sucht auch Scholz & Friends digitale Kreative. Und die sind leider genauso begehrt wie selten. Also galt es, eine außergewöhnliche Recruiting-Maßnahme zu entwickeln, um digitale Talente für S&F zu begeistern."

Abb. 10: Pizza Digitale (© mit freundlicher Genehmigung von Scholz & Friends Group, Hamburg)

Die Lösung war die „Pizza Digitale", die in Zusammenarbeit mit dem Zustellservice *Croquemaster* entwickelt wurde. Es handelte sich um „eine Pizza mit Tomatensoße in Form eines QR-Codes, der direkt auf die mobile Landingpage mit unserem Stellenangebot führte. Vier Wochen lang wurde die Pizza Digitale kostenlos als Zugabe zu jeder Bestellung ausgeliefert — an ausgewählte Agenturen, in denen potenzielle Bewerber Überstunden schieben.", so die Darstellung der Agentur.

Das Ergebnis entsprach den hochgesteckten Erwartungen: „Fazit: Zwölf Bewerbungsgespräche und zwei neue Teams für unsere Digital Family. Und als Extra obendrauf: jede Menge Sympathie-Punkte für die freche Aktion.", freuten sich die Initiatoren.

Abb. 11: Pizza Digitale (© mit freundlicher Genehmigung von Scholz & Friends Group, Hamburg)

So kann sogar eine Pizza — richtig dekoriert und an den richtigen Stellen eingesetzt — ein Trojanisches Pferd sein.

 http://www.youtube.com/watch?v=SzqTDRThbiE

QR-Code: Pizza Digitale (Video)

Praxisbeispiel: Die Pizza-Schachtel als Trojanisches Pferd

Bleiben wir gleich in derselben Restaurantkategorie — mit einem anderen Beispiel, das ebenso zeigt, wie man eine Pizza — eigentlich den sie umhüllenden Karton — als Trojanisches Pferd einsetzen kann. Ein Rüsselsheimer Autohaus beispielsweise nutzte das Medium Pizzakarton als Trojanisches Pferd, um die Einführung eines neuen Modells zu bewerben. Auf der Innenseite des Kartondeckels war ein Bild des neuen Automodells aufgedruckt, ebenso der Name und die Adresse des Autohauses.

Das ist an sich eine gute trojanische Idee, da potenzielle Kunden hier wirklich überraschend und indirekt erreicht werden. Wenn sie, während sie den Pizzakarton in freudiger Erwartung eines guten Essens öffnen, die Werbebotschaft sehen, ist diese sicher in diesem Moment völlig konkurrenzlos. Die Frage ist nur, wie eine solche Aktion zielgruppengerecht gesteuert werden kann. Wie kann man sicherstellen, dass wirklich die „richtigen" Kunden erreicht werden? Und genügt es, lediglich die Produktabbildung und eine Kontaktadresse anzubieten? Aus dieser Aktion hätte man mehr machen können, z. B. indem der Kartondeckel oder ein Teil davon als Gutschein für eine Probefahrt hätte gestaltet werden können. Oder indem das Autohaus irgendeinen Bezug zum Pizzaessen formuliert hätte. Wenn es schon gelingt, den potenziellen Kunden in einer so erfreulichen Situation — nämlich bei der bevorstehenden Nahrungsaufnahme — exklusiv zu erreichen, dann ist es schade, wenn diese Gelegenheit nicht maximal genutzt wird. Außerdem sollte man berücksichtigen, dass der in diesem Fall bedruckte Innenteil des Pizzakartons unter Umständen — je nach Behutsamkeit des vorherigen Transportes — nicht unbedingt in einem unbefleckten Zustand ist, also vielleicht Teile des Pizzabelags abbekommen hat. Ob das dann ein gutes Entrée für ein sauberes, neues Auto ist?

Prinzipiell ist die Idee aber verfolgenswert, ein Transportmedium, eine Verpackung als Werbeträger für eine an dieser Stelle nicht erwartete Produktbotschaft zu nutzen. Alleine die Konkurrenzlosigkeit in der Situation des Öffnens ist ein starkes Argument. Wenn dann noch ein Bezug zwischen der Situation und dem beworbenen Produkt besteht und daraus ein großer Überraschungseffekt resultiert, ist das ein starkes trojanisches Momentum.

Praxisbeispiel: Fotografen als Trojanische Pferde

Auf ähnliche Weise ging die Agentur Jung von Matt vor, um neue Art Direktoren zu gewinnen. Trojanische Pferde waren hier bekannte Fotografen. In deren Fotos, die sie den großen Agenturen regelmäßig präsentieren, wurden kleine Stellenanzeigen integriert, die darüber informierten, dass Jung von Matt Art Direktoren sucht. Insgesamt waren fünfzehn Top-Fotografen mit diesen eigens präparierten Bildern unterwegs. Das Ergebnis konnte sich sehen lassen: Fast doppelt so viele Bewerbungen wie im Vorjahr gingen ein.

 http://www.youtube.com/watch?v=MmBVpNIVMZg

QR-Code: Jung von Matt sucht Art Direktoren (Video)

Praxisbeispiel: Die Bäckerei und die Katzen

Wenn Sie am Morgen in die Bäckerei gehen, um sich z. B. frische Semmeln (österr. für Brötchen) für Ihr Frühstück zu holen, bekommen Sie diese in der Regel in einem Papiersackerl (österr. für Papiertüte) eingepackt. Und auf diesem finden Sie normalerweise den Namen des Bäckers und vielleicht ein paar Werbeaussagen und -bilder eben dieses Bäckers. Was Sie vermutlich nicht erwarten, ist Werbung für etwas völlig anderes.

Es passiert aber immer häufiger, dass diese Semmelsackerln (dt. = Brötchentüten) für Werbung eingesetzt werden. Hier gilt dasselbe wie für das vorige Beispiel mit dem Pizzakarton. Wenn Sie zu Hause Ihre frischen Brötchen auspacken, sind Sie vermutlich in einer positiven Stimmung und bereit, neue Informationen aufzunehmen. Vielleicht sitzen Sie ja auch längere Zeit beim Frühstück und haben die Muße, das zu studieren, was Sie auf der Brötchentüte gefunden haben. Und in dieser Zeit werden Sie kaum von anderen Werbebotschaften erreicht (es sei denn, nebenbei läuft das Radio mit Werbespots).

Wir zeigen hier ein aktuelles Beispiel aus Wien. Hier lief sehr erfolgreich und über einen längeren Zeitraum das Musical „Cats", und zwar so erfolgreich, dass die Spielzeit verlängert werden konnte. Und dazu bediente man sich unter anderem der Semmelsackerln der Bäckerei Ströck, eines traditionellen Familienunternehmens mit mehr als 70 Filialen in Wien und Umgebung.

Die Sackerln (Tüten) wurden in diesem Fall als schnelles Transportmedium eingesetzt, das kurzfristig konzipiert, produziert und verteilt werden kann. Aber auch hier hätte es weitere Möglichkeiten gegeben und es wäre mehr zu holen gewesen. Der Werbenutzen für den *Cats*-Veranstalter liegt auf der Hand — aber was hat

Die trojanische Toolbox

Ströck davon? Wenn hier ein Ermäßigungscoupon für das Musical o. Ä. integriert worden wäre, wäre das für einige Musical-Interessierte möglicherweise ein Grund gewesen, deswegen Ströck statt eines anderen Bäckers aufzusuchen, um Brötchen in diesen Mehrwert-Tüten zu bekommen. Dann hätte sich auch für Ströck ein Nutzen ergeben, der die Kooperation insgesamt zu einer Win-win-Situation gemacht hätte.

Eine ähnliche Aktion hat im Jahr 2010 auch der österreichische Telekommunikationsanbieter T-Mobile durchgeführt, der die Bäckereikette Anker und ihre Tüten dazu genutzt hat, um sein neues Tarifmodell „Business Complete" zu bewerben.

Abb. 12: T-Mobile Tarifmodell auf Tüte (© mit freundlicher Genehmigung von T-Mobile Austria GmbH, Wien)

Praxisbeispiel: Post vom Amt?

Einer der Autoren dieses Buches staunte eines Tages nicht schlecht, als ihm ein Brief von der Post zugestellt wurde. Der Brief sah tatsächlich wie ein amtliches Schriftstück aus und trug darüber hinaus den Titel „Steuererklärung 2010". Wahrscheinlich weiß jeder, was passiert, wenn ein solches Schreiben im Briefkasten liegt; zu den freudigen Ereignissen gehören die Gefühle sicher nicht, die einen da überkommen.

Andererseits garantiert ein solcher Brief allerhöchste Aufmerksamkeit und genaues Hinsehen. Ungeprüft wird ein solches Kuvert wohl niemand in den Papierkorb werfen. Somit steigt die Wahrscheinlichkeit, dass der Umschlag geöffnet wird, noch bevor man sich die Beschriftung des Etiketts im Detail ansieht. Wer das nämlich tat, fand schnell heraus, um was es wirklich ging: Es handelte sich um einen Werbebrief der Ford AG, und der Begriff „Steuern" bezog sich also nicht auf die dem Staat geschuldeten Abgaben, sondern auf das Lenken eines Automobils namens „Ford".

Einen ähnlichen Effekt erzielte ein anderes Kuvert, das als Beilage zu einem Wirtschaftsmagazin ins Haus kam. Dabei handelte es sich um einen total weißen, unbedruckten Umschlag im normalen länglichen Briefformat mit einem üblicherweise für die Adresse vorgesehenen Sichtfenster. Doch in diesem Fenster erschien keine Anschrift, kein Text. Zu sehen war lediglich eine in der Mitte des Fensters eingeklebte 1-Cent-Münze. Kein einziger Hinweis auf den Inhalt.

Auch hier können wir uns nur schwer vorstellen, dass jemand dieses Kuvert ungeöffnet in den Papiermüll wirft. Obwohl der Wert der Münze sichtbar gering ist — und wir sicher schon alle höhere Beträge zum Fenster hinausgeworfen haben —, werden die meisten von uns es nicht übers Herz bringen, den Inhalt des Briefes zu ignorieren.

Praxisbeispiel: Urlaubsgrüße aus Portugal?

Einen Überraschungscoup landete auch die Agentur GuidoAugustin.com GmbH in Mainz für ihren Kunden univativ GmbH & Co. KG, ein Unternehmen, das als „studentische Unternehmensberatung" an der TU Darmstadt 1996 gegründet wurde und inzwischen auf die „Zusammenarbeit zwischen Unternehmen, Studenten und Young Professionals" spezialisiert ist. Man bietet „qualifizierte Unterstützung ihrer Projekte und ihres Tagesgeschäfts von denen beide Seiten profitieren", so die Homepage des Unternehmens. Eines der Angebote ist die Vermittlung von Urlaubsvertretungen durch Studenten.

Das galt es zu bewerben und bekannt zu machen. Die Idee dazu, die sich Guido Augustin einfallen ließ, war originell: Eine Kunstfigur namens Felix Hörsel fährt in den Urlaub, und zwar nach Portugal. Völlig sorgenfrei, weil die von univativ vermittelte Vertretungskraft sein Projekt am Laufen hält. Aus dem Urlaub schickt er Ansichtskarten — an Kontakte aus der univativ-Kundendatei.

So schildert Guido Augustin das Vorgehen: „Wir entwarfen eine Postkarte mit Portugal-Motiven, dezent an das CI des Auftraggebers univativ angelehnt. Diese Postkarten wurden nicht etwa mit dem Text in Schreibschrift bedruckt, sondern mit Kugelschreiber beschrieben. Da es etwas anstrengend gewesen wäre, 500 Postkarten von Hand zu schreiben, haben wir uns eines Dienstleisters bedient, der Handschrift-Maschinen entwickelt hat. Die Urlaubskarte war also tatsächlich mit Kuli ‚wie von Hand' geschrieben. Ein Mitarbeiter des Auftraggebers reiste nach Portugal, kaufte 500 Briefmarken, klebte diese auf und schickte die Postkarten ab. Alles war echt: Die Postkarte, der Kuli, die Marke, der Stempel — nur der Absender nicht."

Das Ziel war klar: Eine Ansichtskarte aus dem Urlaub ist sehr persönlich. Wenn sie an die Büroadresse einer Person geschickt wird, wird sie anders behandelt als die normale Post, sie wird nicht vom Vorzimmer „weggefiltert", erreicht also mit hoher Wahrscheinlichkeit den Adressaten und wird von diesem auch gelesen.

Der Erfolg: Viele der Empfänger haben reagiert, obwohl es keine ausdrückliche Nachfassaktion gab. Einige wenige beschwerten sich auch, aber viele freuten sich über die gelungene Aktion. Mit einigen kam es sogar zu intensiven Vertriebskontakten, woraus mehrere Aufträge resultierten (übrigens keine einzige Urlaubsvertretung).

Praxisbeispiel: Die Post bringt jedem was …

… so auch die folgende Sendung:

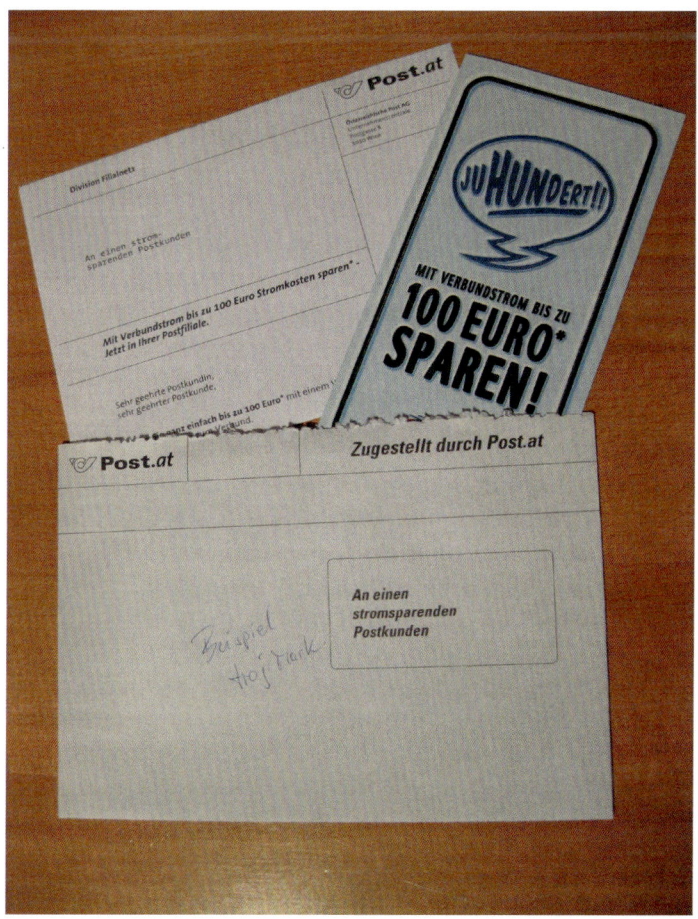

Abb. 13: Post von der Post (© Peter Viktorin, mit freundlicher Genehmigung von VERBUND-Austrian Power Sales GmbH)

In einem C5-Kuvert der Post.at, adressiert „An einen stromsparenden Postkunden",
war ein entsprechendes Schreiben der Post enthalten, verbunden mit einem Prospekt der Verbund AG. Beide versprachen die Ersparnis von 100 Euro beim Wechsel des
Stromanbieters zum Verbund. Außerdem enthalten waren Informationen darüber,
wie einfach ein solcher Lieferantenwechsel vonstattengehen kann sowie die For-
mulare, die man benötigt, um einen Wechsel des Stromlieferanten zu beantragen.

Die trojanische Toolbox

Die Sendung ging an knapp 600.000 Haushalte in Oberösterreich, Niederösterreich und Wien und wurde von allen Beteiligten als sehr erfolgreich eingestuft. Außerdem wurde die Aktion als Gewinner des *Trojan Award* 2010 ausgezeichnet. Es stellt sich die Frage: Wäre das Ergebnis dasselbe gewesen, wenn die Sendung unter dem Absender „Verbund AG" gelaufen wäre? Wir denken: wahrscheinlich nicht.

Die Verbund AG stellt sich auf ihrer Homepage folgendermaßen vor:

„VERBUND ist Österreichs führendes Stromunternehmen und einer der größten Stromerzeuger aus Wasserkraft in Europa.

Die VERBUND AG mit Sitz in Wien wurde 1947 gegründet und ist in den Bereichen Stromerzeugung, -übertragung, -handel und -vertrieb tätig. Seit 1988 ist VERBUND an der Börse, 51 Prozent des Aktienkapitals besitzt die Republik Österreich. Mit unseren rund 3.000 Mitarbeiterinnen und Mitarbeitern haben wir 2011 einen Umsatz von 3,9 Mrd. Euro erwirtschaftet."

Obwohl es sich beim Verbund um eines der größten Unternehmen in Österreich handelt, genießt es doch beim Normalverbraucher nur geringen Bekanntheitsgrad. Als Unternehmen, das mehrheitlich im Staatsbesitz steht, wird es auch nicht als normales Wirtschaftsunternehmen wahrgenommen. Der normale Kunde erhält etwa einmal pro Jahr einen Brief vom Verbund, wenn die Stromabrechnung vorgelegt wird. Ein Werbeschreiben vom Verbund würde wahrscheinlich gedanklich mit dem Etikett „Absender unbekannt" versehen und schneller entsorgt werden. Ein Schreiben der Post (bis vor wenigen Jahren in Österreich noch ein „Amt") hingegen dürfte einen höheren Glaubwürdigkeits- und Akzeptanzgrad erreichen.

Wir sprechen hier von Imagetransfer und von prototypischem Trojanischem Marketing. Für den Verbund ist die Zielgruppe, die erreicht werden soll, relativ schwierig zu gewinnen; hier steht die Ampel eher auf gelb bis rot. Also muss man sich einen Partner suchen, den die Zielgruppe mit offeneren Armen empfängt. Man braucht ein Trojanisches Pferd, um in die Kundenfestung eingelassen zu werden.

Zusammenfassend können wir festhalten, dass es unendliche Möglichkeiten gibt, mithilfe trojanischer Pferde — hier: Überraschungsgeschenke — die Festung des Kunden zu erobern. Unkonventionelle Maßnahmen an unerwarteten Orten bringen Ihre Kundinnen und Kunden in eine Situation, der sie sich physisch und emotional kaum entziehen können. Dadurch erreichen Sie ein Alleinstellungsmerkmal, das seine Wirkung konkurrenzlos entfalten kann.

Neukundengewinnung – Gastbeitrag unseres Kooperationspartners Dirk Kreuter

Ein Unternehmen aus Norddeutschland wollte mit seinen Produkten, elektronisch gesteuerte Schweinefütterungsanlagen, in den osteuropäischen Markt expandieren. Der Osten ist besonders interessant, da es dort sehr große Schweinefarmen gibt. Doch wo soll der Vertrieb jetzt konkret mit der Akquise beginnen? Wo sind dort genau die Potenzialkunden?

Das Unternehmen stellte einige Praktikanten für ein paar Wochen ein, die bei der Entwicklung einer passenden Akquisestrategie helfen sollten — Studenten, die gebürtig aus den Zielländern kommen und die Sprache perfekt beherrschen. Diese recherchierten zuerst im Internet und bei Behörden, wo denn die großen Mastbetriebe angesiedelt sind. Dann riefen sie dort an, ermittelten den passenden Ansprechpartner und begannen ein Telefoninterview: Sie seien Studenten, die in Deutschland ihre Diplomarbeit schreiben, und hätten dazu ein paar wenige Fragen: „Wie viele Tiere? Welches Futter? Wie wird gefüttert: fest oder flüssig? Alter der Fütterungsanlage? Geplante Investitionen?" Der Angerufene gibt meist bereitwillig Auskunft, weil er sich geschmeichelt fühlt, dass ein Student sich extra die Mühe macht, ihn aus dem fernen Deutschland anzurufen.

Nach ein paar Wochen wusste der Vertrieb genau, welche Kunden sich lohnen und welche Betriebe erst später oder gar nicht kontaktiert werden sollten. Eine geniale Strategie!

Anmerkung: Ja, die Praktikanten waren Studenten. Was sie studiert haben, ist mir unbekannt. Ob sie eine Diplomarbeit zu diesem oder einem anderen Thema geschrieben haben, bleibt mir bis heute verborgen. Nun: Alles was Sie sagen, muss wahr sein. Doch nicht alles, was wahr ist, müssen Sie auch sagen!

Praxisbeispiel: Überzeugen über Zeugen: Kundenevents zur Neukundengewinnung

Hausverwalter sind die Zielgruppe eines Unternehmens aus Dortmund, das Messtechnik verkauft. Jedes Jahr im September veranstaltet die Firma ein spannendes Kundenevent: In einem exklusiven Hotel erleben die geladenen Gäste vormittags interessante Vorträge von externen Referenten zu angesagten Fachthemen. Nach einem ausführlichen Mittagessen folgen dann die Referate der internen Experten. Ein Tag voller Know-how in einem besonderen Ambiente. Die Teilnehmer sind begeistert und erhalten als Kunden auf diese Weise eine indirekte Kaufbestätigung: Das ist der richtige Partner für mein Business!

Eine gelungene Veranstaltung. Doch was hat das mit Neukundenakquise zu tun? Die meisten Unternehmen nutzen diese Veranstaltungen nur zur Kundenbindung, da sie auch nur die besten Bestandskunden einladen. Das Dortmunder Unternehmen hat eine andere Strategie: Es werden nur 30 bis 50 Prozent Stammkunden eingeladen. 50 bis 70 Prozent der Gäste sind potenzielle Neukunden, die bisher nicht beim Unternehmen kaufen. Die Sitzordnung bei den Vorträgen am Vormittag ist vorgegeben: Tischkärtchen ergeben ein System aus Neukunde — Stammkunde — Neukunde — Stammkunde. Beim Mittagessen an großen runden Tischen hat jeder Gast andere Sitznachbarn, doch das System bleibt. Auch am Nachmittag bestimmen neue Tischnachbarn das Bild der Vorträge mit gleicher Systematik. Offiziell wird dieses Vorgehen als „Förderung des Kollegenaustauschs" — neudeutsch: Networking — kommuniziert. Doch es steckt psychologisch viel mehr dahinter: Im Idealfall hat ein Neukunde am Veranstaltungstag sechs begeisterte Bestandskunden als Sitznachbarn kennengelernt. Worüber haben sich diese unterhalten? Natürlich über das hervorragende Unternehmen und über die exklusive Veranstaltung. Natürlich war der Stammkunde schon ein paar Mal Gast bei diesem Event und lobt das Unternehmen in den höchsten Tönen! Mit welchem Gefühl gehen die „noch nicht kaufenden" Gäste nach Hause?

Die Vertriebsmitarbeiter zum Thema Messtechnik sind natürlich auch dabei. Doch diese dürfen an dem Tag nicht aktiv akquirieren. Die Gäste sollen einen besonders schönen Tag erleben und, wenn überhaupt, nur aus Eigeninitiative den Verkäufer auf Businessthemen ansprechen.

Zwei bis drei Tage nach der Veranstaltung kommen die Vertriebsmitarbeiter zum Einsatz: Jeder Gast und gleichzeitig potentielle Neukunde wird telefonisch kontaktiert. Dabei orientieren sich die Verkäufer an einem bestimmten Muster:

1. „Danke, dass Sie da waren!"
2. „Wie hat es Ihnen denn gefallen?"
3. „Was waren für Sie denn die wichtigsten Erkenntnisse aus den Fachvorträgen?"
4. „Dürfen wir Sie im nächsten Jahr wieder einladen?"

Diese vier Schritte erzeugen eine Art Dankesschuld beim Gesprächspartner. Der Fachbegriff: Reziprozitätsprinzip. Das alles ist jedoch nur die gezielte Vorbereitung, um nun zum eigentlichen Ziel zu kommen.

5. „Wenn Ihnen die Veranstaltung so gut gefallen hat und Sie so schon einen Eindruck von unserem Unternehmen erhalten haben, wie interessant ist es dann

für Sie, dass wir uns nun noch einmal zusammensetzen und schauen, welche Vorteile Sie bei einer Zusammenarbeit ganz konkret haben?"

Die Terminquote liegt nahe der 100-Prozent-Marke. Der Kunde kann rein moralisch kaum noch die Terminfrage verneinen. Und verkaufen muss der Vertriebsmitarbeiter nicht wirklich: Die Überzeugungsarbeit haben die Stammkunden am Veranstaltungstag schon übernommen. Überzeugen über Zeugen!

Eine Variante dieser Methode: Sie haben keine eigene Kundenveranstaltung? Dann hängen Sie sich doch an ein anderes Event an: Die regionalen Marketing-Clubs bieten einmal im Monat einen Club-Abend an. Meist sind interessante Referenten für einen Vortrag gebucht. Dort können Sie gegen eine Gebühr auch ohne Mitgliedschaft teilnehmen und auch noch Gäste mitbringen.

Vor ein paar Jahren lud der Marketing-Club in meinem Nachbarort zu einem Vortrag in die Arena auf Schalke ein, mit Stadionbesichtigung und Marketingvortrag zur Vermarktung der Location. Dazu ein leckeres Catering und genügend Raum für Networking. Spontan habe ich ein paar fußballbegeisterte Kunden dazu eingeladen und diese aufgefordert, gern selbst Freunde oder Geschäftspartner mitzubringen.

Ein Kunde hat zwei Stunden Anreiseweg auf sich genommen und gleich zwei Businesspartner mitgebracht. Worüber haben die sich wohl auf der Fahrt unterhalten? Nun, nach dem Vortrag bei einem Bier fragten die Begleiter dann direkt, ob ich auch diese und jene Aufgabenstellung in ihrem Unternehmen begleiten könnte. Kaufsignale! Auch ich musste in dieser Situation nicht aktiv akquirieren. Die verkäuferische Leistung hatte mein Kunde schon im Auto erbracht.

Praxisbeispiel: Eine Fahrgemeinschaft als Akquiseinstrument

In der Landwirtschaft werden die Bauern immer wieder vom Landhandel und der Industrie eingeladen, die Wirkung von Produkten selbst zu erleben. Dazu gibt es beispielsweise den „Feldtag". Ein Hersteller von Pflanzenschutzmitteln präsentiert die Ergebnisse der Anwendung in einem Maisfeld. Für das leibliche Wohl der Gäste ist natürlich gesorgt. Der regional verantwortliche Außendienstmitarbeiter des Landhändlers organisiert für seine Kunden die Fahrgemeinschaften. Die Bauern in der Region kennen sich alle gut. Die Zusammenstellung der Fahrgemeinschaften erfolgt dann nach dem Muster: Zwei schon kaufende Stammkunden fahren zusammen mit einem potenziellen Neukunden. Eine Stunde hin, eine Stunde zurück. Worüber sprechen die Kollegen auf den Fahrten? Wer macht die Überzeugungsarbeit? Der Verkäufer holt den Auftrag in der Folgewoche dann meist nur noch ab. Der Rest war Trojanisches Marketing!

Praxisbeispiel: Das trojanische Mailing

Der Erfolg eines Mailings wird meist auf gute Adressen oder eine spannende Aufmachung der Papierbotschaft zurückgeführt. Doch es gibt noch andere Wege, die zum Erfolg führen: Vor einigen Jahren hatte ich das SALESMASTERs-Forum zu vermarkten. Eine Vortragsveranstaltung der besten Referenten im Bereich Vertrieb, Marketing und Verkauf. Die Zielgruppe, die sich für diese Veranstaltung interessiert, sind Verantwortliche in Marketing, Vertrieb und Führung. Diese Menschen sind beispielsweise im Marketing-Club organisiert. Also startete ich eine Kooperation mit einem regionalen Marketing-Club: Der Club hatte seinerzeit die etwa 1.500 Mitglieder noch jeden Monat per Brief zu seinen Veranstaltungen eingeladen. Weil ich Porto und Verpackung übernahm, war der Club bereit, den Prospekt des SALESMASTERs-Forum dem Club-Brief beizulegen und auch noch auf die Sonderkonditionen für Mitglieder im „P.S." hinzuweisen. Das Ergebnis war eine unglaubliche Responsequote.

In der heutigen Zeit werden Werbebriefe mit unbekanntem Absender meist direkt in das Altpapier geworfen. Dem Marketing-Club als Absender vertrauen die Empfänger und öffnen mit Interesse das Schriftstück. Also fragen Sie sich: Wer genießt das Vertrauen Ihrer Zielgruppe? Wer geht dort ein und aus? Und wer könnte Ihre Werbebotschaft in diese Zielgruppe hinein transportieren?

Praxisbeispiel: Neukundengewinnung für Anwälte?

Ein erfahrener Anwalt scheidet aus einem Unternehmen aus und eröffnet seine eigene Kanzlei. Sein Themengebiet: Was Schweizer Unternehmen in der Zusammenarbeit mit deutschen Firmen rechtlich beachten müssen — und umgekehrt. Sein Vorteil: Er ist sowohl in der Schweiz als auch in Deutschland als Anwalt bei Gericht zugelassen. Nun geht es darum, neue Mandanten zu gewinnen. Und er beginnt bei Null in der Kundenliste. Die klassischen Akquisewege wie Mailings und telefonische Kaltakquise scheiden bei diesem speziellen Thema aus. Also nutzt der Anwalt den trojanischen Weg zu neuen Mandanten.

Er bietet den süddeutschen Industrie- und Handelskammern (IHK) ein Tages- bzw. Abendseminar zu seinem Thema an. Hierbei kommt er nahe an die Teilnehmer heran und wird meist von potenziellen Mandanten direkt angesprochen. Denn das

Seminar ist recht allgemein gehalten. Details sind immer firmenindividuell. Und schon kommt er zum Akquisetermin. Der nette Nebeneffekt: Er erhält neben dem Honorar und der Reisekostenerstattung auch noch bis zu sechs Monate Werbemöglichkeiten, indem er im Seminarkalender der IHK steht.

Ein weiterer Akquisekanal sind die Kaminabende vieler Schweizer Treuhänder, die ihren besten Kunden im vierten Quartal eines Jahres etwas Besonderes bieten wollen: Die vermögenden Top-Klienten werden zu einem stilvollen Abendessen eingeladen. Anschließend hält der Anwalt einen humorvollen Vortrag zu seinem Thema. Mit Anekdoten gespickt und nicht länger als eine Dreiviertelstunde. Danach beginnt das Networking auf höchstem Niveau am Kaminfeuer. Auch hier erhält er neben einer Anzahl von spannenden Visitenkarten ein Anerkennungshonorar und seine Kostenerstattung.

Praxisbeispiel: Kundenbindung und Neukundenakquise mit einem Bildband

Der Marktführer für Natursteine — wie zum Beispiel Marmor oder Granit für Böden, Bäder und Küchen — hat einen sehr schönen Bildband veröffentlicht: Die Reise des Steins vom Steinbruch in Brasilien oder Italien über das riesige Lager in Deutschland bis hin zum Steinmetz und dem Bestimmungsort beim Kunden im Gebäude. Alles mit prachtvollen Fotos dokumentiert.

Diese Fotos stammen aus Kundenprojekten der Steinmetze. Das Produkt und die Arbeit der Handwerker werden hier ideal dargestellt. Der Bildband erfüllt zwei Aufgaben: Der Importeur bindet seine Handwerkskunden so dauerhaft an sein Geschäft, und gleichzeitig kann der Steinmetz das Buch im Beratungsgespräch offensiv einsetzen, also dem Kunden schon einmal zeigen, was möglich ist. Und das mit einem besonderen Kompetenzbeweis: dem hochwertigen Bildband, den der Handwerker dem Kunden dann meist als persönliches Geschenk überlässt.

Zusammenfassung

In diesem Kapitel ging es um die Frage, wie man mithilfe Trojanischer Pferde überraschende, unkonventionelle Effekte erzielen kann. Was haben alle diese Aktionen gemeinsam? Was können Sie daraus für Ihr eigenes trojanisches Business lernen?

Da waren

- das Bier mit der Ingredienz „Liebe", die das Amt nicht akzeptieren wollte,
- das rechtsradikale T-Shirt, das sich nach dem Waschen als „Überläufer" demaskierte,
- der magische Bieruntersetzer, der auf das Glas einen Totenkopf projizierte,
- die Pizza, die einen geheimnisvollen QR-Code transportierte,
- die Pizza-Schachtel als Vehikel für Autowerbung,
- die Fotos bekannter Fotografen, die eine Aufforderung zur Bewerbung als Art Director enthielten,
- die Bäckertüte mit Werbung für ein Musical,
- die vermeintliche Post vom Amt, die sich als Werbung für eine Autofirma entpuppte,
- die 1-Cent-Münze, die im Fensterkuvert auf dessen Inhalt neugierig machte,
- die lieben Urlaubsgrüße aus Portugal, die in Wirklichkeit für eine Personalagentur warben,
- der Brief von der Post, der in Wirklichkeit von einem Elektrizitätsanbieter kam,
- der Kundenevent als Akquiseinstrument,
- die Fahrgemeinschaft als trojanisches Mittel zum Werbezweck,
- die Marketing-Clubs, die mit ihren Mailings für einen Speaker warben,
- das kostenlose Anwalts-Seminar, das den Zweck erfüllte, neue Klienten zu gewinnen,
- der Bildband, der die tollen Produkte des Steinmetz' ins rechte Licht rückte,

Alle diese Aktionen waren erfolgreich und erreichten ihre Ziele. Sie taten das, weil sie für die jeweiligen Empfänger Unerwartetes brachten. Unerwartet hinsichtlich der Zeit, des Ortes, des Umfelds oder des Absenders. Daher wurden sie nicht wie ein übliches Werbemittel wahrgenommen, sondern waren in diesem Moment, als man mit ihnen konfrontiert wurde, „*unique*", also ohne Konkurrenz. Ein weiterer Vorteil ist, dass praktisch keine Streuverluste auftreten, wenn auf diese Art Kunden, und zwar genau die richtigen, ins Thema involvierten, angesprochen werden.

Wenn Sie selbst mit trojanischen Überraschungen punkten wollen, schauen Sie sich die einzelnen Beispiele noch einmal in aller Ruhe an und überlegen Sie, welche dieser Elemente Sie für Ihr eigenes Business übernehmen könnten. Hier ein paar Vorschläge:

- Wollen Sie Ihr Unternehmen bzw. eines Ihrer Produkte emotional „*boosten*"? Siehe Bier mit Liebe. Welches Ihrer Produkte kann diese Zutat ebenfalls aufweisen?
- Wollen Sie eine Botschaft verbreiten, die Ihre Zielgruppe vielleicht nicht hören will, gegen die sie sich sogar wehren würde? Siehe das trojanische T-Shirt. Die Methode ist technisch leicht realisierbar. Sie bedrucken oberflächlich das T-Shirt (oder ein anderes Textil) mit einer Botschaft, die möglichst zielgruppenaffin ist. Was nach dem Waschen zum Vorschein kommen soll, wird unter der Oberfläche versteckt. Hier haben Sie die maximale Freiheit, welche zwei konträre Botschaften Sie kommunizieren wollen.
- Wollen Sie bestimmte Personen als Mitarbeiter für Ihr Unternehmen gewinnen (was Ihre Mitbewerber ebenfalls anstreben)? Denken Sie darüber nach, wo Sie diese Personen antreffen (siehe dazu auch Kapitel 4.8 zur „DAWOS"-Strategie).
- Wollen Sie ein lokales Event besonders wirkungsvoll bewerben? Schauen Sie sich um, welche Bäcker oder Fleischer mit wie vielen Filialen im Einzugsgebiet dieser Lokalität vertreten sind. Wenn Sie die Bäcker- und/oder Fleischertüten selbst bedrucken und sie den Geschäften kostenlos zur Verfügung stellen, dürfte mit relativ geringem finanziellen Aufwand eine breite Streuung dieses Werbemittels möglich sein.
- Sind Sie Freiberufler und wollen neue Klienten gewinnen? Überlegen Sie, welche Art von Informationen Sie diesen potenziellen Neukunden — vorerst kostenlos und unverbindlich — zur Verfügung stellen können. Das können nicht nur Seminare sein. Außerdem denkbar sind Informationsbroschüren (siehe dazu unser Kapitel 4.6 „Das Guide-Prinzip — Informationen als Trojanisches Pferd"), Zeitungsartikel, Leserbriefe, Beiträge in elektronischen Medien und sozialen Netzwerken o. Ä.

Diese Liste ließe sich beliebig fortsetzen. Wir denken aber, dass Sie inzwischen die Grundprinzipien trojanischer Überraschungen verstanden haben und Sie selbst in der Lage sind, da Sie Ihr Business wohl am besten kennen, anhand der hier vorgestellten Kommunikationselemente eigene Maßnahmen zu kreieren und in die Tat umzusetzen. Viel Erfolg!

Zauberei: Zündholzreparatur

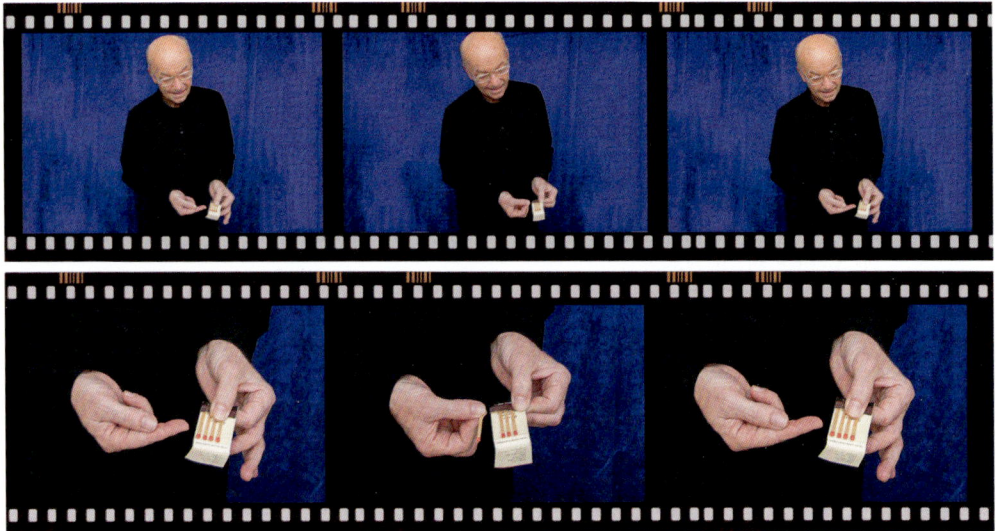

Abb. 14: Zauberkunststück: Zündholzreparatur

Hier handelt es sich um einen Trick, bei dem Sie ein aus einem Zündholzbriefchen entferntes Zündholz wieder erscheinen lassen.

Sie zeigen ein benutztes Zündholzbriefchen vor, von dem schon einige Zündhölzer fehlen, und lassen die sichtbaren Hölzer zählen. Dann bitten Sie einen Zuschauer, eines der Hölzchen zu entfernen. Sie schließen das Briefchen kurz, und wenn Sie es wieder öffnen, enthält es dieselbe Anzahl Hölzchen wie vorher, bevor das eine Hölzchen entfernt wurde.

Das ist einfach und bedarf fast keiner Vorbereitung.

Notwendig ist ein Zündholzbriefchen, das nicht aus echten Hölzern, sondern aus solchen aus weicherem Material (pappeähnlich) besteht. Wenn Sie das Briefchen zeigen und zum Zählen der vorhandenen Hölzchen auffordern, haben Sie in Wirklichkeit eines davon nach vorne geknickt und verbergen es unter Ihrem Daumen (s. Abb.). So halten Sie das Briefchen, während der Zuschauer „sein" Hölzchen abbricht und entfernt.

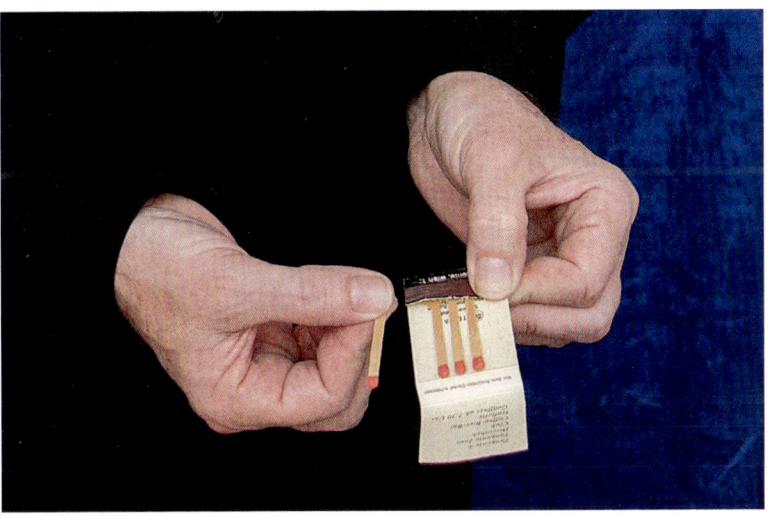

Wenn Sie jetzt das Briefchen schließen, klappen Sie das verborgene Hölzchen wieder nach oben. Und beim neuerlichen Öffnen ist alles wie vorher; Sie haben das Zündholzbriefchen wieder repariert.

4.8 DAWOS – zielführende trojanische Strategie

Was Sie in diesem Kapitel erwartet

In diesem Kapitel geht es darum, zur richtigen Zeit am richtigen Ort werblich präsent zu sein, nämlich „da, wo's" die richtige Zielgruppe zu finden gibt. Auf der Suche nach Informationen über das, was die von uns angepeilte Zielgruppe im Leben „so treibt" (außer Zielgruppe zu sein), werden wir unweigerlich Ideen entwickeln, an welchen Orten und in welchen Umgebungen wir sie am besten ansprechen. Wir werden anhand von Beispielen zeigen, wie das einigen erfolgreichen Unternehmen bisher schon gelungen ist.

Die von uns erfundene und so genannte „DAWOS-Strategie" heißt eigentlich und in der richtigen Schreibweise „DA, WO'S-Strategie". Dahinter steht die simple Überlegung, dass es im Marketing sinnvoll ist, Kommunikationsmaßnahmen zu setzen „da, wo's" potenzielle Kunden gibt. Das klingt auf den ersten Blick trivial und selbstverständlich, ist es aber in Wirklichkeit nicht. Klar, jeder Werber analysiert die Daten der Medien, derer er sich bedienen will, und wählt die aus, in denen die angepeilte Zielgruppe am ehesten und in namhafter Anzahl vorhanden ist. Das als DAWOS-Strategie zu bezeichnen, wäre in der Tat etwas zu trivial. Hier handelt es sich um ganz konventionelles Marketing-„Handwerk". Damit erreicht man den *Mainstream*, die Masse. Hier unterscheidet man zwischen verschiedenen Marktsegmenten. Hier entscheidet man beispielsweise, ob man in der BILD-Zeitung oder in der Frankfurter Allgemeinen Zeitung (FAZ) inseriert, ob man einen Fernsehspot im Umfeld der Hauptnachrichten oder nahe einem Sportevent oder um eine Kindersendung herum platziert, ob man Plakate beim Seniorenheim oder beim Kindergarten anbringt.

In der Regel weiß man, in welchen für Werbung geeigneten Medien welche Zielgruppen mit höherer Wahrscheinlichkeit anzutreffen ist; dafür gibt es immer detailliertere Media-Analysen. Was zur Folge hat, dass alle, die Zugang zu diesen Analysen haben, diese nutzen und im Sinne ihrer Zielgruppenziele interpretieren. Was wiederum dazu führt, dass alle einschlägigen Anbieter in denselben einschlägigen Medien präsent sind. Und damit gibt es einen Informations-*Overflow* praktisch in jedem beliebigen Medium. Es findet eine Übersättigung mit gegenseitig konkurrierenden Produkten und Dienstleistungen statt, was es dem potenziellen Konsumenten erschwert, sich für ein bestimmtes Produkt bzw. eine bestimmte Leistung zu entscheiden.

Die DAWOS-Strategie geht mindestens einen Schritt weiter. Ihre Regel besagt, sich zu überlegen, was die angestrebte Zielgruppe „sonst noch treibt", außer sich dort zu bewegen, wo es alle tun. Welche charakteristischen Eigenschaften und Verhaltensweisen gehören dazu? Gibt es Affinitäten zu anderen — nicht konkurrierenden — Anbietern? Gibt es trojanische Pferde, die genutzt werden können, um die Zielgruppe auf indirektem Weg zu erobern?

Praxisbeispiel: Kinderhotels

Ein Beispiel ist uns aufgefallen, als wir einen Katalog der österreichischen Hotelvereinigung „Kinderhotels" durchgeblättert haben. Dort finden sich auf einem Drittel der Seiten Inserate von Unternehmen, deren Produkte und Leistungen sich an Kinder bzw. deren Eltern wenden:

- vier Anbieter von Spielsachen (HABA, BIG, ToysRus, PlayMais)
- ein Babynahrungsanbieter (Hipp)
- ein auf Kinderbekleidung spezialisiertes Unternehmen (JAKO-O)
- acht besonders für Familien konzipierte touristische Attraktionen (Galaxy Erding, Tiergarten Schönbrunn/Wien, Zoo Salzburg, FamilyPark St. Margarethen, Minimundus Klagenfurt, Salzbergwerk Berchtesgaden, Steiff-Museum Giengen, Legoland Günzburg)
- ein auf Kinder ausgerichteter Gastronomiebetrieb (McDonald's am Irschenberg; aber auch Happy Studio, die Internet-Spieleplattform von McDonald's)
- ein Unternehmen mit Babyprodukten (MAM)
- aber auch einige Firmen, die Produkte für Erwachsene und Kinder verkaufen: Bekleidung (C&A, Fussl), Möbel (XXXLutz), Schuhe (Deichmann), ShoppingCenter (Atrio Villach).

Abb. 1: KinderHotels (© mit freundlicher Genehmigung von: www.kinderhotels.com)

Alle diese Unternehmen haben erkannt, dass ein Katalog, der „Premium Family Ho-
lidays" in eher gehobener Preislage bewirbt, ein gutes Medium ist, um qualitativ
ebenfalls hochwertige Produkte und Leistungen an potenzielle Nutzer streuver-
lustfrei zu transportieren. Die Kinderhotels umfassen ein Netz von knapp 50 Be-
herbergungsbetrieben: Österreich (41 Betriebe), Deutschland (3), Südtirol (3) und
Kroatien (1). Entsprechend breit ist die Streuung der Kataloge. Die Inserenten sind
teilweise auch als Partner auf der Kinderhotel-Homepage aufgeführt. Einige davon
sind zudem als Vertriebspartner aktiv, indem sie z. B. Hotelgutscheine an ihre Kunden vergeben.

 www.kinderhotels.com

QR-Code: Kinderhotels

Praxisbeispiel: Hemdenautomat

Ein anderes Beispiel, wie Produkte an unerwarteten Stellen platziert werden, um dort — konkurrenzlos an diesem Ort! — auf Käufer zu warten, ist die Firma Seidensticker, die für ihre Hemden bekannt ist. Seit 2011 betreibt sie „Hemden-Automaten".

Abb. 2: Hemden-Automat (© mit freundlicher Genehmigung von Seidensticker)

Die trojanische Toolbox

Wer kennt das nicht (zumindest vom Hörensagen): Eine wichtige Konferenz wird besucht, eine kurze Rede ist zu halten. Schnell vorher noch einen Kaffee trinken. Und dann das Missgeschick: ein Teil des Kaffees landet auf dem frischen Hemd. Was nun? Der Automat „Hemd 2 go" von Seidensticker liefert Ersatz. Mit dem Handy wird die auf dem Automaten angebrachte Nummer gewählt, der Bezahlvorgang abgewickelt und kurz darauf öffnet sich das Ausgabefach mit dem vorher ausgewählten frischen Hemd. Das ist übrigens auch eine innovative Methode und nennt sich M2M-Kommunikation (*Machine to Machine*). Die erste dieser Maschinen wurde im Haus von O2 in München aufgestellt, dessen Muttergesellschaft, die spanische Telefónica, die M2M-Technik mitentwickelt hat. Im Laufe der Zeit sollen weitere Automaten in Bahnhöfen, Flughäfen, Kongresshallen und großen Bürogebäuden aufgestellt werden, also **da, wo's** viele potenzielle Hemdenträger und -verschmutzer gibt.

Dem Geschäft mit Automaten mit bedürfnisgerechter Füllung und der M2M-Technologie wird eine große Zukunft vorausgesagt. An den richtigen Stellen platziert, 24 Stunden verkaufsbereit, seinen jeweiligen akuten Füllungs- und Servicebedarf in *real time* an die Logistikzentrale meldend, ist ein solcher Automat der ideale „Verkaufsmitarbeiter".

 www.youtube.com/watch?v=JXLemmDtn2g

QR-Code: Hemdenautomat „Hemd2go"

Ein sehr ähnliches Beispiel finden die Autoren übrigens in der Fachhochschule, in der sie tätig sind: In der Fachhochschule des bfi Wien steht (neben den üblichen Maschinen für Speisen und Getränke) ein Automat, der typische Studienartikel bereithält: Stifte, Kleber, Marker, Post-its, USB-Sticks etc. Es ist ja allgemein bekannt, dass die Dinge gerade dann ausgehen, wenn man sie am dringendsten braucht, aber regulär nicht beschaffen kann. Die Automaten helfen, dieses Problem zu lösen.

Die folgenden Dinge sind bis heute bereits Gegenstand von Automatenverkauf: Benzin, Blumen, Briefmarken, Bücher, Fahrradschläuche, Fahrscheine, Fotos, frische Eier, Geldscheine, Geldwechsel, Getränke, Grablichter, Hemden (s. o.), Kaffee, Kaugummi, Kondome, Leergutannahme, Lotterielose, Mauttickets, Milch, Münzwechsel, Musikträger, Nudelsuppe, Obst, Parkscheine, Plüschtiere, Snacks, Spielzeug, Süßigkeiten, Tierfutter im Zoo, Videos, Wein, Würmer für Angler, Zeitungen,

Zigaretten … Und in den allermeisten Fällen stehen die Automaten **da, wo's** wahrscheinlich erhöhten Bedarf gibt, auch außerhalb der regulären Geschäftszeiten und weit weg von den regulären Geschäften.

Praxisbeispiel: Mayonnaise

Aus Brasilien stammt das folgende Beispiel, das zeigt, wie man erfolgreich zur richtigen Zeit am richtigen Ort ist. Die Firma Hellmann's ist eine Unilever-Tochter und handelt von den USA aus hauptsächlich mit Mayonnaise und ähnlichen Produkten. In Brasilien wurde in Zusammenarbeit mit der Agentur Ogilvy sowie der Supermarktkette ST|MARCHE (sic!) eine spezielle Aktion konzipiert. Dabei erhielten die Kunden, die Hellmann's Mayonnaise gekauft hatten, auf ihrer Kaufquittung zusätzlich ein Rezept aufgedruckt. Das Besondere daran war, dass sich das Rezept daran orientierte, was außer der Hellmann's-Mayonnaise noch gekauft worden war. Das Rezept wurde also pro Kunden individuell erstellt, und jeder Kunde konnte somit das Rezept sofort zu Hause ausprobieren.

Dass das funktionierte, zeigen die im Lauf der Aktion erhobenen Daten: Gleich im ersten Monat steigerte sich der Umsatz der Hellmann's-Mayonnaise um 40 Prozent.

 http://www.youtube.com/watch?v=h3aCVrcnFOQ

QR-Code: Hellmann's Mayonnaise mit Rezept-Service

Praxisbeispiel: Persil

Vor allem das jüngere Publikum war das Ziel, das erreicht werden sollte. Gar nicht so leicht für eine so alte Marke wie Persil (sie wurde im Jahr 1907 zum ersten Mal beworben). Ein Ansatz zur Lösung war die Nutzung von etablierten Musikfestivals als Trojanische Pferde.

Abb. 3: Persil auf Festival (© mit freundlicher Genehmigung von: Henkel Central Eastern Europe, Wien)

Unter der Message „Waschen rockt" (unter diesem Namen läuft auch die *Facebook*-Präsenz) wurde bei ausgesuchten Festivals in Österreich eine Riesen-Waschmaschine aufgestellt und dort ein Wäschedienst eingerichtet.

Bereits seit 2009 ist die Riesen-Waschmaschine ein auffälliger Blickfang auf Sport- und Musikveranstaltungen in Österreich. Dazu gehören z. B. der Beachvolleyball-*Grand Slam* in Kärnten oder das *Frequency*-Musikfestival in St. Pölten, die beide von überwiegend jüngeren Menschen besucht werden.

Die Idee ist, dass die Besucher bei der Riesen-Waschmaschine die Möglichkeit haben, ihre verschwitzten T-Shirts abzugeben. Schon am nächsten Tag bekommen sie diese wieder zurück — frisch gewaschen und gebügelt. Außerdem werden am Persil-Stand zusätzlich Werbe-T-Shirts mit Aufdrucken wie „I'm sauber and I know it" oder „Willst du mit mir waschen gehen?" verschenkt.

Die Kampagne ist weltweit einzigartig. Die Marktforschung des Unternehmens Henkel spricht von hoher Akzeptanz beim jungen Publikum, das auf diese Art vielleicht erstmals mit der Waschthematik konfrontiert ist. Die mehr als 8.000 Fans auf der zugehörigen *Facebook*-Seite deuten in dieselbe Richtung.

An dieser Stelle wollen wir noch einmal die Gelegenheit nutzen, den Sinn des trojanischen Konzeptes zu verdeutlichen. Es geht darum, eine Zielgruppe indirekt zu erreichen, wenn der direkte Weg mehr oder weniger versperrt ist.

Abb. 4: Persil auf Festival (© mit freundlicher Genehmigung von: Henkel Central Eastern Europe, Wien)

Zurück zum Beispiel Persil: Können Sie sich vorstellen, moderne junge Leute mit altmodischen Slogans, die von besonders weißer Wäsche (o. Ä.) handeln, zu begeistern? Immerhin handelt es sich überwiegend um junge Leute, die vielleicht zum ersten Mal mit einer eigenen Waschmaschine konfrontiert sind oder die demnächst das „Hotel Mama" verlassen werden und dann vor der Herausforderung stehen, selbst für saubere Wäsche sorgen zu müssen. Gleichzeitig schleppen diese jungen Leute die Hypothek mit sich, Persil — wenn überhaupt — als altes, konservatives Waschmittel der Großeltern- und Elterngeneration erlebt zu haben. Diese — meist unterbewusste — Prägung kann nur mit einer Kampagne gelöscht und neu aufgeladen werden, wenn die jungen Leute in ihrer Welt kontaktiert werden, nämlich **da, wo's** wirklich die coolsten/geilsten/angesagtesten Veranstaltungen gibt. Und diese trojanischen Pferde sorgen dafür, dass sich das Produktimage dem Eventimage annähert und somit ebenfalls mit den positiven Prädikaten der jungen Generation konnotiert wird.

Abb. 5: Persil – Waschen rockt (© mit freundlicher Genehmigung von: Henkel Central Eastern Europe, Wien)

 http://www.youtube.com/watch?v=yUg07QTnbrQ

QR-Code: Persil – Waschen rockt

Praxisbeispiel: Europcar und der VW-Bus

Die Firma Europcar ist das größte Mietwagenunternehmen in Europa und gehört seit 2006 einer französischen Investorengruppe (vorher war es im Besitz des Volkswagen-Konzerns). Eines seiner attraktivsten Mietwagenangebote ist der VW-Bus; „aber das weiß leider niemand" (wie der Firmensprecher in einem *YouTube*-Video bedauert). Dieser Bus eignet sich ideal für Wochenendausflüge junger, abenteuerlustiger Freundesgruppen oder Familien. Aber wie kann man diese erreichen?

Die Frage war, wie man junge Leute am besten anspricht und wo man sie mit einigermaßen großer Wahrscheinlichkeit überhaupt findet. Die Lösung hieß: im Kino. So wurde ein Spot entwickelt, der in der Kinowerbung (als Vorspann zum eigentlichen Film) eingesetzt werden sollte.

Das Ergebnis: Gezeigt wird ein Film, der eine interessante Fahrt durch eine abwechslungsreiche Landschaft zeigt, und zwar durch die Windschutzscheibe aus der Perspektive des Fahrers. Dabei befindet sich zentral im Blickfeld der Rückspiegel. Und in diesem sieht man — das aktuelle Kinopublikum. Die Zuschauer sehen also u. a. sich selbst als mögliche Mitfahrer in diesem Fahrzeug. Durch eine versteckte Kamera unter der Kinoleinwand aufgenommen, wird dieses Livebild direkt in den Werbefilm eingespielt.

Der Slogan der Kampagne lautet: „Mitnehmen, wen immer Sie wollen." Das ist auch auf die Rückseite der Kinokarte aufgedruckt, die damit zu einer Rabattkarte für das tatsächliche Anmieten des Busses wird.

Der Erfolg der Kampagne spricht für das Konzept. In den Städten, in deren Kinos der Werbespot geschaltet wurde, stieg die Vermietungsrate für den VW-Bus um 45 Prozent. Man hatte es also geschafft, die richtige Zielgruppe an der richtigen Stelle zu erwischen.

 http://www.youtube.com/watch?v=90aF4emx8eA

QR-Code: Europcar VW-Bus

Praxisbeispiel: Wien Tourismus

Wien Tourismus ist eine Institution der Stadt Wien, die die Aufgabe hat, Tourismuswerbung in der ganzen Welt zu machen, um möglichst viele Touristen in die Destination Wien zu bringen. Ein besonderer Schwerpunkt lag 2012 auf dem spanischen Markt. Um diesen besser zu erreichen, wurde eine außergewöhnliche Aktion geplant und umgesetzt.

Am Strand von Barcelona, der katalanischen Hauptstadt in Spanien, wurde ein „Sandorchester" vor der verkleinerten Sandkulisse von Schloss Schönbrunn aufgebaut. Sechs international renommierte Sandskulptur-Künstler arbeiteten mit acht

Helfern insgesamt 16 Tage, bis sie die 200 Tonnen Sand verarbeitet hatten. Das Ergebnis war beeindruckend.

Abb. 6: Sandskulptur (© Aeroproducions)

Vor dem Kunstwerk waren Liegestühle aufgebaut. Sobald man sich in einem von ihnen niederließ, bekam man Kopfhörer überreicht, um dem Konzert zu lauschen. Auch wenn das obige Bild ein wenig menschenleer aussieht: In Wirklichkeit frequentieren bis zu 10.000 Menschen täglich diesen Strandabschnitt, nicht weit vom Zentrum der Stadt entfernt. Vom 1. bis zum 7. Juni 2012 fand hier die „*Sound in the Sand*"-Ausstellung und -Performance statt. Und zum Höhepunkt gab es am letzten Abend eine ausgelassene Strandparty mit österreichischen und spanischen DJs, die auch Musik jenseits des klassischen Repertoires hören ließen.

Abb. 7: Sandskulptur (© Aeroproducions)

Parallel zu allen Aktivitäten wurden von Hostessen Flyer verteilt, die für eine Reise in die Musikstadt Wien warben. Die mediale Resonanz von „*Sound in the Sand*" war erheblich. Schon in der Bauphase, als nach und nach die 200 Tonnen Sand an den Strandabschnitt herangekarrt wurden, blieb natürlich nichts unbemerkt. Lokale TV- und Radiosender, Print- und Online-Medien besuchten die Baustelle und berichteten darüber. Allein zur Eröffnungspressekonferenz erschienen fast 50 Journalisten. Außerdem dabei waren die größten TV-Sender Spaniens (TVE und TV5), große Tageszeitungen des Landes sowie bekannte Lifestyle- und Reisemagazine.

 http://www.youtube.com/watch?v=NwRKtZD_oWw

QR-Code: Wien Tourismus Barcelona Sandorchester

Es hat sich also gelohnt, sich an einen Ort zu begeben, **da, wo's** die Zielgruppe gibt und **da, wo's** die Medien hinzieht, die berichten sollen.

Die trojanische Toolbox

Vergleichbare Aktionen organisierte Wien Tourismus in anderen Städten der Welt mit ähnlich gutem Erfolg. So wurde beispielweise in London im September 2012 ein Event veranstaltet, der unter dem Motto „*Klimt illustrated*" stand. Neun international renommierte Straßenkünstler schufen dort am 21. August 2012 in der Nähe der Victoria Station live vor Publikum von Gustav Klimt inspirierte (teils großformatige) Kunstwerke — gut sichtbar postiert auf Podesten mit Wien-Werbung und musikalisch begleitet von einem Wiener DJ.

Abb. 8: Wien Tourismus (© Mirela Petrovic)

 http://www.youtube.com/watch?v=r2pXEyAFHIk

QR-Code: Wien Tourismus – Klimt illustrated – London

Das Medienecho war wieder einmal enorm. TV- und Radiostationen, die großen Tageszeitungen des Landes sowie die kunstspezifischen Magazine brachten sehr positive Berichterstattung.

Dass das stringent durchgehaltene Konzept von Wien Tourismus, in speziellen Märkten spezifische Aktionen durchzuführen, Erfolg hat, beweist die seit Jahren konstant steigende Besucherzahl in der österreichischen Hauptstadt.

Ein weiteres Beispiel, das ebenfalls in London stattfand, sei hier vorgestellt: „Die steilste Wien-Werbung aller Zeiten". Wenn Wien Tourismus Akrobaten auf einer 21 Meter hohen Wand am Londoner *Trafalgar Square* vertikalen Walzer tanzen lässt, ist die Botschaft eindeutig: Wien kann klassisch und modern zugleich sein und hat selbst für den ausgefallenen Geschmack viel zu bieten.

Abb. 9: Vertical Vienna (© Getty Images/Dan Kitwoo)

Im Detail: Wer in London auffallen will, muss sich etwas einfallen lassen. Doch selbst im Getümmel der Themse-Metropole waren die Blicke diesmal stark auf Wien gerichtet: Genauer gesagt, auf eine 21 Meter hohe und zehn Meter breite Wand direkt am zentralen *Trafalgar Square*, die im Rahmen einer Marketingaktion von Wien Tourismus die österreichische Hauptstadt Wien in ungewöhnlicher Perspektive präsentierte. Acht sogenannte Vertikal-Akrobaten lieferten unter dem Motto *Vertical Vienna – Vienna from a different angle*, senkrecht an einem Seil gesichert, eine musikunterstützte Performance, die Wien künstlerisch in Szene setzte. Vier Mal täglich zeigten sie in einer akrobatischen Choreografie Wien im Wandel der Zeit. So waren Kaiser Franz und seine Sisi, flankiert von ihrer Leibwache und unterlegt mit Marschmusik, ebenso zu sehen wie eine Interpretation von Gustav Klimts „Der Kuss", eine Kaffeehausszene, der Opernball und das aktuelle Wiener Nachtleben — alles auf senkrechter Ebene. Mehr als 3.000 Menschen versammelten sich staunend pro Show. Durch einen *Facebook*-Fotowettbewerb war die Begeisterung des Publikums nicht nur vor Ort, sondern ebenso über die *Social Media* zu spüren. Auch die BBC war mit Radio und seiner von einem Millionenpublikum verfolgten TV-Show

„*Strictly Come Dancing*", dem britischen Pendant von „*Dancing Stars*", vor Ort und multiplizierte damit den Werbeeffekt — wie auch Berichte in den Tageszeitungen.

Abb. 10: Vertical Vienna (© Getty Images/Dan Kitwoo)

Wer wagemutig genug war, die direkt vor der Nelson-Säule freistehende Gerüst-konstruktion auch selber hinunterzulaufen, hatte zwischen den Auftritten der Akrobaten beim „*Vienna Running*" Gelegenheit dazu. Es bedurfte einer großen Portion Mut, in Schwindel erregender Höhe an die Kante des Gerüstes zu treten, über sie zu kippen und dann mit dem Gesicht nach unten senkrecht in die Tiefe zu laufen. All das passierte natürlich unter strenger Aufsicht eines professionellen Teams der Eventagentur Jochen Schweizer. Der Wiener DJ Def Mike untermalte den Nervenkitzel musikalisch. „Wien — jetzt oder nie" dachten sich dabei wohl viele, während sie zu den ersten Schritten nach unten ansetzten und (sobald sie die 21 Meter hinter sich gebracht hatten) auf eine Belohnung für ihren Mut hoffen durften. Die „*Vienna Runners*" wurden nämlich fotografiert und können sich nun auf *Facebook* bewundern. Dort wird per Abstimmung durch die User das beste Bild ermittelt, den Gewinnern winkt eine Wien-Reise für zwei Personen. Die Zuschauer am Boden wurden durch Flyer mit Wien-Reiseangeboten einmal mehr daran erin-nert: Wenn man möchte, kann man Wien auch gemütlicher haben.

 http://www.youtube.com/watch?v=pfNvd0DbDFc

QR-Code: Wien Tourismus – Vienna Running – London

Und auch Paris war Schauplatz einer spektakulären Aktion von Wien Tourismus. Dort geigte Wien im Jahr 2010 gehörig auf. In der ersten Maiwoche tanzten Pariser Wiener Walzer in der U-Bahn. In der nach dem Zugbahnhof St. Lazare benannten Station, zu der auch vier U-Bahn- und eine Schnellbahnlinie führen, befindet sich eine der größten Werbeflächen der französischen Hauptstadt: 125 m² (25 m breit, 5 m hoch), auf denen zu dieser Zeit die Wiener Symphoniker prangten. Und alle fünfzehn Minuten trat ein Schauspieler als Dirigent auf, und es erklang der Frühlingsstimmenwalzer von Johann Strauß. Wien Tourismus bewarb Wien mit dieser Aktion ebenso unüberseh- wie unüberhörbar und versetzte Passanten damit sogar in Tanzlaune.

Sogar für die *Claque* war vorgesorgt — mit zehn Darstellern, die ein begeistertes Publikum mimten. Das echte Publikum ließ sich bereitwillig mitreißen und nahm auch gerne die von Hostessen verteilten Flyers mit einem Wien-Arrangement des französischen Reiseveranstalters Donatello in Empfang.

Abb. 11: Wiener Symphoniker in Pariser U-Bahn (© Mediatransports/Intervalles)

Das Megaplakat hing fast einen ganzen Monat und verkündete in der Mitte die Werbebotschaft „In diesem Moment könnten Sie diese Musik in einem der schönsten Konzertsäle der Welt hören. Nehmen Sie den nächsten Zug nach Wien. Wien — jetzt oder nie. Es war das erste Mal, dass die riesige Werbefläche mit musikalischen Elementen und „Action" ergänzt wurde. Die für die Station verantwortliche RATP (Pariser Personentransportverwaltung) fand die Idee von Anfang an geradezu überwältigend und unterstützte Wien Tourismus nach besten Kräften dabei, alle sicherheitstechnischen Hürden zu bewältigen. Schon beim ersten Soundcheck mit der eigens für die Aktion installierten Musikanlage hatten die Passanten mit spontanen Walzer-Einlagen reagiert — *C'est la vie à Paris*.

 http://www.youtube.com/watch?v=Rh5_lwwp6w0

QR-Code: Wien Tourismus – Symphoniker – Paris

Innovatives Marketing – Gastbeitrag unserer Kooperationspartnerin Mirela Petrovic (Wien Tourismus)

Mit innovativem Marketing Standards setzen

Als Vielreisende bei weltweiten Marketingeinsätzen bzw. als Gast bei internationalen Kongressen komme ich immer wieder mit zahlreichen Unternehmen aus verschiedensten Branchen zusammen, deren Manager mit Marketing immer weniger großzügig oder hoffnungsfroh umgehen, sondern die vielmehr konkrete Ergebnisse fordern, die sich für den Geschäftserfolg direkt auszahlen. Nicht schöne, bunte Bilder, Imagekampagnen, Sponsoring etc. sind in Zeiten wie diesen gefragt, sondern eine Verbesserung von Einsatz zu Wirkung, reales Marketing also.

Gleichzeitig aber vermarkte ich mit Wien eine Sehnsuchtsdestination: Die Kunst- und Kultur-Welthauptstadt mit ihrer wunderschönen imperialen Architektur, mit der Zielsetzung, entsprechende Bilder mit hohem ästhetischen Anspruch in den Köpfen meiner globalen Zielgruppe auszulösen — ein scheinbarer strategischer Widerspruch, der auch noch auf einer inhaltlichen Ebene seine Fortsetzung findet zwischen dem Traditionsbild rund um Stephansdom und Fiaker und einer sehr trendigen Städtedestination:

Die Inhalte für unser Marketing werden von unserer Markenstrategie vorgegeben, die wir vor drei Jahren für den WienTourismus definiert haben. Diese sind mehr oder weniger traditionell und entsprechen dem Image, das Menschen in aller Welt von unserer Stadt haben.

Das Marketing dieser traditionellen Inhalte ist allerdings sehr zeitgemäß: von einer *state-of-the-art*-Bildsprache bis zu hoch-innovativen viralen Marketingaktionen in aller Welt. War früher Reichweite die Maßzahl, die bei gleichbleibenden Budgets zu immer fragmentierterer Kommunikation führte, regieren nun Impactstärke und Spezialistentum als Leitgrößen in unserem Team. Dies führt zur Budgetbündelung und zum Heben von Synergien. Anstelle kleinteiliger Inseraten(Image)Kampagnen bauen wir z. B. am Strand von Barcelona mit 200 Tonnen Sand das Schloss Schönbrunn nach und verteilen Kopfhörer an Passanten, die damit einige Zeit auf gebrandeten Strandliegen verweilen können, um klassische Wiener Musik zu hören. Schlendert der Passant nach einiger Zeit weiter, bekommt er einen Flyer mit leicht buchbaren Wienreise-Angeboten in die Hand gedrückt.

Oder wir lassen Akrobaten am Trafalgar-Square mitten in Central London Wiener Walzer tanzen — vertikal auf einer 30 Meter hohen Werbefläche an Seilen hängend. Passanten können dies dann ebenso versuchen, ein unbeschreibliches Erlebnis, das lange in Erinnerung bleibt.

Mittels vorab entwickelter und klug durchdachter PR-Strategien berichten in weiterer Folge auch regionale Medien über diese Auftritte und sorgen für virale Effekte. Zusätzlich führt Spezialistentum zu einer effizienteren Wertschöpfungstiefe, die ein verstärkter Wettbewerb mit sich bringt. So konnten wir 2012 weltweit fünfzehn dieser innovativen Werbeauftritte umsetzen, mit gerade einmal vier Kolleginnen in der Werbeabteilung. Möglich wird dies durch ein effizientes weltweites Netzwerk aus spezialisierten Umsetzungspartnern. Der unbedingte Wille, immer mit den Besten der Besten zusammenzuarbeiten, ist dabei ein wesentlicher Erfolgsbaustein. Es gibt unzählige Werbe-, Marketing-, Kommunikations- und PR-Agenturen. Alle versprechen Alles, doch nur von den wenigsten profitiert man. Diese sollte man dafür hegen und pflegen und eine vertrauensvolle, biophile Arbeitsatmosphäre auf Augenhöhe schaffen.

Ferner ist der Blick über den Tellerrand entscheidend. So wissen wir teilweise nicht, was andere Destinationen an Marketingaktivitäten durchführen, da wir uns mit ihnen nicht vergleichen, suchen aber permanent nach Marketing-Benchmarks aus anderen Branchen, die wir auf unser Geschäftsmodell übertragen. Somit schaffen wir es, in unserer Branche immer die Ersten und Innovativsten zu sein.

Und am Ende geht es aber auch immer um ein Gefühl, eine innere Stimme, die man benötigt, um gute Marketingideen von schlechten zu unterscheiden. Ein Gespür für PR-Relevanz und virale Tragfähigkeit von Konzepten, Storys, Kampagnen und sonstigen Marketingaktivitäten, die man entwickelt.

Dass diese Art von Marketing funktioniert, wissen wir nicht nur aufgrund steigender Nächtigungszahlen in Wien, sondern auch aufgrund eigener Befragungen drei Monate nach den jeweiligen Marketingaktionen. So haben wir beispielsweise in Barcelona 20 Prozent aller Einheimischen mit unserer Werbeaktion erreicht, die heute um 7 Prozent eher eine Reise nach Wien unternehmen wollen als vor der Aktion.

Praxisbeispiel: Taxi 40100

Taxi 40100 ist eine Taxizentrale in Wien, die unter der Telefonnummer 40100 erreichbar und buchbar ist. Natürlich gibt es einige Konkurrenten mit ähnlich leicht merkbarer Telefonnummer. Aufgabe war es, die Taxizentrale unter den potenziellen Fahrgästen bekannter zu machen und damit die Umsätze dieses Anbieters zu steigern.

Eine Überlegung — gemäß der DAWOS-Strategie — war die Frage, wo sich Personen mit erhöhtem Taxibedarf bevorzugt aufhalten. Dabei kam man auf die Zielgruppe der jüngeren und jungen Partybesucher. Für diese wurde ein Werbemittel kreiert, das folgendermaßen aussah:

Abb. 12: Taxi 40100 (© Mit freundlicher Genehmigung von Taxi 40100)

Dieses Werbemittel sah auf den ersten Blick aus wie ein Zündholzbriefchen. Es wurde in großen Stückzahlen auf Partys, Clubbings, Events verteilt bzw. stand dort in Schalen zur freien Entnahme an allen möglichen Stellen zur Verfügung. In Wirklichkeit handelt es sich beim Inhalt um ein Kondom, wie der Slogan „Für sicheren Verkehr" schon nahegelegt hat.

Ziel der Aktion war es, besonders bei urbanen jungen Zielpersonen, die regelmäßig solche Events besuchen und daher oft anschließend ein Taxi benötigen, einen Lerneffekt für eine bestimmte Taxinummer auszulösen, welche gleichzeitig mit einer positiven Anmutung („sicherer Verkehr" in gewollter Doppeldeutigkeit) verbunden ist.

Abb. 13: Taxi 40100 (© Mit freundlicher Genehmigung von Taxi 40100)

Wie wir in diesem Kapitel gesehen haben, kann es für den Erfolg einer Marketingaktion sehr wichtig sein, zur richtigen Zeit am richtigen Ort zur Stelle zu sein, um dort einen wichtigen Teil der gewollten Zielgruppe zu treffen. In diesem Zusammenhang sprechen wir von der „DAWOS-Strategie".

Die Regel heißt: Man nutze den aktuellen Standort (nicht nur räumlich) seiner gewünschten Kundenzielgruppe und suche diese genau dort auf. Man nutze die Unternehmen — gleich welcher Branche —, die mit diesen Kunden bereits gute Beziehungen haben, als Trojanische Pferde für seine eigenen Botschaften.

Mit dieser Strategie kommt man oft zu unkonventionellen (AAAA — Anders Als Alle Anderen) Maßnahmen, an die man bisher nicht gedacht hatte und die auch die Kunden so bzw. an dieser Stelle nicht erwarten würden. Sie werden staunen, wie gut Sie sich in Ihre Zielgruppe hineindenken und -fühlen können, wenn Sie nach der DAWOS-Regel zu arbeiten beginnen. Nutzen Sie dazu die Checkliste am Ende des Kapitels!

Praxisbeispiel: Im Kurzentrum auf trojanischem Kundenfang

Etablierte Reisebüros haben heute einen schweren Stand, denn die Konkurrenz aus dem Internet ist gewaltig. Denken wir an die vielen Restplatzbörsen und sonstigen Plattformen. Dazu gesellen sich noch die großen Lebensmittelketten, die auch ihre Reisen verkaufen wollen. Besonders für Spezialanbieter, wie Abenteuer- und Erlebnisreiseanbieter, ist es mitunter ein schwieriges Terrain, die richtigen Personen für die Fernreisetrips zu finden, da sich diese in unterschiedlichen Milieus aufhalten. Also gilt besonders für Erlebnisreiseanbieter, sich mittels der DAWOS-Strategie neue Gedanken zu machen, wie man die Kunden erreicht.

Abb. 14: Tamil Nadu, Südindien (© Roman Anlanger)

Erlebnisreisende haben eines gemeinsam, dass sie sich außerhalb der gewöhnlichen Marschrouten von Billiganbietern in fremden Kulturen bewegen, denn sie wollen ja eines: Etwas erleben und ganz in die fremde Kultur eintauchen. Dies ist natürlich mit einem *Low-Cost-Carrier* nicht möglich, denn hier herrscht das Prinzip der Speedtours, nach dem Motto: Möglichst viel und schnell. Der Kontakt zur einheimischen Bevölkerung reduziert sich dann auf das Bestellen eines Biers an der Rezeption. Dafür kann man aber auch gleich zu Hause bleiben und den Fernseher aufdrehen — kommt deutlich billiger.

Die trojanische Toolbox

Ein Erlebnisanbieter, der Qualität bei seinen Reisen garantiert, braucht in der Regel eine zahlungskräftigere Klientel und die muss erst einmal gefunden werden. Mit der DAWOS-Regel geht es ganz einfach! Überlegen Sie sich also, wo man diese finden und auch ungestört von anderen Marketingreizen erreichen kann. Ganz einfach: in einem Kurzentrum. Ein Reisebüro aus Österreich macht dies schon seit Jahren sehr erfolgreich, denn es weiß, dass die Personen, die sich in einer Kur befinden, sehr viel Zeit zum Nachdenken haben. Warum also nicht ganz einfach Lichtbildervorträge, persönlich von einem erfahrenen Reiseleiter erzählt, spannungsgeladen unter die Leute bringen?

Abb. 15: Tamil Nadu, Südindien (© Roman Anlanger)

Über die Jahre wurde nun durch die Lichtbildvorträge im Kurzentrum, unser Trojanisches Pferd, ein großer Kundenstamm aufgebaut, der sich immer auf neue Destinationen freut.

DAWOS-Strategie – Gastbeitrag unseres Kooperationspartners Michael R. Grunenberg

Die DAWOS-Strategie nicht nur räumlich verstehen

Diesen Hinweis finden wir im ersten Buch „Trojanisches Marketing". Aber wenn nicht nur räumlich, wie dann noch? Nun, auch die Wünsche und Einstellungen, die Gefühle der Kunden sind Standpunkte, an denen sie sich befinden. Und wenn das so ist, dann sollte die Strategie auch funktionieren, wenn wir die mental-emotionale Position unserer Zielkunden als Hebel nutzen und sie dort ansprechen, wo sie sich mental befinden — oder eben **da, wo's bei den Kunden Emotionen hat**. Natürlich dürfen die Zielkunden auch räumlich nicht unerreichbar sein, denn sie sollen ja bei uns kaufen. Die zwei folgenden trojanischen Aktionen zeigen, wie das für den Facheinzelhandel funktionieren kann.

Praxisbeispiel: „Geldbörsen verlieren"

Abb. 16: „Verlorene" Geldbörse (© Christian Rasch)

Einfacher kann man die Aufmerksamkeit kaum auf sich ziehen: Fast jedem von uns ist es schon passiert, dass er oder sie eine Geldbörse auf der Straße, in der Bahn, an einer Parkbank oder im Telefonhäuschen gefunden hat. So verschieden die Menschen auch sind, diese Geldbörse hat eine enorme Anziehungskraft. Die einen hoffen, ein unerwartetes Taschengeld zu finden — und zu behalten. Andere heben die Geldbörse mit dem festen Vorsatz auf, sie im Fundbüro abzugeben — und etwas Gutes zu tun — und wieder andere sind einfach nur neugierig und gespannt — also erregt. Aber eine Geldbörse einfach so liegen zu lassen, das machen nur wenige. Die Geldbörse spricht also gierige, gutmütige und neugierige Menschen (mentale Positionen) gleichermaßen an. Eine verlorene Geldbörse zu finden, ist immer mit Emotionen verbunden. Um dies auszunutzen, wurden jeweils 400 auffällige Geldbörsen mit dem Logo eines Augenoptikers in Frankfurt am Main und in Dortmund „verloren".

Das Ziel der Aktionen war jedes Mal, die erst kürzlich eröffneten Geschäfte schnell im Viertel bekannt zu machen. Und natürlich sollten auch neue Kunden gewonnen werden. Für dieses zweite Ziel sorgte ein Wertscheck, der sich in den Geldbörsen befand. Von der einen Seite sah er auf den ersten Blick wie ein 20-Euro-Schein aus. Auf der Rückseite aber fand sich besagter Wertscheck, der beim Kauf eingelöst werden konnte.

Abb. 17: Innenseite des „Geldscheines" (© Christian Rasch)

Die Geldbörsen selbst waren zudem durch ihre Größe und Robustheit sehr gut einsetzbar, um dort das Einkaufsgeld, die Kreditkarte und einen Ausweis unterzubringen. Sicher sind die meisten von ihnen heute noch in Gebrauch und wirken durch das nicht zu auffällige, aber dennoch gut lesbare Logo weiter als Werbeträger.

Zwei Personen auf Fahrrädern verteilten die Portemonnaies in einem Umkreis von ca. 1.000 Metern um das Geschäft herum. Ein anderes Team beobachtete an ausgewählten Plätzen das dann folgende Geschehen, um zu lernen, wo die besten Ablageorte sind und welche sich grundsätzlich weniger gut eignen. Dann brauchte man nur noch zu warten.

Wie erwartet blieben die Geldbörsen nicht lange liegen. Besonders in weniger frequentierten, auf den ersten Blick einsam wirkenden Wohngebieten wurden sie sehr schnell gefunden und aufgehoben. Nach einer kurzen Prüfung des Inhalts verschwanden sie dann in den Taschen der Finder. Sehr viel länger blieben sie auf belebten Plätzen oder an Bushaltestellen liegen. Dort — so scheint es — fühlen sich die Leute beobachtet, und viele ließen den Fund liegen. Weiß man doch nicht, ob der Besitzer gerade auf der Suche nach seinem verlorenen Geld ist? In diesem Fall wäre die Beute verloren. So konnten wir beobachten, dass an einer Haltestelle ein Mann zunächst nach allen Seiten „sicherte", bevor er die Geldbörse aufhob, sie zwischen seinen Knien versteckte und dort so unauffällig wie möglich den Inhalt überprüfte. Was er dort fand, las sich so: *„Liebe Nachbarin, lieber Nachbar! Vielen Dank, dass Sie unsere Geldbörse gefunden haben! Sie dürfen sie gern behalten. Als Finderlohn erhalten Sie von uns 40 Euro beim Kauf einer Brillenfassung oder einer Sonnenbrille gutgeschrieben."* Der Finder schaute zufrieden und steckte die Geldbörse in die Tasche — jetzt ganz offiziell.

Abb. 18: Geldbörse am Postkasten (© Christian Rasch)

Auch kam es vor, dass die Finder im Geschäft anriefen und fragten, ob das denn alles ernstgemeint sei und seine Richtigkeit habe. Offenbar wollte man sichergehen, keinem Scherz zum Opfer gefallen zu sein. Und so kam der Augenoptiker schnell in Kontakt mit seinen künftigen Kunden.

Und diese Kunden blieben nicht aus. In einigen Fällen kamen ganze Familien, die mehrere Geldbörsen gefunden hatten und nun die Wertschecks einlösten. Das zeigt auch den zusätzlichen viralen Charakter dieser Aktion: Man redet darüber, zeigt seinen Fund anderen und teilt die Überraschung und die Freude. Und dabei redet niemand über die angebotenen Produkte. Das wäre ja auch langweilig. Geredet wird über das Portemonnaie und die Idee an sich, vielleicht auch darüber, dass es jetzt einen neuen Laden im Viertel gibt — alles Themen, die positiv, sympathisch und emotional verankert wurden, indem die Kunden an ihren mentalen Standorten getroffen wurden. Und die Gierigen, die vielleicht enttäuscht waren, kein Bargeld gefunden zu haben — auch die waren wahrscheinlich emotional angepackt und erzählten es deshalb ihren Freunden.

Die zweite Aktion nutzt den Lokalpatriotismus aus, der noch immer gut ausgeprägt im Ruhrgebiet zu finden ist, in unserem Fall in der Stadt Dortmund:

Praxisbeispiel: „Unser Herz schlägt für Dortmund"

Die Augenoptiker Halle GmbH ist ein seit fast siebzig Jahren in Dortmund ansässiges Unternehmen. Inhabergeführt in der zweiten Generation von einer Dortmunder Familie, die sich zu ihrer Region bekennt und die Mentalität „ihrer" Dortmunder kennt und teilt.

Abb. 19: Unser Herz schlägt für Dortmund (© halle-optik.de)

Das Unternehmen versteht sich als ausgeprägte *Dortmunder* Firma. Die sprichwört-
liche ehrliche Arbeit und offene Herzlichkeit des Ruhrgebietes gehören zu ihrem
Selbstverständnis. Aus diesem Lokalpatriotismus heraus wurde der Slogan *Unser
Herz schlägt für Dortmund* entwickelt. Gemeinsam mit einem zu einem Herzen ver
wundenen Band wurde dieses Sublogo auf Tüten, Flyer und andere Verkaufshilfen
oder Werbeträger gedruckt. So wurden Dortmund und seine Menschen zum trojanischen Markenkern des Unternehmens. Die Klarheit und Bodenständigkeit der
Menschen in dieser Region, aber auch ihre ehrliche Herzlichkeit wurden zu integra-
len Eigenschaften der Halle Optik, zu denen sie sich bekennt. Ein Eröffnungsevent
mit Bergmann-Bier und Currywurst folgte dieser Linie ebenso wie Produktbezeich-
nungen mit dem Zusatz „Dortmunder".

Diese emotionale Nähe zur Region kam bei den Kunden sehr gut an, und so wurde
schnell klar, dass man das *Dortmunder Herz* und den Slogan *Mein Herz schlägt für
Dortmund* als Trojanische Pferde nutzen konnte und sollte.

Es war dazu wichtig, eine Regionalkampagne zu entwickeln, die in erster Linie für die Stadt warb und erst auf den zweiten Blick mit der Firma in Verbindung gebracht wurde. Das auffällige Herz, an dem die Halle Optik die Rechte besitzt, dient nun als *Key Visual* und verbindet die Liebe und Verbundenheit zur eigenen Stadt mit dem Dortmunder Optiker, der sich so authentisch zu ihr bekennt. Dieses trojanische Vorgehen machte es notwendig, das *Dortmunder Herz* zunächst von der Firmenwerbung abzukoppeln. Gemeinsam mit dem Bekenntnis *Unser Herz schlägt für Dortmund* sollte es zu einem selbstständigen Symbol gemacht werden, das für die Solidarität der Dortmunder zu ihrer Stadt steht. Und dieses Symbol sollte jedem verfügbar sein und auch offen getragen und gezeigt werden können als Zeichen eines empfundenen Wir-Gefühls.

Um dies zu gewährleisten, schienen Aufkleber am besten geeignet. Diese können auf Autos, aber auch auf Taschen und andere Gegenstände geklebt werden, um zu zeigen: Ich bin Dortmunder und ich mag meine Stadt! Ein weiterer Vorteil ist, dass es bereits Herzkampagnen und Aufkleber für viele Städte gibt, in denen das Herz für *love* steht ("*I love NY*"). So konnte wieder trojanisch an Bekanntes angeknüpft werden, das dann im eigenen Sinne neu interpretiert wurde. Auch hier war die emotionale Wirkung vorgeprägt, und die Kunden konnten an ihrem mentalen Standort abgeholt werden.

Die Aufkleber, die gedruckt wurden, gibt es in einer hellen Variante (für dunkle Autos) und einer dunklen Variante (für helle Autos). Sie zeigen das zu einem Herz verschlungene Band als *Key Visual* und das Bekenntnis "*Mein Herz schlägt für Dortmund*".

Abb. 20: Unser Herz schlägt für Dortmund (© halle-optik.de)

Natürlich ist eine solche Aktion nur sinnvoll, wenn sie auch bekannt gemacht wird. Also wurde ein entsprechender redaktioneller Artikel unter dem Titel „*Eine Kampagne für unsere Stadt: Unser Herz schlägt für Dortmund*" in der Zeitung veröffentlicht. Hier wurde die Story verbreitet, um die es gehen sollte:

Dortmund hat viele Gründe, stolz zu sein. Das sind zuallererst die Menschen. Ehrlich, direkt und ohne Schnörkel sind die Dortmunder, in Generationen durch Arbeit und Zusammenhalt geprägt. Und dann ist da auch die Borussia, nicht erst seit Kloppo (Spitzname für Jürgen Klopp, Trainer von Borussia Dortmund, red. Anm.) ein Verein, der zu Dortmund gehört und Dortmund darstellt. Der Strukturwandel macht der Stadt bis heute zu schaffen, aber da gibt es keinen, der aufgibt. Im Gegenteil, es wird gewandelt und erneuert, was das Zeug hält. Unverdrossen dortmunderisch.

Und Dortmund hat Herz. Wer hier lebt, weiß, was Solidarität, Mitgefühl und Hilfsbereitschaft bedeuten. Und wer es nicht weiß, lebt hier nicht wirklich. Die Stadt wird durch dieses Gefühl nach vorn getrieben. Schon immer. Von den Dortmundern, egal welcher Herkunft.

Abb. 21: Unser Herz schlägt für Dortmund (© halle-optik.de)

Damit war die Story entfaltet und es ging darum, die Aufkleber nun effizient zu verteilen. Dazu wurden sie in einer Auflage von 18.000 Stück in der Regionalzeitung als Beilage eingeklebt. Die erste Verteilwelle konzentrierte sich dabei auf die beiden Stadtteile, in denen sich die Augenoptikgeschäfte der Augenoptiker Halle GmbH befinden. Eine zweite Welle kann dann auf das gesamte Stadtgebiet ausgeweitet werden.

Emotionen als Trojanisches Pferd — nicht neu, aber sehr wirksam.

Hier endet der Gastbeitrag.

CHECKLISTE: DAWOS-Strategie — Zielgruppenanalyse	
Alltagsfragen	
Womit beschäftigt man sich (Beruf, Freizeit)?	
Freundes- und Bekanntenkreise?	
Kinder?	
Hobbies?	
Vereine?	
Haustiere?	
Ärzte, Therapeuten?	
Wohnsituation?	
Lebensstil	
Politische Position?	
Umgang mit Problemen und Konflikten?	
Wohnbezirke?	
Sprachniveau?	
Spiele?	
Kultur	
Theater, Musik, Veranstaltungen?	
Idole/Helden?	
Feste?	
Religion?	
Beruf	
Berufliche Tätigkeit?	
Berufsorganisationen? Gewerkschaften?	
Ausbildung, Ausbildungsstätten?	
Weiterbildung?	
Medien	
Zeitungen, Zeitschriften, Bücher?	
Radio, TV?	
Internet, Präferenzen?	
Technik-Affinität?	
Konsum	
Bevorzugte Produkte, Kategorien?	
Bevorzugte Einkaufsstellen?	
Mode-Präferenzen?	
Ess- und Trinkgewohnheiten?	
Fahrzeuge, Mobilitätsverhalten?	

Zauberei: Eine Münze verschwindet

Abb. 22: Zauberkunststück: Eine Münze verschwindet

Das ist ein Trick, der vor allem deshalb funktioniert, weil er auf dem Prinzip der für Zauberer essentiellen *misdirection* (Ablenkung) aufbaut. Als Requisiten benötigen Sie eine beliebige Münze und einen Bleistift, den Sie zu Ihrem Zauberstab erklären.

Nehmen Sie die Münze in die linke Hand, den „Zauberstab" in die rechte. Kündigen Sie an, dass Sie die Münze verschwinden lassen werden. Dabei zeigen Sie immer wieder in großen Gesten mit dem „Zauberstab" auf Ihre Münz-Hand. Heben Sie die zeigende Hand immer wieder hoch, und zwar bis in Kopfhöhe. Während einer dieser Bewegungen stecken Sie sich den Bleistift blitzartig hinter's Ohr, und Ihre Hand zeigt jetzt — leer, ohne „Zauberstab" auf die Münze in Ihrer Hand.

Sie sind natürlich sehr verblüfft, wo der Stab geblieben ist, und suchen demonstrativ danach. In dieser Zeit haben Sie leicht die Möglichkeit, die Münze aus Ihrer Hand in die Hosentasche verschwinden zu lassen.

Wenn Sie jetzt den „Zauberstab" — quasi aus der Luft — wieder erscheinen lassen, können Sie ihn leicht auf Ihre nun leere Hand zeigen lassen. Die Münze ist tatsächlich verschwunden.

4.9 Trojanische Pferde durch das Social-Media-Universum galoppieren lassen

Was Sie in diesem Kapitel erwartet

Im ersten Abschnitt dieses Kapitels werden wir uns mit der Frage beschäftigen, warum eine soziale Strategie einer reinen digitalen Strategie in der Social-Media-Welt überlegen ist. Wir veranschaulichen dies anhand von zwei Praxisbeispielen, die im Bereich von virtuellen Gruppen (Communities) spielen. Die Beispiele werden Ihnen zeigen, wie Sie eine gewinnbringende soziale und vor allem trojanische Strategie für ihr persönliches Business erfolgreich umsetzen können. Ergänzend bieten wir Ihnen zahlreiche Praxistipps sowie eine Checkliste.

Im zweiten Abschnitt zeigen wir Ihnen, wie eine trojanische Kommunikation über Tags und Hubs funktioniert und was Sie dabei beachten müssen. Vertiefendes dazu erfahren Sie im Praxisbeispiel „Cross Table Dinners mittels Tags trojanisch und nachhaltig nutzen".

INFOBOX: Hub

Mit dem Begriff **Hub** (vom Englischen *hub* = Mittelpunkt, Knotenpunkt, zentrale Stelle, Zentrum) werden im Flugverkehr große internationale Flughäfen (Drehkreuze) gekennzeichnet, an denen viele Fluggesellschaften ein Servicenetzwerk anbieten (in Deutschland: Frankfurt). Ein Paketzentrum wird im Postwesen ebenfalls als Hub bezeichnet. Wir verwenden den Begriff hier zur Bezeichnung von **„Drehkreuzen der Kommunikation"**. Das sind z. B. XING-Mitglieder, die mehr als 5.000 persönliche Kontakte haben.

INFOBOX: Tag

Der Begriff **Tag** bedeutet im Englischen „Etikett, Mal, Auszeichner, Anhänger". Generell verwendet man ihn in der IT-Technologie für Daten-Attribute. Als **Tag** bezeichnen wir hier die strukturierte Kennzeichnung der persönlichen Kontakte im Businessnetzwerk XING, die auch in anderen Plattformen möglich ist, z. B. in Google+ mit seinen „Kreisen". Synonym dazu wird die Kennzeichnung der Kontakte in XING auch als „Kategorien" bezeichnet. Mithilfe der *Tags* können Sie alle Ihre Kontakte individuell markieren, sodass Sie diese leichter wiederfinden und gezielt herausfiltern können.

Der dritte Abschnitt dieses Kapitels bietet Ihnen zahlreiche Praxisbeispiele aus der Social Media-Welt, die auch mit relativ geringem Budget realisiert werden können.

Bevor wir den Bogen zum „Trojanischen Marketing" schließen, möchten wir Ihnen zwei Begriffe nahebringen, die untrennbar mit dem Thema dieses Kapitels zusammenhängen: Networking und Social Media:

Anmerkungen zum Thema „Networking"

Wir alle kennen im Zusammenhang mit *Social Media* das Zauberwort „*Networking*", das mit unheimlicher magischer und geldvermehrender Wirkung ausgestattet zu sein scheint und uns alle im *Social-Media-Hype* in die Stratosphäre katapultieren soll. Die Betonung liegt hier auf „soll". Warum? Jeder träumt davon: viele neue (Kunden-)Beziehungen, die sofort bares Geld liefern. Ja, träumen darf man! Doch wie sieht die Realität aus? Auf einen Punkt gebracht: „Über Ihre Träume entscheidet die Tat". So ist es nun einmal. Doch sehr viele Menschen, die sich durch die unendlichen Weiten der verschiedenen *Social-Media*-Kanäle bewegen, haben die wahre Bedeutung des Anglizismus *Networking* nicht erkannt, denn im Wort steckt neben „*Net*" auch „*Work*", also „Arbeit". Ja, erfolgreiches *Networking* ist immens viel Arbeit! Damit gilt für *Networking* dasselbe wie für das reale Leben im Marketing. Eine kreative Idee alleine genügt nicht, Sie müssen die wahren Bedürfnisse der Zielgruppe kennen, nicht die eigenen, Sie müssen Ihre Kampagnen immer *crossmedial* anlegen, die viralen Effekte kreieren und steuern und nie das „Danke" an Ihre Kunden vergessen und und und ...

Social Media: Was ist gemeint?

„Social Media sind Internet-Plattformen, auf denen Nutzer mit anderen Nutzern Beziehungen aufbauen und kommunizieren, wobei sich die Kommunikation nicht im Austausch von verbalen Botschaften erschöpft, sondern auch viele multimediale Formate mit einbezieht: Fotos, Videos, Musik- und Sprachaufzeichnungen sowie Spiele. Die Nutzergemeinde einer solchen *Social-Media*-Plattform bezeichnet man als *Community*." (Heymann-Rieder 2011, S. 20)

Die wichtigsten *Social-Media*-Kanäle sind:

- Businessnetzwerke: XING, LinkedIn, Open Forum
- Social Networks: *Facebook*, StayFriends
- Videoplattformen: YouTube, MyVideo
- Location Based Services: foursquare
- Crowdsource Content: wikipedia
- Microblogging: *Twitter*

- Fotodienste: flickr, Picasa, Pinterest, Instagram
- Musik: last.fm
- Reputation: 123people
- Voicedienste: skype
- Documents & Content: slideshare
- Social Bookmarking: Mr. Wong
- Blogs

Bei all dieser Vielfalt an *Social-Media*-Plattformen ist es sehr wichtig, dass man sich nie auf einen Kanal verlassen soll, es muss vielmahr ein Zusammenspiel auf mehreren Kanälen stattfinden.

Soziale Strategien statt digitaler Strategien einsetzen

Trojanisches Marketing ist ein effektives Werkzeug, das dazu dient, Ihre Ideen tatsächlich mitten ins Kundenherz zu bringen. Im krassen Gegensatz dazu steht die erschreckende Tatsache, dass sich die meisten Unternehmen nie die Mühe machen, die wirklichen Bedürfnisse ihrer Kunden zu hinterfragen. Denn nur wenn man diese kennt, kann man seine Pferde gewinnbringend und nachhaltig positionieren. Besonders im schnelllebigen *Social-Media*-Zeitalter gehört das zur obersten Priorität. Warum? Der Großteil der Unternehmungen versteht *Social Media* als reinen Absatzkanal und das natürlich mit der Hoffnung auf viele „Gefällt mir"-Klicks. Doch was bringen all die — mitunter auch zugekauften — *Likes*, wenn man daraus keinen Umsatz generieren kann? Es bleibt dann beim „*nice to have*", wenn das Unternehmen viele davon hat.

Man verwendet einfach sein digital vorhandenes Werbematerial und wirft dieses massenweise in seine sozialen Kanäle. Ein solches Vorgehen führt uns im Zusammenhang mit *Social Networking* auf einen sehr springenden Punkt: Haben Sie schon einmal intensiver darüber nachgedacht, was „*social*" tatsächlich bedeutet? Falls nicht, dann schwimmen Sie genauso wie die Masse den großen Strom hinunter und werden dann schließlich in der Mündung von den bereits wartenden Haien, sprich der Konkurrenz, aufgefressen.

„*Social*" impliziert, dass wir als Menschen immer noch soziale Wesen sind und dabei ganz wesentlichen, eben menschlichen, Motiven folgen: Beziehungen, die bereits bestehen, nachhaltig zu stärken und dazu noch neue Menschen kennenlernen. Wer Eremit ist oder es bevorzugt, in einer anderen Form der Isolation zu leben, braucht hier nicht mehr weiter zu lesen. Wie bereits gesagt: Die meisten Unternehmen pumpen gewaltigen digitalen Werbemüll in die Welt der *Social Media*, d. h.

sie fahren eine digitale, aber keine soziale Strategie und haben leider das soziale Prinzip des „Gebens und Nehmens" vergessen (vgl. Piskorski 2012, S. 65).

Erfolgreiche Unternehmen erarbeiten immer an erster Stelle soziale Strategien, wobei sie zu eigenen Kunden neue und auch nachhaltige Beziehungen aufbauen oder einfach bestehende pflegen können. Was nun aber den Erfolg einer sehr guten bewährten sozialen Strategie ausmacht, macht der Harvard-Professor Mikolaj Jan Piskorski an drei Elementen fest, die Sie immer in den Mittelpunkt Ihrer sozialen Strategie stellen sollten (vgl. Piskorski 2012, S. 64):

„Erstens verringern Sie Kosten oder erhöhen die Zahlungsbereitschaft der Kunden, indem Sie — zweitens — Menschen dabei helfen, Beziehungen auf- oder auszubauen, wenn diese — drittens — kostenlos Arbeit für das Unternehmen leisten." (Piskorski, 2012, S. 64)

Nur wenn man den Menschen als soziales Wesen ganzheitlich versteht, lassen sich ganz gezielte Kampagnen für ein erfolgreiches Online-Business in der Welt der *Social Media* aufbauen

Welche trojanischen Hebel lassen sich im Social-Media-Universum einsetzen?

Vor allem der trojanische Aspekt ist dabei von großer Bedeutung, denn durch die zuvor beschriebene Strategie haben Sie zufriedene Kunden, deren grundlegende menschliche Bedürfnisse zuerst befriedigt wurden, zu loyalen Markenbotschaftern gemacht. Diese agieren wie Trojanische Pferde in ihren eigenen Netzwerken; sie bringen dadurch neue Kunden zu Ihnen und festigen dazu noch die emotionale Bindung zu Ihrem Unternehmen. Und das spiegelt sich letztlich auch im erzielten Gewinn wider.

„Unternehmen mit erfolgreichen Strategien dagegen haben zunächst überlegt, wie sie Kunden helfen können, soziale Bedürfnisse zu befriedigen, und diese Lösungsangebote dann mit ihren Geschäftszielen verbunden. Weil es oft schwierig ist, unbefriedigte soziale Bedürfnisse zu identifizieren, empfehle ich Unternehmen, sich auf vier Arten von sozialen Herausforderungen zu konzentrieren: Kontakt zu Fremden knüpfen, mit Fremden interagieren. Kontakt zu Freunden wiederaufnehmen, mit Freunden interagieren." (Piskorski 2012, S. 67)

Praxisbeispiel: Community-Marketing mittels sozialer Strategie

Das 1850 gegründete Unternehmen American Express (abgekürzt oft auch „Amex", „Amexo" bzw. „AmEx") ist ein globaler Player im Bereich Finanzdienstleistungen. Es entstand während der Expansion der Vereinigten Staaten von Amerika in Richtung Westen. Damals verdiente sich das Unternehmen seine ersten Lorbeeren als Speditionsgesellschaft, weil es noch keinen staatlichen Postdienst gab. 1890 wurden von AmEx zudem erste Reisechecks ausgestellt.

Wie wir bereits wissen, ist eine soziale Strategie ein sehr gutes Trojanisches Pferd, um bestehende Kunden noch besser an sich zu binden. Besonders effektiv ist dies, wenn man dabei seinen Kunden hilft, geschäftliche Kontakte zu knüpfen, diese zu intensivieren und sie darin unterstützt, mit den neuen Partnern Win-win-Situationen herzustellen.

OPEN Forum© – ein „Hyper-Effizienz-Modell" von AmEX

Zur Erinnerung: Viele Unternehmungen, aber auch private *Communities* scheitern, da sie keiner sozialen Strategie folgen. Dies äußert sich unter anderem darin, dass den Mitgliedern nicht dabei geholfen wird, sich auch im *Offline*-Bereich auszutauschen. Denn es gilt noch immer: Vertrauliche Gespräche, speziell wenn es um Firmendaten geht, werden nicht *online* geführt. Dafür braucht man reale Orte, an denen man sich mit Gleichgesinnten auch unter vier Augen austauschen kann und voneinander lernt. Genau hier setzte AmEX an: Die Erfolgsgeschichte des *OPEN Forum* mit dem von AmEX gegründeten Claim „*Powering small business success*" ist ein Paradebespiel für jeden, der sich mit *Community*-Marketing beschäftigt, da es einzigartig sowie innovativ ist und sich komplett der sozialen Strategie verschrieben hat.

Die genannte *Community* hat als Zielgruppe Kleinunternehmen, die eine AmEX-Kreditkarte haben, wobei der *Content*, also das Wissen, das von namhaften Personen zur Verfügung gestellt wird, eine zentrale Zielgröße ist.

WICHTIG: Folgende Betrachtungsgrößen stehen im Mittelpunkt des Community OPEN Forum©

- Tools, also Werkzeuge, die behilflich sind, sich miteinander zu verbinden und zu kooperieren. Man kann sich hier in Foren und Gruppen austauschen, die von namhaften Experten moderiert werden. Zusätzlich kann man Informationen mit anderen Unternehmern kommunizieren, um von diesen zu lernen.

- So kann z. B. ein Werkzeug dabei behilflich sein, neue *Leads* zu generieren, da es auf einem intelligenten *„Business Matching"* beruht, womit ähnliche Interessen und Wünsche erfasst werden. *„The mission of OPEN Forum, per se, is to connect small business owners to their most essential resources: information, education, and each other"*. (Deal 2011, online)
- Ferner kann man den veröffentlichten *Content* namhafter Experten und Geschäftsführer beziehen und diese Inhalte auch weiterempfehlen.
- *Offline*-Integration: Zahlreiche Konferenzen zum Thema „Management kleiner Unternehmen" wurden veranstaltet, um den persönlichen Dialog der Mitglieder zu fördern. Dabei stand immer „Lernen von den Anderen" im Mittelpunkt, einer der wichtigsten Motivatoren, um sich erfolgreich in der Businesswelt zu etablieren. *„Mehr als 15.000 kleine Unternehmen schlossen sich dem Netzwerk an. Obwohl es auch andere Plattformen wie LinkedIn gäbe, bevorzugen sie nach eigenen Aussagen Connectodex, weil die Unternehmen dort bereits von AmEx überprüft wurden. Eine Studie von Forrester Research belegt den Bedarf: Fast jeder zweite Eigentümer eines Kleinunternehmens mit mehr als 1000.000 Dollar Umsatz gab an, dass er von anderen Eigentümern lernen wolle."* (Piskorski 2012, S. 67)

Das ist ein ganz zentraler Erfolgsfaktor der beschriebenen AmEX-Strategie: Die Überprüfung der Mitglieder! Menschen bewegen sich bekanntlich immer in gleichen Kreisen, die sie bevorzugen und denen sie vertrauen. Gut, in anderen Businessnetzwerken gibt es auch Überprüfungen — sei es seitens der *User* oder indem kontrolliert wird, ob die Allgemeinen Geschäftsbedingungen eingehalten werden. Was aber oft auf der Strecke bleibt, ist die Prüfung der Seriosität und Bonität der Mitglieder. Hier hat AmEx eine deutliche Abgrenzung vorgenommen und dies ist auch einer der USPs, mit denen man sich gegenüber anderen Netzwerken abgrenzt — eine vertrauensbildende Maßnahme, die die Mitglieder dieses Forums schätzen, denn gegenseitiges Vertrauen gehört zu den obersten Maximen im Businessalltag.

The growth of a small business platform

Die Wachstumszahlen der 2007 gegründeten Business-Plattform sind gewaltig, denn bereits damals — sicherlich einer der entscheidenden Erfolgsfaktoren — wurden „Live-Events" durchgeführt. 2008 gab es 425.000 *page views*, und der *Content* wurde von sieben namhaften Autoren, die im Bereich des KMU-Sektors (*Small Business*) angesiedelt sind, geliefert. Im Jahre 2009 wurde ein Re-Design des Forums vorgenommen, welches auch mit zusätzlichen neuen Funktionalitäten ausgestattet worden ist. Die Zahl der *page views* stieg auf 5,1 Millionen. Ein Jahr später, im Jahr 2010, stand ein neuer Rekord an. *OPEN Forum* wurde die meistbesuchte Website für „*Small Business*" weltweit, und man erreichte sagenhafte 10,5 Millionen *page views*.

Und im ersten Quartal des Jahres 2011 wurde bereits die jährliche Anzahl der *page views* aus 2010 geknackt (vgl. Deal 2011, online).

Ein wesentlicher Aspekt ist auch, dass die Wahrnehmung der Marke AmEx nachhaltig gestärkt wurde, und *OPEN Forum* wurde inzwischen mit zahlreichen Preisen, wie *Effies* bzw. *Webbys*, ausgezeichnet. Mittlerweile gibt es sowohl eine iPhone-App sowie auch eine Android-App und über 10 Prozent beträgt inzwischen der Online-Zugriff mittels *Smartphones*. So kommen rund 80 Prozent des hereinströmenden *Traffic* aus sogenannten *„non-paid sources"* und die Leser streuen diesen *Content* wiederum in ihren eigenen sozialen Netzen. Dies hat zur Folge, dass in diesem Sog weiterer neuer *Traffic* generiert wird (vgl. Deal 2011, online).

Machen Sie sich selbst ein Bild von dieser Vorzeigeplattform und Sie werden staunen, welch reichhaltigen *Content* man dort vorfindet:

 http://www.openforum.com/

QR-Code: OPEN Forum

Hier hat man die zufriedenen User der Plattform zu wahren Markenbotschaftern, Trojanischen Pferden, gemacht, da man sich einer sozialen Strategie verschrieben hat: Menschen dabei zu helfen, andere Personen kennenzulernen, mit ihnen in Austausch zu gelangen und von den anderen zu lernen. Was gibt es Schöneres in der Kommunikation? *OPEN Forum* zeigt es uns!

Praxisbeispiel: Best-Case Community-Marketing am Beispiel der Marketing Community Austria (MCA)

Wir schreiben das Jahr 2008. Der erste Band der Erfolgsgeschichte Trojanisches Marketing war gerade auf dem Markt und für die Autoren galt es nun, das Buch auch über ihre sozialen Netzwerke zu vertreiben. Wir kamen u. a. auf die Idee, eine eigene *Community* zu gründen, um den Austausch und die Vernetzung der Personen, die in Österreich mit Marketing zu tun haben, zu verstärken. Und eines stand fest: es musste eine soziale Strategie sein, so wie wir sie am Anfang des Kapitels kennengelernt haben. Der trojanische Gedanke bestand darin, dass die Mitglieder der *Community* nun auch mit einem realen Produkt, unserem Buch „Trojanisches Marketing", konfrontiert werden und zwar implizit, also indirekt.

Der Startschuss fiel am 22. Mai 2008, als die *Marketing Community Austria* (MCA) auf XING ihre Geburtsstunde feierte. Nun galt es, eine implizite Strategie voranzutreiben. So wurde das erste Logo der MCA genau an die *Corporate-Identity*-Farben des Buches angeglichen. In weiterer Folge wurden alle neuen Mitglieder der Gruppe von den Moderatoren angeschrieben und eine fast hundertprozentige Responsequote ergab sich. Die Antwortmail, mit der man sich für die Kontaktbestätigung bedankte, beinhaltete auch einen Link zum Forum „Vorstellungsgruppe", ein Bestandteil der MCA, und die neuen Mitglieder wurden gemäß der sozialen Strategie der Gruppe darum gebeten, sich vorzustellen. Sehr viele kamen dem nach und stellten sich innerhalb der XING-Gruppe vor, was zu einem stetigen Anwachsen der Beiträge, also der persönlichen Statements der Mitglieder, führte. Doch alle Dankes-Kontaktbestätigungsschreiben hatten auch ein Trojanisches Pferd in sich: Einen Link zum Download von Probeleseseiten des Buches „Trojanisches Marketing"; dieser Link wurde fleißig genutzt, was eine deutliche Steigerung der Verkaufszahlen zur Folge hatte.

In weiterer Folge galt es nun, gemäß der sozialen Strategie zu handeln, und eine Online-zu-Offline-Kommunikation mittels realer XING-Live-Events zu etablieren und so einen Wissensaustausch auch *face-to-face* zu ermöglichen. Hier wurde besonderer Wert auf Kooperationspartner gelegt, da man die gegenseitigen Synergien der Distribution verstärkt nutzen konnte. Eines der schönsten Beispiele ist das Event der *Marketing Community Austria* zusammen mit der Grazer XING-Ambassadorin Birgit Bernhard und deren Gruppe XING:Graz sowie der Wirtschaftskammer Steiermark am 13. Februar 2012 in Graz. Über 400 XING-Mitglieder kamen zu diesem Event und es stand — wie könnte es anders sein — u. a. Folgendes auf dem Programm des Events: Trojanisches Marketing! Diese gelungene Eventveranstaltung ist bis heute die größte XING-Veranstaltung, die je in Österreich stattgefunden hat — ein schöner Erfolg, wenn man trojanisch kooperiert und als *Community* auch einer sozialen Strategie verhaftet ist.

Abb. 1: Marketing Community Austria, v.l.n.r.: Heinz Michalitsch, Wirtschaftskammer Steiermark; Birgit Bernhardt, XING Graz; Roman Anlanger (© www.immagine.at Irmgard Daempfer)

Am 25. April 2012 gab es einen weiteren wichtigen Meilenstein in der Erfolgsstory der Gruppe: Ein Kooperationsevent mit der DMX-Austria (*Expo & Conference for Digital Marketing*) sowie der regionalen XING-Ambassador-Gruppe XING:Wien. Referent war der Bestsellerautor Karim-Patrick Bannour und sein Vortrag lautete: „*Social Media Trends*: Worauf dürfen wir uns freuen?" Fast 400 Teilnehmer waren beim Vortrag im Museumsquartier in Wien dabei.

Abb. 2: Bestseller Autor (Buch: Follow Me) und Social Media Experte Karim-Patrick Bannour beim offiziellen XING-Event der Marketing Community Austria am 25. April 2012 (© Peter Korp)

Um den sozialen Aspekt der Gruppe weiter zu verstärken und den *Offline*-Dialog zu fördern, wurde vom XING Xpert Ambasssador Roman Anlanger in Zusammenarbeit mit dem Unternehmen „mediareif Möstl & Reif Kommunikations u. Informations-technologien" eine sogenannte *Matching*-Software entwickelt, die ein gezieltes Networking mittels „Round-Table-Gesprächen" zum Ziel hat. Die erste Beta-Version liegt nun vor. Anfragen dazu richten Sie bitte an Roman Anlanger.

Inzwischen hat die Marketing Community Austria mehr als 5.100 Mitglieder. Mittlerweile kooperieren alle großen und namhaften Marketingkongresse mit der MCA, die ihren fixen Platz in der österreichischen Marketinglandschaft hat. Doch die Reise geht weiter, denn ab 2013 sind noch mehr *Offline*-Veranstaltungen zu allen Themen rund um das Marketing geplant, um die Vernetzung und den Wissensaustausch unter den Mitgliedern dieser erfolgreichen XING-Gruppe weiter voranzutreiben.

Doch bei aller Euphorie: So, wie es hier beschrieben ist, ist *Community-Building*, also der Aufbau einer großen und aktiven *Community*, ein steiniger Weg und — wie wir bereits aus dem Wort *Networking* abgeleitet haben — mit viel Arbeit verbunden.

Praxisbeispiele — Communities erfolgreich aufbauen, pflegen und ausbauen

Communities wollen nicht nur geschickt aufgebaut werden, man muss sie auch pflegen und ggf. weiter ausbauen. Anstelle von theoretischen Anleitungen lassen wir hier die Praxis sprechen: Eine Reihe von realen Beispielen wird Ihnen verdeutlichen, was Sie bedenken sollten, wenn Sie mit *Communities* arbeiten möchten — angefangen bei einer klugen Namensgebung bis hin zur Wahl der richtigen Experten.

Vorweg möchten wir Ihnen aber das Statement des Experten Richard Stückl nicht vorenthalten. Er nennt drei wesentliche Erfolgsfaktoren, die von uns noch um einen weiteren Faktor, die Kooperationen, erweitert worden sind:

- „**Mitglieder/Nutzer** — der wichtigste dieser drei Faktoren: Ein Stamm aktiver Mitglieder oder Nutzer muss vorhanden sein, der am besten im Laufe der Zeit wächst (allerdings gibt es Betreiber von *Communities*, die aufgrund des damit auch wachsenden Zeitaufwandes „ihre" *Community* nicht größer werden lassen wollen).
- **Persönliches Engagement:** Eine oder wenige Personen müssen die *Community* mit Engagement und Zeitaufwand vorantreiben.

- **Experten:** Es muss Personen mit besonderer Expertise zu den relevanten Themen in der *Community* geben." (Stückl 2008, S. 80)
- **Kooperationen:** Mit anderen themenverwandten *Communities* sowie Vereinen, Clubs, wissenschaftlichen Einrichtungen etc. müssen Kooperationen eingegangen werden.

Egal, welche Art der *Community* Sie haben, diese vier genannten Erfolgsfaktoren spielen die zentrale Rolle. Kooperationen dienen in erster Linie dazu, die Distributionskanäle des Partners zu nutzen, um dadurch weitere *Community*-Mitglieder zu generieren. Besonders die Anfangsphase der *Community* erfordert viel Geduld und auch Aufwand. So müssen Sie bei XING jede Person einzeln anschreiben und zur *Community* Ihrer Wahl einladen. Dabei muss bei der einzuladenden Person immer ein klarer Bezug zum Leitthema der Gruppe gegeben sein. Eine gute Orientierungshilfe sind die Felder „Ich suche", „Ich biete" sowie „Interessen".

Einladung in die Marketing Community Austria

Die XING Xpert-Gruppe „*Marketing Community Austria*" (MCA) spricht alle Personen an, die sich in Österreich und im übrigen deutschsprachigen Raum professionell mit Marketing beschäftigen sowie Mitglieder aller österreichischen, deutschen und schweizerischen Marketingclubs. Der Zweck der Gruppe ist breit gefächert: Er zielt auf Aspekte wie den Erfahrungsaustausch für das Marketing in Österreich und im übrigen deutschsprachigen Raum, ein Diskussionsforum für relevante Marketingthemen anzubieten und reicht bis zum Vorstellen von Aktivitäten, Besprechung von Kampagnen, Wissenstransfer für das Marketing, Know-how-Vermittlung.

Kommen auch Sie in die *Marketing Community Austria* und profitieren Sie davon:

https://www.xing.com/net/pri3e0468x/mcaustria/

QR-Code: Marketing Community Austria

Trojanische Vorgehensweise bei der Auswahl des Gruppennamens

Dazu ein kleines Praxisbeispiel, das die Firma Unitcargo, ein Speditionsunternehmen mit Hauptsitz in Wien, gegeben hat. Dieses Unternehmen macht nur einen kleinen Teil seines Umsatzes in Österreich, der größte Teil wird in skandinavischen Ländern sowie in Ländern des ehemaligen Ostblocks erwirtschaftet. Ziel der zu diesem Zweck gegründeten *Community* auf XING ist, neue Kunden im deutschsprachigen Raum zu akquirieren. Fatal wäre es hier, einen Gruppennamen zu wählen, in dem der Unternehmensname Unitcargo vorkommt. Wesentlich zielführender bei der Wahl des Gruppennamens ist es, einen trojanischen Ansatz zu verfolgen, der darauf abzielt, mit einer geschickten *Content*-Strategie einen Mehrwert für die *Community*-Mitglieder zu generieren. Für das Unternehmen wurde die XING-Gruppe „*Forum Logistics Intelligence*" ins Leben gerufen und als strategische Partner wurden die Studiengänge „Logistik und Transportmanagement" sowie „Technisches Vertriebsmanagement", beide an der Fachhochschule des bfi Wien, gewählt.

Abb. 3: Logo des Unternehmens UnitCargo

Nach dem Motto „*Content is King*" ist die Gruppe musterhaft unterwegs. So findet man z. B. bei den Neuigkeiten der Gruppe Einträge wie „*Who is Who* Logistik 2013: die Logistik-Trends des Jahres" oder z. B. „Ein Jahr des Übergangs — Logistik in der produzierenden Industrie" (Stand: 19.01.2013). Der trojanische Bezug zum Unternehmen ist dadurch gegeben, dass beide Gruppenmoderatoren, Hr. Mohammad und Hr. Sertic, von der Firma Unitcargo sind (siehe Logo oben). Die Gruppe wurde im November 2011 ins Leben gerufen, und als erster Schritt wurde der *Community*-Ausbau realisiert. Dies ist aber noch zu wenig, um neue Kunden zu erreichen. So wird dann ab 2013 eine soziale Strategie der Gruppe vorangetrieben, wobei es darum geht, in *Offline*-Events den persönlichen Dialog unter den Gruppenmitgliedern zu fördern und auszubauen. Dadurch lassen sich dann gezielt neue Kunden mit an Bord des Unternehmens holen. Machen Sie sich selbst ein Bild der Gruppe. Folgen Sie dazu einfach dem QR-Code:

https://www.xing.com/net/pri3e0468x/fli/

QR-Code: Forum Logistics Intelligence

Anfang 2013 wurde in die Gruppe zusätzlich ein Trojanisches Pferd mit dem Namen *„Diversity Management"* als eigenes Forum integriert. Der Grund bestand darin, dass die meisten Speditionen international tätig sind und zahlreiche fremdsprachige Mitarbeiter bzw. Mitarbeiter mit Migrationshintergrund beschäftigen. Ein Thema, das im beruflichen Alltag immer wichtiger wird. Hier geht es um die positive Wertschätzung der Mitarbeiter, um eine produktive sowie nachhaltige Miteinander-Atmosphäre zu etablieren. Durch die Hereinnahme von *Diversity Management* wird zusätzlich ein positives Gesamtbild der *Community* erzeugt. Vorbildhaft!

Fazit: Sie sollten niemals die *Community* nach dem Unternehmensnamen benennen. Wählen Sie stattdessen eine soziale und trojanische *Content*-Strategie, wobei Sie den Namen auf eine Metaebene transformieren und Ihren Mitgliedern einen Mehrwert bieten.

Auswahl der Kooperationspartner

Kooperationspartner können unterschiedliche Funktionen bei der Etablierung einer erfolgreichen *Community* haben. So ließen sich z. B. wissenschaftliche Institutionen als Kooperationspartner gewinnen, wodurch ein positiver Imagetransfer erfolgen kann. Ferner können — wie bereits im Kapitel 4.5 „Kooperationen — ein trojanisches Erfolgsprinzip" beschrieben — nach den Spielregeln des Trojanischen Marketings die jeweiligen Distributionskanäle gegenseitig genutzt werden. Der Autor Roman Anlanger ist u. a. auch Moderator der XING-Gruppe „Technischer Vertrieb". Als Studiengangsleiter für das Fachhochschulstudium „Technischer Vertrieb" kann er die Mitglieder dieser Gruppe als Teilnehmer für seine Forschungen, wie z. B. das jährliche „Panel Technischer Vertrieb" nutzen, da er als Moderator dieser Gruppe an alle Mitglieder (mehr als 3.000) einen Newsletter direkt auf XING versenden kann. Darin stellt er den Link zur Umfrage vor und erreicht so direkt seine angepeilte Zielgruppe: Menschen, die im Berufsfeld „Technischer Vertrieb" arbeiten. Je mehr Gruppenmitglieder, desto größer die Anzahl seiner Befragungsteilnehmer. Die fertige Studie wird als Dankeschön immer kostenlos an die Gruppenmitglieder zum *Download* zur Verfügung gestellt.

Es ist bekannt, wie schwierig es mitunter ist, das richtige Adressmaterial für seriöse Umfragen zu erhalten. Mit einer branchenspezifischen *Community* können Sie dies perfekt trojanisch umsetzen.

Kooperationspartner sollen immer voneinander profitieren. Wir haben oben bereits geschrieben, dass die *Marketing Community Austria* mittlerweile eine fixe Größe im österreichischen Markt als Kooperationspartner bei namhaften Events zum Thema Marketing, *Social Media* und Verkauf ist. Auch hier können durch Newsletter Hinweise für eine Konferenz, einen Kongress, ein Seminar in den Kernthemen gegeben werden. Mehr als 5.000 Mitglieder für eine Fachgruppe in Österreich ist eine wohl sehr gute Leistung. Im Gegenzug wird das Logo der MCA dann auf allen Online- und Offline-Werbemitteln des Veranstalters integriert, was zur Folge hat, dass die Reputation der MCA weiter steigt. Darüber hinaus können die Mitglieder der *Marketing Community Austria* durch vergünstigte Eintrittspreise profitieren. Ein echter, durch die Netzwerk-Kooperation generierter Mehrwert für jedes einzelne MCA-Mitglied.

Integrieren Sie alle namhaften Vereine und andere Institutionen im thematischen Umfeld des Gruppenthemas. So erfolgt ein positiver Imagetransfer, über den wir hier bereits gesprochen haben. Ferner erhöht sich die Online-Reputation Ihrer Gruppe massiv. Gemeinsam ist man eben stärker!

Strategische Vorgehensweise bei der Einladung neuer Mitglieder

Wir alle kennen die bekannte Redensart „Steter Tropfen höhlt den Stein", der auf den griechischen Epiker Choirilos von Samos zurückgeht. Damit ist gemeint, dass ständige Arbeit an einem Ziel (meist) zum gewünschten Erfolg führt, wobei die Betonung auf „ständig" liegt. Wie wir bereits wissen, muss bei XING jedes neue potenzielle Mitglied persönlich angeschrieben werden, d. h. Sie können nicht alle Ihre bereits bestätigten Kontakte auf einmal in die Gruppe einladen. Arbeiten Sie daher ständig, am besten täglich, in überschaubaren Zeiteinheiten daran, neue Mitglieder für Ihre Gruppe zu gewinnen.

Strategisch klug ist es, wenn Sie die XING-Suche verwenden und z. B. Bundesland nach Bundesland durcharbeiten. Somit behalten Sie immer ein geografisch abgegrenztes Gebiet im Überblick. In Großstädten, wie z. B. Wien, können Sie dies pro einzelnen Bezirk machen. Mithilfe der XING-Suche können Sie auch neue Mitglieder auf dieser größten D-A-CH-Businessplattform gezielt anschreiben. Wir möchten noch einmal betonen, dass die angeschriebenen Personen immer in einem thematischen Kontext zum Thema Ihrer Gruppe stehen müssen.

Arbeiten Sie bei der Einladung neuer Mitglieder besonders mit Ihren Kooperationspartnern zusammen. Bitten Sie diese, in ihre Aussendungen einen Hinweis auf Ihre Gruppe zu integrieren. Somit gewinnen Sie in relativ kurzer Zeit neue Gruppenmitglieder. Wenn Sie Moderator einer *Community* sind, vergessen Sie nie, dass auch Sie aktiv zur Mitgliedergewinnung beitragen müssen, denn schließlich profitieren ja die Moderatoren auch von der *Community*: Da Sie namentlich als Co-Moderatoren auf der Startseite der Gruppe genannt sind, wird ihre Online-Reputation steigen.

Die trojanische Toolbox

„Content is King"

Ohne entsprechenden, zur Gruppe gehörenden Inhalt, haben Sie bald eine tote Gruppe und all Ihre mühevolle Aufbauarbeit ist umsonst gewesen. Ihre *Community* ist vergleichsweise ein junges Vögelchen, das ständig nach neuer Nahrung schreit und gefüttert werden will. Das müssen Sie mit *Content* in Ihrer Gruppe permanent vorantreiben. Fordern Sie diesbezüglich auch Ihre Mitglieder auf, neuen Inhalt zu posten. Schaffen Sie entsprechende Anreizsysteme wie z. B. Gratisteilnahmen an Ihren Events bzw. den Veranstaltungen Ihrer Kooperationspartner. Mit anderen Worten: Sie müssen das Engagement Ihrer Gruppenmitglieder auf verschiedene Arten honorieren.

Integration von Experten

Namhafte Experten fungieren als Trojanische Pferde, da Sie von deren Image profitieren. Suchen Sie daher gezielt nach Experten und überzeugen Sie diese, für Ihre *Community* tätig zu werden. Dabei können Sie verschiede Argumente verwenden: Sie können z. B. deren Publikationen in Ihrer Gruppe in *Postings* hervorheben sowie in den Newsletters prominent platzieren. Ferner können Sie den Experten einen Vortrag anbieten, den Sie wieder über die Gruppe an Ihre Mitglieder hinaustragen. Das sind gute Argumente, da ja auch der Experte seine Reputation steigern will.

☰	**CHECKLISTE: Community-Management**	
Aufbau der *Community*		
Wer trägt die Verantwortung für die Realisierung der *Community*?		
Haben Sie ein ausreichendes Budget und genügend *Manpower* für die Realisierung Ihrer *Community*?		
Gibt es einen konkreten Projektplan sowie klar formulierte Ziele für die *Community*?		
Welche Zielgruppe soll mit der *Community* erreicht werden?		
Welche Inhalte sollen über die *Community* transportiert werden?		
Haben Sie konkret über die Etablierung einer sozialen Strategie für Ihre *Community* nachgedacht?		
Wurde ausreichend über den Gruppennamen nachgedacht?		
Pflege der *Community*		
Welche Meinungsführer und Experten treten mit welchem *Content* in der *Community* auf?		
Haben Sie *Offline*-Events geplant?		
Welche Strategien setzen Sie ein, damit der Austausch und die Vernetzung der Gruppenmitglieder sichergestellt sind?		
Laden Sie in regelmäßigen Abständen Menschen in Ihre *Community* ein?		

Pflegen Sie die Beziehung zu Ihren Kooperationspartnern in regelmäßigen Abständen?	
Denken Sie immer daran: „*Content is King*". Haben Sie daran gedacht, die *Community* mit regelmäßigem *Content* zu versorgen?	
Pflegen Sie den Kontakt zu Ihren Co-Moderatoren?	
Verbreitung des Gruppennamens	
Welche Kooperationspartner sind geeignet, den Gruppennamen zu verbreiten?	
Welche Anreizsysteme gibt es für die Gruppenmitglieder und die Co-Moderatoren, damit sie den Gruppennamen nach außen tragen?	
Welche lokalen Medien können dafür gewonnen werden?	
Welche Geschäftspartner können dafür animiert werden?	

Praxisbeispiel: Trojanische Kommunikation über Tags & Hubs

Egal, ob Sie eine *Community* aufbauen, Ihre Online-Reputation im Netz steigern oder Ihre Dienstleistungen oder Produkte effektiv streuen wollen: Zuerst sollten Sie sich mit der Thematik der „Tags" und „Hubs" auseinandersetzen und verstehen, wie man diese Werkzeuge gezielt einsetzen kann, damit sich eine Botschaft viral verbreiten lässt.

Wichtig: Die „Tags" auf XING sind Ihr Trojanisches Pferd in die Businesswelt.

Die Vorgeschichte oder was man von einem alten Schustermeister lernen kann

Maximilian, auch Max genannt, ist 86 Jahre alt. Noch immer agil, mit Herzensfreude unterwegs, macht er sich jeden Tag noch auf in die Arbeit. Ja, sie haben richtig gelesen, er kann es nicht lassen! Sein Geheimnis: Er liebt seine Kunden und seine Kunden lieben ihn. Max arbeitet nicht mehr in vollem Umfang, aber immer noch mit äußerster Genauigkeit. Früher war er ein begnadeter Schuhmachermeister, dem nicht nur alle „fußspezifischen" Bedürfnisse seiner Kunden vertraut waren, sondern darüber hinaus noch mehr. Er wusste z. B. bei jedem Mann, welche speziellen Vorlieben dessen Frau(en) hatte(n), z. B. welche Farbtöne bei Schuhen sie liebten. Anfangs hatte er nur Herrenschuhe im Sortiment, doch bald kamen auch feinste Damenschuhe und edle Handtaschen dazu. Heute würde man sagen, dass Maximilian sein volles „*Cross-Selling*-Potenzial" ausgenutzt hat. Er hatte zwar nicht Tausende von Kunden, aber diejenigen, die er hatte, kannte er von A bis Z.

Man möchte glauben, dass Max ein Marketing-Tausendsassa war. Keinesfalls, denn er notierte alle demo- und psychografischen Merkmale seiner Klientel, pro Person eine Seite, legte diese in einem Ordner ab und hatte damit einen perfekten Überblick über alle die „*Needs & Wants*" seiner Kundschaft. Zu bestimmten Zeiten nahm er sich den Ordner heraus, begann darin zu lesen und fasste bestimmte Merkmale auf einem Zettel mittels einer Strichliste zusammen. Dazu sagt man heute „*Clustering*" oder „*clustern*", d. h., merkmalsgleiche Kategorien zu schaffen. Darauf aufbauend konnte er planen und Trends für seine zukünftige Produktion ablesen. Was Max machte, nennt sich heute *Customer Relationship Management*, kurz CRM.

Die Umsetzung der Prinzipien von Max in der Social-Media-Welt

Der Autor Roman Anlanger hat alleine bei XING über 10.100 bestätigte Kontakte. Durch die Bestätigung hat er deren Kontaktdaten, sprich E-Mail-Adresse, Telefonnummer, postalische Anschrift, *Facebook*-Profil etc. Das hört sich immens an und ist es auch. Der Schlüssel ist: Man muss wissen, wie man diese enorme Anzahl an Kontakten effektiv nutzt und dabei einen klaren Überblick behält.

Hier kommt wieder unser guter alter Max ins Spiel, denn Roman Anlanger hat wie der alte Schuhmacher all seine Kontakte kategorisiert, mit sogenannten „*Tags*" versehen. Anders als Max benutzt er dafür allerdings ein von XING angebotenes Werkzeug. Konkret bedeutet dies, dass zu jeder Person einzeln zusätzliche Informationen vermerkt wurden. Ein kleiner Praxistipp: Machen Sie dies immer sofort nach einer Kontaktbestätigung. Wie nun die *Tags* aussehen sollen, die Sie jemandem zuordnen, können Sie selbst bestimmen. Somit legen Sie Ihre persönliche Datenbank auf XING an und haben auf diese Weise ein funktionierendes CRM-System in dieser *Businesscommunity*.

Mit den „Tags" ein Mini-CRM-System aufbauen

Doch welche *Tags* sollten Sie einer Person zuweisen und welches Gefahrenpotenzial liegt darin? Beginnen wir mit der *Tag*-Zuordnung im Allgemeinen. Sie sollten hier logisch vorgehen und die *Tags* auch entsprechend codieren. Hier einige Beispiele:

Wohnhaft in Wien	*Tag*: Wien
Wohnhaft in Hamburg	*Tag*: P02 — steht für deutsche Postleitzahl, mit 2 beginnend
Lebt und arbeitet in Deutschland	*Tag*: DE
Liebt Saxophon zu spielen	*Tag*: HobbySax
Kennt man persönlich	*Tag*: PERS
Hat über 1.000 Kontakte	*Tag*: 1.000
Man ist mit der Person per Du	*Tag*: DU

Somit bauen Sie sich eine Datenbank, ein Mini-CRM-System in XING auf, und Sie wissen: „Kontakte schaden nur dem, der keine hat!" Der Praxisnutzen: Sie sind nun mithilfe der *Tags* in der Lage, ein zielgruppenspezifisches Marketing zu betreiben, bei dem es keine Streuverluste gibt. Dazu ein einfaches Beispiel anhand der XING-Datenbank von Roman Anlanger. Er plant für das Jahr 2013 eine Buchpräsentation in Hamburg. Dazu sucht er in seinen Kontakten nach bestimmten Kategorien (so werden die *Tags* auf XING offiziell genannt) und klickt den *Tag-Button* „P02" (für das deutsche Postleitzahlgebiet 2). Er erhält 317 Treffer und kann die ausgewählten Menschen nun gezielt für die Buchpräsentation anschreiben oder sie zu einem Event punktuell — im Sinne von geografischer Nähe — einladen. Das funktioniert so mit jedem Postleitbezirk. Als Gruppenmoderator einer XING-Gruppe können Sie dies natürlich auch anders handhaben: Sie können Ihre Gruppenmitglieder individuell „*taggen*", d. h., ihnen bestimmte Merkmale individuell zuordnen.

Achten Sie bitte auch auf das Fehlerpotenzial, das beim *Taggen* insbesondere für Anfänger besteht. Jeder *Tag* ist Ihr individuelles Erkennungszeichen für einen Menschen und Sie wollen Personen mit einem bestimmten Merkmal gezielt wieder finden. Datenbanken, und das ist Ihre *Tag*-Sammlung, sollten einen hierarchischen Aufbau haben und dieser muss einer klaren Logik folgen. Roman Anlanger ist Studiengangsleiter des Fachhochschulstudiums „Technisches Vertriebsmanagment" an der Fachhochschule des bfi Wien. Der Studiengang hat den *Tag* „TVM". Nachfolgendes Beispiel zeigt, wie Sie es **nicht** machen sollten:

Interessent für das Studium	*Tag*: ITVM
Möglicher (potenzieller) Sponsor	*Tag*: PSpTVM
Sponsor des Studienganges	*Tag*: SpTVM
Student des Studienganges	*Tag*: STVM

Wie Sie sehen, folgen die Tags keiner logischen Struktur. Sie möchten ja für bestimmte Aktionen immer einen schnellen Überblick gewinnen. So wie im Beispiel gezeigt, funktioniert das aber nicht, denn die einzelnen *Tags* erscheinen mit ihren unterschiedlichen Anfangsbuchstaben irgendwo in Ihrer „Kategorie-*Cloud*" auf XING. Achten Sie also immer auf eine stringente *Tag*-Struktur und stellen Sie die zusätzlichen Attribute hinter Ihren Kern-*Tag*. Das erleichtert Ihre Businessarbeit immens, Sie behalten stets einen klaren Überblick und können somit gezielt trojanische Aktionen — die wir Ihnen im Anschluss vorstellen werden — in die Wege leiten.

Das oben gezeigte Beispiel der falschen *Tag*-Kategorisierung sollte daher folgendermaßen aussehen:

Interessent für das Studium	Tag: TVMI
Möglicher (potenzieller) Sponsor	Tag: TVMPSp
Sponsor des Studienganges	Tag: TVMSp
Student des Studienganges	Tag: TVMS

Sehen Sie den Unterschied? Der Vorteil liegt besonders in der Wiedererkennbarkeit Ihrer gruppierten *Tags* (in diesem Fall TVM) innerhalb Ihrer persönlichen Kategorie-*Cloud* auf XING.

Die trojanische „Hub-Kommunikationsmatrix"

Gehen wir nun einen Schritt weiter. Sie wollen mit Ihren Kontakten kommunizieren, d. h., Sie möchten sie u. a. auch für die Verbreitung Ihrer Botschaften gewinnen. Die potenziell wirkungsvollsten Trojanischen Pferde sind diejenigen Menschen, die ihrerseits sehr viele Kontakte haben. Das können Sie immer am Profil der Menschen, die zu Ihren bestätigten Kontakten gehören, ablesen. Um diese „Datenbank" regelmäßig zu aktualisieren, empfehlen wir Ihnen, Ihren persönlichen Kontakten zum Geburtstag zu gratulieren. Erstens zaubern Sie Freude in die Herzen Ihrer XING-Kontakte und zweitens können Sie das Geburtstagsschreiben zum Anlass nehmen, einen der wichtigsten *Tags* für Ihre trojanische Kommunikation stets aktuell zu halten, nämlich die Anzahl der Kontakte Ihrer Kontakte. So kann jemand innerhalb eines Jahres von der Ebene *Tag* „500" („hat 500 Kontakte") zur *Tag*-Ebene „1.000" aufgestiegen sein, weil er inzwischen mehr als 1.000 bestätige Kontakte hat.

Die nachfolgende Grafik erläutert dies. Roman Anlanger hat seine bestätigten Kontakte in sogenannte *Hub*-Ebenen unterteilt und daraus ein effektives und praxiserprobtes „*Social-Media*-Kommunikations-Modell" entwickelt. Menschen mit mehr als 10.000 bestätigen Kontakten werden der *Hub*-Ebene 1 zugeordnet; diese haben ein enormes Verbreitungspotenzial. Genauso wie beim logischen Aufbau der *Tags* ist auch hier eine sinnvolle hierarchische Struktur erkennbar. Auf der *Hub*-Ebene 2 folgt der Personenkreis mit mehr als 5.000 bestätigten Kontakten. Der Autor hat alle seine Kontakte bis zur Ebene 4, also Menschen mit mehr als 500 bestätigen Kontakten, heruntergebrochen.

Übersetzt auf XING bedeutet dies am Beispiel von Roman Anlanger: Er hat (Stand: 14. Januar 2013) 45 Menschen als bestätigte Kontakte, die ihrerseits mehr als je

10.000 bestätige Kontakte haben. In der *Hub*-Ebene 2 sind dies bereits 131 Personen und 819 bestätigte Kontakte finden sich auf Ebene vier.

	Xing	Twitter	Facebook	Google+
Hub-Ebene 1: > 10.000	45	➡	➡	➡
Hub-Ebene 2: > 5.000	131	➡	➡	➡
Hub-Ebene 3: > 1.000	758	➡	➡	➡
Hub-Ebene 4: > 500	819	➡	➡	➡

Abb. 4: Hub-Kommunikations-Matrix am Beispiel der Kontakte von Roman Anlanger auf XING; Stand: 14.01.2013 (© Roman Anlanger)

Jetzt treten wir in das trojanische Universum ein: Menschen mit vielen Kontakten — wir betrachten hier die *Hub*-Ebene 1 — sind solche, die in der Regel auf ihrem Gebiet die Rolle eines Experten spielen und/oder als *Opinion Leader* gelten. Im Zeitalter von *Social Media* haben diese Personen in der Regel auch ein höheres Kontingent an *Followers* auf *Twitter* oder an „Freunden" in *Facebook* etc. Sie sind daher echte Multiplikatoren.

Lassen Sie uns einen Schritt weitergehen: Vernetzen Sie sich, ausgehend von XING, nun mit den einzelnen *Hub*-Personen der jeweiligen Kategorie auch auf den anderen Kanälen des *Social-Media*-Universums, welches im deutschsprachigen Raum Relevanz hat (*Twitter, Facebook*, Google+, Pinterest). Sie bauen Ihr eigenes *Hub*-Universum auf, welches Sie gezielt für Ihre trojanische Kommunikation nutzen können. Hier sollten Sie einen ganz wesentlichen Aspekt nicht vergessen: Das Ganze ist mit viel Aufwand und Mühe verbunden, denn, wie wir bereits am Anfang dieses Kapitels geschrieben haben, bedeutet „Net**work**ing" immer auch „Arbeit".

Wenn Sie Ihre eigene *Hub*-Welt etabliert haben, können Sie gezielt und strukturiert virale Effekte auslösen — und das mit Erfolg. Sie sollten aber — ob Sie nun Einzelunternehmer oder Geschäftsführer eines mittelständischen Betriebes sind — immer bedenken, dass die für Ihr spezielles Business wichtigen *Hubs* in allen Ebenen zu finden sind.

Tipps für die Praxis: Meinungsführer gewinnen

- Identifizieren Sie Meinungsführer auf XING: Dies sind vor allem die Xpert Ambassadors (sie sind für spezielle Branchen zuständig) sowie die regionalen Ambassadors. Kontaktieren Sie diese und versuchen Sie, sie für Ihr Vorhaben zu gewinnen. Aber Vorsicht: *Multilevel*-Marketing und Strukturvertrieb sind ein absolutes Tabu im seriösen Business-Netzwerk XING und die Verbreitung solcher Ideen führt zur Löschung Ihres Profils.
- Andere Meinungsführer sind die Moderatoren von XING-Gruppen. Dies gilt natürlich auch für das Business-Netzwerk *LinkedIn*. Moderatoren haben oft tausende Mitglieder in ihren Gruppen, die sie in regelmäßigen Abständen mittels Newsletter über Neuigkeiten in den Gruppen informieren. Versuchen Sie, dass Ihr Business-Anliegen im Newsletter der Gruppe genannt wird. Dabei sollten Sie immer bedenken, dass Sie der Gruppe einen echten Mehrwert anbieten müssen. Es sollte zudem zwischen dem Moderator und Ihnen eine typische Kooperations-Win-win-Situation vorliegen, denn Moderatoren müssen mit Werbung auf XING in ihren Gruppen zurückhaltend sein.
- Wenn Sie bereits einen *Twitter*-Account haben, dann treten Sie mit den *Twitter*-Usern in Kontakt, die sehr viele *Followers* haben. Dazu gibt es im Internet unzählige Listen, worin diese Personen zu finden sind, und zwar für fast alle Länder. Ein weiterer Indikator zur Identifikation der Meinungsführer sind Menschen, die sehr viele *ReTweets* (also weitergeleiteten *Content*) verbreiten.
- Kontaktieren Sie Menschen, die sehr viele *Postings*, sei es auf Blogs, Business-Netzwerken, *Facebook* etc. abgeben.
- Treten Sie gezielt mit Menschen in Kontakt, die in Suchmaschinen ganz vorne erscheinen. Sei es als Person oder mit dem Unternehmen.
- Auch wenn sich in diesem Kapitel alles um *Social Media* dreht, sollten Sie bei der Gewinnung von Meinungsführern nie die klassischen Medien wie z. B. Zeitungen, Journale, Magazine etc. vergessen. Treten Sie hier mit Menschen in Kontakt, die viel schreiben, oder suchen Sie Menschen, deren Inhalte oft weiterverbreitet werden.
- Seien Sie vor allem in Ihren Businessnetzwerkgruppen aktiv: Schreiben Sie regelmäßig Beiträge zum Thema der Gruppe und beteiligen Sie sich an Diskussionen. So wird man auf Sie aufmerksam.

Praxisbeispiel: „Cross Table Dinners" mittels Tags trojanisch und nachhaltig nutzen

Die soziale Strategie, der sich XING verschrieben hat, sieht u. a. vor, dass sich auf Einladung ihrer Gruppenmoderatoren die Mitglieder auch im *Offline*-Bereich treffen. Bei einem *Cross Table Dinner* treffen sich z. B. 60 Menschen in einem Lokal und werden mittels Los einem bestimmten Tisch zugewiesen. Nach Aufforderung des Organisators werden sie dann in zeitlichen Abständen, wiederum mittels Losverfahren, einem anderen Tisch zugeteilt. Somit lernt man, je nach Häufigkeit des Tischwechsels, (fast) alle Anwesenden kennen. Das trägt enorm viel Businesspotenzial in sich und ist zudem eine schöne kulinarische Sache. So wurden bei *Cross Table Dinners* der XING:Wien-Ambassador-Gruppe schon während des Events Jobs vermittelt, es sind neue Geschäftsideen entstanden und neue Kooperationen wurden eingegangen. Wie aber können Sie dies nachhaltig für Ihr persönliches Business, sei es als Unternehmensberater, Rechtsanwalt, Arzt, Künstler etc. nutzen?

Eine Technik haben Sie bereits von der Künstlerin „Mücke", mit realem Namen Ulrike Pistora, im Kapitel 4.3 „Trojanische Rhetorik® — The Power of Words" kennengelernt. Können Sie sich noch erinnern? Sie arbeitet ganz gezielt mit ihrer persönlichen Handschrift. Doch Sie werden im Folgenden viele weitere einfache und sofort umsetzbare Techniken kennenlernen, damit effektives und nachhaltiges *Networking* keine leere Schablone bleibt. Nebenbei bemerkt: Die Teilnahme an einem *Cross Table Dinner* macht sehr viel Spaß und bringt Abwechslung in den Alltag, der oft von vergeblicher Kundenakquise geprägt ist.

Nach der Anmeldung zu einem solchen Event, die in der Regel über das *Ticketing*-System „amiando" erfolgt, schreiben Sie alle teilnehmenden Personen schon im Vorfeld an. Erklären Sie, dass Sie ebenfalls am Event teilnehmen und sich gerne mit Ihrem Adressaten „*verxingen*" möchten. Das hat den entscheidenden Vorteil, dass Sie sich mit diesem Schritt bereits aus einer relativen Anonymität lösen, wenn auch vorerst nur virtuell. Das heißt, Sie kennen den beruflichen *Background* und haben auch die Kontaktdaten dieser Personen. Vergessen Sie dabei aber nicht zu *taggen*.

Im nächsten Schritt sollten Sie die Möglichkeiten der „*Hub*-Kommunikationsmatrix" nutzen.

Abb. 5: *Cross Table Dinner* von XING:Wien in der Taverna Lefteris. Im Bild: 2vL. „Mücke", Person stehend: Roman Anlanger (© Peter Korp)

Vergessen Sie nicht, beim Event genügend Visitenkarten bei sich zu haben, denn diese sind ein wichtiger Teil dieses „Business-Kennenlernspiels". Und was machen Sie mit den erhaltenen Visitenkarten? Notieren Sie sofort, später ist es meist zu spät, die entsprechenden *Tags* auf der Rückseite der erhaltenen Karte. Durch den persönlichen Kontakt erfahren Sie viel mehr über die Person, mit der Sie gerade am Tisch sitzen. Somit können Sie neue, ganz individuelle *Tags*, wie z. B. die Lieblingsfarbe, Vorlieben für Musik, Sportpräferenzen etc. in Ihr persönliches XING-CRM-System integrieren. Diese neuen *Tags* sind quasi wie Trojanische Pferde, auf denen Sie dann eine spätere Kommunikation erfolgreich aufbauen können. Allerdings müssen Sie gezielt danach fragen, das ist Teil des Spiels. „Mücke" macht dies bereits sehr effizient, wie wir im Kapitel 4.3 „Trojanische Rhetorik® — The Power of Words" gelesen haben. Mit anderen Worten: Sie bauen Ihre individuelle „Kategorie-*Cloud*" durch angereicherte Merkmale deutlich aus.

Sollten Sie neugierig geworden sein: Kommen Sie doch einfach zu einer der zahlreichen *Cross Table Dinners*, die inzwischen in fast allen größeren Städten — meist im Rahmen von XING-Events — veranstaltet werden. Und wenn Sie in Wien oder Umgebung wohnen, besuchen Sie uns beim nächsten *Cross Table Dinner* von XING:Wien. Das geht ganz einfach mithilfe des nachfolgenden QR-Codes, der sie direkt auf XING:Wien führt.

https://www.xing.com/net/pri3e0468x/wiennet/

QR-Code: XING Wien

Abschließend noch ein Beispiel, wie die bereits vorgestellte Wiener Neustädter Künstlerin „Mücke" — inzwischen ein Profi im angewandten Trojanischen Marketing — mit einer neuen Idee *Cross Table Dinners* für sich nutzt. Mücke hat in Gesprächen mit Betreibern von Autohäusern erfahren, dass die harte Preispolitik im Neuwagensektor so gut wie keinen Spielraum mehr nach unten zulässt. Da sie es u. a. liebt, Oldtimermotive von Fahrzeugen zu malen, hat sie eine Idee entwickelt, mit der sie sich nun an Autohäuser wendet: Sie bietet an — auch das tut Sie bevorzugt im Rahmen von *Cross Table Dinners* — für die Käufer eines Hochpreiswagens ein Bild ihres neuen Autos zu malen. Dieses Bild erhalten die Käufer nach einem Abschluss. Bei den ohnehin nach unten ausgereizten Preisen ist dies ein echter Kaufanreiz, den die Autohäuser für sich nutzen können — und Mücke verkauft Ihre Bilder …

Abb. 6: Malerin „Mücke" beim Ausleben ihrer Kreativität – sie malt gerade ein Oldtimer-Motorrad

Tipps für die Praxis: Events optimal nutzen

- Schreiben Sie auf jede erhaltene Visitenkarte sofort Ihre individuellen *Tags*. Somit gehen ganz wichtige Informationen nicht verloren und Ihr XING-CRM-System wird es Ihnen danken.
- Vernetzen Sie sich bereits im Vorfeld eines Events mit den anderen Teilnehmern, wodurch Sie bereits vor dem Gespräch sehr viele Details über sie wissen. Im persönlichen Gespräch können Sie dann gezielt weitere interessante Merkmale abfragen und diese wiederum in *Tags* übersetzen.
- Schreiben Sie nach einem Event gezielt nochmals Ihre Gesprächspartner an und betonen Sie, dass es für Sie eine Bereicherung war, sie kennengelernt zu haben. So bleiben Sie im Gedächtnis und zukünftige Businessvorhaben lassen sich leichter realisieren, da bereits Vertrauen aufgebaut worden ist.
- Vierzehn Tage nach dem Event schreiben Sie nochmals die Teilnehmer, die Sie kennengelernt haben, an und fragen nach, wie man eventuell kooperieren bzw. gemeinsam ein Projekt realisieren kann.
- Besonders Ihre persönlichen Kontakte, die Sie z. B. bei einem *Cross Table Dinner* kennengelernt haben, werden es Ihnen danken, wenn Sie ihnen zum Geburtstag gratulieren. XING macht Ihnen dies leicht, denn auf Ihrer persönlichen Startseite sehen Sie immer, wer von Ihren bestätigten Kontakten gerade Geburtstag hat.

Je mehr Kontakte Sie in der realen Welt haben, desto wichtiger ist die Fähigkeit, sich Personen und ihre Namen dauerhaft merken zu können. Dazu haben unsere Kooperationspartner Gerald Hüttner und Tanja Nekola einen interessanten Beitrag geschrieben, den wir Ihnen nicht vorenthalten möchten. Deshalb bieten wir Ihnen den vollständigen Artikel „Namen und Gesichter leichter, nachhaltig merken" auf unserer Homepage www.TrojanischesMarketing.com an.

Praxisbeispiel: Buzz-Marketing für digitales Employer Branding bei SPAR

Bevor wir Ihnen das eigentliche Praxisbeispiel der Handelskette SPAR vorstellen, möchten wir Ihnen vorab einige Infos zum Thema *Buzz*-Marketing geben.

Vorbemerkungen: Videospiel „Snake" und Buzz-Marketing

Begonnen hat die Geschichte bereits 1979: „Ein Auszeichnungsmerkmal der frühen Video- und Computerspiele war die Kreativität, mit der die damaligen Programmierer aus den sehr bescheidenen gegebenen Mitteln tolle Spielprinzipien entwickelten, die auch heute noch zu faszinieren wissen. Snake ist so ein Klassiker, der immer noch nichts von seiner Faszination verloren hat. Wahrscheinlich die 1. Version von Snake erschien bereits 1979. In den frühen 90ern war eine Nibbles genannte Version von Snake als QBasic-Programm Bestandteil von MS DOS und somit auf fast jedem PC vorhanden." (netzwelt.de 2013, online)

Dieses Videospiel stand auch Pate für die App, welche ein Klassiker unter den kostenlosen Handy-Spielen ist. Dabei wird eine kleine Schlange gesteuert, die auf Beutezug ist. Wenn „Snake" einen Punkt gefressen hat, wachsen gleichzeitig der Highscore sowie die Länge der Schlange. Das Spiel wird von Level zu Level schwieriger. Mittlerweile gibt es unzählige Varianten dieses Klassikers, wie z. B. „Snake Evolution". Hier vergrößern sich das Spielfeld und der Inhalt gleichzeitig.

„Manche Dinge sind so gut, dass sie auch noch nach Jahren erfolgreicher als alle Neuerscheinungen sind. Daran wird man immer zur Weihnachtszeit mit diversen Songs im Radio erinnert, und wenn man vor dem Kühlregal steht, greift man auch lieber zur Rezeptur „nach Großmutters Art".

Nicht anders schein es bei Handyspielen zu sein. Aufgrund von geringem technischen Aufwand gehört „Snake" noch immer zu einem der verbreiteten Handygames aller Zeiten (wohl auch aufgrund der Tatsache, dass es oft vorinstalliert war und ist." (Voelker 2009, online)

Das Spiel „Snake", egal in welcher Ausprägung oder Version, ist als Klassiker eine perfekte trojanische Vorlage, da sich das Spiel aufgrund seiner noch immer sehr hohen Popularität seinen Platz im episodischen Gedächtnis vieler Menschen gesichert hat. Im Onlinebereich heißt es nun, die trojanisch angereicherte Vorlage „Snake" mittels *Buzz*-Marketings an die gewünschte Zielgruppe gelangen zu lassen.

INFOBOX: *Buzz*-Marketing

„*Buzz*-Marketing ist Mund-Propaganda-Marketing, das z. B. ein Produkt schon vor dessen Einführung zum begehrten und viel erwarteten *Must-have* aufbaut — oder ein bestehendes Produkt schnell und glaubwürdig umpositioniert. Es basiert auf der Wirkung traditioneller Mundpropaganda, also persönlicher Empfehlungen von Person zu Person, verknüpft mit einem echten Produkterlebnis. Konkret heißt das: Beim *Buzz*-Marketing (to buzz = summen, schwirren) sprechen ausgewählte Privatpersonen mit ihren Freunden und Kollegen in einem natürlichen, ungezwungenen Kontext über das zu bewerbende Produkt — welches sie exklusiv (ggf. für einen begrenzten Zeitraum) kostenlos erhalten." („Kapitän" 2006, online)

Die trojanische Toolbox

Enorm wichtig bei jeder Art einer *Buzz*-Kampagne ist die Vorselektion der sogenannten *Buzz Agents*, also der Menschen, die eine hohe Reputation in der angepeilten Zielgruppe haben. Diese können Sie z. B. mithilfe oben genannter *Hub*-
Kommunikations-Matrix identifizieren.

„Die Agenten arbeiten unentgeltlich, berichten regelmäßig über ihre Erfahrungen
und äußern ihre freie Meinung. Ein *Buzz*-Agent kann durch diese „selbst-selektie-
rende Ansprache" mit eigener Überzeugungskraft die Positionierung z. B. einer
Produktneueinführung richtungweisend beeinflussen". („Kapitän" 2006, online)

Eine der bekanntesten *Buzz*-Kampagnen stammt von Ikea, die sehr erfolgreich auf
Facebook umgesetzt wurde. Schauen Sie sich diese einfach auf *YouTube* mithilfe
des folgenden QR-Codes an:

http://www.youtube.com/watch?v=zdd7-kHrvps

QR-Code: IKEA *Facebook* Buzz-Marketing

Einen interessanten Foliensatz über *Buzz*-Marketing finden Sie auf *Slideshare* mit
dem Titel „*Buzz Marketing Event Folien*". Hier wird erklärt, dass *Buzz*-Marketing immer ein gezieltes Auslösen von Schneeballeffekten mittels Mundpropaganda-Mar-
keting etc. darstellt, welches innerhalb ausgewählter *Communities* erfolg. (Hoffmann 2012, online). Den kompletten Foliensatz zum *Download* finden Sie mit dem
folgenden QR-Code:

http://de.slideshare.net/MarketingNatives/
buzz-marketing-event-folien

QR-Code: *Buzz*-Marketing Event Folien

Praxisbeispiel: Erfolgreiches Buzz-Marketing — die SPAR-Kampagne „Zeig, was du kannst"

Abb. 7: Motiv aus der Kampagne „Zeig, was du kannst" (© SPAR Österreich)

Die Handelskette SPAR Österreich ist mit 2.700 Lehrlingen (in Deutschland sagt man „Auszubildende") und fünfzehn Lehrberufen der größte Lehrlingsausbilder in Österreich und setzt dabei auf neue Maßstäbe in der Lehrlingskommunikation: Im Zentrum der neuen SPAR-*Buzz*-Marketing-Kampagne mit dem Slogan „Zeig, was du kannst" stehen junge Menschen (potenzielle SPAR-Lehrlinge), die in *YouTube* Videos posten, auf denen sie zeigen, was sie alles können. Das machen sie genauso wie die Lehrlinge, die derzeit bei SPAR in Ausbildung sind: mit Kreativität, Eigeninitiative und mit einer gehörigen Portion Spaß sind sie dabei. Der Video-*Channel* von „Zeig, was du kannst" hat seit dem *Launch* im Oktober 2012 bereits 310.592 *views* und 517 Abonnenten (Stand: 16.01.2013). Eine beachtliche Anzahl in der relevanten Zielgruppe der Auszubildenden.

 https://www.youtube.com/user/zeigwasdukannstspar

QR-Code: YouTube Video-Channel der SPAR-Kampagne „Zeig, was du kannst"

Bereits das erste *YouTube*-Video aus der Kampagne ist ein absoluter Renner, da hier auf die trojanische Vorlage des Videospiels „Snake" und die gleichlautende App zurückgegriffen wird. Man sieht einige Jugendliche, die mit einem SPAR-Einkaufswagen „Snake" auf einem zur Handelskette gehörigen Parkplatz nachspielen. Und es schaut sehr echt aus, da es nachts passiert und aus der Vogelperspektive betrachtet wird. Mittlerweile hat die „trojanische Schlange" bereits 128.677 *views* (Stand: 16.01.2013). Beachtlich für ein „*User-generated*-Video". Die gesamte SPAR-Lehrlingsoffensive mittels der *Buzz*-Marketing-Kampagne ist ein schöner Erfolg! *Employer Branding* — heutzutage mithilfe *von Social Media*!

 https://www.youtube.com/watch?v=Qx3CKATok70

QR-Code: „Zeig, was du kannst" – *SNAKE*

Praxisbeispiel: Mit kleinem Budget große Gewinne im B2B-Sektor erwirtschaften

Viele Unternehmen im B2B-Sektor haben noch immer Schwierigkeiten, *Social Media* effektiv zu nutzen. Wenn es dennoch versucht wird, dann hauptsächlich mit großen Werbebudgets, womit man aufwendige Imagefilme produziert. Aber gerade in der B2B-Welt ist vor allem der *Content* ausschlaggebend, den man in Foren, eigenen *Blogs* oder *Communities* produziert. Sie ahnen es bereits — es gibt andere Wege als die bisher beschrittenen: Mit geschickt eingesetzten Trojanischen Pferden lassen sich auch B2B-Partner nachhaltig überzeugen.

Einleitend möchten wir Ihnen gerne die Strategie des „*Ingredient Branding*", eine Sonderform der *Cross Promotion*, vorstellen. Beim *Ingredient Branding* tritt ein wichtiger Bestandteil des eigentlichen Produkts als eigene Marke auf, um mit ihrem Markenwert für das Hauptprodukt zu werben. Dieser Markenwert muss aber erst geschaffen werden, da er eine Voraussetzung für den positiven Imagetransfer zum Hauptprodukt ist. Eines der bekanntesten Beispiele in diesem Kontext ist „intel inside". Die eingebaute („inside") und vom Hauptprodukt nicht trennbare Marke fungiert als Trojanisches Pferd, mit dessen Hilfe ein positiver Mehrwert für die Hauptmarke generiert wird.

Ein anderes Beispiel dazu: Das Unternehmen *Agion Technologies* mit Sitz in *Wakefield* im US-Bundesstaat *Massachusetts* hat eine neue, geruchstötende Substanz mit dem Namen *Agion Active* entwickelt, die in Textilien eingearbeitet werden kann und die üblen Schweißgeruch abtöten soll. Zugrunde liegt eine silberbasierte antimikrobielle Verfahrensweise. Im Gegensatz zu einigen anderen antimikrobiellen, in die Gewebefasern integrierten Substanzen wird Agion Active am Ende des Fertigungsprozesses eingearbeitet. „Hersteller profitieren so von Kosteneinsparungen und stärkerer Flexibilität, da sie problemlos von einer bestimmten Farbe oder Ausführung zu einer anderen wechseln können, ohne einen großen, kostenintensiven Warenbestand aufzubauen." (Hunter 2009, online)

Was waren die Trojanischen Pferde, die von *Agion* für die Überzeugungskampagne verwendet werden? Zur Verfügung stand ein sehr schmales Budget von gerade einmal 25.000 US Dollar. Das ist nicht viel, um im B2B-Sektor etwas zu bewegen.

„Das Problem mit der Substanz ist, man kann sie weder sehen, noch riechen, noch anfassen. Man muss sie auf der Haut erleben, um sich von ihrer Wirkungskraft zu überzeugen", erklärte Cyndy Hunter. Deshalb entschloss sich die Marketingchefin, nicht die Hersteller, sondern lieber die Verbraucher direkt zu adressieren. Ihre Logik: Zufriedene Konsumenten würden lauter sprechen und Bekleidungsfabrikanten nachhaltiger überzeugen als jede noch so ausgeklügelte B2B-Marketingaktion" (Schwerdt 2012, online).

Das Kampagnenmotto lautet „Try everything — *stink at nothing*" (dt. „Versuche alles — stinke nach nichts"). Dabei wurden Konsumenten aufgefordert, bei der Erprobung von Bekleidungstücken mit *Agion Active* mitzuwirken und ihre Erfahrungen auf der zum Claim gehörenden Website mitzuteilen. Über 100.000 Menschen aus 147 Ländern (davon fast 25.000 aus Europa) registrierten sich auf der Webseite www.stinkatnothing.com, um bei dem Experiment mitzumachen. Insgesamt besuchten rund 600.000 Menschen die Website. Konkret ging es darum, ein von *Agion* angefertigtes T-Shirt beim Sport sowie bei anderen schweißtreibenden Aktivitäten zu tragen. Über 4.000 Menschen nahmen aktiv an dem Test teil. Viele der Teilnehmer testeten das T-Shirt nicht nur, sie machten sogar noch unzählige Verbesserungsvorschläge und gaben Anregungen, wie und wo man diese Substanz zusätzlich verwenden könnte (vgl. Simpson 2011, online).

Alle T-Shirt-Tester berichteten in Geschichten, Bildern und mittels Video über ihre positiven Erfahrungen.

„Kurz: Sie liefern nicht nur positiven *Buzz*, sondern auch wertvolle Weiterentwicklungsinformationen. Die Gesamtinvestition von 25.000 Dollar habe sich, so Cyndy Hunter, mehr als zehnfach gerechnet. Noch lohnender sei für sie aber die Lektion aus der Kampagne, nämlich, dass Verbraucher sich sehr gerne in Entwicklungsprozessen engagieren und dass Unternehmen diese hohe Bereitschaft nutzen und über *Social Media* auch mit kleinen Budgets Top-Ergebnisse erzielen können." (Schwerdt 2012, online)

Zu den Kunden von *Agion Technologies* zählen heute namhafte Unternehmen wie Adidas, DuPont, Reebok, Under Armour etc. Sie sehen: Es hat sich gelohnt, Trojanische Pferde, verkleidet als *Agion*-T-Shirt-Träger, für sich arbeiten zu lassen! Hier wurde gezielt auf die „soziale Integration" geachtet, die wir bereits am Anfang dieses Kapitels ausführlich beschrieben haben.

Nutzen Sie bitte den folgenden QR-Code, um die deutschsprachige Seite der Aktion „*stink at nothing*" zu besuchen:

http://stinkatnothing.com/index.php/german/

QR-Code: „*stink at nothing*" – Deutsche Website

Inside Owen – Gastbeitrag unseres Kooperationspartners Torsten Ambs

Social Guerilla Generation Next

Wenn heute jemand auf *Facebook* postet, dass er sich eine Zeitung gekauft hat, dann kann er sicher sein, dass er jede Menge Kommentare bekommt — zumindest in urbanen Landstrichen. Die Kommentatoren können es fast nicht glauben, dass jemand tatsächlich eine Papierversion gekauft hat, wollen Gründe oder vermuten, dass die Schuhe nass geworden sind etc. Auf dem Lande kauft man traditionell noch mehr die haptische Version, dennoch geraten die Medienhäuser auch hier unter Druck, die Absatzzahlen sinken und zudem sprechen aktuelle Studien eine deutliche Sprache: Die Mehrheit der Konsumenten lehnt die klassische Werbung nicht nur ab, sie fühlt sich sogar bedrängt.

Der langsame Tod der Amtsblättchen

Die Verlage erkennen diesen Trend in Form von sinkenden Werbeeinnahmen, was bei gleich bleibendem Kostenapparat zu bekannten Phänomenen wie bei der *Financial Times Deutschland* oder der *Frankfurter Rundschau* führt, viele weitere wie DER SPIEGEL oder der Berliner Verlag et al. bauen massiv Stellen ab. Die alten Geschäftsmodelle funktionieren nicht mehr, das Medienverhalten hat sich grundlegend verändert. Neben dem Journalisten alter Prägung gibt es den Blogger und eine Armada an Ich-Sendern.

Aufbruch ins gelobte Land

Der Werbungtreibende muss sich demzufolge nach Alternativen umsehen, und was läge also näher, als auf den nächsten *Hype* aufzuspringen. Der *Facebook*-Express zieht eine breite Spur durch alle Länder, und so transferiert man eben die Werbegelder in moderne Welten. Ein *Hype* jedoch verhindert meist strukturiertes Denken, die Beteiligten taumeln im endorphinen *Facebook*-Rausch planlos in ein neues Medienzeitalter. Undenkbar, dass man in der alten Welt ohne fundierte Medienforschung auch nur einen Cent in eine Werbeform investiert hätte, vergisst man heute schon einmal, dass es *Social-Media*-Analysen gibt, die den Blindflug verhindern könnten; dabei sein ist oftmals alles. IBM hatte es vor Jahren sehr schön skizziert. In einem Werbespot sitzt ein Managertyp am Tisch, liest Zeitung und teilt einem anwesenden Jungmanager mit: „Das Internet ist die Zukunft im Business …" — die Schlussfolgerung: „Wir müssen ins Internet" — die Frage des Zuhörers: „WIESO?" — die bezeichnende Antwort: „Steht da nicht drin …". Die Übersetzung in die *Facebook*-Ära: Wir müssen in *Facebook* — auch wenn wir keine Ahnung haben, wie oder warum …

Wer sich in Gefahr begibt, braucht gute Helme

Vor kurzem dann aber auch hier die Ernüchterung: Die Sichtbarkeit deutscher Unternehmen auf *Facebook* sinkt erheblich. Der Grund: *Facebook* hat seinen *Edge-Rank*-Algorithmus geändert, der wiederum ist für die Auswahl der einzelnen Beiträge verantwortlich, die in der *Timeline* der *User* angezeigt werden. Kurz: Nur wer aktiv mit seinen Fans kommuniziert, bekommt seine Nachrichten auch in deren *Timeline*. Schockzustände in deutschen Konzernen. Wer hätte gedacht, dass auch *Facebook* ein Medienmodell ist, das wie TV oder Print Gesetzmäßigkeiten unterliegt (mit dem Unterschied, dass die Fernsehsender mit ihren Werbekunden reden und nicht eigenmächtig die Regeln ändern).

Von einem, der auszog, das Fürchten zu lernen

Für den Mittelstand ist die Diskussion bis zu diesem Zeitpunkt unerheblich, denn er hat keine großen Werbebudgets zu vergeben, und die Zeit und Muße für *Facebook* & Co. hat man auch nicht. *Pro forma* hat man vielleicht eine eigene *Facebook*-Seite eröffnet, die entweder vor sich hin dümpelt oder, wenn sie aktive Fans und die magische Grenze für virale Effekte von 1.500 bis 2.000 Mitgliedern überschritten hat, aus Versehen sogar erfolgreich ist, beides jedoch ist nie geplant …

Es kann also bis hier festgehalten werden, dass Fernsehen für den Mittelstand zu teuer ist, Print mittlerweile zu wenig zielführend und *Facebook* zu diffus. Es verbliebe also noch die „Wunderwaffe" *Guerilla-Marketing*, die hilft immer, wenn man nicht weiter weiß oder kein Geld hat. Hier allerdings ist die Welt mittlerweile auf den Kopf gestellt. Während man bei *Facebook* Werbepreise akzeptiert, die doppelt so hoch sind, nur halb so viel bringen, aber halt *hype* sind, versucht man *Guerilla-Marketing* lediglich als Billig-Alternative in Stellung zu bringen.

„Wir sind gespannt auf Ihre Ideen …". Diese Briefing-Formulierungen hören *Guerilla-Marketing*-Agenturen öfter, denn viele Menschen im Land verwechseln *Guerilla-Marketing* mit „kostet ja nichts".

„Wir sind auch gespannt", lautet dann die *Guerilla*-Antwort, „aber ohne Auftrag können wir leider nicht denken".

Unabhängig davon, dass manche Branchen wohl wieder beim Tauschgeschäft angekommen sind und deshalb meinen, die *Guerilla*-Sparvariante wählen zu müssen, hat die *Guerilla*-Welt ein weitaus größeres Problem: Sie ist brav geworden. Sie wurde durchdekliniert in *Ambush* und *Ambient* und was auch immer noch. Strukturiert bedeutet aber nicht unbedingt kreativ.

Kreativ heißt in *Social-Media*-Zeiten immer vernetzt und um mindestens drei Ecken gedacht. Kommunikation ist vielschichtiger, multidirektionaler und schneller geworden. Wer das Gesetz der „Religiosiät der Marke" nicht versteht und zudem nicht *timeline*-kompatibel ist, verliert den heiligen Krieg um die Gunst des Kunden. *Guerilla-Marketing* in ihren Ursprüngen hatte noch etwas Wildes und Ungestümes, die Grundidee aus dem Dschungelkampf: Mit zwei bis drei Kämpfern ganze Kompanien und Bataillone lahmzulegen, indem man gezielt das erste und das letzte Fahrzeug einer Kolonne abschoss. Übersetzt ins *Guerilla-Marketing*: Mit wenigen kleinen Aktionen einen großen Hebel erzeugen. *Guerilla-Marketing* war ursprünglich intellektuelles, witziges Marketing mit Herz, Hirn und Leidenschaft. Es gilt also das Feuer der ersten Stunde wieder zu entfachen und zu den Wurzeln zurückzukehren, statt hübsche bunte *Stencils* auf Straßenbeläge und Hauswände zu pinseln.

Markenaufbau von innen

Greifen wir das Stichwort „um mindestens drei Ecken denken" nochmals auf, so erkennen wir den Vorteil eines neuen *Guerilla-Marketings* für KMUs. Anders als in Konzernen, in denen alles bis in kleinste Detail vorgedacht werden muss, können in einem mittelständischen Unternehmen schnelle Entscheidungen gefällt werden. Zudem ist der Mittelstand, anders als der prozessorientierte TQM-Konzern, wesentlich persönlicher, es gibt keine Abstimmungsproblematiken und Fehler sind entschuldbar, da es Menschen sind, die sich seit langem kennen und respektieren.

Fassen wir an dieser Stelle zusammen (nein, das ist noch nicht das Schlusswort): *Guerilla-Marketing*, neu definiert und zu den Tugenden der Entstehungszeit zurückgeführt, ist ein adäquates Tool für den Mittelstand. Wir nennen es „Markenaufbau von innen" und stellen im Folgenden eine *Case Study* zu diesem Thema vor.

Vorab: Markenaufbau von innen hat etwas mit Menschen zu tun, mit intelligenten und entscheidungsfreudigen Menschen, die Spaß an ihrer Arbeit haben. Menschen-Marketing hat auch etwas mit Motivation und Leidenschaft zu tun.

Markenaufbau von innen erfordert also Führungsqualitäten, vernetzte Kommunikationskenntnisse (Marketing, *Social Media*, PR et al.) und den Wunsch, etwas mit eigenen Händen zu verkaufen (oder zumindest nicht davor zu erschrecken).

Inside Owen — Neue Wege der Kundenerreichbarkeit

Der Kunde: Die Gebietsdirektion der Sparkassenversicherung in Owen, seines Zeichens Teil eines Konzerns, andererseits jedoch selbstständig und unternehmerisch geführt von zwei Gebietsdirektoren, also mittelständig mit mittelständischer Klientel. Die Direktion im Biosphärengebiet Schwäbische Alb vor den Toren Stuttgarts umfasst achtzehn Mitarbeiter und ist fest verankert im politischen wie gesellschaftlichen Leben der Region. Bis zum Zeitpunkt des Projektstartes wurde die Zeitung dort auch noch in Papierform gelesen und vor allem wurde noch in Zeitungsanzeigen investiert.

Nachdem festgestellt wurde, dass sich die mittelständischen Kunden der Direktion zunehmend Richtung *Facebook* orientierten (*Social Media* wird dort meist mit *Facebook* gleichgesetzt), bestand der Wunsch, sich mit den Kunden auf Augenhöhe in derselben Welt zu bewegen, was jedoch zur Erkenntnis führte, dass man denselben rudimentären Wissenstand wie der Kunde hat und zudem gegen Konzernrichtlinien verstoßen könnte. Für einen Versicherungskonzern ist es verständlicherweise nicht tragbar, dass über 600 Agenturen in einem Bundesland CI-unkonform eine eigene Webseite bauen und eigene *Facebook*-Wege gehen.

Deshalb wurde für die Versicherungsdirektion in Owen nicht der klassische *Top-Down*-Konzernweg gewählt, sondern im Rahmen eines Pilotprojektes ein *Bottom-Up*-Konzept der vernetzten Kommunikation erdacht. Im Vordergrund stand das, was die Direktion am besten konnte: Mit ihren Kunden reden und sie professionell betreuen.

Der Kunde steht im Mittelpunkt: Für Menschen & Macher

Im ersten Schritt wurde ein Blog erstellt, das den Namen und das Programm widerspiegelte: *Inside Owen* — für Menschen und Macher (www.inside-owen.de). Ziel dieses Magazins ist es, Unternehmen und Unternehmer der Region vorzustellen sowie lokale Themen SEO-relevant zu nutzen.

Der erste Redaktionsplan sah die Themenbereiche Sport, Gastronomie und Hotellerie sowie Events (lokale plus eigene Events) vor. Das Interesse an lokalen Events wird SEO-relevant auf die Blogseite umgelenkt. Schon nach kurzer Zeit ist *Inside Owen* mit diversen regionalen Begriffen bei Google auf den ersten Plätzen. Fester Bestandteil des Redaktionsplanes darüber hinaus: Unternehmer, Unternehmer, Unternehmer …

Abb. 8: Inside Owen – www.inside-owen.de

Inside Owen on Tour

Mithilfe eines speziell adaptierten *Marcel-Proust*-Fragebogens wurden Unternehmer aus der Region vorgestellt. Hieraus resultierte nochmals ein eigenständiges Format: *Inside Owen on Tour*. Einen ganzen Tag lang werden Sehenswürdigkeiten und Unternehmen gezielt abgefahren. Die besuchten Unternehmerpersönlichkeiten und somit deren Firmen können auf diese Weise schon in einem ersten Kurzbeitrag mit SEO-relevantem *Backlink* vorgestellt werden. Das Format vereint somit zwei wichtige Kriterien: Kundenpflege und *Content*-Generierung.

Nach der ersten Testphase, die selbstverständlich zur Chefsache erklärt wurde, werden die Besuche im Folgejahr auf eine *Sales Force* ausgedehnt. Besucht wird dann aber nicht nur ein erweiterter Kundenkreis, vielmehr wird das Format genutzt, um gezielt Neukundenakquisition zu betreiben.

Die erste Phase verdeutlichte jedoch schon, was Konzernen fehlt: Führen durch Vorbild. Ein Blick auf die *Facebook*-Profile namhafter Vorstände zeigt, dass die PR-Abteilung ein Profil mit einem großen Namen eingerichtet hat, von dessen Existenz so mancher Vorstand Kenntnis, aber wahrscheinlich keine Ahnung hat. Anders kann man es sich nicht vorstellen, dass der Vorstandsvorsitzende eines großen Automobilkonzerns es zulässt, auf seinem eigenen Profil beschimpft zu werden.

Führen durch Vorbild war den Gebietsdirektoren der Sparkassenversicherung Owen jedoch sehr wichtig. Nach kurzer Eingewöhnungsphase wurden sie zum viralen Multiplikator ihrer eigenen Agentur. Die Mitarbeiter wurden zu diesem Zeitpunkt informiert, aber noch nicht involviert und vor allem schon gar nicht genötigt, mitzumachen.

Tue Gutes und rede täglich mindestens einmal darüber

Führen durch Vorbild manifestierte sich bei *Inside Owen* in zwei Komplexen: Besuch vor Ort mit persönlichem Gespräch, das jedes Mal die Nöte und Sorgen der einzelnen Unternehmer verdeutlichte. Hieraus resultierten zum einen neue Beiträge für das Magazin, es kristallisierten sich jedoch auch Workshop-Themen heraus, die unmittelbar nach Start des Magazins umgesetzt wurden: *Social Media* für den Mittelstand, Suchmaschinenoptimierung, virales Marketing für den Mittelstand etc. Im neuen Jahr wird die Workshop-Reihe aufgrund der großen Nachfrage erheblich erweitert. Geplant sind Themen wie Fördermittel, Steuerfragen, *Employer Branding*, Haftungsfragen oder *Work-Life-Balance*. Der Eindruck, dass hier eine Versicherungsdirektion ist, die den Menschen hinter der Vertragsbeziehung versteht und ernst nimmt, wird hiermit nochmals deutlich unterstrichen.

Darüber hinaus wird im Folgejahr eine *Sales Force* zur Neukundengewinnung gebildet. Angeboten wird nicht ein Versicherungspaket, vielmehr wird über die Einladung zu einem Workshop oder Event die Tür geöffnet. Unter dem Oberbegriff „Intuitive Ballistik" werden sowohl klassische Vertriebswege beschritten als auch neue *Social-Media*-basierte in Angriff genommen. Der potenzielle Kunde fühlt sich durch die Anfrage nicht genötigt, ein Versicherungspaket zu erwerben, er wird es vielmehr gerne tun, weil er nach dem zweiten Anruf nicht entnervt auflegt, sondern den Mehrwert erkennt.

Auch das Redaktionsteam wird deutlich aufgestockt. Bestand es bis dahin aus einem dreiköpfigen externen Agenturteam, wird es in den nächsten Monaten um Mitarbeiter der Versicherungsdirektion erweitert. Hierdurch wird die Themenvielfalt deutlich erhöht. Durch die Beteiligung der Azubis werden die Beiträge zudem wesentlich jünger. Neben dem schwäbischen Weinfest kann es dann auch sein, dass ein lokaler Tätowierer oder ein *Local Hero* aus der Rockmusik vorgestellt wird. Die Direktion hat keine Einschränkungen gemacht. Erlaubt ist, was Spaß macht und Quote bringt.

Ich bin Arzt, lassen Sie mich durch ...

Wie in jeder Redaktion gehören natürlich auch Berichte über Vor-Ort-Ereignisse zur täglichen Arbeit. Für die Leitung der Sparkassenversicherung Owen ist es selbstverständlich, dass die „Redakteure" während ihrer Arbeitszeit Themen recherchieren und auch persönliche Interviews führen. Berichtet wird vor Ort auch über Messen und regionale Ereignisse, und selbstverständlich werden die Reporter dann auch ordnungsgemäß akkreditiert. Geführt wird das Team durch erfahrene Medienprofis mit Online-, *Social-Media-* und Fernseherfahrung.

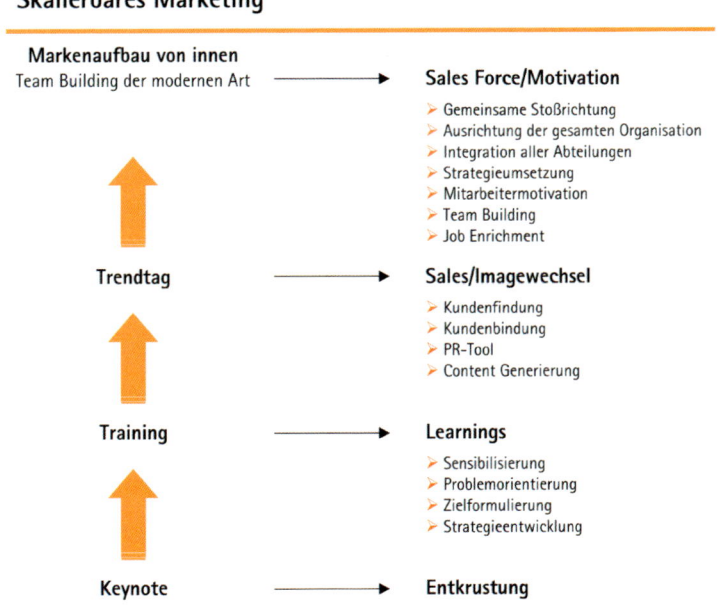

Abb. 9: *Inside Owen* – Markenaufbau von innen

Die Welt ist ein Dorf

„Die Welt ist ein globales Dorf", sagte der Medientheoretiker Marshall McLuhan im Jahre 1962, und weil das so ist, werden die Inhalte von *Inside Owen* natürlich auch automatisiert über *Plug-ins* auf eine spezielle *Facebook*-Seite, zu *Twitter* und als *RSS-Feed* transportiert. Wichtig im Rahmen des Gesamtkonzeptes: Die einzelnen Plattformen werden bedient, aber jeder bleibt bei seinem Kerngeschäft. Die Sparkassenversicherung Owen konzentriert sich auf das Versicherungsgeschäft und *Mind Store Marketing* auf Kommunikation. Und das Beste an dem Konzept: Die Bewohner in und um Owen finden die bunte Mischung gut.

Praxisbeispiel: „Schenken" als Trojanisches Pferd zur Neukundengewinnung

„Supervision" ist eine spezielle Form der Beratung, die hauptsächlich für Mitarbeiter in psycho-sozialen Berufen gedacht ist. Ziel einer Supervision ist, dass die teilnehmenden Akteure, wie z. B. Ärzte, Pflegepersonal, Lehrer etc., ihre Tätigkeiten durch Gespräche mit dem Supervisor (die Person, die die Gruppe oder die Einzelperson berät) hinterfragen und dadurch ihr Handeln verbessern.

Auch als Supervisor muss man seine Dienstleistung vermarkten, um neue Kunden zu gewinnen. Aber wie? Birgit Bernhardt (wir kennen sie bereits von dem Foto im Beitrag zur *Marketing Community Austria* als Kooperationspartnerin der MCA), XING-Ambassador der regionalen XING-Gruppe Graz, hatte eine einfache, aber äußerst wirkungsvolle trojanische Idee.

https://www.xing.com/net/pri3e0468x/graz/

QR-Code: XING Ambassador Gruppe Graz

Sie benutzte eine bereits in Graz und Umgebung sehr etablierte *Facebook-Community* mit dem Namen *„SHARE & CARE"*, die den Slogan „Verkaufsfreie Zone — Tauschfreie Zone" hat. Die Gruppe hat zurzeit über 5.600 Mitglieder (Stand: April 2013). Der Zweck dieser Gruppe besteht laut eigener Angaben darin, Leistungen, Dienste und Güter aus reiner Nächstenliebe und ohne Gegenleistung zu teilen bzw. zu schenken, stets ohne Entgelt. Diese Kriterien müssen auch bei den *Postings* der Mitglieder beachtet werden. Machen Sie sich selbst ein Bild von dieser *Community* mithilfe des folgenden QR-Codes:

https://www.facebook.com/groups/sharecaregraz/

QR-Code: *Facebook*-Gruppe „*Share & Care*" in Graz und Umgebung

Getreu dem Gruppenmotto des Verschenkens entschloss sich Birgit Bernhardt, deren berufliches Betätigungsfeld in den Bereichen „Supervision, Coaching & psychologische Beratung" angesiedelt ist, mehrere Stunden ihrer Arbeitskraft in der

Die trojanische Toolbox

Gruppe zu verschenken. Zusätzlich gab sie in ihren *Postings* auch ihre Homepage-adresse — www.supervision-graz.at — an.

Es meldete sich eine große Anzahl von Gruppenmitgliedern, die unterhalb ihres *Postings* Kommentare abgaben und Birgit Bernhardt verloste schlussendlich fünf Stunden ihrer höchst qualifizierten Beratung. Lassen wir Birgit Bernhardt selbst zu Wort kommen: „Durch diese Aktion, das Verschenken meiner Dienstleistung und das dazu *Posten* meiner *Homepage*-Adresse, damit die Menschen einen Eindruck bekommen konnten, was ich verschenke, stieg der Aufruf meiner Homepage um 800 Prozent an diesem einen Tag. So ergab das einen unbeabsichtigten Marketing-effekt, den ich so nie erwartet und beabsichtigt hatte. Die Beratungen wurden super angenommen, und ich hatte auf vielerlei Ebenen einen Erfolg bzw. Freude zu verbuchen."

Wir möchten Birgit Bernhardt herzlich zu dieser gelungenen Aktion gratulieren. Sie ist ein treuer Fan des Trojanischen Marketings, und wir wollen nicht von der Hand weisen, dass sie ihre Inspiration aus unserem ersten Buch bezogen hat! Wir wünschen ihr alles Gute. Möge ihre Kreativität noch viele Trojanische Pferdchen hervorzaubern …

Praxisprojekt: „3minDACH" und 100.000 Personen trojanisch erreichen

Abb. 10: Logo von „3minDACH"

Die Geschichte fing in Barcelona Anfang September 2012 an. Sonnenschein, fröh-liche Stimmung und eine kreative Wolke der Inspiration lagen über den rund 30

Teilnehmern des XING *Incentive Ambassador Workshops*. Genau der richtige Treibstoff, um den Motor der Kooperationen unter den anwesenden Ambassadoren anzuheizen.

Gewinnbringende Kooperationen sind vor allem dann sinnvoll, wenn die beteiligten Akteure auf Augenhöhe miteinander reden und handeln. Eine alte Wahrheit gilt heute noch immer: Gemeinsam ist man stärker, und der katalonische Spätsommer mit seiner Farbenpracht war der ideale Ausgangspunkt, um ein neues Kommunikations-Kooperationsmodell in Angriff zu nehmen. Es ging vor allem darum, die jeweiligen Distributionskanäle der Partner zu bündeln und damit die Durchschlagskraft der Kommunikation zu verstärken. Gleichzeitig wollte man einen USP im Himmel des *Social-Media*-Universums zum Leuchten bringen.

Im Workshop und dann noch spätabends an den verschieden Bars am Strand dieser schönen Küstenmetropole wurde fleißig im Gründungskernteam daran gearbeitet. Zum Team gehörten die XING-Ambassadoren Filipp Issa, Birgit Bernhardt, Thomas Schulz-Bachmann und Roman Anlanger. Bald konnte das Ziel formuliert werden: ein gemeinsames *Online-Offline*-Event mit einer sozialen Strategie zu etablieren, wobei die Mitglieder der jeweiligen Ambassadorgruppen die zentralen Akteure sind. Der Plan sah vor, dass jede der beteiligten Gruppen zwanzig Teilnehmer stellt, die sich dann *live* präsentieren, wobei dies mittels eines Videostreams in die Weiten der *Social-Media*-Welt hinausgetragen wird.

Der Workshop war zu Ende, doch bei den vier Gründern begann das Kooperationsfieber weiter zu steigen und es folgten lange *Skype-Sessions*, wobei die Idee eines gemeinsamen Simultanevents immer konkretere Formen annahm. Man entschied, dass sich die Teilnehmer bei dem Event in kurzer und prägnanter Form „*Businesslike*" präsentieren. In der Kürze liegt die Würze und mehr als drei Minuten sollten es pro Teilnehmer nicht sein. Thomas ist in Zürich zuhause, Filipp in Berlin, Birgit in Graz und Roman in Wien. Somit war auch der Name für dieses neue Eventformat schnell gefunden: „3minDACH" (3 Minuten für die D-A-CH-Region).

Abb. 11: 3minDACH aus Zürich (© mikeflam.com)

Am 13. Januar 2013 fiel dann der Startschuss unter dem Motto „*3 Minuten für Dich und DACH hört zu*". Die Umsetzung erfolgte mit Aufzeichnungen aus jedem Veranstaltungsort und die jeweiligen Gruppenmitglieder konnten das Geschehen *live* via Web-TV auf *UStream* mitverfolgen. Zusätzlich bestand eine Konferenzschaltung während des Events zwischen allen Austragungsorten. Das enorme Vernetzungspotenzial sehen Sie anhand der Mitgliederstärke der jeweiligen *Communities*. Insgesamt hatte man am Starttermin ein Zuschauerpotenzial von 107.874 Menschen, und die besten drei Präsentationen pro Gruppe wurden dann von den teilnehmenden Ambassadoren an über 100.000 *Community*-Mitglieder nochmals versendet.

XING Zürich (Thomas Schulz-Bachmann)	34.292 Mitglieder
XING Wien (Roman Anlanger)	29.628 Mitglieder
XING Bern (Markus Maurer)	9.682 Mitglieder
XING Basel (Martin Husy)	9.206 Mitglieder
XING Graz (Birgit Bernhardt)	6.577 Mitglieder
Marketing Community Austria (Roman Anlanger)	4.979 Mitglieder
healthetia (Thomas Schulz-Bachmann)	4.731 Mitglieder
Gottesköpfe (Filipp Issa)	4.573 Mitglieder
Businessforum Rhein/Ahr/Eifel (Sylvia Pitzen)	3.784 Mitglieder
Starterpoint Schweiz (Thomas Kupferschmied)	422 Mitglieder

Abb. 12: 3minDACH aus Berlin

Das ist aber erst der Anfang, denn zahlreiche „3minDACH"-Termine und -Projekte sind in der *Pipeline*, und das trojanische Kooperationspferd galoppiert zielstrebig weiter. Falls Sie daran interessiert sind — Unternehmen eingeschlossen — teilzunehmen: Wir laden Sie herzlich ein. Melden Sie sich einfach bei Ihrem regionalen Ansprechpartner auf XING. Zusätzliche Infos zum Projekt erhalten sie auf *Twitter*: @3minDACH, und die dazugehörige Website (www.3mindach.com) befindet sich gerade im Aufbau. Let's XING!

Unser ganz besonderer Dank gilt Maraike Reimer von XING für die tolle Unterstützung bei der Realisierung des Projektes!

Abb. 13: 3minDACH aus Zürich (© mikeflam.com)

Praxisbeispiel: Ashton Kutcher als trojanische Vorlage für perfektes Hochschulmarketing

Wie man Vorlagen und Muster als trojanische „Waffe" einsetzt, haben wir bereits ausführlich beschrieben. Auch in der digitalen Welt können sie ihre Wirkung entfalten. Wir alle kennen den US-Schauspieler und Showmoderator Ashton Kutcher — nicht nur, weil er bis 2011 mit Demi Moore liiert war. Auch seine Gags aus der Serie „*Two and a Half Men*" dürften den meisten bekannt sein. Soziale Netzwerke sind ihm als Kommunikationstool zu seinen Fans sehr wichtig. Die zentralen Rollen spielen hierbei *Facebook* (über vierzehn Millionen „Gefällt mir"-Angaben sowie mehr als 83.000 Menschen, die darüber sprechen — Stand: April 2013) und *Twitter*. Mit über 14 Millionen *Followers* (Stand: April 2013) nennt man ihn auch den „*Twitter God*". Das sind perfekte Voraussetzungen, um ihn als trojanische Vorlage zu nutzen.

Das sahen 22 Studenten der „*Berghs School of Communication*" (Schweden) genauso und wählten Ashton Kutcher als Leitmotiv ihrer Kampagne „*Don't tell Ashton*", die auf *Twitter* realisiert wurde. Ziel der Kampagne war es, den Bekanntheitsgrad der Ausbildungsstätte zu steigern und mehr qualifizierte Bewerber zu erhalten. Es wurde ein interaktives Kunstwerk angelegt und nach dem Vorbild der „*Million Dollar Homepages*" wurde jeder, der mitmachte, als Avatar innerhalb eines goldenen Rahmens dargestellt. Die Größe des Avatarbildes richtete sich nach der Anzahl der jeweiligen *Followers*. Die Studenten warnten dabei die Mitwirkenden, dies auf keinen Fall Ashton Kutcher zu erzählen (daher der Claim: „*Don't tell Ashton*"), denn dieser hat so viele *Followers*, dass er alleine den ganzen Rahmen sprengen würde. Eine geniale Idee, und nach nur drei Tagen war der Rahmen komplett ausgefüllt.

Die Zahlen der Kampagne und die Steigerung der Online-Reputation für die „*Berghs School of Communication*" sprechen für sich. Über vier Millionen Menschen aus 151 Ländern wurden durch dieses virtuelle Kunstwerk erreicht, und während der ersten Woche nach dem *Launch* ergab die Google-Suche nach der Phrase „*Don't tell Ashton*" über 130.000 Treffer. Anschließend besuchten die Studierenden aus Schweden noch Ashton Kutcher persönlich in Los Angeles und übergaben ihm das Kunstwerk auch in physischer Form. Er war begeistert und sandte sofort einen *Twitter-Tweet* ab: „*Why am I the last one to find out about everything?*" Schlussendlich wurde die Aktion auch noch beim „*Eurobest Interactive Grand Prix*" vergoldet.

Sehen Sie sich zum Abschluss die Kampagne im Video an. Benutzen Sie dafür den nachfolgenden QR-Code:

http://www.youtube.com/watch?v=C2a6Nl9Rua0

QR-Code: Don't tell Ashton

Praxisbeispiel: „LEGO Builders of Infinity" — dem Spieltrieb freien Lauf lassen

Bei vielen, die an LEGO denken, löst dies Kindheits- und Jugenderinnerungen aus. Man ließ häufig stundenlang seiner Kreativität freien Lauf. Das können Sie heute wieder, jetzt aber online — und es macht genauso viel Spaß wie früher!

Das Erfolgsrezept dieses Online-Spiels beruht auf drei Zutaten:

1. Gamification
2. Niemals endende bunte Legosteinchen
3. Das Teilen des Spiels durch die User

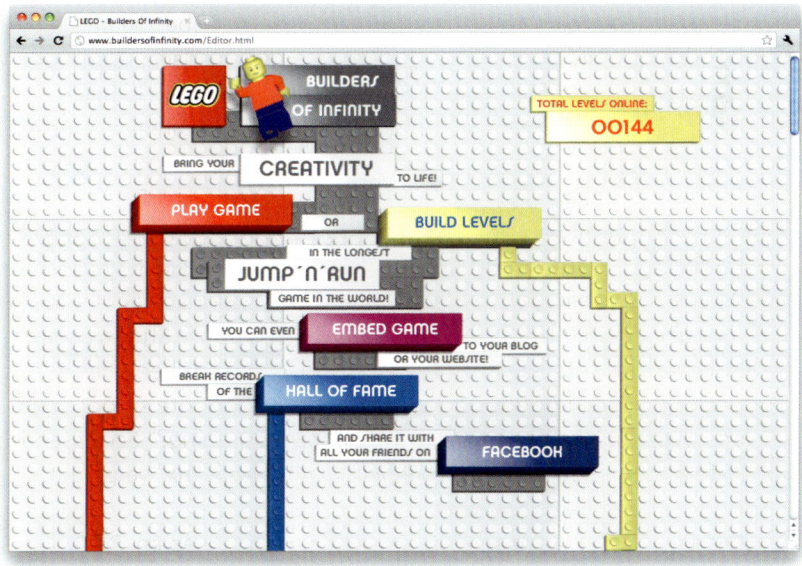

Abb. 14: Ausschnitt aus dem Spiel „*Builders of Infinity*" (© Serviceplan)

INFOBOX: *Gamification*

Gamification bedeutet, dass spieltypische Elemente und Prozesse in ein Online-Medium integriert werden. Dadurch sollen Motivationsschübe ausgelöst werden, um u. a. eine höhere Kundenbindung, Verweildauer bzw. Identifikation mit der Marke/dem Produkt zu ermöglichen.

Elemente von Gamifikation

Erreichte *Achievements* (virtuelle Auszeichnungen): *Achievements* sind „freudige Ereignisse" im Sinne des Trojanischen Marketings. Sie erinnern sich an Kapitel 4.1: Freudige Ereignisse führen zur Ausschüttung von Glückshormonen, wodurch die aufgenommene Werbebotschaft nachhaltig verankert wird.

Highscore-Listen: Wer möchte nicht ganz oben stehen — und Übung macht den Meister. Durch das mehrmalige Wiederholen eines Spiels bzw. einer Übung wird die mit ihr verknüpfte Werbebotschaft nachhaltiger aufgenommen.

Ähnlich dem Guide-Prinzip sind die meisten *Advergames* (Werbung, die in Spielen versteckt ist) Trojanische Pferde, da sie kostenlos angeboten werden und Menschen dazu neigen, Dinge zu nehmen, die sie gratis erhalten.

Virtuelle Güter, Fortschrittsbalken, Erfahrungspunkte etc. locken mit ähnlichen Anreizen: Man will sie haben.

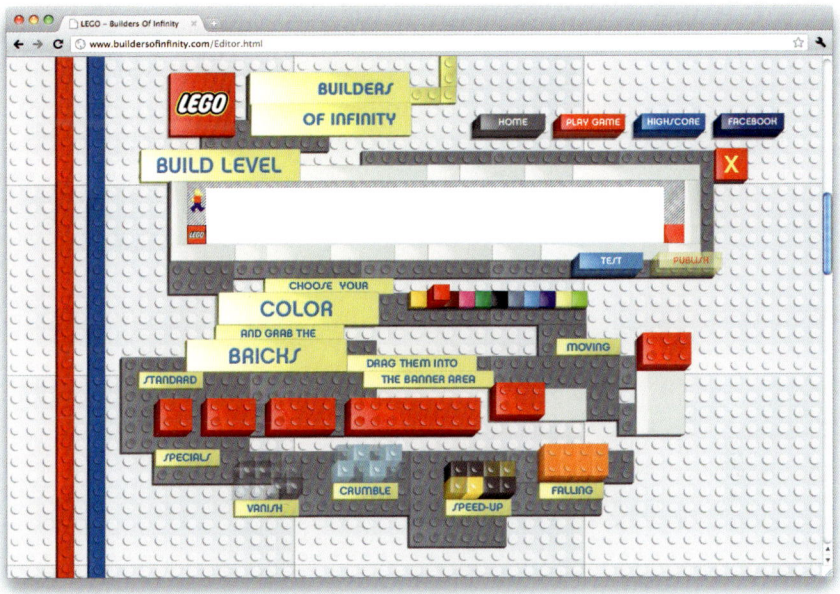

Abb. 15: Ausschnitt aus dem Spiel „*Builders of Infinity*" (© Serviceplan)

http://www.buildersofinfinity.com/Editor.html

QR-Code: Builders of Infinity – Spielseite

Die konkrete Umsetzung der Kampagne „Builders of Infinity"

Bevor wir die Umsetzung der Kampagne beschreiben, folgen Sie bitte dem QR-Code und betrachten Sie das Video.

http://www.youtube.com/watch?v=sVOySphBHjg

QR-Code: Builders of Infinity – Video

„Die Aufgabe: Es soll eine digitale Kampagne entworfen werden, die das Kernstück von LEGO vermarktet — Kreativität. Auch der Kern der Marke LEGO, viel Spaß und kreatives ‚LEGO-Bauen‘ sollen digital erlebbar werden. Die Lösung: Die Münchner Agentur Serviceplan entwickelt eine Idee für den geläufigsten Banner, den Leaderboard Banner. Das Besondere: Auf buildersofinfinity.com kann ein niemals endendes Jump'n'Run-Game generiert werden, das als Werbebanner veröffentlicht oder mit Freunden bei *Facebook* geteilt werden kann. Die Grundlages des Jump'n'Run-Game bilden jegliche Art von LEGO Steinen — kleine, große, rotierende oder farbige — die der User nach seinem Belieben platzieren kann. Ist ein Level fertig gestellt, wird ein ‚LEGO-Männchen‘ auf die Reise geschickt, um den Parcours zu überqueren. LEGO Banner ist das längste spielergenerierte Jump'n'Run-Game, das jemals erstellt wurde. Das Unglaubliche: Der Highscore liegt bei 1 Stunde und 59 Minuten! Mit wenig Mediaaufwand wurde eine enorme Aufmerksamkeit erzeugt. Play & Create!" (serviceplan.de 2012, online)

Der Banner hatte einen viralen Siegeshöhenflug auf allen Kanälen der *Social-Media*-Welt. Das Schöne am Spiel ist, dass hier die bunten Steinchen niemals ausgehen — ein Spiel für die Ewigkeit! Mittlerweile gibt es 3.290 Levels (Stand: April 2013) von LEGO-Fans weltweit. Dafür gab es zahlreiche Preise, wie den Mediapreis 2012 für die beste Media-Idee Online, Cannes Lions (Silber, 2011), Cristal Award (Gold, 2012), DDP (3 x Gold, 2012) Clio Award (Silber, 2012), um nur einige zu nennen.

Praxisbeispiel: „LEGO Builders of Sound" — trojanisches Star Wars

Abb. 16: Ausschnitt aus der Orgel (© Serviceplan)

Im Kapitel „Vorhandenes verwenden — Vorlagen und Muster trojanisieren" haben Sie bereits erfahren, dass Helden perfekte Vorlagen im Sinne des trojanischen Marketings sind. Warum also sollte man nicht gleich ein ganzes Heldenepos und seine Musik als Vorlage für eine Kampagne verwenden? *Star Wars* lief am 2. Februar 1978 in den deutschen Kinos an. Auf eine einfache Formel gebracht thematisierte das Epos immer den Kampf zwischen Gut und Böse. Vermutlich konnten sich die verschiedenen Episoden bei fast jedem einen Platz im Gedächtnis erobern.

„Zur Promotion der *Star-Wars*-Spielzeug-Sets hat Serviceplan Campaign für die LEGO GmbH eine riesige Drehorgel aus 20.000 LEGO-Steinen gebaut, die beim Drehen der Walze die *Star-Wars*-Titelmelodie spielt. Das große Musikinstrument war bereits im Januar 2012 im Umfeld der Premiere von „Star Wars — Episode I: Die dunkle Bedrohung 3D" in Kinos zu sehen.

Die Steine und Elemente sind dabei so angeordnet, dass sie beim Drehen der Walze die Tasten eines Keybords anschlagen und die von John Williams komponierte *Star-Wars*-Titelmelodie erklingt. Gefertigt wurde die Drehorgel von den beiden professionellen LEGO-Bauern Rene Hoffmeister und Axel Al-Rubaie, die sich bei der Gestaltung auch an die verschiedenen Schauplätze der *Star-Wars*-Saga hielten, sodass neben dem „Todesstern" auch die Wüstenlandschaften des Planeten „Tatooine", die Eislandschaft von „Hoth" und die Dschungellandschaft von „Endor" zu sehen sind." (Stemmler 2012, online)

Abb. 17: Orgel (© Serviceplan)

Nicht nur die eingeschworensten *Star-Wars*-Fans, auch die zahlreichen „einfachen" Kinobesucher drehten fleißig an der Walze. Zudem gab es einen QR-Code, über den man das an der Orgel angebrachte Spielzeug direkt auf www.starwars.lego. com bestellen konnte. Diese Website bot die Möglichkeit, online noch tiefer in die mystische Welt von *Star Wars* einzutauchen. Der Spieltrieb wurde durch die interaktive und multimediale Installation aktiviert (vgl. Stemmler 2012, online).

Abb. 18: Orgel (© Serviceplan)

„Alexander Schill, Kreativchef von Serviceplan, und selber Piaf-Jurymitglied, erklärt die LEGO-Idee: „LEGO ist ein fantastischer Kunde, weil das Produkt so fantastisch ist. Jeder kennt es und jeder liebt es. Alle unsere Arbeiten für LEGO sind innovativ. Jeder Teil der Kommunikation muss immer neu und anders sein, denn mit denselben Bausteinen sollte man niemals dasselbe bauen. Das gilt auch für Markenwerbung. *Star Wars* ist ein ähnliches Phänomen wie LEGO, faszinierend und gleichzeitig begrenzt. Wenn man von der *Star-Wars-Community* akzeptiert werden will, muss man sie erobern. *Star Wars* und LEGO sind eine Kombination, die sich von selber verkaufen muss." (Schobelt 2012, online) … und die *Community* wurde trojanisch erobert. Clever gemacht!

 http://www.youtube.com/
watch?v=Ce2r2tnxLQU&feature=player_embedded

QR-Code: Builders of Sound

Abb. 19: Ausschnitt aus der Orgel (© Serviceplan)

Zusammenfassung

Darum ging es in diesem Kapitel:

Trojanische Pferde durch das *Social-Media*-Universum galoppieren zu lassen, ist keine leicht zu beherrschende Kunst. Wir sprachen über *Networking* und die damit verbundenen Anforderungen. Wichtig war die Erkenntnis, dass es nicht genügt, die üblichen Werbeaktivitäten 1:1 in digitale Medien zu übertragen. Es kommt vielmehr darauf an, „soziale Strategien" einzusetzen.

Die Beispiele *Open Forum* und XING haben gezeigt: „*Content is King*". Immer wieder ging es in den Beispielen um *Communities*, die sich allerdings nicht auf Online-Kommunikation und -Kooperation beschränken sollten, sondern zusätzlich und hauptsächlich im wirklichen Offline-Leben ihre Wirkung entfalten.

Dann war von *Hubs* und *Tags* und ihrer effizienten Nutzung im trojanischen *Network*-Marketing die Rede. Schließlich konnten wir an diesen Beispielen zeigen, wie es möglich ist, sich z. B. in XING eine eigene CRM-Datenbank zu schaffen und diese bei der Kontakt-Klassifikation zu nutzen. Am Thema *Cross Table Dinner* haben wir Ihnen erläutert, wie man ein solches Event konkret *handelt* und welchen Nutzen man daraus ziehen kann.

Andere Beispiele haben weitere Möglichkeiten aufgezeigt, wie man sich die *Social Media* im trojanischen Sinne zunutze machen kann.

Zauberei: Seildurchdringung

Abb. 20: Zauberkunststück: Seildurchdringung

Dieser Trick ist sehr effektvoll und verblüffend und zeigt, wie Sie es schaffen, dass ein Seil Ihren Körper durchdringt (und dass Sie das überleben).

Der Effekt ist folgender: Sie zeigen den Zuschauern ein Seil und kündigen an, dass dieses Ihren Körper durchdringen wird. Sie bringen das Seil hinter Ihren Körper und ziehen die beiden Enden nach vorne, wo es die Zuschauer sehen können. Wenn Sie jetzt langsam an beiden Enden ziehen, können die Zuschauen mitverfolgen, wie das Seil nach und nach vor Ihrem Körper wieder zum Vorschein kommt; es hat Sie also von hinten nach vorne durchdrungen.

Wie funktioniert das?

Zuerst einmal benötigen Sie ein zweites Seil gleichen Aussehens und ein bisschen Zeit zur Vorbereitung. Notwendig ist auch, dass Sie bei der Vorführung ein Sakko tragen, das mindestens bis zur Hüfte reicht. Ihre Vorbereitung besteht darin, das zweite Seil so unter dem vorderen Bund Ihrer Hose zu verstecken, dass die Enden seitlich nicht sichtbar, aber leicht greifbar sind.

Bei der Vorführung nehmen Sie das erste Seil und zeigen, wie Sie es von hinten um Ihren Leib legen. Ohne dass die Zuschauen es sehen, stopfen Sie dieses Seil hinten in Ihre Hose, sodass es von vorne nicht mehr sichtbar ist. Richten Sie es so ein, dass Sie beim Umdrehen in Richtung der Zuschauer die beiden Enden des im vorderen Hosenbund versteckten Seils ergreifen und nach vorne ziehen. Sie präsentieren diese den Zuschauern, als wären es die beiden Enden des hinteren Seils. Die Zuschauer haben nun den Eindruck, dass Sie das Seil, das Sie eben hinten um Ihren Körper geführt haben, nun an beiden Enden vorne vorzeigen.

Ab jetzt ist alles ganz einfach: Ziehen Sie langsam und vorsichtig an diesen beiden Enden, und alle können sehen, wie das Seil Ihren Körper durchdringt.

5 Ein Blick in die Zukunft – Gibt es Trends?

Schon im ersten Band „Trojanisches Marketing" haben wir einen Blick in die (damalige) Zukunft gewagt und ein paar Thesen aufgestellt, wie wir die Zukunft des Marketing sahen (Vgl. Anlanger, Engel 2008, S. 262 ff.). Bevor wir das erneut versuchen, wollen wir uns ansehen, wie gut wir damals – aus heutiger Sicht – die Entwicklung wirklich prognostiziert haben.

5.1 Unsere Prognosen aus „Trojanisches Marketing I" bestätigen sich

Im Jahr 2008 stellten wir folgende Thesen auf:

1. Das Marketing wird immer trojanischer

Wie wir in diesem neuen Buch gezeigt haben, sind es immer mehr Unternehmen, die sich im Rahmen ihres Marketings trojanischer Methoden bedienen. Dabei haben wir hier nur die herausragendsten Beispiele angeführt; eine nur annähernd vollständige Darstellung hätte den Rahmen des Buchs bei weitem gesprengt. Immer mehr große, mittlere und kleine Firmen sowie auch Freiberufler haben erkannt, dass das sture Bespielen hergebrachter Kanäle und Medien nicht genug ist und nicht zum Erfolg führt. Kreativität nach dem Motto „AAAA" (Anders Als Alle Anderen) ist das A und O einer erfolgreichen Kampagne. Der Trend wird sich fortsetzen, davon sind wir überzeugt.

„Dazu gehört auch die zunehmend wichtiger werdende konsequente Anwendung der ‚DAWOS-Strategie'", schrieben wir damals und zitierten das Schweizer Gottlieb-Duttweiler-Institut (GDI): „Wer seine Marke zum ‚Talk of Community' macht, wird die Nischen erobern." (Werber von Matt 2007, online). Dem ist auch heute nichts hinzuzufügen.

2. Die *Heartware* wird immer wichtiger

Noch ein Zitat aus dem ersten Buch: „Den Kunden emotional anzusprechen und sein Herz, seine Wünsche, seine Bedürfnisse genau zu treffen, das wird zunehmend wichtiger werden." Damals zählten wir einige der Marketing-„Sünden" auf, die noch immer — auch von sogenannten „Profis" — gemacht wurden. Daran hat sich leider nicht sehr viel geändert.

Denken Sie an die oft miserable Servicequalität, die auch große Unternehmen mit ihrer in Call-Centern ausgelagerten „Kundenbetreuung" bieten. Da hilft es wenig, wenn auf der anderen Waagschale Millionen für teure Werbekampagnen ausgegeben werden. Der Gesamteindruck, der bei den einzelnen Kundeninnen und Kunden hinterlassen wird, ist die Summe beider Kommunikationsaspekte. Leider — das haben Gehirnstudien bewiesen — überwiegt stets die Erinnerung an negative Erfahrungen. Auch die Mundpropaganda-Forschung belegt, dass negative Geschichten dreimal häufiger weitergegeben werden als positive.

Dazu kommt: Auch im Umgang mit Kundinnen und Kunden sind immer stärker Emotionen gefragt; technische Informationen genügen schon lange nicht mehr. Im B2C-Geschäft ist das ziemlich einleuchtend und wird auch von den meisten Unternehmen praktiziert — zumindest gibt es einschlägige Schulungen und Trainings. Ob die daraus gewonnenen Erkenntnisse von den geschulten und trainierten Mitarbeitern auch im täglichen „Kampf mit dem Kunden" eingesetzt werden, ist hingegen eine andere Frage. Jedenfalls versucht die klassische Werbung, die sich an Endverbraucher wendet, stark mit emotionalen Elementen zu arbeiten.

Die Forderung nach mehr *Heartware* gilt daher insbesondere für den B2B-Bereich, stößt dort aber noch immer auf große Widerstände. Vor allem Menschen, die in Branchen mit Produkten und Dienstleistungen mit hohem Komplexitätsgrad und daraus resultierendem Erklärungsbedarf tätig sind, wehren sich mit Händen und Füßen gegen ein solches Ansinnen. „Unsere Kunden verlangen das so!" ist ein immer wieder vorgebrachtes Argument. Und dann werden Produktdatenblätter, Folder und Kataloge produziert, die jedes kleinste technische Detail enthalten müssen und daher meist wirklich nur von einschlägigen Fachleuten verstanden werden können. Jedes Gramm *Heartware* würde da nur stören, ist man überzeugt.

Aber sind nicht auch Techniker und Fachexperten Menschen mit Emotionen? Die Autorin Christin Hähnel hat sich in ihrer Dissertation ausführlich mit dem Thema beschäftigt, welche Rolle Emotionen im industriellen Einkaufsprozess spielen — insbesondere in sogenannten *Bying Centers*, also mit mehreren Personen besetzten Einkaufsgremien. Sie schreibt, dass die Annahme der klassischen Ökonomie, der Konsument sei ein reiner *homo oeconomicus*, der rational denkt und unter der Bedingung begrenzter Ressourcen seinen eigenen Nutzen maximiert, inzwischen nicht mehr zu halten ist. Während das für den B2C-Sektor fast keine Frage mehr ist, „hält sich dieses Menschenbild des *homo oeconomicus* im Kontext industrieller Kaufentscheidungen bis heute sehr hartnäckig." (Hähnel 2011, S. 10). Das resultiere in der Idee, dass Kaufentscheidungen im industriellen Kontext ausschließlich mit rationalen Aspekten begründet werden und dass Personen, die in diesem Zusammenhang Entscheidungen zu treffen hätten, nur durch Reize auf rationaler Ebene zu erreichen seien (ebda).

Nach ihren Recherchen findet Christin Hähnel in der Literatur zahlreiche Hinweise darauf, dass die Annahme nicht mehr stimmt, dass „der professionelle Entscheider mit seinem Eintritt in den organisationalen Referenzraum und in seine berufliche Lebenswelt jegliche dem Menschen wesenstypischen Eigenschaften ablegt und demzufolge unvoreingenommen und unbeeinflusst rationale Entscheidungen trifft" (Hähnel 2011, S. 13).

Vielmehr sei davon auszugehen, so Hähnel weiter, dass Individuen ihre emotionalen Befindlichkeiten in ihr Unternehmen mitnehmen und auf dieser Basis geschäftsrelevante Entscheidungen treffen, und zwar genauso wie im privaten Bereich, nämlich *„durch eine Interaktion von sich gegenseitig beeinflussenden aktivierenden und kognitiven Prozessen geleitet, und es werden zudem soziale Einflüsse wirksam"* (Hähnel 2011, S. 13).

Hähnel führt zahlreiche Gründe dafür an, warum rein rationale Entscheidungen praktisch nicht möglich sind. Als wichtigsten nennt sie die stetig steigende Leistungshomogenität des Angebots, d. h., dass sich die Produkte der verschiedenen Anbieter immer weniger in technischer Hinsicht unterscheiden. Dazu kommt im Rahmen der Globalisierung eine stetig steigende Anzahl von Anbietern, die die Übersicht erschweren bis verunmöglichen. Es bleibt daher gar nichts anderes übrig, als nicht-rationale Aspekte in die Entscheidung einfließen zu lassen, zumal diese oft unter Zeitdruck zu fällen ist.

Hähnels Resümee daher: „Es scheint demgemäß nicht länger angemessen, an dem Bild einer vollständig rationalen organisationalen Entscheidungsfindung festzuhalten. Da auch Entscheider in Industriegüterunternehmen Menschen mit emotionalen Befindlichkeiten sind, kann der organisationale Beschaffungsprozess nicht frei von subjektiven Eindrücken und Emotionen sein." (Hähnel 2011, S. 16)

Für Anbieter bedeute das, so Hähnel weiter, die Chance, sich über eine bewusst und gezielt geführte emotionale Kommunikation mit dem Kunden vom Wettbewerb zu differenzieren. Damit geht es um Kundennutzen an Stelle von Produktnutzen, und für die erfolgreiche Positionierung des Unternehmens und der Produkte bei der Zielgruppe eignen sich folglich reine Sachdarstellungen immer weniger (vgl. Hähnel 2011, S. 16).

Dem ist nichts hinzuzufügen, außer ein Appell an die Anhänger rein technischer Produktfeatures: Trauen Sie sich, die *Heartware* ins Spiel zu bringen! Es verschafft Ihnen einen Vorsprung vor Ihren Mitbewerbern, die noch nicht so weit sind. Möglicherweise ist das Ihre einzige (aber hoch-wirksame!) *Unique Selling Proposition* (USP).

3. Es gibt keine Zielgruppen mehr

Was wir damals meinten, war, dass es oft keinen Sinn ergibt, Menschen z. B. alleine aufgrund ihrer Zugehörigkeit zu einer Altersgruppe zu segmentieren. Die Aussage war, dass es sich bei der Zielgruppensegmentierung oft um „mangelnden Respekt vor der Individualität der Kunden" handelt, wie wir Andreas Giger zitiert haben.

Wir sind überzeugt, dass dieser Trend sich verstärkt hat. Segmentierung nach Schema und hergebrachten Kriterien hat in immer weniger Fällen wirklich Sinn. Die Sinus-Milieus sind sicher eine schöne akademische Spielwiese, aber in der Praxis selten konsequent einsetzbar. Vielmehr wird es immer mehr darum gehen, den Kunden als Individuum zu erfassen und ihn in all seiner Rollen-Komplexität wahrzunehmen und zu definieren. Wenn ich weiß, wo er sich aufhält, wie er sich verhält, in welchen sozialen Kontexten er unterwegs ist etc. (das war noch einmal ein Hinweis auf die Nützlichkeit der DAWOS-Strategie!), dann bin ich in der Lage, ihn angemessen anzusprechen und gegebenenfalls von meinem Angebot zu überzeugen — sofern es zu ihm und seiner Situation passt.

4. Das Ende der Massenmärkte ist nahe

Sehr ähnlich wie die vorherige war auch diese These zu verstehen. Der schon damals feststellbare Trend zur *Mass Customization* trägt der Tatsache Rechnung, dass Kunden immer individuellere Ansprüche stellen — bis hin zum 1-2-1-Marketing (*one to one*). Das war damals und ist heute umso mehr eine echte Herausforderung an die Produzenten und Händler. Jeder Kunde muss das Gefühl vermittelt bekommen, dass es genau um ihn geht. Die „Masse der Individualisten" konsumiert zwar gemeinsam dieselben Produkte, aber jeder Einzelne sieht sich als Partner der Produzenten. Das hat weitreichende Konsequenzen, wie wir in den anschließend folgenden zehn neuen Thesen diskutieren werden.

5. Alle Macht dem Kunden

„Der Kunde entscheidet — Der Kunde ist der Chef" schrieben wir damals. Ganz so schlimm ist es dann doch nicht gekommen. Hier sehen wir eine gewisse Überforderung — und zwar auf beiden Seiten: Auf der Seite der Anbieter ist es noch immer so, dass in der Mehrzahl der Fälle die Einweg-Kommunikation überwiegt, selbst wenn vordergründig *Web 2.0* gepredigt und vorgeführt wird. Selbst die Firmen, die sich stolz z. B. einer *Facebook*-Präsenz rühmen, betrachten dieses Medium oft nur als moderne „Verlautbarungsmaschine", ohne den Kunden wirklich zuzuhören und aus deren Beiträgen Konsequenzen zu ziehen. Auf der Seite der Kunden ist es ähnlich schwierig, diese angebliche neue Machtposition sinnvoll zu nutzen. Und ein wirklicher Dialog entsteht dabei nicht. Es wird wohl noch einige Zeit dauern (und einige Reifegrade auf beiden Seiten), bis die Kunden wirklich die Chefs sein werden, die das Business vor sich her treiben.

6. Marketing und Vertrieb verschmelzen

Auch hier verbuchen wir leider eine Fehlanzeige, was das Eintreffen dieser Prognose betrifft. Noch immer sind in vielen Unternehmen die Abteilungen Marketing und Vertrieb getrennt — organisatorisch und personell, mental, emotional. Noch immer gibt es Mitarbeiter in Marketingabteilungen, die noch nie einen leibhaftigen Kunden gesehen haben. Noch immer gibt es Unternehmen, in denen die Marketingabteilung ein von der übrigen Organisation abgeschottetes Leben führt und es nicht schafft, die gesamte Institution zu durchdringen. Was — wie schon oft selbst erlebt — zu dem Ergebnis führt, dass am grünen Marketingtisch Aktionen ausgeheckt werden, die an der Vertriebsfront durchgeführt werden müssen, ob als sinnvoll akzeptiert oder nicht.

Andererseits gibt es auch in diesem Bereich erfreuliche Entwicklungen. Es wird zunehmend mehr Wert darauf gelegt, dass Vertriebsmitarbeiter das „Marketingdenken" beherrschen und entsprechende Schulungen finden vermehrt statt. Bleibt zu hoffen, dass sich dieser Trend fortsetzt und irgendwann klar wird: Marketing und Vertrieb haben dasselbe Ziel, dasselbe Zielobjekt, nämlich den Kunden.

Soweit die bisherigen Thesen und was aus ihnen geworden ist. Bevor wir uns daran wagen, einige neue Zukunftsaussichten zu diskutieren, wollen wir Folgendes festhalten: „*The best way to predict the future is to invent it*" (Kay 2008, online), zitierten wir damals den amerikanischen Computerwissenschaftler Alan Kay. Bei diesem Motto bleiben wir. In diesem Sinne plädieren wir weiterhin dafür, sich nicht zu verkrampft mit der Extrapolation von Vergangenem zu beschäftigen, sondern sich darauf zu konzentrieren, wie zukünftige Entwicklungen im eigenen Sinne beeinflusst werden können. Gerne wiederholen wir hier unsere Behauptung: „Märkte werden nicht vorgefunden und bedient, sondern gemacht!" (Anlanger, Engel 2008, S. 21)

5.2 Erfolg ist kein Zufall – effiziente Zukunftsstrategien

Aufgrund unserer Recherchen und zahlreicher Gespräche mit Marketing- und Vertriebspraktikern haben wir weitere zehn Hypothesen über die zukünftige Entwicklung aufgestellt, die wir hier kurz vorstellen wollen.

Diese Hypothesen sind — zunächst in Schlagworten:

1. Die Kommunikation wird immer mobiler
2. Trend zum 1-2-1-Marketing (one to one)
3. Soziale Netzwerke spalten die Gesellschaft
4. Retro! Zurück zum Ursprung/zur Natur
5. Individualisierung trotz Masse (*Mass Customization*)
6. Marketing = Kommunikation auf Augenhöhe
7. Print verliert
8. Service schlägt Produkt
9. *Inbound*-Marketing gewinnt weiter an Bedeutung
10. Internes Marketing wird immer wichtiger

Es ist klar, dass es den Rahmen dieses Buches bei weitem sprengen würde, alle zehn Thesen bis ins kleinste Detail zu vertiefen. Jede könnte Thema für ein eigenes Buch sein. Unsere Absicht ist, die wichtigsten Aspekte anzureißen und vor allem zu untersuchen, welche handlungsrelevanten Folgerungen daraus gezogen werden können.

Nun zu den Hypothesen im Einzelnen.

These 1: Die Kommunikation wird immer mobiler

Die Aussage ist fast schon trivial angesichts der starken Verbreitung sogenannter *Smartphones*, die derzeit im deutschen Sprachraum knapp 50 Prozent der insgesamt vorhandenen Handys ausmachen dürften. Je jünger die Menschen sind, desto höher ist die Verwendungsrate. Nach einer deutschen Studie sind Ende 2012 bereits über 90 Prozent der verkauften Mobiltelefone Smartphones (vgl. Kahle 2012, online). Und diese Geräte werden natürlich nicht nur zum Telefonieren benutzt. Inzwischen hat die Nutzung von mobilen Datendiensten die Telefonie übertroffen. Wer ein Smartphone besitzt, nutzt es in der Regel auch zum Datentransfer mit dem Internet.

Abb. 1: Absatzrekord bei Smartphones (Presseinformation, bitkom.org 2012, online)

Das bedeutet natürlich, dass auch die werbliche Kommunikation auf dem Handy Einzug hält. Die sogenannte mobile Website ist daher für Unternehmen, die die vorwiegend junge mobile Zielgruppe erreichen wollen, ein **Muss**. Und es werden immer mehr *Tools* entwickelt, die helfen sollen, die mobile Kommunikation zu erleichtern. Die massenhaft verbreiteten APPs sind nur ein Teil der Entwicklung, die stattfindet bzw. in Zukunft stattfinden wird. Zu bedenken ist auch — vor allem im Sinne der trojanischen DAWOS-Strategie —, dass man die Menschen, die mobil kommunizieren, an allen möglichen Orten antrifft, nicht nur wie bisher am heimischen oder Arbeitscomputer. Man trifft sie auf der Straße, in der Straßen- und U-Bahn, im Bus und im Restaurant, beim Einkauf im Geschäft sowie in Restaurants und anderen Lokalen, in Unterhaltungsstätten und im Wellnesshotel. Das hat gewaltige Konsequenzen, die zunehmend zu „Geomarketing" genannten Applikationen führen. Es gibt schon jetzt eine Menge APPs, die die per GPS ermittelte aktuelle Position des Handybesitzers nutzen, um auf bestimmte Angebote aufmerksam zu machen. Vor allem für lokale Anbieter werden diese Funktionen immer wichtiger werden.

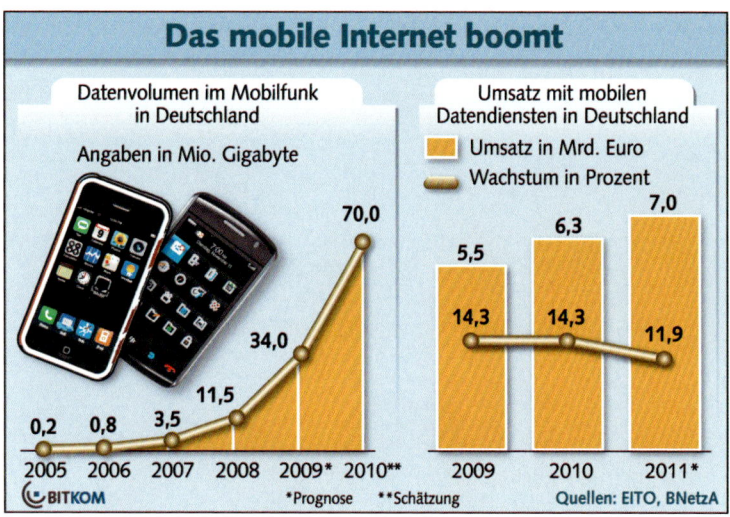

Abb. 2: Das mobile Internet boomt (Presseinformation, bitkom.org 2012, online)

Eine wichtige Rolle werden dabei Hilfsmittel wie der auch in diesem Buch verwendete QR-Code einnehmen. Mit dessen Hilfe wird es zunehmend möglich sein, virtuell und interaktiv mit dem Anbieter einer Ware oder Dienstleistung, z. B. über einen im Schaufenster applizierten QR-Code, in Kontakt zu treten. Entsprechende Anwendungen gibt es bereits, zahlreiche weitere sind derzeit im Entwicklungs- oder Versuchsstadium.

Wir wollen weder zum Ausdruck bringen noch dazu raten, sich ab sofort nur noch mit mobilem Marketing zu beschäftigen. Auch ist es nicht sinnvoll, bei jeder sich bietenden Innovation dabei sein zu müssen. Durchaus Sinn hat es aber, die Entwicklung genau zu beobachten und permanent zu bedenken, ob und wie die eigenen (Wunsch-)Zielgruppen mobile Interaktionsformen nutzen. Nicht jedes Unternehmen muss eine eigene APP entwickeln und implementieren, davon gibt es ohnehin schon mehr als genug. Aber es sollte die Bereitschaft vorhanden sein, sich mit dem mobilen Marketing zu beschäftigen, wenn eine Sinnhaftigkeit vorliegt.

These 2: Trend zum 1-2-1-Marketing (*one to one*)

Die Begriffe 1-2-1- oder 1:1 bzw. *One-to-one*-Marketing beschreiben die Tatsache, dass Kunden nicht als Teil einer Zielgruppen-Masse gesehen werden, sondern mit ihrem individuellen Profil erfasst und angesprochen werden. Um ein solches Profil zu erstellen, werden Systeme für die Datensammlung und -analyse verwendet, sogenannte CRM-Systeme (CRM = Customer Relationship Management), die zum *Data Mining* eingesetzt werden.

Werden die über den Kunden vorliegenden Daten richtig analysiert und kombiniert, erhält dieser „individuell" auf ihn zugeschnittene Angebote. Solche Daten umfassen nicht nur die üblichen soziografischen Merkmale wie Geschlecht, Alter, Wohnort etc., sondern und vor allem auch seine bisherigen Geschäftsbeziehungen mit dem Unternehmen, also was bisher gekauft wurde. Daraus kann auf die Vorlieben und Interessen des Kunden geschlossen werden. Zudem gibt es die Möglichkeit, von einschlägigen Adressenhändlern Kundeninformationen mit zusätzlichen Aspekten zu kaufen und diese Daten in das eigene System zu integrieren.

Ein gutes Beispiel für 1-2-1-Marketing bietet das Unternehmen Amazon. Aus den bisherigen Bestellungen ergibt sich ein Interessenprofil von Kunden, das bei den weiteren Informations-Newsletters berücksichtigt wird. Einer der Autoren — langjähriger Amazon-Kunde — hat beispielsweise einmal als Geburtstagsgeschenk eine CD-Box mit sämtlichen Sinfonien von Gustav Mahler gekauft. Seitdem erhält er in regelmäßigen Abständen Informationen, wenn Neueinspielungen von Werken dieses Komponisten auf den Markt kommen. Dass er außerdem als Käufer zahlreicher neuer Marketingbücher zu klassifizieren war, führt zu ebenso regelmäßigen Informationen über Neuerscheinungen und Wiederauflagen von Marketingliteratur.

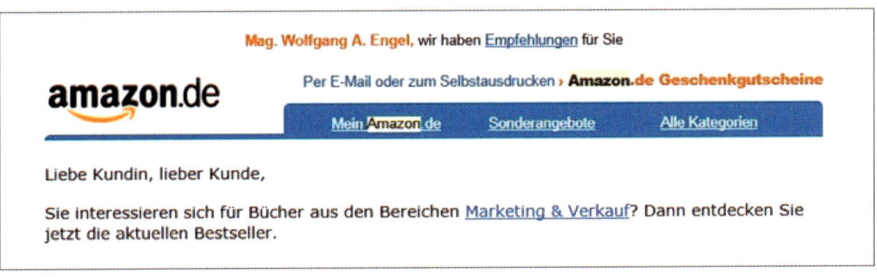

Abb. 3: Auszug aus einem Newsletter an den Autor Wolfgang A. Engel

So virtuos wie Amazon nutzen erst wenige Unternehmen die Möglichkeiten, die geschicktes 1-2-1-Marketing bietet. Dabei passen diese Methoden nicht nur für große, finanziell potente Unternehmen, die sich ein komplexes und teures CRM-System leisten können. Gerade kleine und mittlere Firmen kennen ihre Kunden oft so gut, dass sie auch mit einfachen Mitteln individuelle Profile erstellen können. Ein Hilfsmittel bei der Gewinnung von Daten können auch Kundenkarten sein, wie sie von zahlreichen Unternehmen im B2C-Bereich eingesetzt werden, vor allem z. B. im Lebensmitteleinzelhandel. Durch diese Karten werden alle getätigten Einkäufe in der Datenbank des Händlers erfasst und zu Profilen verdichtet, die Auskunft darüber geben, welche Produkte und Produktkombinationen der jeweilige Kunde in welcher Frequenz einkauft.

Laut einer Studie des deutschen Instituts für Demoskopie Allensbach besaßen im Jahr 2011 ca. 17 Prozent der Deutschen in einem Alter über 14 Jahren eine solche Kundenkarte, knapp 13 Prozent sogar mehrere.

Nachdem mehrere Studien den Nutzen solcher 1-2-1-Marketingmaßnahmen aufgezeigt haben, ist es eigentlich verwunderlich, dass ein Großteil der kleinen und mittleren Unternehmen dieses Instrument nicht nutzt. In ihrer Beratungstätigkeit und bei ihren sonstigen Unternehmenskontakten stoßen die Autoren immer wieder auf Firmen, die entweder keine Daten sammeln oder keine solchen — obwohl teilweise reichlich vorhanden — auswerten und in Aktivitäten übersetzen.

Gerade Handelsunternehmen — sowohl im B2C- als auch im B2B-Business — sitzen normalerweise auf einer Fülle von Daten, die sich aus der Geschäftshistorie ergeben. Man weiß über Jahre, welche Kunden zu welcher Zeit in welcher Menge und in welcher Kombination mit anderen Produkten Bestellungen getätigt haben. Zusätzlich wissen die Verkäufer oft eine Menge über ihre Kunden, was ebenfalls in eine entsprechende Datenbank integriert werden könnte. Hier liegt noch viel Marketing-Brachland zur Bearbeitung vor.

Im Prinzip kann kein Unternehmer, der zumindest einen Teil seines Geschäftes mit Stammkunden machen will, auf den Aufbau und die Nutzung einer Datenbank verzichten. Wobei „Datenbank" für IT-Laien auf den ersten Blick nach „riesengroß" und „aufwendig und komplex" und daher nach „sehr teuer" klingt. Das muss aber nicht so sein. Es gibt auf dem Markt eine große Bandbreite brauchbarer Lösungen, sogar kostenfreie Einsteiger-Software. Zu beachten ist aber, dass der Hauptaufwand nicht der Kaufpreis für die eingesetzte Software ist, sondern vielmehr die spätere Datenpflege und Datenauswertung.

These 3: Soziale Netzwerke spalten die Gesellschaft

Social Media Marketing ist ein Begriff, der derzeit einem gewissen *Hype* unterliegt. Noch immer rasant steigende Nutzerzahlen von *Facebook*, *Twitter*, XING & Co. (siehe Kapitel 4.9) vermitteln den Eindruck der Ubiquität dieser Medien. Kaum ein mittleres bis großes Unternehmen, das etwas auf sich hält, meint heutzutage auf eine Präsenz in diesen Kanälen verzichten zu können. Es werden entsprechende Fanseiten ins Leben gerufen und massenhaft Fans „gesammelt". Und auf diesen Seiten spielt sich lebhaftester *Traffic* ab.

Klemens Stutzenstein liefert dazu ein interessantes Bild. Demnach befinden wir uns — nach einer Phase großer „Enttäuschung, weil die *Social Media* nicht alle Erwartungen erfüllen" in einer Periode, in der „*Social Media* ... sich in beinahe jede Marketingabteilung nahtlos eingliedern" wird (Stutzenstein 2012, online).

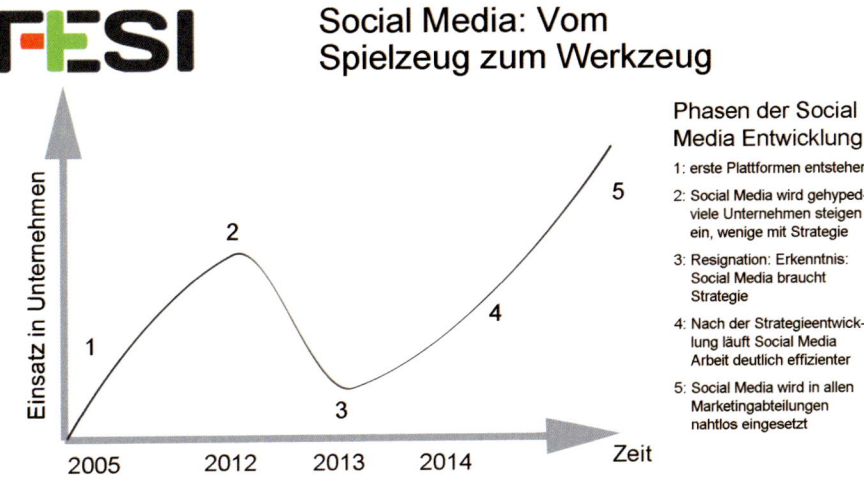

Abb. 4: Social Media: Vom Spielzeug zum Werkzeug (© mit freundlicher Genehmigung von FESI GmbH)

Die österreichische Beraterin Natascha Ljubic hält den euphorischen Statements der Befürworter entgegen: „Das Verweigern oder Kündigen eines *Facebook*-Accounts gilt vermehrt als schick, wie eine aktuelle Untersuchung der *New York University* besagt. Gründe für das Abmelden sind dabei unterschiedlicher moralischer Natur, wie beispielsweise persönliche Einwände gegen *Facebooks* Privatsphären-Politik." (Lubic 2013, online)

Einer der Autoren hat kürzlich in einem Marketing(!)-Seminar, das Anfang 2013 stattfand, Folgendes erlebt: Drei von zehn Seminarteilnehmern outeten sich als *Facebook*-Verweigerer. Andererseits bekannten sich drei andere Personen dazu, in *Facebook* „Fans" von Unternehmensseiten zu sein. Allerdings ergab die Nachfrage, dass eine Person Fan von verschiedenen Konkurrenzseiten zum eigenen Unternehmen ist; eine andere gab an, sich attraktive Reiseziele in Thailand anzusehen (wohin sie ohnehin einmal jährlich reist); eine dritte schließlich war „Fan" von bestimmten Lokalen, über deren jeweils aktuelles Angebot sie sich via *Facebook* informieren ließ.

Obwohl natürlich die Befragung im Seminar weit von einer repräsentativen Stichprobe entfernt ist: Wenn man den Werbewert dieser *Facebook*-Unternehmensinformationen mit dem Aufwand gegenrechnet, der mit der permanenten Pflege der Seite verbunden ist, kann man sich fragen, ob das wirklich eine sinnvolle „Allokation der Ressourcen" ist.

Die Autoren sind selbst ein bisschen gespalten: Einerseits glühende Verehrer der *Social Media*-Möglichkeiten (siehe die eigenen Erfolge in der XING-*Community*), andererseits ein bisschen skeptisch, was die zukünftigen Möglichkeiten im betrieblichen Marketing betrifft. Es wird sich in relativ naher Zukunft zeigen, ob wir gerade einen *Hype* erleben und demnächst vielleicht eine Blase platzen sehen oder ob wir uns in der Babyphase einer demnächst stattlich herangewachsenen Institution befinden. Warten wir's ab. In der Zwischenzeit gilt dasselbe, was wir schon im vorigen Kapitel empfohlen haben: Märkte, Akteure, Aktivitäten sorgsam beobachten und sich ständig fragen, inwieweit die eigenen Zielgruppen dabei in den Fokus rücken.

These 4: Retro! Zurück zum Ursprung, zur Natur

Der Retro-Trend ist generell immer dann ein Thema, wenn die Zeiten unsicher sind. „Sehnsucht nach alten Zeiten: Retro-Design nimmt die Angst vor Beschleunigung und erinnert an eine Zeit ohne Verpflichtungen und voller Möglichkeiten. Nostalgisch halten wir am Gestern fest — weil dadurch das Morgen erträglicher wird" (Herwig 2012, online), schrieb Oliver Herwig 2012 in der Süddeutschen Zeitung. Und er fährt fort: „Retro nimmt die Angst vor der Beschleunigung, die Angst, nicht mehr mithalten zu können oder schon mit 40 zu alt zu sein für diese Welt. Retro ist ein Seelentröster. So, nur so, ist zu erklären, dass ganze Fernsprecher im Nostalgielook auftauchen, mit Wählscheibe, Kabel und Bedienungsanleitung."

In Zeiten wie diesen, in denen eine Krise die andere jagt, suchen Konsumenten Zuflucht in der Vergangenheit, der „guten alten Zeit", als die Dinge noch „in Ordnung" waren. Retro bedeutet auch Angst vor der Zukunft, vor dem unbekannten Neuen, vor den Gespenstern unberechenbarer Änderungen. Natürlich gibt es demgegenüber auch die Neugierigen, die Innovatoren, die „*Early Adopters*". Interessant ist die statistische Verteilung der unterschiedlichen Gruppen, wenn sie danach unterschieden werden, wie sie Neuheiten annehmen. Sehen Sie dazu die folgende Abbildung (nach Rogers/Moore).

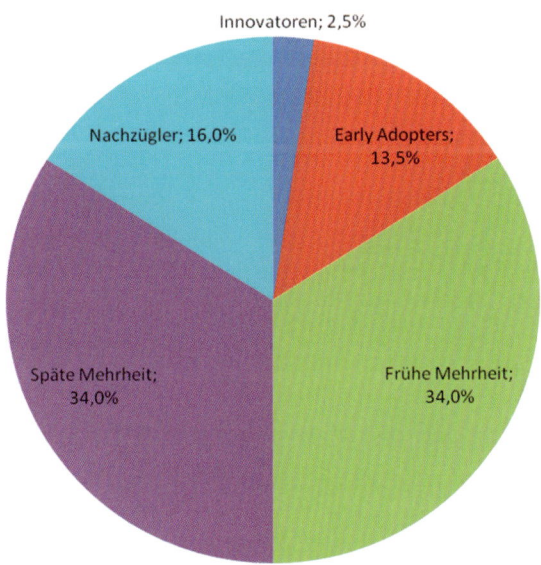

Abb. 5: Statistische Verteilung der Gruppen (© Quelle: Eigene Darstellung nach „Rogers, Moore 2011, online")

Demnach ist die Hälfte der Bevölkerung als späte Adaptatoren einzustufen, was einen Einfluss auf das Marketing haben muss. Es kann also nicht immer darum gehen, in erster Linie „Neuheit" zu verkaufen. Auch auf die Sicherheits- und Bewahrungsbedürfnisse der Spätfolger muss Rücksicht genommen werden.

These 5: Individualisierung trotz Masse (*Mass Customization*)

Die Massenproduktion, die dem Kunden suggeriert, eine auf seine persönlichen Bedürfnisse zugeschnittene Individuallösung zu bieten, bezeichnet man als „kundenindividuelle Massenproduktion" oder *„Mass Customization"*. Dabei geht es darum, dem Kunden eine Vielzahl von Produktvarianten anzubieten, zwischen denen er individuell wählen kann. Gleichzeitig werden die produktionstechnischen Vorteile der Massenfertigung genutzt (Automatisierung, Kostendegression etc.).

Auffälligstes Zeichen dieses Phänomens ist der „Konfigurator". Das ist ein — meist internetbasiertes — Programm, das es erlaubt, sich sein eigenes, individuelles Produkt selbst zusammenzubauen. Angefangen hat damit die Autoindustrie. Sie bietet dem Kunden die Möglichkeit, sein Fahrzeug nach Formen, Farben, Motorisierung, Antriebsart, Treibstoffart, Reifen, Zubehör zusammenzustellen und so praktisch ein Unikat zu bestellen. Konfiguratoren gibt es inzwischen auch für Häuser, Fahrräder, Computer, Möbel und Bekleidung. Natürlich ist auch die Website, auf der Sie sich den Belag Ihrer Pizza individuell zusammenstellen können, ein Konfigurator. Auch manche Dienstleistungen lassen sich auf diese Art und Weise dem Kunden näherbringen; im Versicherungswesen stellt man sich z. B. sein individuelles „Sicherheitspaket" aus verschiedenen Modulen verschiedener Preisstufen zusammen.

Im Grunde geht es immer um dasselbe Prinzip: Ein schlechter Kellner im Frühstücksraum fragt seinen Gast: „Wollen Sie ein Ei zum Frühstück?". Ein guter Kellner fragt hingegen: „Wollen Sie ein weiches oder ein hartes Ei zum Frühstück?" Die „ob?"-Frage bietet von sich aus die Alternative „nein" an, während die „welches?"-Frage nur zwei „ja"-Alternativen vorschlägt, also mit deutlich höherer Wahrscheinlichkeit zu einer positiven Entscheidung führt.

Auch darum geht es beim Konfigurator. Wer sich mit dem Konfigurator einer bestimmten Automarke beschäftigt, muss sich ständig zwischen verschiedenen Angeboten — aber immer derselben Marke — entscheiden. Eine Entscheidung für eine andere Marke steht nicht zur Debatte.

Dazu kommt: Konfiguratoren im Internet haben immer einen Spielcharakter: Mit jeder neuen Entscheidung erreicht man ein neues Spiele-„Level" und nähert sich so immer mehr einem endgültigen Ziel (beim Spiel: der Sieg). Das erhält die Spannung, den Spaß und die gute Laune aufrecht. (Anmerkung: Hier schließt sich ein weiterer Kreis: siehe Kapitel 4.1 „Die gute Stimmung nutzen — freudige Ereignisse")

Übertragen auf das Marketing von Unternehmen, die so etwas wie einen Konfigurator bisher nicht einsetzen: Überlegen Sie, ob Sie nicht Komponenten dieser Methode auch in Ihrer Kommunikation einsetzen können. Unabhängig davon, ob es um Produkte oder Dienstleistungen geht — fast immer finden sich Möglichkeiten, den Kunden ein Auswahlspiel anzubieten.

These 6: Marketing = Kommunikation auf Augenhöhe

Wer lässt sich schon gerne „von oben herab" behandeln? Das erinnert die meisten zu sehr an ihre Ausbildungszeit. In der Schule, in der Lehre waren die Lehrer und Ausbilder die „Chefs", denen mehr oder weniger bedingungslos gehorcht werden musste. Das will man sich als erwachsener Mensch in der Regel nicht gefallen lassen. Auch nicht von Autoritäten. Das ist der Grund, warum *Testimonials* nicht immer so gut ankommen, wie es geplant ist. Der „Herr Doktor", der als Besserwisser in Gesundheitsfragen dargestellt wird („in der Tat!"), hat sicher mit seiner Empfehlung objektiv recht. Aber ob damit tatsächlich eine Kaufentscheidung positiv beeinflusst wird, hängt stark mit dem Kindheits-Ich des jeweiligen Adressaten zusammen. „Will mir hier schon wieder jemand vorschreiben, wie ich mich zu verhalten habe?"

Die Empfehlung, die daraus resultiert: Behandeln Sie Ihre Kunden immer wie gleichberechtigte Partner — auf Augenhöhe. Kommunikation auf Augenhöhe bedeutet vor allem Respekt und Anerkennung. Wenn Sie dem Kunden demonstrieren — dies gilt insbesondere für das persönliche Verkaufsgespräch —, dass Sie ohnehin die besseren Informationen über Ihr Produkt haben, zwingen Sie ihn automatisch in eine unterlegene Position. In dieser wird er sich gewiss nicht wohlfühlen, und damit sinkt die Wahrscheinlichkeit, dass er sich für Ihr Produkt entscheidet.

Am besten funktioniert die Kommunikation auf Augenhöhe mittels Fragen. Vor allem durch Fragen, die darauf abzielen, die wirklichen Bedürfnisse des Kunden zu ermitteln, um diese dann bestmöglich durch das eigene Angebot erfüllen zu können. Dadurch fühlt sich der Kunde akzeptiert, respektiert, ernstgenommen. Und mit diesen Gefühlen ist er am ehesten bereit, Ihre Argumente zu akzeptieren und Ihr Produkt zu kaufen.

Kommunikation auf Augenhöhe transportiert die Botschaft „Ich bin ok — du bist ok". In dieser Situation will niemand den anderen über den Tisch ziehen, alles wird als „fair" betrachtet. Und das ist eine gute Voraussetzung für gute Geschäfte und eine *Win-win*-Situation für beide Seiten.

These 7: Print verliert

Beide Autoren haben irgendwann in ihrem Leben einmal beruflich mit der Print-Branche zu tun gehabt. Umso mehr tut es uns leid, diese Feststellung treffen zu müssen: Print verliert. Nicht erst seit der endgültigen Einstellung der Druckausgabe der *Financial Times Deutschland* ist der Trend zu erkennen: Bildschirm schlägt Papier. Das klingt drastischer, als es tatsächlich ist. Das fast schon seit Jahrzehnten propagierte „papierlose Büro" gibt es noch immer nicht und wird es wahrscheinlich auch so bald nicht geben. Auch Tageszeitungen, Magazine und Illustrierte wird es weiterhin geben.

Wir sprechen hier in erster Linie vom „Marketing-Papier", das nach und nach auf der Strecke bleiben wird. Sehen Sie in Ihren Briefkasten: Fast jeden Tag finden Sie dort kiloweise Prospekte, mit deren vollständiger Lektüre Sie problemlos eine Vollzeitbeschäftigung ausüben könnten. Und wenn Sie die einzelnen Flyer, Folder, Kataloge und Werbezettel betrachten, sind es immer dieselben Firmen, die Sie auf diese Weise umwerben wollen: Lebensmitteleinzelhandel, Möbelhäuser, Schuhgeschäfte buhlen um Ihre Gunst, indem sie vorgeben, heute wieder einmal besonders günstige Preise für Sie kalkuliert zu haben.

Wie lange kann das noch anhalten? Klar, Lebensmittel brauchen Sie jeden Tag. Aber jeden Tag diese Riesenauswahl mit unterschiedlichen Schnäppchen in unterschiedlichen Produktgruppen? Und schon wieder eine „Bestpreisgarantie"? Werden Verbraucher auf diese Weise nicht gerade dazu erzogen, ständig dem tagesaktuell besten Angebot hinterher zu hecheln? Heute XXX, morgen YYY, übermorgen ZZZ — wer jeweils das billigste Angebot hat, wird besucht. Lernen Kunden so Treue?

Das Lamento über die angeblich abnehmende Kundentreue müssen sich die Händler großteils auf ihre eigenen Kerbhölzer ritzen. Lange genug predigen sie den Kunden, dass es nicht darauf ankommt, ein bestimmtes Geschäft aus „innerer Verbundenheit" zu besuchen, sondern nur deshalb, weil es gerade heute den niedrigsten Preis für eine Ware bietet. Um eine solche Botschaft zu penetrieren, ist es tatsächlich erforderlich, fast täglich mit neuen Bestpreisbotschaften in der Wohnung des Kunden vorstellig zu werden. Dass damit eine Teufelsspirale angestoßen wird, ist klar. Zumal dann, wenn alle in einer Branche dasselbe tun. Diese Materialschlacht kann keiner gewinnen, nicht einmal der Kunde.

Dasselbe gilt für die Möbelhäuser. Wie oft (in der Woche, im Monat, im Jahr, im Leben) kaufen Sie neue Möbel? Wahrscheinlich bedeutend seltener, als einschlägige Prospekte in Ihrem Briefkasten landen. Kann sich das auf Dauer lohnen? Sind die Aufschläge der Händler wirklich noch so hoch, dass sich solche Papierorgien finanzieren lassen?

Sehr optimistisch sind wir nicht, ob die Prophezeiung eintritt, dass die Papierflut in unseren Postkästen bald nachlassen wird; haben wir dasselbe doch schon mehrfach angekündigt. Aber irgendwie kann es mathematisch-ökonomisch nicht mehr funktionieren, so viel Werbegeld in Medien zu stecken, die so immense Streuverluste aufweisen. Wir sind gespannt, wann wir in dieser Sache endlich Recht bekommen werden …

These 8: Service schlägt Produkt

Eigentlich ein alter Hut, den wir hier längst nicht als erste benennen: So schreibt Marzena Sicking in Heise online am 21.12.2012: „Das ist doch mal eine gute Nachricht für den Handel: guter Service und Kundenorientierung sind Verbrauchern wichtiger als Schnäppchenpreise. Das besagt jedenfalls die Oracle-Studie ‚Why Custumer Satisfaction is No Longer Good Enough', für die europaweit Verbraucher befragt wurden. Demnach sind 81 Prozent aller Verbraucher in Europa bereit, mehr zu bezahlen, wenn ihnen dafür ein herausragendes Einkaufserlebnis geboten wird. Mehr als die Hälfte von ihnen würde dafür sogar einen Aufschlag von mehr als fünf Prozent hinnehmen." (Sicking 2012, online)

In Zeiten zunehmender Globalisierung werden sich Produkte immer ähnlicher. Es gibt kaum noch echte USPs, also echte Qualitätsunterschiede. Nur noch in Kleinigkeiten können Differenzierungen vorgenommen werden. Da müssen andere Unterscheidungsmerkmale her, um sich von der Konkurrenz abzuheben. Das kann z. B. das Marketing sein. Dazu gehören aber auch die Persönlichkeit des Verkäufers, die Art der Kommunikation, die „sozialen Maßnahmen" zur Kundengewinnung und Kundenbindung, die Serviceangebote, die *After-Sales*-Besonderheiten.

Haben Sie schon einmal überlegt, was Sie dem Kunden außer Ihrem Produkt bzw. Ihrer Dienstleistung sonst noch bieten könnten? Es ist längst nicht mehr genug, den Kunden zufrieden zu stellen. Begeisterung ist das Mindeste, was Sie ihm vermitteln müssen. Überraschen Sie ihn mit Dingen, die er eben nicht erwartet! Bieten Sie ihm Serviceleistungen, die nicht selbstverständlich sind! Unterscheiden Sie sich von Ihren Mitbewerbern durch „verrückte" Zusatzleistungen. Das Motto kann heißen: „*Be Different, Be Unique, Be Crazy, Be Yourself!* "

These 9: *Inbound*-Marketing gewinnt weiter an Bedeutung

Ein Bild, das wir zu *Inbound*-Marketing gefunden haben, ist folgendes: Stellen Sie sich vor, Sie wollen eine möglichst große Gruppe von Menschen so nass wie möglich machen. Dazu nehmen Sie einen möglichst großen Schlauch, drehen den Wasserhahn voll auf und drehen sich im Kreis. So erreichen Sie möglichst viele Menschen mit dem Wasser. Das ist Werbung herkömmlicher Art.

Stellen Sie sich ein zweites Bild vor: Sie haben dasselbe Ziel, möglichst viele Menschen möglichst nass zu machen. Nur diesmal stellen Sie ein möglichst großes Wasserbecken auf und bringen die Menschen dazu, zu Ihnen zu kommen und in dieses Becken hinein zu springen. Das ist *Inbound*-Marketing.

Was ist die effektivere Methode? Wahrscheinlich die zweite! Wenn Sie Menschen mit einem Wasserschlauch verfolgen, werden diese eher dazu tendieren, vor Ihnen wegzulaufen. Werbung dieser Art ist lästig und störend. Wenn Sie aber — möglichst bei großer Hitze, für die Sie gesorgt haben — die Menschen einladen, bei Ihnen ein erfrischendes kühles Bad zu nehmen, werden sie Ihnen gerne folgen und Sie außerdem in guter Erinnerung behalten. Das ist die Grundidee des Web 2.0.

Denken Sie daran, wenn Sie Ihre nächsten Werbemaßnahmen planen: Wollen Sie eine Gießkanne bauen, um ein paar zufällig erreichte Menschen mit ein bisschen

Wasser zu benetzen (zu mehr reicht Ihr Budget möglicherweise nicht), oder wollen Sie einen attraktiven *Swimmingpool* konstruieren, in den die Leute gerne strömen, weil Sie etwas anbieten, das andere nicht zu bieten haben?

Inbound-Marketing hat in erster Linie mit *Content* zu tun. Je besser Sie Inhalte anbieten, mit denen Ihre Zielgruppe etwas anfangen kann, desto eher wird sie bereit sein, Sie zu besuchen. Verwechseln Sie hierbei nicht Quantität mit Qualität! Es geht nicht um die Informationsmenge, sondern um deren Relevanz; und darum, Inhalte zu bieten, die man weitererzählen möchte und leicht weitererzählen kann. Dann bewegen Sie sich schnell im Bereich „virales Marketing" und Ihre Botschaft verbreitet sich wie ein richtiges Virus — von Kunde zu Kunde zu Kunde zu Kunde …

These 10: Internes Marketing wird immer wichtiger

Ein Aspekt, der gerne vernachlässigt wird, obwohl immer mehr Unternehmen auf diesen schon länger fahrenden Zug aufspringen: Marketing ist nicht nur eine Sache, die sich an die externe Unternehmensumwelt, also an die Kunden richtet. Ebenso wichtig ist es, die eigenen Mitarbeiter zu berücksichtigen. Man spricht hier von „*Employer Branding*" und „*Employer Marketing*".

Wir zitieren hier die Definition der Deutschen *Employer-Branding*-Akademie, die bereits 2006 publiziert wurde: „*Employer Branding* ist die identitätsbasierte, intern wie extern wirksame Entwicklung und Positionierung eines Unternehmens als glaubwürdiger und attraktiver Arbeitgeber. Kern des *Employer Brandings* ist immer eine die Unternehmensmarke spezifizierende oder adaptierende Arbeitgebermarkenstrategie. Entwicklung, Umsetzung und Messung dieser Strategie zielen unmittelbar auf die nachhaltige Optimierung von Mitarbeitergewinnung, Mitarbeiterbindung, Leistungsbereitschaft und Unternehmenskultur sowie die Verbesserung des Unternehmensimages. Mittelbar steigert *Employer Branding* außerdem Geschäftsergebnis sowie Markenwert."

Es handelt sich also keineswegs um eine altruistische Beglückungsstrategie, sondern vielmehr um schiere Notwendigkeit und betriebswirtschaftliches Kalkül.

Die Notwendigkeit ergibt sich aus einer einfachen Tatsache: Die demografische Entwicklung in Europa wird dazu führen, dass immer weniger qualifizierte Arbeitskräfte zur Verfügung stehen werden. Das ergibt einen Wettbewerb zwischen den Arbeitgebern um die besten der verfügbaren Kräfte. Das wiederum macht es erforderlich, Marketing und Werbung in Richtung potenzieller Mitarbeiter einzusetzen. So wie klassisches Marketing ein Wettkampf um die besten Kunden ist, so ist Personalmarketing ein Ringen darum, die besten Mitarbeiterinnen und Mitarbeiter zu gewinnen.

Es gibt bereits seit Längerem Organisationen, die sich um ein Ranking der im jeweiligen Land beliebtesten Arbeitgeber bemühen. Für 2012 ergaben sich folgenden Ranglisten der Top-Arbeitgeber.

Deutschland

- BMW
- Audi
- Google
- Siemens
- Bosch
- Porsche
- Auswärtiges Amt (Außenministerium)
- Max-Planck-Gesellschaft (Forschungsinstitution)
- Daimler
- Boston Consulting Group

Österreich

20 — 49 Mitarbeiter

- NetApp Austria Gmbh
- willhaben internet service GmbH & Co. KG
- ePunkt Internet Recruiting GmbH

50 — 250 Mitarbeiter

- Ardex Baustoff GmbH
- Start People (USG People Austria GmbH)
- Mundipharma GmbH
- Ski Dome Oberschneider GmbH
- 3M Österreich GmbH
- NTS Netzwerk Telekom Service AG
- ING DiBa Direktbank Austria
- Tech Data Österreich GmbH
- Medtronic Österreich GmbH
- m4! mediendienstleistungs gmbh & co kg

mehr als 250 Mitarbeiter

- Microsoft Österreich GmbH
- OMICRON electronics GmbH
- Accenture GmbH
- Worthington Cylinders GmbH
- Salomon Automation GmbH
- Dornbirner Sparkasse Bank AG
- Rhomberg Gruppe
- Knowles Electronics Austria GmbH
- Merkur Warenhandels AG
- Fritz Egger GmbH & Co. OG

Schweiz

- Ergon Informatik AG, Zürich
- Zürich Marriott Hotel, Zürich
- Klinik Sonnenhalde, Riehen
- Wespe Transport AG, Schmerikon
- ask! — Beratungsdienste für Ausbildung und Beruf Aargau, Aarau
- Stämpfli Gruppe, Bern
- Pistor AG, Rothenburg
- Centre professionnel du Littoral neuchâtelois, Neuchâtel
- bbv Software Services AG, Luzern
- Baumann Koelliker Gruppe, Zürich

Ein Platz auf einem der vorderen Ränge dieser Unternehmensbewertung sichert den betroffenen Firmen mehr Bewerbungen auf ihre Stellenausschreibungen, und das auch von den tendenziell qualifizierteren Bewerbern. Sie haben also die größere Chance, wirklich die *High Potentials* unter den möglichen Kandidaten als zukünftige Mitarbeiter zu gewinnen. Und damit haben sie mittel- bis langfristig die ökonomisch besseren Karten. Eine Investition in das *Employer Branding* kann damit eine lohnende sein, allerdings mit dem Aufwand verbunden, den erreichten Standard aufrecht erhalten zu müssen. Die neu gewonnenen Mitarbeiter würden es relativ bald merken, wenn das Personalmarketing zu viel versprochen hat (wie ja auch die Kunden, wenn das Marketing Dinge verspricht, die nicht gehalten werden können).

Ein weiterer Aspekt ist das sogenannte „interne Marketing". Dabei geht es darum, die eigenen Mitarbeiter über die Ziele und Maßnahmen des Unternehmens klar zu informieren und sie damit als erste „Markenbotschafter" zu gewinnen. Die eigenen Mitarbeiter sollen es sein, die — zu Hause, am Stammtisch, bei Freunden und Bekannten — gut über das Unternehmen und seine Produkte und Prozesse sprechen. Mit — intern — unzufriedenen, unmotivierten und frustrierten Mitarbeitern lässt sich — extern — kein überzeugendes Marketing betreiben. Anne Schüller hat das schon 2008 in ihrem Buch „*Total Loyalty Marketing*" treffend beschrieben.

Ein Phänomen tritt damit neu auf den Plan: Wer ist eigentlich zuständig für *Employer Branding* und Mitarbeiter-Loyalität? Ist es die Marketingabteilung, die eigentlich für alle Außenkontakte verantwortlich zeichnet? Oder ist es die Personalabteilung, die für alle Personalangelegenheiten die Anlaufstelle ist?

Dieser Kampf spielt sich derzeit in einigen größeren Unternehmen ab. Dabei wäre es doch so einfach, hier einen Konsens zu finden, wie ihn beispielsweise Christoph Wirl in der österreichischen Fachzeitschrift „Training" beschreibt:

„In der Fachliteratur wird die Zuständigkeit wie folgt aufgeteilt:

- Unternehmensführung: Festlegung der Ziele, strategischen Maßnahmen sowie der Identität der Arbeitgebermarke und die Verknüpfung dieser mit der Struktur.
- Human Ressource: Identitätsverfestigung intern und extern sowie das Controlling des Employer Branding.
- Kommunikation: Vermarktung nach außen, sobald die internen Maßnahmen abgeschlossen sind." (Wirl 2012, online)

Und auch das Fazit zum Thema wollen wir von Christoph Wirl übernehmen:

„Es herrscht dringender Handlungsbedarf. Die Verknappung am Arbeitsmarkt beginnt heute und wird sich in den nächsten zehn Jahren verstärken. Wenn Sie sich heute nicht als attraktiver Arbeitgeber positionieren, werden Ihnen bald die qualifizierten Schlüsselkräfte davonlaufen. In Zukunft bewerben sich nicht Kandidaten bei den Unternehmen, sondern Unternehmen bei den Kandidaten." (Wirl 2012, online)

Soweit der Versuch, einen Blick in die nähere Zukunft zu wagen. Wir sind sehr gespannt, wie sich diese wirklich entwickeln wird.

Sound of Games – Gastbeitrag unseres Kooperationspartners Filipp Issa

Praxisbeispiel: Sound of Games — mit trojanischem Marketing zur Welt-Marktführerschaft

Das Unternehmen *Sound of Games* hat demonstriert, wie erfolgreich trojanisches B2B-Marketing sein kann. Im März 2010 gründeten der Komponist Michael Stöckemann und der Musikproduzent Filipp Issa die Firma *Sound of Games (SoG)* mit dem Ziel, die weltweite Nr. 1 in der Computerspielemusik zu werden.

Um innerhalb der Computerspiele-Industrie das entsprechende Image zu erzeugen, gebrauchte *Sound of Games* eine Marketingstrategie, die sich von der klassischen Akquise anderer Dienstleister deutlich unterscheidet.

Die Ideen:

- Computerspielemusik den gleichen Stellenwert zu geben wie der internationalen Filmmusik
- Die Spielemusik so bekannt zu machen, dass sie dem Spieleentwickler neben der Dienstleistung „Musikproduktion" ein spannendes Marketing- und Umsatztool bietet
- Die ersten Spielemusik-Popstars werden — jeder arbeitet gerne mit einem Star zusammen

Die trojanische Umsetzung

1. Das Label

Sound of Games gründet 2010 das erste Musiklabel für Spielemusik und veröffentlicht die erste Musik-Compilation mit den bekanntesten Musikstücken aus Computerspielen. Zwölf Monate Lizenzverhandlungen mit Spielefirmen zahlen sich aus: Die CD steigt als erste Spielemusik-CD der Welt in die Soundtrack-Charts ein. Diese und spätere Musikveröffentlichungen (und weitere Charteinträge) führen alle zu Produktionsanfragen aus der Spieleindustrie.

2. Livemusik

Sound of Games wird zum weltweiten ersten *Live Act* für Spielemusik. Auf der wichtigen Spielemesse *gamescom 2010* treten sie auf den größten Bühnen insgesamt zehnmal auf. Mit dabei haben sie den weltbekannten Spielemusik-Komponisten Chris Huelsbeck aus den USA, mit dem sie später viele Produktionen gemeinsam umsetzen. *Sound of Games* wird zum wichtigen Bestandteil aller Events, die sich mit Computerspielen befassen, und spielt europaweit live auf den branchenrelevanten Messen, Events und Preisverleihungen. 2012 wurde die Musik von *SoG* erstmals in einem sinfonischen Konzert mit großem Orchester aufgeführt. Mit jedem *Live Gig* kommen mehr Spieleentwickler auf *Sound of Games* zu.

Abb. 6 und 7: Hier fallen u. a. Namen wie Steven Spielberg und Nicole Kidman: Michael Stöckemann bei den Aufnahmen der HighEnd-Produktion „The War Of The Worlds" für Paramount.

Ein Blick in die Zukunft – Gibt es Trends?

3. Popstars

Die CD-Veröffentlichungen und Auftritte führen zur massiven Unterstützung durch die Presse, TV- und Radiointerviews und Autogrammstunden bei Spielefans. Diese Events und die Liveauftritte sind gleichzeitig Gratis-Werbung für die Spiele, deren Musik *Sound of Games* spielt — ein echter Mehrwert für die Spielehersteller und ein direkter Austausch mit deren Zielgruppe.

Abb. 8: *Sound of Games*

Zu den Bildern:

Bild 1 (oben links): *Sound of Games* live auf der *YOU 2010*, Europas größter Jugend- und Livestyle-Messe. Hier traten sie gemeinsam mit Top-Acts wie Marteria oder Monrose auf.

Bild 2 (unten links): *Sound of Games* & Chris Huelsbeck live als Main-Act beim *BÄM! Award 2010* von Computec.

Bild 3 (rechts): Das wurde nach der Autogrammstunde unter den Fans verlost: Der handsignierte Rollup-Banner zum Chart-Erfolg „The Last Ninja" (*gamescom 2011*) und zum Internationalen Top-Game „*Lords and Knights*" mit weltweit über 3,5 Mio Spielern (*gamescom 2012*).

4. Social Media / Gamification

Fan-Engagement wird bei *Sound of Games* großgeschrieben. In Kooperation mit seinen Industriepartnern verschenkt und verlost *SoG* regelmäßig Gutscheine, Musik und Hardware, gibt Interviews bei TV- und Onlineradiosendern und steht in den sozialen Netzwerken jederzeit mit seinen Fans im direkten Kontakt. Das garantiert die Langzeitmotivation der Fans zwischen den Veröffentlichungen und Auftritten.

5. Technologie & Innovation

Sound of Games lebt die mobile Revolution. Sie kreieren Musik auf iPads, nutzen diese live auf der Bühne, und sie waren die ersten, die für ein Handy-Spiel ein Orchester aufnahmen. Schon mehrere Apps aus den Top 10 des Apple Store sind mit *SoG*-Musik ausgestattet. Das alles macht sie zu Experten für das Nutzerverhalten der mobilen Generation und somit zu wichtigen Ansprechpartnern in der Spieleindustrie.

6. Education, Beweis der Fachkompetenz

Sound of Games unterrichten Spielemusik bei *Masterclasses* und in Universitäten, wie z. B. der Popakademie Mannheim, und sind gefragte Redner bei internationalen Branchenveranstaltungen.

Abb. 9: Bei den „Deutschen Gamestagen" 2011 in Berlin interviewen Sound of Games den internationalen Spielemusik-Star Chris Huelsbeck und vermitteln den Stellenwert der Musik in Games.

Abb. 10: Auf der *Casual Connect*, der wichtigsten Konferenz für *Facebook*- und Handy-Spiele, heben unsere Industriepartner die Wirkung von *Sound of Games*' Musik auf das Spiele-Erlebnis hervor.

Die Folgen

Bereits Mitte 2012 ist *Sound of Games* über Monate ausgebucht. Sie arbeiten ausschließlich mit Hollywood-Orchestern sowie weltweit renommierten Instrumentalisten und produzieren Musik für Spieleentwickler aus der ganzen Welt. Mehr als 30 Millionen Spieler hören bereits jeden Monat die Musik von *Sound of Games* und täglich werden es mehr.

Hier endet unser Gastbeitrag von Filipp Issa. Das war gewissermaßen das „Tüpfelchen auf dem i": Mit trojanischen Methoden aus dem Nichts zum Weltmarktführer der Spielemusik-Produzenten! Filipp Issa und sein Unternehmen *Sound of Games* haben wohl die richtigen Trojanischen Pferde gefunden und auf sie gesetzt — mit bestem Erfolg!

Kontaktangebote

Abschließend möchten wir unsere Leserinnen und Leser bitten, es nicht beim Lesen (und Umsetzen möglichst vieler Ideen) zu belassen. Vielmehr sind wir sehr an Ihrer Meinung zu diesem Buch interessiert. Wir freuen uns über jeden, auch kritischen Beitrag!

Dazu bieten wir die folgenden Kontaktmöglichkeiten an:

 www.TrojanischesMarketing.com

QR-Code: Trojanisches Marketing

Hier bieten wir Ihnen weitere Informationen und Beispiele, die in diesem Buch keinen Platz gefunden haben, an. Daneben gibt es dort Informationen zu den Autoren, ein Video, diverse nützliche Links, z. B. die Adressen sämtlicher Marketingclubs in Deutschland, Österreich und der Schweiz. Ferner finden Sie alle Links zu den hier abgebildeten QR-Codes. Damit wollen wir Ihnen das mühsame Eintippen der URLs ersparen, falls Sie die Codes nicht scannen können.

Erster Band im Haufe Shop:

 http://shop.haufe.de/trojanisches-marketing

QR-Code: Haufe Shop Trojanisches Marketing Band 1

Hier finden Sie eine detaillierte Beschreibung des ersten Bandes von „Trojanisches Marketing® — Mit unkonventioneller Werbung zum Markterfolg", 2008 im Haufe-Verlag erschienen.

Ein Blick in die Zukunft – Gibt es Trends?

Aktuelles Buch, Bestellmöglichkeit im Haufe Shop — erhältlich als Printbuch, ePDF oder eBook:

 http://shop.haufe.de/trojanisches-marketing-ii

QR-Code: Haufe Shop Trojanisches Marketing Band 2

An dieser Stelle können Sie das aktuelle Buch über den Haufe Shop versandkostenfrei bestellen. Aber auch jede gute Buchhandlung wird das Buch vorrätig haben bzw. es in kurzer Zeit beschaffen können.

 https://www.xing.com/net/pri6a955bx/mcaustria/

QR-Code: Marketing Community Austria

Hier finden Sie die im Text erwähnte und beschriebene Marketing-*Community* Austria im Business-Netzwerk XING. Besuchen Sie uns! Treten Sie bei!! Bringen Sie Ihre eigenen Beiträge ein!!! Die *Community* ist offen für alle Menschen aus Deutschland, Österreich und der Schweiz, die sich dem Marketing in Österreich in irgendeiner Weise verbunden fühlen.

Club Trojanisches Marketing, ebenfalls XING:

 https://www.xing.com/net/pri6a955bx/trojanischesmarketing/

QR-Code: Club Trojanisches Marketing

Hier finden Sie die eigens für das Thema gegründete XING-*Community*. Sie ist offen für alle an Trojanischem Marketing Interessierten. Schauen Sie mal rein! Treten Sie bei!! Bringen Sie Ihre eigenen Beiträge ein!!!

Nutzen Sie bitte die vielfältigen Möglichkeiten, wie Sie Meinungen, Kommentare, Empfehlungen, neue Beispiele für gutes oder schlechtes Trojanisches Marketing einbringen können. Wir freuen uns über jeden Beitrag und schreiben garantiert zurück (wenn Sie Antworten auf allfällige Fragen haben möchten).

Beratungs-, Seminar- oder Vortragsanfragen richten Sie bitte direkt an die Autoren:

Roman Anlanger   roman.anlanger@fh-vie.ac.at

Wolfgang A. Engel   engel.austria@gmail.com

Literaturverzeichnis

Bücher und wissenschaftliche Artikel

Anlanger, Roman, Wolfgang A., Engel (2008): Trojanisches Marketing — Mit unkonventioneller Werbung zum Markterfolg, Freiburg-München: Haufe Gruppe.

Bateson, Melissa, Nettle Daniel, Roberts, Gilbert (2006): Cues of being watched enhance cooperation in a real-word setting, Biology Letter, 2; 412-14, Royal Society Publishing. Und online im Internet: URL: http://rsbl.royalsocietypublishing.org/content/2/3/412.full. pdf+html, Biol. Lett. 2006 2, doi: 10.1098/rsbl.2006.0509 — Download vom 28.01.2013.

Behrens, Günther (2009): Wie kommt die Welt in den Kopf? Prinzipielles zur Gehirnforschung nebst einigen Konsequenzen für das „gehirngerechte" Lehren und Lernen in der vhs, Leinfelden-Echterdingen: Volkshochschulverband Baden-Württemberg e. V. Und online im Internet: URL: http://www.vhs-bw.de/abteilung/politik-gesellschaft-umwelt/wie-kommt-die-welt-in-den-kopf.pdf — Download vom 28.01.2013.

Cialdini, Robert, B. (2009): Die Psychologie des Überzeugens — Ein Lehrbuch für alle, die ihren Mitmenschen und sich selbst auf die Schliche kommen wollen, 2. Nachdruck 2009 der 5. Auflage 2007, Bern: Verlag Hans Huber Hogrefe AG.

Cialdini, Robert, B., Goldstein, Noha, J., Martin, Steve, J. (2010): YES! Andere überzeugen — 50 wissenschaftlich gesicherte Geheimrezepte, 1. Nachdruck 2010, Bern: Verlang Hans Huber Hogrefe AG.

Dubach, Elisa Bortoluzzi, Frey, Hansrudolf (2002): Sponsoring. Der Leitfaden für die Praxis, 3.Aufl. Bern: Paul Haupt Verlag.

Fröhlich, Oliver (2005): Einführung in Neuronale Netze, Abteilung für Datenbanken und Artificial Intelligence, Institut für Informationssysteme, Technische Universität Wien. Und online im Internet: URL: http://www.dbai.tuwien.ac.at/education/AIKonzepte/Folien/NeuronaleNetze.pdf — Download vom 28.01.2013.

Fuchs, Werner T. (2005): Tausend und eine Macht. Marketing und moderne Gehirnforschung, Zürich: Orell Fuessli Verlag AG.

Fuchs, Werner T. (2009): Warum das Gehirn Geschichten liebt, Freiburg-München: Haufe Gruppe.

Fuchs, Werner T. (2012): Storytelling: Wie hirngerechte Marketing-Geschichten aussehen, S. 137-152, in: Häusel, Hans-Georg (2012) Hrsg.: Neuromarketing: Erkenntnisse der Hirnforschung für Markenführung, Werbung und Verkauf, 2. Auflage, Freiburg-München: Haufe Gruppe.

Garner, Randy (2005): Post-It© Note Persuasion: A Sticky Influence, In: Journal of Psychology, 15(3): S. 230-37, Lawrence Erlbaum Associates, Inc. Und online im Internet: URL: http://media.cbsm.com/uploads/1/PostitNotePersuasion.pdf — Download vom 27.01.2013.

Literaturverzeichnis

Goldstein, Noha J., Cialdini, Robert, B., Griskevicius, Vladas (2008): A Room with a Viewpoint: Using Social Normas to Motivate Environmental Conservation in Hotels, Journal of Consumer Research, Oct 2008, Volume: 35 Issue: 3 S.472–482.

Gould, Stephen Jay (1980): A biological homage to Mickey Mouse. Und online im Internet: URL: http://todd.jackman.villanova.edu/HumanEvol/HomageToMickey.pdf — Download vom 29.01.2013.

Gwinner, K. P., Eaton J. (1999): Building Brand Image through Event Sponsorship: The Role of Image Transfer, in: Journal of Advertising, Vol. 28, No. 4, pp. 47-57, M.E. Sharpe, Inc.

Hähnel, Christin (2011): Emotionen bei Buying Center-Entscheidungen, Dissertation, Wiesbaden: Gabler GWV Fachverlage GmbH.

Häusel, Hans-Georg (2012): Hrsg.: Neuromarketing: Erkenntnisse der Hirnforschung für Markenführung, Werbung und Verkauf, 2. Auflange, Freiburg-München: Haufe Gruppe.

Heymann-Reder, Dorothea (2011): Social Media Marketing — Erfolgreiche Strategien für Sie und Ihr Unternehmen. München: Addison-Wesley Verlag.

Hinde, R. A., Barden, L. A. (1985): The evolution of the teddy bear, in: Animal Bahaviour, 33, no. 4, pp. 1371–1373.

jup (2012): Liebesgrüße vom Amt. In: Werben & Verkaufen, 32/2012, S. 62-63, München: Verlag Werben & Verkaufen GmbH.

Klein, Diethard H. (2000): Das große Hausbuch der Heiligen — Berichte und Legenden, München: Pattloch Verlag.

Kroeber-Riel, Werner, Esch, Franz-Rudolf (2011): Strategie und Technik der Werbung: Verhaltenswissenschaftliche und neurowissenschaftliche Erkenntnisse, 7. Auflage, Stuttgart: Kohlhammer.

Lazarsfeld, Paul F., Berelson, Bernhard, Gaudet, Hazel (1944): The People's Choice: How the Voter Makes Up His Mind in a Presidential Campaign. Duell, Sloan and Pearce, New York/London (weiter Auflagen: New Yourk (1948 u. 1968): Columbia University Press.

Lorenz, Konrad (1971): Studies in Animal and Human Behavior (Vol. II), Cambridge, Massachusetts: Harvard University Press.

Manzer, Linda S., Harrington Fred H. (2002): Infantile Features, Human Preferences, and the Evolution of the Teddy Bear, Halifax, Canada: Mount Saint Vincent University Halifax.

Markowitsch, Hans J., Welzer, Harald (2005): Das autobiographische Gedächtnis — Hirnorganische Grundlagen und biosoziale Entwicklung. Stuttgart: Klett-Cotta Verlag.

Miller, George A. (1956): The magical number seven, plus or minus two: Some limits on our capacity for processing information. In Psychological Review, 63, 1956, S. 81-97.

Piskorski, Mikolaj, Jan (2012): Die richtige Strategie für Social Media. In: Harvard Business manager, Mai, 2012, S. 62-70, Hamburg: manager magazin Verlagsgesellschaft mbH.

Richter, Kerstin (2012): Volle Pulle analog. In: Werben & Verkaufen, 45/2012, S. 62-63, München: Verlag Werben & Verkaufen GmbH.

Scheier, Christian, Held, Dirk (2012a): Die Neuro-Logik erfolgreicher Markenkommunikation, S. 97-134, in: Häusel, Hans-Georg (2012) Hrsg.: Neuromarketing: Erkenntnisse der Hirnforschung für Markenführung, Werbung und Verkauf, 2. Auflage, Freiburg-München: Haufe Gruppe.

Scheier, Christian, Held, Dirk (2012b): Was Marken erfolgreich macht: Neuropsychologie in der Markenführung, 3. Auflage, Freiburg-München: Haufe Gruppe.

Scheier, Christian, Held, Dirk (2012c): Wie Werbung wirkt: Erkenntnisse des Neuromarketing, 2. Auflage, Freiburg-München: Haufe Gruppe.

Schwab, Gustav, Eigl, Kurt (1955): Die schönsten Sagen des klassischen Altertums, Wien: Buchgemeinschaft Donauland, Verlag Kremayr & Scheriau.

Schwarzbauer, Florian (2009): Modernes Marketing für das Bankengeschäft: Mit Kreativität und kleinem Budget zu mehr Verkaufserfolg, Wiesbaden: Gabler GWV Fachverlage GmbH.

Schweiger, Günter (1990): Das Image des Herkunftslandes als Grundlage für den Imagetransfer zwischen Landes- und Markenimage, erschienen in: Werbeforschung & Praxis 3/90.

Schweiger Günter, Schrattenecker Gertraud (2009): Werbung, 7., neu bearbeitete Auflage, Stuttgart: Lucius & Lucius Verlagsgesellschaft mbH.

Stückl, Richard (2008): Das Engagement mit technischen Communities bei der Microsoft Deutschland GmbH — ein Ansatz mit Community Leadern. In: Kaul, Helge; Steinmann Cary (Hrsg.) Community Marketing. Wie Unternehmen in sozialen Netzwerken Werte schaffen. Stuttgart: Schäfer-Poeschl Verlag für Wirtschaft — Steuern — Recht GmbH.

Tiberti, Maud (2012): Pressemitteilung: Felix Baumgartner / Zenith / Mission vom Rand des Weltraums Mission erfüllt. Die Zenith Stratos: die erste Uhr, die an der Seite von Felix Baumgartner am Rande des Weltalls die Schallmauer durchbricht.

Internetquellen

„Kapitän" (2006): Buzz-Marketing. In: Viral Marketing Blog.
URL: http://www.viralmarketing.de/2006/10/06/buzz-marketing/ — Download vom 16.01.2013.

Buntrock, Volker (2012): Die Power von SlideShare im B2B-Marketing!
URL: https://exploreb2b.com/articles/die-power-von-slideshare-im-b2b-marketing — Download vom 05.01.2012.

Burmann, Christoph (2012): Co-Branding.
URL: http://wirtschaftslexikon.gabler.de/Definition/co-branding.html — Download vom 14.03.2013.

Deal, David (2011): How American Express OPEN Forum rocks content marekting.
In: The Content Lab.
URL: http://thecontentlab.icrossing.com/post/6586774751/how-american-express-open-forum-rocks-content-marketing — Download vom 27.01.2013.

Domke, Britta (2009): Was ist … Ingredient Branding?
URL: http://www.harvardbusinessmanager.de/heft/artikel/a-665933.html — Download vom 14.03.2013.

Literaturverzeichnis

Gonsalves, Jason (2012): How The Guardian And The 3 Little Pigs Hope To Keep The Wolf From The Door.
URL: http://bbh-labs.com/how-the-guardian-and-the-3-little-pigs-hope-to-keep-the-wolf-from-the-door — Download vom 01.12.2012.

Gricenko, Lana (2012): Lego-Stratos goes viral.
URL: http://www.horizont.at/home/footer/top-news/mediadaten/detail/stratos-jump-im-massstab-1350.html?cHash=b233db14e7ba9ca3729439e17bdfaefc — Download vom 02.01.2013.

Handl, Claudia (2012): Rauchfrei durchstarten am Smartphone — BILD.
URL: http://www.ots.at/presseaussendung/OTS_20120613_OTS0100/rauchfrei-durchstarten-am-smartphone-bild# — Download vom 04.01.2013.

Herrmann, Susanne (2012): First Steps Award: Strube und Sky siegen in der Werbe-Kategorie. In: W&V online.
URL: http://www.wuv.de/agenturen/first_steps_award_strube_und_sky_siegen_in_werbe_kategorie — Download vom 02.01.2013.

Herwig, Oliver (2012): Gefühl von Freiheit und Jugend. In: Süddeutsche Zeitung, vom 24.03.2013.
URL: http://www.sueddeutsche.de/stil/retro-trend-gefuehl-von-freiheit-und-jugend-1.1316371 — Download vom 04.03.2013.

Hilker, Claudia (2012): Red Bull: Stratos als Erfolgskampagne.
URL: http://www.hilker-consulting.de/red-bull-stratos/ — Download vom 02.01.2013.

Hoffmann, Sabine (2012): Buzz Marketing. Von WoM bis Digitale Markenführung.
In: Buzz Marketing Event Folien.
URL: http://de.slideshare.net/MarketingNatives/buzz-marketing-event-folien — Download vom 16.01.2013.

Hunter, Cyndy (2009): Agion® stellt erste Textiltechnologie mit doppelt wirksamer Geruchsbeseitigung vor. In: Business Wire.
URL: http://www.businesswire.com/news/home/20090722005024/de/ — Download vom 16.01.2013.

Jones, Bryan. E. (2008): MU Psychologists Demonstrate Simplicity of Working Memory.
In: News Bureau, University of Missouri.
URL: http://munews.missouri.edu/news-releases/2008/0423-rouder-working-memory.php — Download vom 25.01.2013.

Jones, Bryan. E. (2008): MU Psychologists Demonstrate Simplicity of Working Memory.
In: News Bureau, University of Missouri.
URL: http://munews.missouri.edu/news-releases/2008/0423-rouder-working-memory.php — Download vom 25.01.2013.

Kahle, Christian (2012): Smartphone-Verbreitung steigt weiterhin stark.
URL: http://winfuture.de/news,72304.html — Download vom 14.03.2013.

Kay Alan (2008): Speakers Alan Kay: Educator and computing pioneer.
URL: http://www.ted.com/speakers/alan_kay.html — Download vom 14.03.2013.

Kay, Rosemarie (2012): Schätzungen der Unternehmensübertragungen in Deutschland im Zeitraum 2010 bis 2014.
URL: http://www.ifm-bonn.org/index.php?id=855 — Download vom 04.01.2012.

Korosides, Konstantin; Neubert Thomas (2011): 93-Städte-Studie. Wohnungseinbrüche in Deutschland, Österreich und Schweiz.
URL: http://www.kripo.at/NEWS_Artikel/2011/01/110114einbruch.pdf —
Download vom 03.01.2013.

Krischke, B. (2012): Münchner kampieren fürs neue iPhone.
URL: http://www.tz-online.de/aktuelles/muenchen/sitzfleisch-kult-handy-2512808.html —
Download vom 14.03.2013.

Lawrence, Martin (2012): App Vermarktung — was wirklich zieht.
URL: http://www.mobile-zeitgeist.com/2012/05/07/app vermarktung-was-wirklich-zieht/ —
Download vom 04.01.2013.

Ljubic, Natascha (2013): Facebook? Nein, danke!
URL: http://www.wds7.at/2013/01/die-zahl-der-facebook-verweigerer-liegt-im-trend-mein-presseinterview/ — Download vom 02.02.2013.

o. V. (2010): 11 Fragen an Thomas Finkbeiern, Geschäftsführer der Clinton Großhandlels-GmbH:
URL: http://www.fabeau.de/11-fragen/thomas-finkbeiner-geschaftsfuhrer-der-clinton-gros-handels-gmbh/ — Download vom 02.01.2013.

o. V. (2010-2012): Retro & Vintage Mode Styles, Looks und Kults. Haftnotiz/Klebezettel.
In: 2010–2012 www.20Jahrhundert.de.
URL: http://www.20jahrhundert.de/retro-magazin/haftnotizklebezettel.html — Download vom 08.01.2013.

o. V. (2012): Builders of Infinity. In: serviceplan gruppe.
URL: http://www.serviceplan.com/presse/pressemitteilungen/detail.html?tx_sppresse_pi1[pressID]=6413 — Download vom 27.01.2013.

o. V. (2012): Cross Promotion.
URL: http://www.wirtschaftslexikon24.com/d/cross-promotion/cross-promotion.htm —
Download vom 14.03.2013.

o. V. (2012): Hochwertige Smartphones werden Standard.
URL: http://www.bitkom.org/de/markt_statistik/64042_73193.aspx —
Download vom 14.03.2013.

o. V. (2012): Meisterliche Komplettlösungen aus einer Hand.
URL: http://www.meisterwerk3.de/ueberuns.html — Download vom 14.03.2013.

o. V. (2012): Mobilfunk: Telering stellt neue Tarife und Inder Hood vor.
URL: http://futurezone.at/produkte/7434-telering-stellt-neue-tarife-und-inder-hood-vor.php — Download vom 02.01.2013.

o. V. (2012): oekostrom auf einen Blick.
URL: http://www.oekostrom.at/ueber-oekostrom/ — Download vom 14.03.2013.

o. V. (2012): Snake. In: netzwelt.de — Guter Rat auf einen Klick.
URL: http://www.netzwelt.de/apps/6332-snake.html — Download vom 27.01.2013.

o. V. (2012): Stratos jump successful! ORIGINAL VERSION.
URL: http://viralvideochart.unrulymedia.com/youtube/Stratos_jump_successful!_ORIGINAL_VERSION?id=yFU774q6eVM — Download vom 15.01.2013.

o. V. (2012): Studie: in-App Ads revolutionieren Mobile Marketing.
URL: http://www.social-media-aachen.de/blog/studie-in-app-ads-revolutionieren-mobile-marketing/ — Download vom 04.01.2013.

o. V. (2013): Fakten zu den Mitgliedern der freien Brauer.
URL: http://www.die-freien-brauer.com/mitgliedsbrauereien/uebersicht.html — Download vom 14.03.2013.

o. V. abzumschnee.at (2012): Ein Tag Hochzillertal — Kaltenbach Euro 159,—.
URL: http://www.abzumschnee.at/home/flugzumschnee/angebote/33 — Download vom 14.03.2013.

o. V. First Steps — Sportliches Heimweh am Nordpol. In: LOCAVI — Branded Entertainment.
URL: http://www.locavi.de/first-steps-nordpol/ — Download vom 02.01.2013.

o. V. horizont.net (2012): iPhone-Fieber: Wie Mobilcom-Debitel ausgehungerte Apfel-Fans beglückte.
URL: http://www.horizont.net/aktuell/marketing/pages/protected/iPhone-Fieber-Wie-Mobilcom-Debitel-ausgehungerte-Apfel-Fans-beglueckte_110268.html?openbox=0 — Download vom 14.03.2013.

o. V. redbull.de (2012): Red Bull Flugtag Mainz.
URL: http://www.redbull.de/cs/Satellite/de_DE/Article/Red-Bull-Flugtag-Mainz-69,79-Meter-%E2%80%93-%E2%80%9EDie-R%C3%BCckkehr-der-Teichfighter%E2%80%9C-gleiten-zum-Weltrekord-021243214823074 — Download vom 29.01.2013.

o. V. (2012): Slideshare Infographic: The Quiet Giant of Content Marketing.
URL: http://columnfivemedia.com/work-items/slideshare-infographic-the-quiet-giant-of-content-marketing — Download vom 05.01.2012.

o. V., kurier.at (2012): 3 Millionen Österreicher sahen Stratos-Sprung.
URL: http://kurier.at/kultur/medien/3-millionen-oesterreicher-sahen-stratos-sprung/824.092 — Download vom 02.01.2013.

o. V., wienerzeitung.at (2012): Stratosphärensprung geglückt — Baumgartner erreichte Überschallgeschwindigkeit.
URL: http://www.wienerzeitung.at/themen_channel/wissen/forschung/493838_Baumgartner-erreichte-Ueberschallgeschwindigkeit.html — Download vom 02.01.2013.

Osterath, Brigitte (2011): Anatomie — Die Amygdala.
URL: http://dasgehirn.info/entdecken/anatomie/die-amygdala — Download vom 25.12.2012.

Peer, Mathias (2012a): Mobiles Marketing — Mit nützlichen Apps zum Erfolg — Nutzer zum Download motiveren.
URL: http://www.handelsblatt.com/unternehmen/handel-dienstleister/mobiles-marketing-nutzer-zum-download-motivieren/712371-2.html — Download vom 03.01.2013.

Peer, Mathias (2012b): Mobiles Marketing — Mit nützlichen Apps zum Erfolg.
URL: http://www.handelsblatt.com/unternehmen/handel-dienstleister/mobiles-marketing-mit-nuetzlichen-apps-zum-erfolg/7123716.html — Download vom 03.01.2013.

Purser, Julie; Thun, Simon (2011): Ein Bund fürs Werben — Marketingkooperationen mit langfristigem Erfolg.
URL: http://www.prophet.de/thinking/view/658-ein-bund-frs-werben-marketingkooperationen-mit-langfristigem-erfolg — Download vom 14.03.2013.

red, derStandard.at (2012): Felix Baumgartner absolviert Rekordsprung.
URL: http://derstandard.at/1348286014492/Felix-Baumgartner-bewaeltigt-Rekordsprung — Download vom 02.01.2013.

red, diepresse.com (2012a): „Stratos": Welche Rekorde geborchen wurden.
URL: http://diepresse.com/home/panorama/welt/1301238/Stratos_Welche-Rekorde-gebrochen-wurden — Download vom 02.01.2013.

red./APA, diepresse.com (2012b): 2,3 Mio. Zuseher im ORF: „Stratos" ist ein Quoten-Hit.
URL: http://diepresse.com/home/kultur/medien/1301354/23-Mio-Zuseher-im-ORF_Stratos-ist-ein-QuotHit — Download vom 02.01.2013.

Schobelt, Frauke (2012): Jägermeister plant „kältesten Gig der Welt".
URL: http://www.wuv.de/marketing/jaegermeister_plant_kaeltesten_gig_der_welt — Download vom 29.1.2013.

Schobelt, Frauke (2012): Piaf-Awards: Grand Prix für Lego-Orgel von Serviceplan. In: W&V online.
URL: http://www.wuv.de/agenturen/piaf_awards_grand_prix_fuer_lego_orgel_von_serviceplan — Download vom 20.01.2013.

Schobelt, Frauke (2012): Winterzeit: Astra stellt auf „arschkalt" um. In: W&V online.
URL: http://www.wuv.de/marketing/winterzeit_astra_stellt_auf_arschkalt_um — Download vom 02.01.2013.

Schütz, Peter (2007): zitiert in: Berndt, Jaqueline (2007): Kooperationsmarketing — Wer's richtig anpackt, sorgt für viele Gewinner.
URL: http://www.online-artikel.de/article/kooperationsmarketing-wers-richtig-anpackt-sorgt-fuer-viele-gewinner-313-1.html — Download vom 14.03.2013.

Schwerdt, Yvette (2012): Wie man mit niedrigen Werbebudgets hohe Erträge erwirtschaftet. Aktuelles Social Media Marketing-Fallbeispiel. In: Schwerdt-Blog.
URL: http://schwerdtblog.absatzwirtschaft.de/2012/07/13/wie-man-mit-niedrigen-werbebudgets-hohe-ertrage-erwirtschaftet-aktuelles-social-media-marketing-fallbeispiel/ — Download vom 16.01.2013.

Seifried, Thomas (2012): „Abgemahnt? Die erste-Hilfe-Taschenfibel": Kostenloses Ebook über die Abmahnng im Wettbewerbsrecht, Markenrecht, Domainrecht, Geschmacksmusterrecht, Internetrecht und Urheberrecht.
URL: http://www.gewerblicherrechtsschutz.pro/index.php?id=abgemahnt_die_erste_hilfe — Download vom 04.01.2013.

Sicking, Narteba (2012): Service wichtiger als der Preis - Bessere Kundenorientierung wird immer wichtiger.
URL: http://www.heise.de/resale/artikel/Service-wichtiger-als-der-Preis-1766507.html — Download vom 27.12.2012.

Simpson, Traci (2011): Tens of Thousands of Comsumers Worldwide Want to Stink at Nothing. In: agion.
URL: http://www.agion-tech.com/NewsAndEvents.aspx?id=2328 — Download vom 16.01.2013.

Stemmler, Florian (2012): Star wars Drehorgel aus 20.000 LEGO Steinen ist wieder auf Tour. In: serviceplan gruppe.
URL: http://www.serviceplan.com/presse/pressemitteilungen/detail.html?tx_sppresse_pi1[pressID]=6413 — Download vom 27.01.2013.

Literaturverzeichnis

Stutzenstein, Klemens (2012): Die Zukunft von Social Media.
URL: http://www.socialmedia-blog.at/2012/10/die-zukunft-von-social-media/ — Download vom 02.02.2013.

Voelker, Patrick (2009): Das meistverkaufte Handygame 2008. In: mobile zeitgeist.
URL: http://www.mobile-zeitgeist.com/2009/01/05/das-meistverkauftestes-handygame-2008/ — Download vom 27.01.2013.

Werber von Matt (2007): Mit Nischen Geld verdienen, zitiert in: Gremaud, Tobias, Eglidas Alain (2007): Mit Nischen Geld verdienen.
URL: http://www.handelsblatt.com/unternehmen/management/strategie/strategie-mit-nischen-geld-verdienen/2796190.html — Download vom 14.03.2013.

Wirl, Christoph (2012): Employer Branding 04/2012 — Der Weg zum perfekten Arbeitgeber.
URL: http://www.magazintraining.com/2012/05/28/employer-branding-042012/ — Download vom 17.12.2012.

Stichwortverzeichnis

Die Autoren und Kooperationspartner

Autoren

Roman Anlanger gehört zu den führenden Marketing- und Vertriebsexperten im deutschsprachigen Raum. Er hat zwei Hochschulstudien erfolgreich absolviert, ist CRM-Manager und Wirtschaftstrainer. Anlanger ist Studiengangsleiter für das Fachhochschulstudium „Technisches Vertriebsmanagement" an der Fachhochschule des bfi Wien und für das Lehr- und Forschungspersonal verantwortlich. Neben seiner Dozententätigkeit an der FH des bfi Wien hält er auch Vorlesungen an anderen wissenschaftlichen Instituten. Anlanger besitzt als Urheber die Markenrechte an „Trojanisches Marketing®" & „Trojanische Rhetorik®". Ferner ist Anlanger erfolgreicher Buchautor, gefragter Top-Referent und berät Unternehmungen im Bereich Marketing, CRM, Vertrieb sowie Social Media. Anlanger ist doppelter XING Ambassador und wurde mit den XING Awards „Bester Netzwerker 2013" sowie „Innovativstes XING-Event 2013" ausgezeichnet.

[www.fh-vie.ac.at] [www.TrojanischesMarketing.com]

Dipl.-Volkswirt (Universität Karlsruhe) und Magister (Universität Wien) **Wolfgang A. Engel** ist seit über zehn Jahren selbstständiger Unternehmensberater, Wirtschaftstrainer, Coach und Hochschuldozent sowie Autor. Er war lange Jahre in Managementfunktionen in der Wirtschaft tätig, vor allem in der internationalen pharmazeutischen Industrie (Marktforscher, Projektmanager, Produktmanager, Marketingdirektor). Engel ist Inhaber zahlreicher Lehraufträge, unter anderem an zwei österreichischen Fachhochschulen und am WIFI (Wirtschaftsförderungsinstitut). Zu seinen Beratungskunden zählen vor allem mittelständische Unternehmen im Handel. Coaching-Schwerpunkte sind

Führungs- und TeamCoaching. Daneben ist Engel gefragter Referent bei Kongressen, Konferenzen und Tagungen.

Aber Wolfgang A. Engels Engagement beschränkt sich keineswegs auf sein berufliches Leben — auch seine private Vita kann sich sehen lassen: Er ist seit 38 Jahren verheiratet, hat zwei Kinder und fünf Enkel. Inwieweit für den privaten Erfolg trojanische Aspekte eine Rolle gespielt haben, bleibt offen …

[www.engel-austria.at] [www.TrojanischesMarketing.com]

Kooperationspartner

Dr. Torsten Ambs startete seine berufliche Laufbahn bei der GfK AG. Es folgten weitere Stationen als Marketingberater namhafter Marken sowie als Direktor Key Account Management einer amerikanischen Softwarefirma. Ferner leitete er europaweit das Marketing für den finnischen Online Broker eQ Online. Seit 2001 hat er sich als Marketingberater auf die Bereiche Strategie, Social Media und Guerilla Marketing spezialisiert.

[www.mindstoremarketing.de]

Mag. Matthias Cermak ist Experte für Online-Kommunikation und beschäftigt sich mit der einfachen Erkärung komplexer Themen. Mit VerVieVas hat er gemeinsam mit Fridolin Brandl eine international erfolgreiche Marke für Erklärungsvideos geschaffen. Zu den Kunden gehören Konzerne wie Novartis und Siemens, öffentliche Organisationen und Forschungseinrichtungen wie das Finanzministerium oder Salzburg Reserach sowie innovative Startups.

[www.VerVieVas.com]

Dr. Werner T. Fuchs lebt als Marketingexperte und Werbefachmann in Zug (Schweiz). Er promovierte in Germanistik und Theologie, beschäftigt sich seit 24 Jahren intensiv mit Hirnforschung und gibt seine Erfahrungen als Dozent und Referent gerne weiter.

[www.propeller.ch]

Michael R. Grunenberg begann seinen beruflichen Werdegang in der Markenartikelindustrie und arbeitet seit über zwanzig Jahren als Berater für Marketing und Verkauf. Zu seinen Kunden gehören Industriebetriebe, IT-Unternehmen und der Facheinzelhandel. Mit der Gründung der Agentur Introja ergänzte er 2012 sein Portfolio um Agenturleistungen rund um das Trojanische Marketing.

[www.introja.com] [www.grunenbergconsulting.de]

Dr. Helmut Holzinger ist Geschäftsführer der Fachhochschule des bfi Wien sowie Präsident der FHK (Österreichische Fachhochschulkonferenz). Die Fachhochschule des bfi Wien gehört mit zwei EU-Auszeichnungen (ECTS-Label & Diploma Supplement Label) zur Bologna-Elite. Mit den EU-Auszeichnungen unterstreicht die Fachhochschule des bfi Wien die Qualitätsführerschaft in Österreich. Seit 2008 ist die Fachhochschule des bfi Wien Sponsor des jährlichen „Trojan Award".

[www.fh-vie.ac.at]

Das Gedächtnistrainer-Team **Tanja Nekola & Gerald Hütter** zeigt in Einzelcoachings und/oder den Workshops „Geniale Lern- und Merktechniken" den Teilnehmern, wie Sie ihre Gedächtnisleistungen verbessern. Viel leichter und nachhaltiger wird gelernt, wenn starre Informationen mit Bildern, Geschichten, Emotionen und Fantasien gekoppelt werden.

[www.memory-trainer.at]

Die Autoren und Kooperationspartner

Filipp Issa ist offizieller XING Xpert Ambassador der Games Industrie und Gründer der „Games Köpfe", dem führenden Games Business Netzwerk in DACH. Zusammen mit dem Komponisten Michael
Stückemann hat er Anfang 2010 mit Sound of Games das weltweit
führende Label für Pemium-Spielemusik gegründet.

[www.gameskoepfe.com]

Johann Kellner lebt als Zauberkünstler, Werbegrafiker und Illust-
rator in Wien. Seit 2002 ist er als Artdirector bei der Filmfirma WS
Invention trade GmbH tätig und seit 1999 Präsident des nam-
haften Wiener Zauberklubs „IBM-Ring-Vienna". Er ist mehrfacher
Preisträger, Österreichischer Staatsmeister sowie Grand Prix Sie-
ger in der Zaubersparte „Close up" (Tischmagie). Auch in seiner
Haupttätigkeit als Designer und Grafiker kann er auf mehrere
Auszeichnungen zurückblicken.

Der Fotograf **Peter Andreas Korp** ist hauptsächlich im Bereich der
Mode- und der Produktfotografie tätig.

[www.peter-korp.com]

Dirk Kreuter ist „Speaker oft the year" [Wissen+Karriere] und
„Trainer des Jahres" [Magazin TRAiNiNG]

[www.dirkkreuter.de]

Dr. Ulrike Manhart ist Professorin an den Schulen des bfi Wien. Die Wirtschaftswissenschaftlerin ist Dozentin an mehreren Fachhochschul-Studiengängen und unterrichtet Präsentation, Moderation und Verhandlungsführung. Daneben ist sie auch eine erfolgreiche Trainerin und Buchautorin.

[www.manhart.cc] [www.TrojanischesMarketing.com]

Mirela Petrovic verantwortet seit 2008 die touristische Werbung der Stadt Wien in einer Vielzahl von Ländern wie Westeuropa, USA oder Japan. Schwerpunkt ihrer jetzigen Tätigkeit ist die Entwicklung und Umsetzung spektakulärer viraler Marketingaktionen. Mirela studierte Marketing & Sales und absolviert derzeit ihr Executive MBA in General Management an der Universität Wien.

Eva-Maria Vanek ist Schülerin der HTL-Spengergasse und freischaffende Künstlerin und Grafikerin.

[www.vanekart.at]

Danksagung

Zum Gelingen dieses Buches haben die folgenden Institutionen und Personen entscheidend beigetragen, bei denen wir uns hiermit sehr herzlich bedanken möchten:

- Die Fachhochschule des bfi Wien und ihr Geschäftsführer Dr. Helmut Holzinger (auch Präsident der Österreichischen Fachhochschulkonferenz FHK) haben durch die Stiftung des Trojan Award sehr zur Verbreitung der trojanischen Idee beigetragen.
- Herr Dr. Kai Erenli, Studiengangsleiter für Film-, TV- und Medienproduktion an der Fachhochschule des bfi Wien, hat uns als studierter Jurist bei zahlreichen Fragen des Urheber- und Medienrechts beraten und uns damit vor Fehlern bewahrt.
- Der Haufe-Verlag war in Gestalt seiner hervorragenden Mitarbeiter sehr wichtig für uns. Besonders hervorzuheben sind
  - Frau Jutta Thyssen, die uns als zuständige Produktmanagerin stets hervorragend betreut und beraten hat,
  - Herr Volker Eith, der als Leiter der Produktion stets ein offenes Ohr für unsere technischen Sonderwünsche hatte.
- Unser besonderer Dank gilt unserem Lektor Helmut Haunreiter, dem ein entscheidender Anteil am rechtzeitigen Gelingen dieses Projektes zukommt. Mit viel Geduld und seinem immensen Sprach- und Fachwissen hat er uns sehr geholfen, unsere Ideen richtig zu formulieren und in eine lesbare Ordnung zu bringen.
- Der Autor Wolfgang A. Engel bedankt sich bei seiner Frau Margrit für ihre große Bereitschaft, die mit der Entstehung des Buchs verbundenen Entbehrungen auf sich zu nehmen, da viele Stunden und Wochenenden der Familie entzogen wurden.

Wien, im Mai 2013

Roman Anlanger & Wolfgang A. Engel